Python
Deep Learning

何福贵 / 编著

Python 深度学习

逻辑、算法与编程实战

机械工业出版社
CHINA MACHINE PRESS

机器学习是人工智能领域一个极其重要的研究方向，而深度学习则是机器学习中一个非常接近 AI 的分支，其思路在于建立进行分析学习的神经网络，模仿人脑感知与组织的方式，根据输入数据做出决策。深度学习在快速的发展过程中，不断有与其相关的产品推向市场，显然，深度学习的应用将会日趋广泛。

本书是关于深度学习的理论、算法、应用的实战教程，内容涵盖深度学习的语言、学习环境、典型结构、数据爬取和清洗、图像识别分类、自然语言处理、情感分析、机器翻译、目标检测和语音处理等知识，通过各种实例，读者能了解、掌握深度学习的整个流程和典型应用。

本书可作为深度学习相关从业人员的参考指南，也可作为大中专院校人工智能相关专业的教材，还可作为广大人工智能爱好者的拓展学习手册。

图书在版编目（CIP）数据

Python 深度学习：逻辑、算法与编程实战 / 何福贵编著. —北京：机械工业出版社，2020.6（2021.10 重印）

ISBN 978-7-111-65861-0

Ⅰ.①P… Ⅱ.①何… Ⅲ. ①软件工具-程序设计 Ⅳ. ①TP311.561

中国版本图书馆 CIP 数据核字（2020）第 102858 号

机械工业出版社（北京市百万庄大街 22 号 邮政编码 100037）
策划编辑：丁 伦 责任编辑：丁 伦
责任校对：张艳霞 责任印制：郜 敏
北京富资园科技发展有限公司印刷

2021 年 10 月第 1 版 · 第 2 次印刷

185mm×260mm · 24 印张 · 594 千字

标准书号：ISBN 978-7-111-65861-0

定价：119.00 元

电话服务
客服电话：010-88361066
010-88379833
010-68326294

网络服务
机 工 官 网：www.cmpbook.com
机 工 官 博：weibo.com/cmp1952
金 书 网：www.golden-book.com
机工教育服务网：www.cmpedu.com

前言

感谢您选择本书，为了帮助您更好地学习本书的知识，请阅读下面的内容。

深度学习是机器学习研究中的一个新的领域，其思路在于建立进行分析学习的神经网络，模仿人脑的机制来解释数据。

深度学习是无监督学习的一种，其概念源于人工神经网络的研究。含多隐层的多层感知器就是一种深度学习结构。深度学习通过组合低层特征形成更加抽象的高层，表示属性类别或特征，以发现数据的分布式特征。

深度学习和人脑相似，人脑和深度学习模型都拥有大量的神经元，这些神经元在独立的情况下并不太智能，但当其相互作用时，就会变得相当智能。深度学习主要由神经网络构成，当数据穿过这个神经网络时，每一层都会处理这些数据，对数据进行过滤、聚合、辨别、分类及识别等操作，并产生最终输出。

本书是关于深度学习的实战教程，全书共 11 章，从深度学习整个流程出发，有序介绍了深度学习的语言基础、理论基础、各个典型应用等内容，具体内容如下。

- 第 1 章 Python 语言基础，介绍了 Python 典型的开发环境、基本语法、数据结构、文件操作、函数以及类等知识。
- 第 2 章 Python 操作数据库及 Web 框架，介绍了 SQLite、MySQL 的操作方法，以及典型 Web 的框架等知识。
- 第 3 章 Python 深度学习环境，介绍了 Anaconda 环境的搭建及操作方法、机器学习通用库 Sklearn、机器学习深度库 TensorFlow 和 Keras、视觉库 OpenCV 的安装和使用方法、自然语言处理的多种工具，以及其他典型的深度学习框架等知识。
- 第 4 章深度学习典型结构，介绍了深度学习的发展历程和应用领域，神经网络的结构、算法、训练和参数设置，以及卷积神经网络、循环神经网络、递归神经网络、生成对抗网络的结构和应用等知识。
- 第 5 章深度学习数据准备——数据爬取和清洗，介绍了典型的爬虫框架和数据爬取过程，数据清洗的内容和方法，以及数据显示等知识。
- 第 6 章图像识别分类，介绍了经典的图片数据集，以及识别人眼、性别、花朵、动物、车牌及相似图片等知识。
- 第 7 章自然语言处理，介绍了多种典型的自然语言处理工具，以及使用 Jieba 库提取关键词，使用 Gensim 查找相似词，使用 TextBlob 进行情感分析，使用 CountVectorizer 和 TfidfVectorize 提取文本特征等知识，并演示了语法分析和语义分析的相关应用实例。

- 第 8 章情感分析，介绍了情感分析的过程，典型的情感数据库，基于 LSTM 的情感分析，基于 SnowNLP 的新闻评论的数据分析，以及基于 Dlib 实现人脸颜值预测等知识。
- 第 9 章机器翻译，介绍了机器翻译的模型 Encoder-Decoder，机器翻译平台 PaddlePaddle 的安装和使用等知识，并演示了看图说话的相关应用实例。
- 第 10 章目标检测，介绍了目标检测的过程、典型的目标检测算法，以及利用 Faster R-CNN 模型、YOLO 模型和 SSD 模型实现目标检测的方法等知识。
- 第 11 章语音处理，介绍了语音识别过程及声学模型和语言模型，并演示了语音识别的相关应用实例。

本书具有下列特点。

（1）内容全面：涵盖深度学习的各个方面，包括语言基础、环境使用、典型深度库、理论基础、典型实践等，构建了深度学习的完整知识体系。

（2）贴近实战：应用内容涵盖数据爬取和清洗、图像识别分类、自然语言处理、情感分析、机器翻译、目标检测和语音处理等。

（3）循序渐进：从简单到复杂、从理论到实践，辅以大量实例帮读者所学即所用。

由于编者水平有限，书中不足之处在所难免，望广大专家、读者提出宝贵意见，以便修订时加以改正。

编　者

目录

第 1 章 Python 语言基础

1.1 Python 简介

Python 是一个高层次的兼具解释性、编译性、互动性的面向对象的脚本语言。它主要基于其他语言发展而来，包括 ABC、Modula-3、C、C++、Algol-68、SmallTalk、Unix shell 等脚本语言，该语言是在 20 世纪 80 年代末、90 年代初由基多·范·罗苏姆在荷兰国家数学和计算机科学研究所设计出来的。

Python 目前分为 2.x 版本和 3.x 版本，其官方主页：https://www.python.org/，如图 1-1 所示。

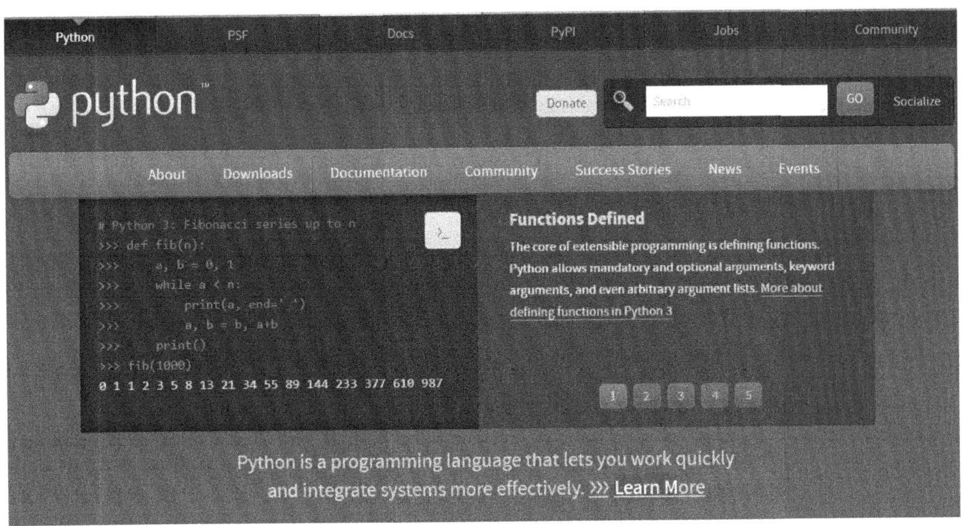

图 1-1 Python 官方主页

Python 语言近几年呈迅猛发展之势，在 2020 年 1 月 TIOBE（https://www.tiobe.com/tiobe-index/）编程语言排行榜中位居第三位，如图 1-2 所示。

Feb 2020	Feb 2019	Change	Programming Language	Ratings	Change
1	1		Java	17.358%	+1.48%
2	2		C	16.766%	+4.34%
3	3		Python	9.345%	+1.77%
4	4		C++	6.164%	-1.28%
5	7	↑	C#	5.927%	+3.08%
6	5	↓	Visual Basic .NET	5.862%	-1.23%
7	6	↓	JavaScript	2.060%	-0.79%
8	8		PHP	2.018%	-0.25%
9	9		SQL	1.526%	-0.37%
10	20	↑↑	Swift	1.460%	+0.54%
11	18	↑↑	Go	1.131%	+0.17%
12	11	↓	Assembly language	1.111%	-0.27%
13	15	↑	R	1.005%	-0.04%
14	23	↑↑	D	0.917%	+0.28%
15	16	↑	Ruby	0.844%	-0.19%
16	12	↓↓	MATLAB	0.794%	-0.40%
17	21	↑↑	PL/SQL	0.764%	-0.05%
18	14	↓↓	Delphi/Object Pascal	0.748%	-0.32%
19	13	↓↓	Perl	0.697%	-0.40%
20	10	↓↓	Objective-C	0.688%	-0.76%

图 1-2　TIOBE 编程语言排行榜

Python 语言应用越来越广泛，得益于它自身的优良特性。

1．易于学习

Python 语言主张的精神就是简单优雅，尽量写容易看明白的代码，尽量写少的代码，定位于简单、易于学习，而且 Python 代码易于维护，完全可以满足复杂应用的开发需求。

2．跨平台开源

Python 可以运行在多种主流平台，例如 Linux、Windows 以及 MacOS。由于其是纯粹的自由软件，源代码和解释器 CPython 均遵循 GPL（GNU General Public License）协议。

3．广泛的标准库

Python 拥有丰富的、跨平台的库，与 UNIX、Windows 和 MacOS 兼容得很好。Python 包含网络、文件、GUI、数据库、文本、数值计算、游戏开发、硬件访问等大量的库，用户可利用自行开发的库和众多的第三方库简化编程，从而节省很多精力和时间成本，缩减开发周期。

4．数据科学处理功能强大

Python 在数据处理方面具有先天优势，其内置的库外加第三方库（例如 Numpy 库实现各种数据结构、Scipy 库实现强大的科学计算方法、Pandas 库实现数据分析、Matplotlib 库实现数据化套件、Uurlib 和 Beautifulsoup 库实现 HTML 解析等）简化了数据处理，可以高效实现各类数据科学处理。

5．人工智能领域应用广泛

Python 在人工智能、数据挖掘、机器学习、神经网络、深度学习等领域均得到了广泛的支持和应用，例如翻译语言、控制机器人、图像分析、文档摘要、语音识别、图像识别、手写识别、目标检测、控制机器人、采集数据、预测疾病、预测点击率与股票、合成音乐等。

6．种类繁多的解释器

Python 是一门解释型语言，代码通过解释器执行，为了适应不同的平台，其可运行多种解释器，每个解释器有不同的特点，都能够正常运行 Python 代码，下面介绍五种典型的 Python 解释器。

1）CPython

从官方网站下载并安装好 Python 后，就直接获得了官方版本的解释器，即 CPython。CPython 是用 C 语言开发的解释器，在命令行运行命令：Python，就启动了 CPython 解释器。

2）Jython

Jython 是基于 Java 平台的解释器，其把 Python 代码编译成 Java 字节码执行，运行在 JVM 上。Jython 主页：http://www.jython.org/，如图 1-3 所示。

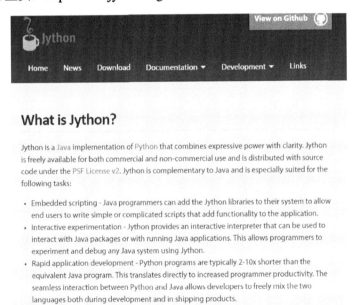

图 1-3　Jython 主页

3）IPython

IPython 是一个基于 CPython 交互式解释器之上的解释器，IPython 在交互方式上比 CPython 有所增强，执行 Python 代码的功能和 CPython 是相同的。IPython 主页：https://pypi.org/project/ipython/，如图 1-4 所示。

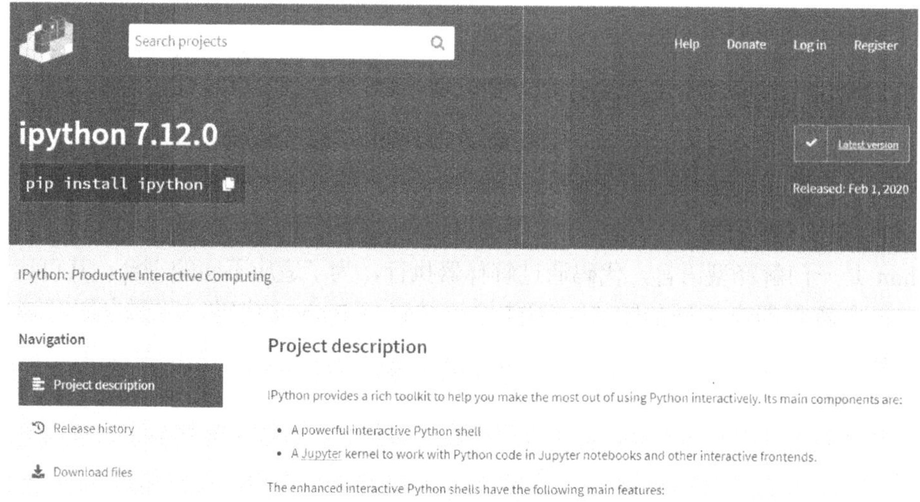

图 1-4　IPython 主页

4）PyPy

PyPy 比 CPython 更加灵活，能够对 Python 代码进行动态编译，有更快的执行速度。PyPy 主页：http://pypy.org/，如图 1-5 所示。

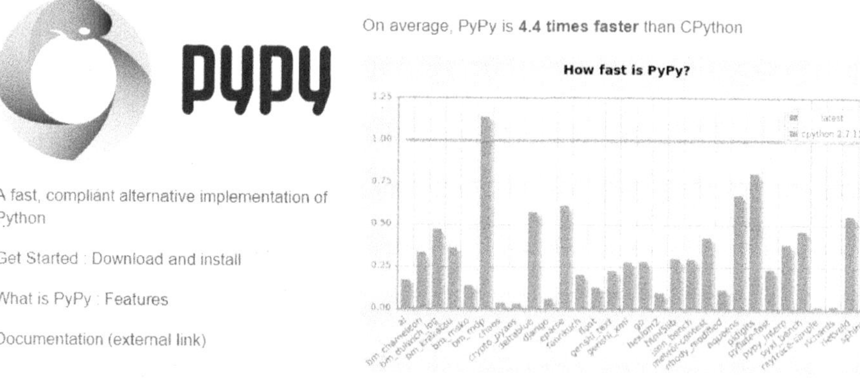

图 1-5　PyPy 主页

5）IronPython

IronPython 是运行在微软.Net 平台上的 Python 解释器，能够把 Python 源代码编译成.Net

的字节码。IronPython 已经集成到了.NET framework 中，能够与.NET 已有的库无缝整合。IronPython 主页：https://ironpython.net/，如图 1-6 所示。

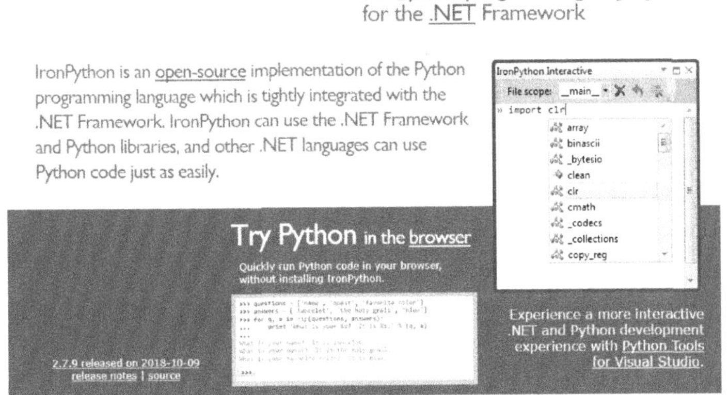

图 1-6　IronPython 主页

Python 目前已经被众多的国内外公司使用，典型的国外公司有 Google（Google App Engine、Google Earth、爬虫、广告等）、YouTube（基于 Python 开发的世界最大的在线视频网站）、Instagram（基于 Python 开发的美国最大的图片分享网站），Facebook（基于 Python 开发的基础库）等；典型的国内公司有豆瓣、知乎、阿里巴巴、腾讯、百度、金山、搜狐、盛大、网易、新浪、网易、果壳、土豆等，它们均通过 Python 来实现所需的功能。

1.2　Python 开发环境

集成开发环境（Integrated Development Environment，IDE）是提供程序开发环境的应用程序，一般包括代码编辑、程序编译、程序调试和图形交互界面等工具，是集成了代码编辑功能、语法分析功能、编译功能、调试功能等一体化的开发软件服务套。

Python IDE 是 Python 编程必须使用的开发工具，IDE 的选择对 Python 编程有很大的影响，因此选择合适的 Python IDE 对于程序开发十分重要，目前常用的 Python IDE 有 10 多种，其中使用较多的有以下几种。（1）Python 官网下载的安装包自带的 IDE；（2）Python 专业集成开发环境 PyCharm，有两个版本，一个是免费的社区版本，另一个是面向企业开发者的专业版本；（3）Python 的人工智能、科学计算环境 Anaconda，其中包含了大量的科学包，提供包管理与环境管理的功能。

1.2.1　PyCharm 的下载和安装

PyCharm 是专业的面向 Python 的全功能集成开发环境。PyCharm 主页：http://www.jetbrains.com/pycharm/，如图 1-7 所示。

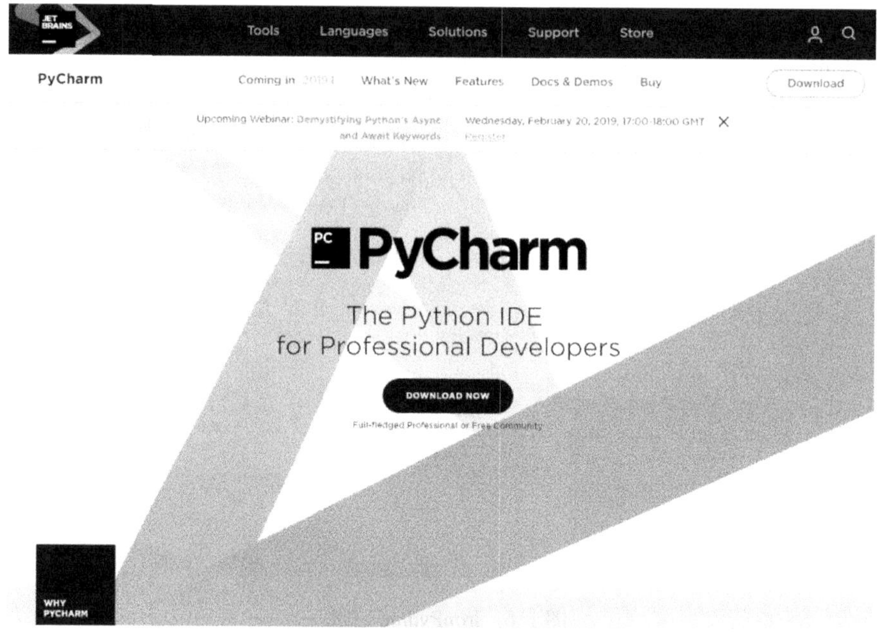

图 1-7　PyCharm 主页

（1）在主页单击 DOWNLOAD NOW 按钮，弹出下载界面，如图 1-8 所示。

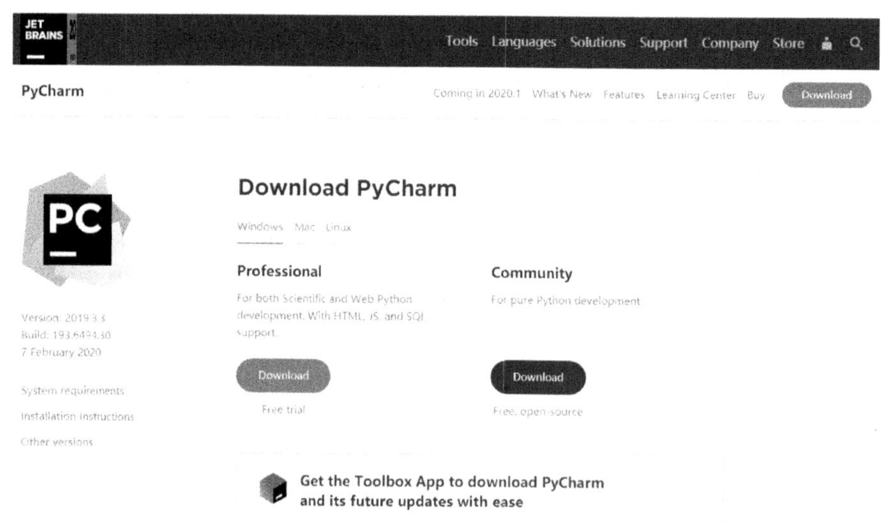

图 1-8　PyCharm 下载界面

（2）PyCharm 目前有两个版本：付费的专业版和免费的社区版，这里选择免费的社区版。下载的文件名为“pycharm-community-2019.3.3.exe”，双击文件开始安装，如图 1-9 所示。

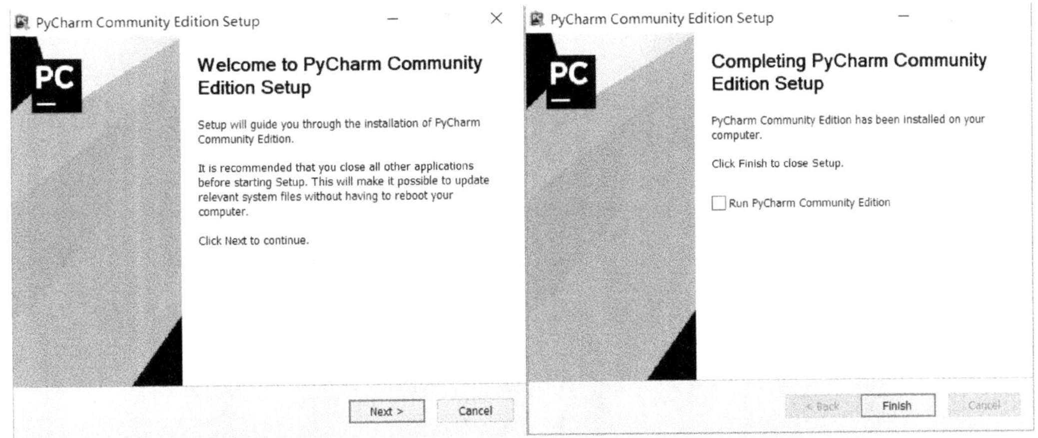

图 1-9　安装 PyCharm

（3）安装完成 PyCharm 以后，在程序开始菜单出现 PyCharm 启动项“JetBrains>JetBrains PyCharm Community”，单击 JetBrains PyCharm Community 选项即可启动，如图 1-10 所示。

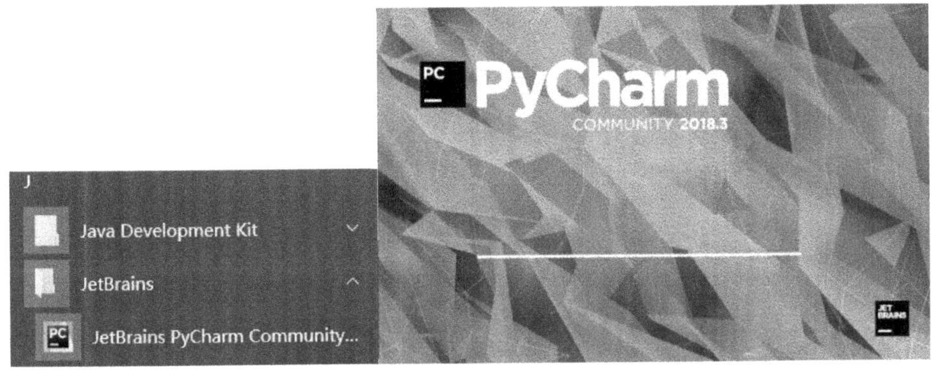

图 1-10　启动 PyCharm

（4）启动 PyCharm，在弹出的窗口中进行设置，这是第一次启动，选择 Do not import settings 选项，单击 OK 按钮，如图 1-11 所示。

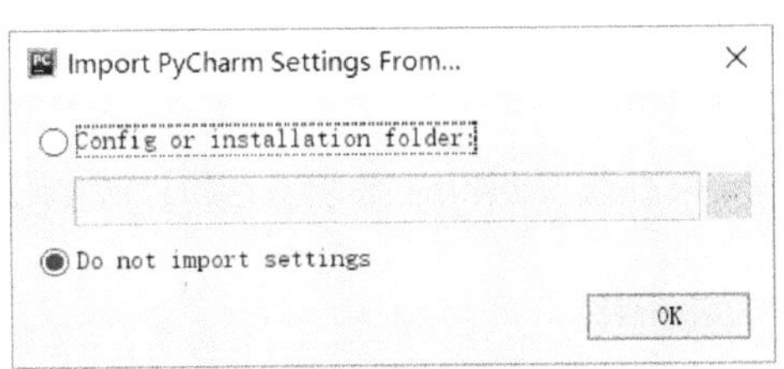

图 1-11　设置选项

（5）PyCharm 启动后的主界面如图 1-12 所示。

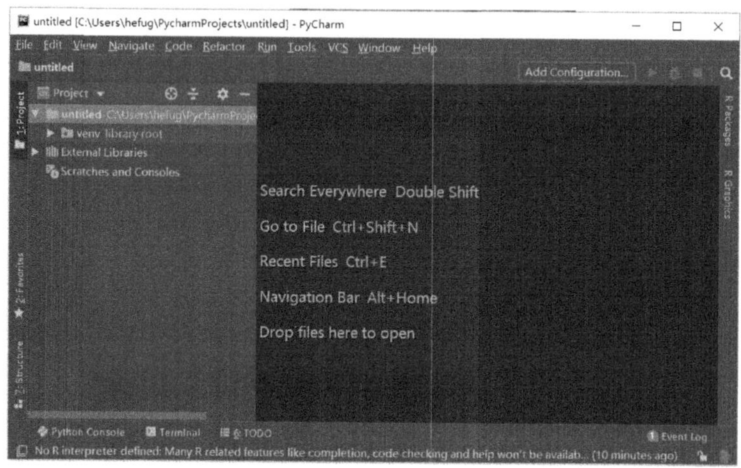

图 1-12　PyCharm 主界面

1.2.2　PyCharm 的使用

在 PyCharm 中新建 Python 程序的步骤如下。

（1）在 PyCharm 的主界面中选择“File>New Project”菜单命令以新建项目，如图 1-13 所示。

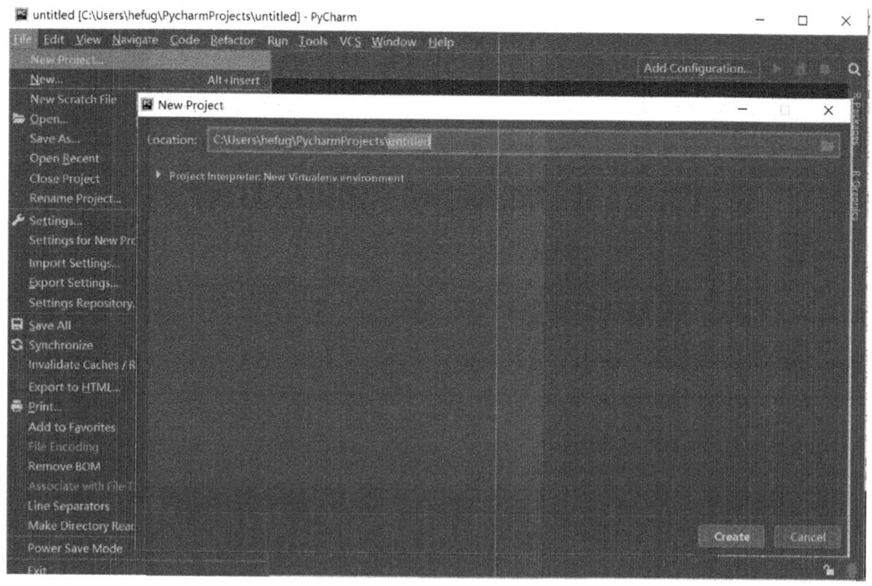

图 1-13　新建项目

（2）选中新建的项目，单击鼠标右键，在弹出菜单中选择“New>Python File”菜单命令，新建 Python 文件，如图 1-14 所示。

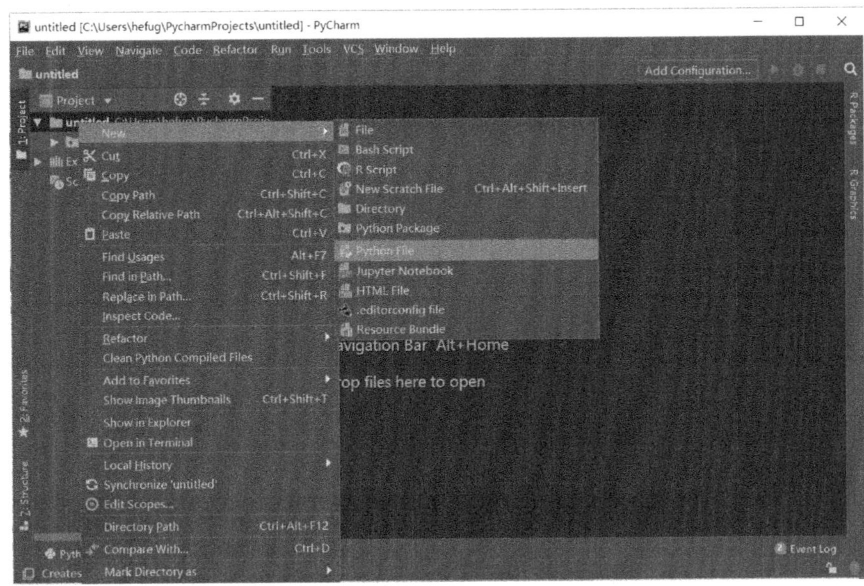

图 1-14　新建 Python 文件

（3）在新建的 Python 文件中输入代码，单击鼠标右键，在弹出的菜单中选择菜单“Run ‘t1’”菜单命令，执行 Python 代码，如图 1-15 所示。

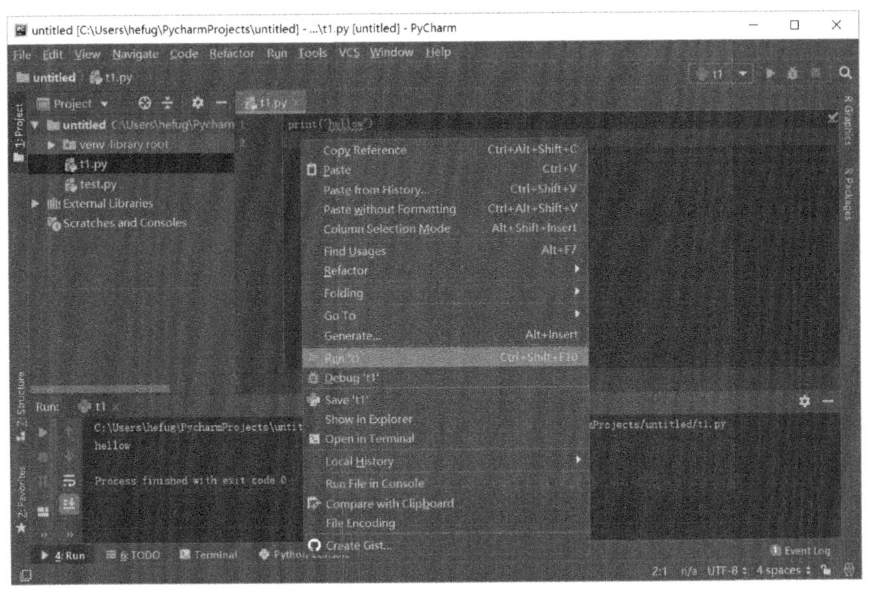

图 1-15　运行 Python 代码

在 PyCharm 中执行调试 Python 程序有两种方式：运行文件方式（上面介绍的方法）和交互方式。在 PyCharm 的主界面中选择窗口 Python Console，在此窗口中可以交互执行 Python 源代码，如图 1-16 所示。

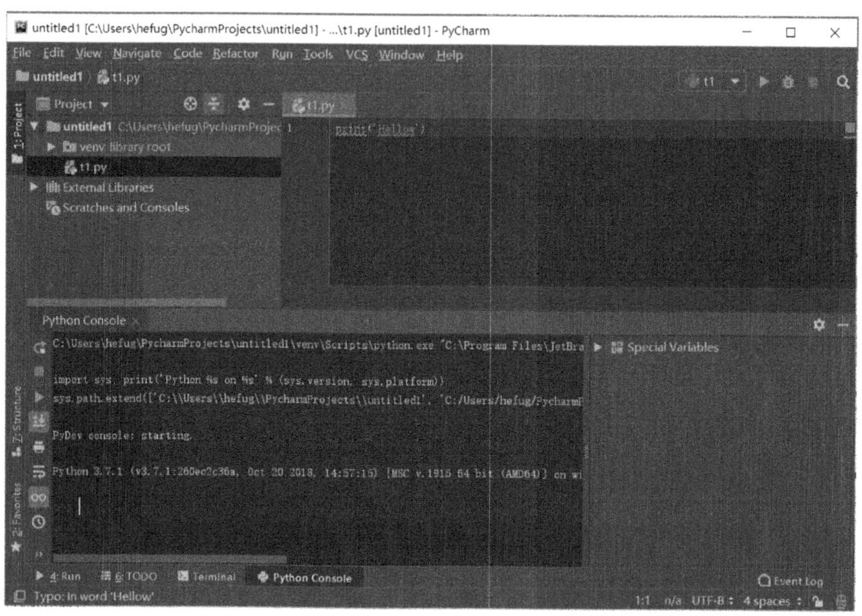

图 1-16　Python Console 窗口

PyCharm 可以进行个性化的设置，选择“File>Settings”菜单命令，打开 Settings（设置）窗口，如图 1-17 所示。在左侧栏中选择“Project>Project Interpreter”选项，在右侧即可设置 Python 的项目解释器 Project Interpreter。

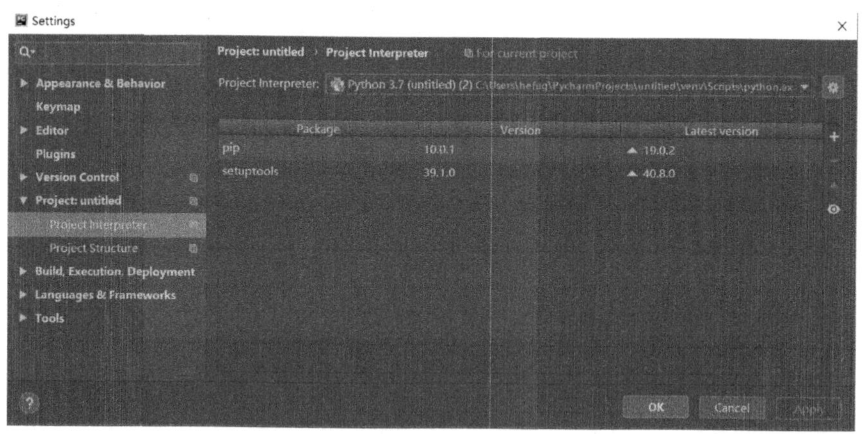

图 1-17　PyCharm 设置窗口

（4）在 Python 开发的过程中，经常用到第三方模块，可以在 Settings 窗口中进行操作。方法是在 Settings 窗口右侧栏中单击按钮➕，弹出如图 1-18 所示的窗口，在左侧选择安装的模块，例如 numpy 模块，然后单击下方的 Install Package 按钮开始安装。

安装完成以后，在 Settings 窗口中即可看到已经安装的模块 numpy，如图 1-19 所示。

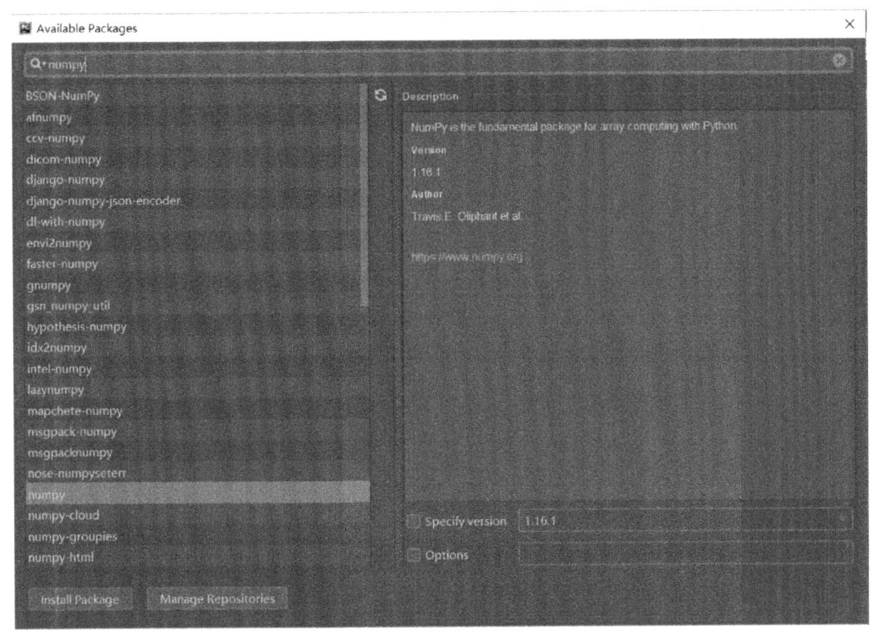

图 1-18　安装 Python 第三方模块

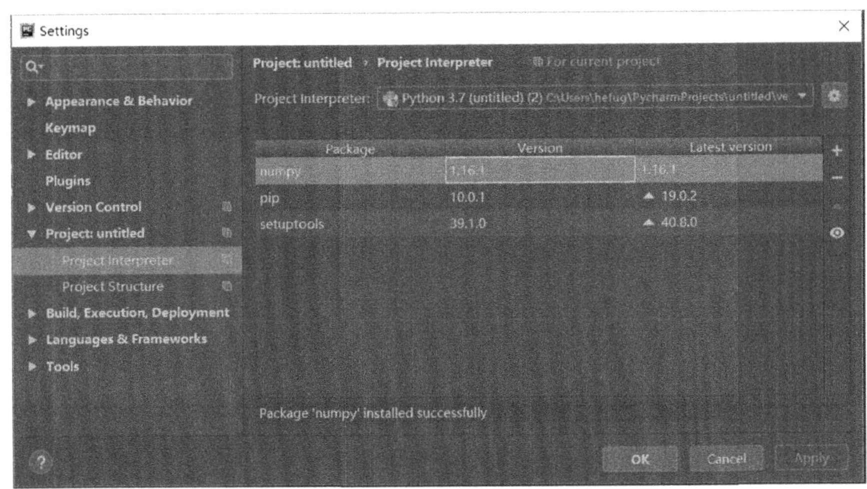

图 1-19　安装的第三方模块

1.2.3　树莓派 Python IDLE 的使用

Python 语言由于具有很强的可读性、可移植性，且易于维护，以及包含丰富多样的第三方扩展组件（例如数据库、数学计算、数据爬取、数据挖掘、机器视觉、人工智能、深度学习框架等方面的 Python 组件），因此，随着嵌入式处理系统的功能逐渐增强，Python 也广泛地应用到了嵌入式系统中。

树莓派（Raspberry Pi）是为学生学习计算机编程教育而设计的，鼓励计算机爱好者动手开发相关的软硬件应用，且只有信用卡大小的微型电脑。虽然树莓派的体积小，但是它的应用潜力无限，受众多计算机发烧友和创客的追捧，基于树莓派可以设计搭建出多种 DIY 产品，例如机器人、智能音箱、控制系统、云服务器、仿生系统、人工智能系统等，如图 1-20 所示。

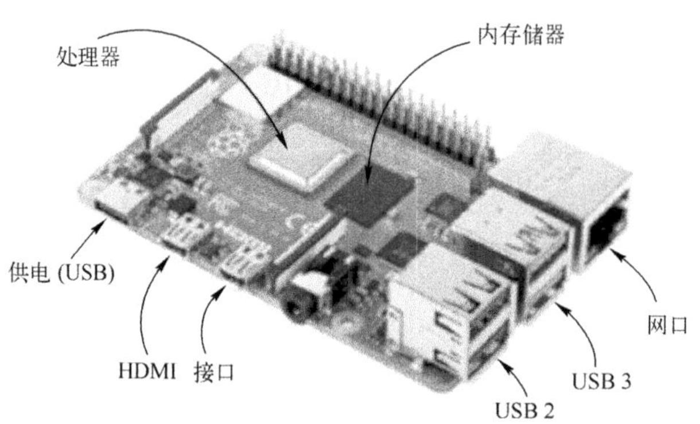

图 1-20　树莓派

树莓派主要是用 Python 语言开发设计各种应用。Python 允许树莓派实现各种丰富的应用，有了树莓派和 Python，唯一受到限制的就是想象力了。可以用 Python 实现树莓派控制实时监控系统、自动驾驶机器人、实时感知机器人、人脸识别系统等。

树莓派主页：https://www.raspberrypi.org/，如图 1-21 所示，可以从主页中下载树莓派的操作系统。

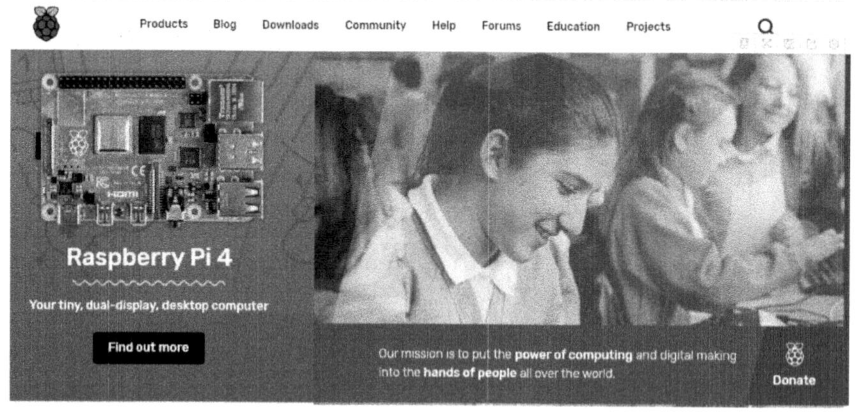

图 1-21　树莓派主页

完成树莓派操作系统的下载以后，还要下载树莓派系统烧录软件 Win32 Disk Imager，下载网址：https://sourceforge.net/projects/win32diskimager/files/latest/download，如图 1-22 所示。

图 1-22　Win32 Disk Imager 下载页面

下载完成后，运行文件“win32diskimager-1.0.0-install.exe”进行安装，将映像文件“win32diskimager-1.0.0-install 2020-02-13-raspbian-buster-full.img”烧写到启动树莓派的 Micro SD 卡中。方法是将插有 Micro SD 卡的 USB 读卡器插入 PC 的 USB 接口，运行 Win32 Disk Imager 系统烧录软件，如图 1-23 所示。可以看到插入的 Micro SD 卡盘符位于“设备”下面，单击“写入”按钮开始烧入。

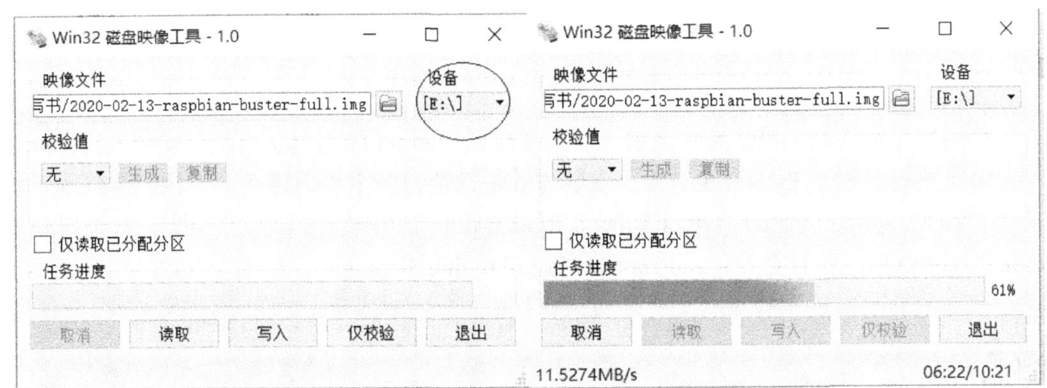

图 1-23　Win32DiskImager 运行界面

烧写完成后弹出对话框，单击 OK 按钮，如图 1-24 所示。

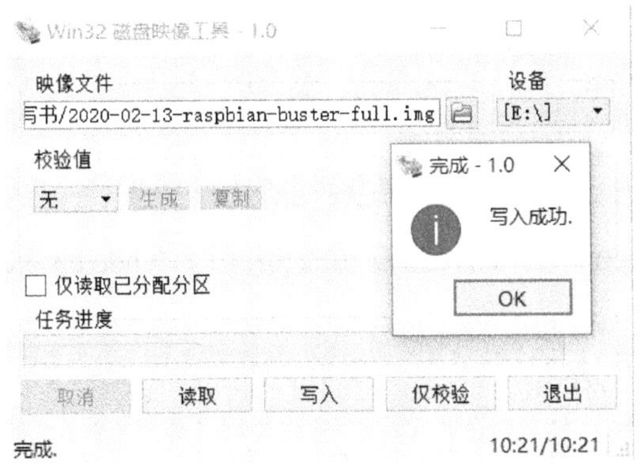

图 1-24　烧写完成

树莓派的官方操作系统是一款基于 Linux 的操作系统，将烧写完成操作系统的 Micro SD 卡插入树莓派卡槽，加电启动树莓派系统，启动后的界面如图 1-25 所示。可以看到已经集成了两个 Python 的编程环境：Python 3（IDLE）和 Thonny Python IDE。

图 1-25　树莓派启动后的界面

在使用树莓派访问 GPIO 硬件之前，还需要安装 Python 的 GPIO 库。在安装 GPIO 库之前，要确保系统安装了 Python-dev 包，安装方法是在树莓派主界面启动一个控制台终端，执行命令：sudo apt-get install python3-dev。Python-dev 包安装完成以后，即可安装树莓派 Python 的 GPIO 库，执行命令：sudo apt-get install python3-rpi.gpio，如图 1-26 所示。

```
pi@raspberrypi:~ $ sudo apt-get install python3-dev
正在读取软件包列表... 完成
正在分析软件包的依赖关系树
正在读取状态信息... 完成
下列【新】软件包将被安装：
  python3-dev
升级了 0 个软件包，新安装了 1 个软件包，要卸载 0 个软件包，有 6 个软件包未被升级
。
需要下载 1,158 B 的归档。
解压缩后会消耗 17.4 kB 的额外空间。
获取:1 http://raspbian.raspberrypi.org/raspbian stretch/main armhf python3-dev a
rmhf 3.5.3-1 [1,158 B]
已下载 1,158 B，耗时 3秒 (348 B/s)
正在选中未选择的软件包 python3-dev。
(正在读取数据库 ... 系统当前共安装有 127114 个文件和目录。)
正准备解包 .../python3-dev_3.5.3-1_armhf.deb ...
正在解包 python3-dev (3.5.3-1) ...
正在设置 python3-dev (3.5.3-1) ...
正在处理用于 man-db (2.7.6.1-2) 的触发器 ...
pi@raspberrypi:~ $
```

```
正在设置 python3-dev (3.5.3-1) ...
正在处理用于 man-db (2.7.6.1-2) 的触发器 ...
pi@raspberrypi:~ $ sudo apt-get install python3-rpi.gpio
正在读取软件包列表... 完成
正在分析软件包的依赖关系树
正在读取状态信息... 完成
下列【新】软件包将被安装：
  python3-rpi.gpio
升级了 0 个软件包，新安装了 1 个软件包，要卸载 0 个软件包，有 6 个软件包未被升级
。
需要下载 23.0 kB 的归档。
解压缩后会消耗 74.8 kB 的额外空间。
获取:1 http://archive.raspberrypi.org/debian stretch/main armhf python3-rpi.gpio
 armhf 0.6.3~stretch-1 [23.0 kB]
已下载 23.0 kB，耗时 4秒 (5,581 B/s)
正在选中未选择的软件包 python3-rpi.gpio。
(正在读取数据库 ... 系统当前共安装有 127120 个文件和目录。)
正准备解包 .../python3-rpi.gpio_0.6.3~stretch-1_armhf.deb ...
正在解包 python3-rpi.gpio (0.6.3~stretch-1) ...
正在设置 python3-rpi.gpio (0.6.3~stretch-1) ...
pi@raspberrypi:~ $
```

图 1-26　安装树莓派 Python 的 GPIO 库

树莓派安装其他 Python 库的方法类似，命令格式为“sudo apt-get install　Python 库”。

1.3　Python 基本语法

Python 语言与 Perl、C 和 Java 等语言有许多相似之处，但也存在一些差异。下面介绍 Python 的基础语法，帮助读者快速学会 Python 编程。

1.3.1　保留字和标识符

标识符是用于识别类、变量、函数、序列、元组、字典、函数以及其他对象的名字，标识符可以包含字母、数字及下划线。Python 保留字（又称关键字）是 Python 语言中已经被赋予特定意义的单词集合。开发程序时，不能把这些保留字作为变量、函数、类、模块和其他对象的标识符来使用。

在 Python IDE 中输入“import keyword　keyword.kwlist”，列出所有的 Python 保留字，图 1-27 为 Python 的保留字。

```
Python 3.7.2 Shell
File  Edit  Shell  Debug  Options  Window  Help
Python 3.7.2 (tags/v3.7.2:9a3ffc0492, Dec 23 2018, 23:09:28) [MSC v.1916 64 bit
(AMD64)] on win32
Type "help", "copyright", "credits" or "license()" for more information.
>>> import keyword
>>> keyword.kwlist
['False', 'None', 'True', 'and', 'as', 'assert', 'async', 'await', 'break', 'cla
ss', 'continue', 'def', 'del', 'elif', 'else', 'except', 'finally', 'for', 'from
', 'global', 'if', 'import', 'in', 'is', 'lambda', 'nonlocal', 'not', 'or', 'pas
s', 'raise', 'return', 'try', 'while', 'with', 'yield']
>>> |
```

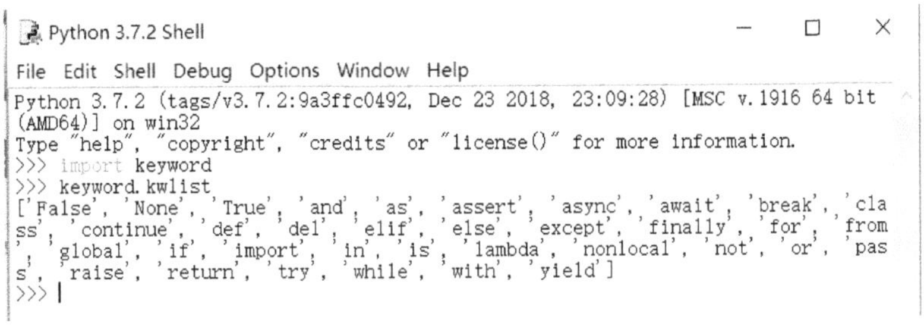

图 1-27　Python 的保留字

Python 保留字的说明如表 1-1 所示。

表 1-1　Python 保留字的说明

保留字	说明	保留字	说明
False	逻辑值“假”	for	循环语句
None	None 永远表示 False	from	用于导入模块，与 import 结合使用
True	逻辑值“真”	global	定义全局变量
and	逻辑运算“与”	if	条件语句，与 else、elif 结合使用
as	与 with 一起使用，简化表示	import	导入包
assert	断言，用于判断变量或条件表达式的值是否为真	in	判断变量是否存在序列中
async	用来声明一个函数为异步函数	is	判断变量是否为某个类的实例
await	用来声明程序挂起	lambda	表示匿名函数
break	中断循环语句的执行	nonlocal	用来在函数或其他作用域中使用外层（非全局）变量
class	用于定义类	not	逻辑运算“非”
continue	继续执行下一次循环	or	逻辑运算“或”
def	用于定义函数或方法	pass	空的类、函数、方法的占位符
del	删除变量或者序列的值	raise	异常抛出操作
elif	条件语句与 if else 结合使用	return	从函数返回计算结果
else	条件语句与 if.elif 结合使用，也可以用于异常和循环使用	try	包含可能会出现异常的语句，与 except、finally 结合使用
except	包括捕获异常后的操作代码，与 try、finally 结合使用	while	循环语句

（续）

保留字	说明	保留字	说明
finally	用于异常语句，出现异常后，始终要执行 finally 包含的代码块，与 try、except 结合使用	with	简化 Python 的语句
yield	用于从函数依次返回值		

1.3.2 变量和数据类型

Python 处理的数据类型非常丰富，下面分别进行说明。

1．Python 变量

Python 中的变量不需要声明。每个变量在使用前都必须赋值，变量赋值以后该变量才会被创建。在 Python 中，变量就是变量，没有类型，我们所说的“类型”是变量所指的内存中对象的类型。

赋值号（=）用来给变量赋值。赋值号（=）运算符左边是一个变量名，赋值号（=）运算符右边是存储在变量中的值。在 Python Shell 中的变量实例如下。

```
>>> counter = 105              # 整型变量
>>> miles = 1050.0             # 浮点型变量
>>> name= "hellow world"       # 字符串
>>> print (counter)
105
>>> print (miles)
1050.0
>>> print (name)
hellow world
```

Python 允许同时为多个变量赋值。

例如：a = b = c = 1。创建一个整型对象，值均为 1，三个变量被分配到相同的内存空间上。

在 Python 中，也可以为多个对象指定多个变量。

例如：a, b, c = 1, 2, "hellow"。将两个整型对象 1 和 2 分配给变量 a 和 b，字符串对象 "hellow" 分配给变量 c。

可以使用 del 语句删除一些对象引用，del 语句的语法如下。

```
del var1[,var2[,var3[....,varN]]]]
```

2．Python 数据类型

Python 中有如下几个标准的数据类型。

需要注意的是，在 Python2 中是没有布尔型数据的，而是用数字 0 表示 False，用 1 表示 True。在 Python3 中，True 和 False 被定义成了关键字，但它们的值还是 1 和 0，可以和数字相加。

1）Number（数字）

Python3 支持 int、float、bool、complex（复数）数据类型，例如：

```
a, b, c, d = 20, 5.5, True, 4+3j
```

在 Python Shell 中的数字实例如下。

```
>>> a, b, c, d = 20, 5.5, True, 4+3j
>>> print(type(a), type(b), type(c), type(d))
<class 'int'> <class 'float'> <class 'bool'> <class 'complex'>
```

另外，Python 还支持复数，复数由实数部分和虚数部分构成，可以用 a+bj 或者 complex(a,b)表示，复数的实数部分 a 和虚数部分 b 都是浮点型，例如：

```
>>> i=3+4j
>>> j=7-9j
>>> i+j
(10-5j)
```

2）String（字符串）

Python 中的字符串用单引号或双引号引起来，同时使用反斜杠（\）转义特殊字符。

字符串截取的语法格式：变量[头下标:尾下标]。

索引值以 0 为开始值，-1 为从末尾的开始位置。

加号（+）是字符串的连接符，星号（*）表示复制当前字符串，紧跟的数字为复制的次数。在 Python Shell 中的字符串实例如下。

```
>>> str='student'
>>> print(str)
student
>>> print(str[2:5])
ude
>>> print(str *2)
studentstudent
>>> print(str+"num")
studentnum
```

需要注意的是，Python 没有单独的字符类型，一个字符就是长度为 1 的字符串。

3）List（列表）

List（列表）是 Python 中使用最频繁的数据类型。

列表可以完成大多数集合类的数据结构实现。列表中元素的类型可以不相同，它支持数字、字符串，甚至可以包含列表（嵌套）。列表是写在方括号之间，用逗号分隔开的元素列表。和字符串一样，列表同样可以被索引和截取，列表被截取后返回一个包含所需元素的新列表。

列表截取的语法格式：变量[头下标:尾下标]。索引值以 0 为开始值，-1 为从末尾的开始位置。加号（+）是列表连接运算符，星号（*）表示重复操作。在 Python Shell 中的列表实例如下。

```
>>> list = [ 'abcd', 786 , 2.23, 'studen', 70.2 ]
>>> print (list)
['abcd', 786, 2.23, 'studen', 70.2]
>>> print (list[2:])
[2.23, 'studen', 70.2]
>>> print (list * 2)    # 输出两次列表
['abcd', 786, 2.23, 'studen', 70.2, 'abcd', 786, 2.23, 'studen', 70.2]
```

与 Python 字符串不一样的是，列表中的元素是可以改变的，List 内置了很多方法，例如 append()、pop()等。需要注意如下几点。

（1）List 写在方括号之间，元素用逗号隔开。

（2）和字符串一样，List 可以被索引和切片。

（3）List 可以使用+操作符进行拼接。

（4）List 中的元素是可以改变的。

4）Tuple（元组）

元组与列表类似，不同之处在于元组的元素不能修改。元组写在小括号里，元素之间用逗号隔开，元组中的元素类型也可以不相同。在 Python Shell 中的元组实例如下。

```
>>> list = [ 'abcd', 786 , 2.23, 'studen', 70.2 ]
>>> print (list)
['abcd', 786, 2.23, 'studen', 70.2]
>>> print (list[2:])
[2.23, 'studen', 70.2]
>>> print (list * 2)           # 输出两次列表
['abcd', 786, 2.23, 'studen', 70.2, 'abcd', 786, 2.23, 'studen', 70.2]
>>> tuple = ( 'abcd', 786 , 2.23, 'hellow', 70.2  )
>>> tinytuple = (123, 'student')
>>> print (tuple)
('abcd', 786, 2.23, 'hellow', 70.2)
>>> print (tuple[2:])          # 输出从第三个元素开始的所有元素
(2.23, 'hellow', 70.2)
>>> print (tinytuple * 2)      # 输出两次元组
(123, 'student', 123, 'student')
>>> print (tuple + tinytuple) # 连接元组
('abcd', 786, 2.23, 'hellow', 70.2, 123, 'student')
```

元组与字符串类似，可以被索引且下标索引从 0 开始，-1 为从末尾开始的位置。元组也可以截取，其实，可以把字符串看作一种特殊的元组。虽然 Tuple 的元素不可改变，但它可以包含可变的对象。String、List 和 Tuple 都属于 Sequence（序列）。

注意如下几点。

（1）与字符串一样，元组的元素不能修改。

（2）元组也可以被索引和切片。

（3）注意构造包含 0 或 1 个元素的元组的特殊语法规则。

（4）元组也可以使用+操作符进行拼接。

5）Set（集合）

集合（Set）是一个无序不重复元素的序列。基本功能是进行成员关系测试和删除重复元素。

可以使用大括号{ }或者 Set()函数创建集合，创建一个空集合必须用 Set()而不是{ }，因为{ }专门用来创建空字典。

创建格式：parame = {value01,value02,...} 或者 set(value)。

在 Python Shell 中的集合实例如下。

```
>>> student = {'Tom', 'Jim', 'Mary', 'Tom', 'Jack', 'Rose'}
>>> print(student)        # 输出集合，重复的元素被自动去掉
{'Jim', 'Rose', 'Mary', 'Tom', 'Jack'}
>>> a = set('abracadabra')
>>> print(a)
{'a', 'c', 'b', 'r', 'd'}
>>> b = set('alacazam')
>>> print(a - b)          # a 和 b 的差集
{'b', 'r', 'd'}
>>> print(a | b)          # a 和 b 的并集
{'a', 'm', 'c', 'b', 'r', 'l', 'z', 'd'}
>>> print(a & b)          # a 和 b 的交集
{'a', 'c'}
>>> print(a ^ b)          # a 和 b 中不同时存在的元素
{'b', 'm', 'r', 'l', 'z', 'd'}
```

6）Dictionary（字典）

字典（Dictionary）是 Python 中另一个非常有用的内置数据类型。

列表是有序的对象结合，字典是无序的对象集合。两者之间的区别在于字典中的元素是通过键来存取的，而不是通过偏移存取。

字典是一种映射类型，用{ }标识，它是一个无序的键（Key）：值（Value）对集合。

键（Key）必须使用不可变类型。在同一个字典中，键（Key）必须是唯一的。

在 Python Shell 中的字典实例如下。

```
>>> tinydict = {'name': 'li','code':1, 'site': 'www.self.com'}
>>> print (tinydict)            # 输出完整的字典
{'name': 'li', 'code': 1, 'site': 'www.self.com'}
>>> print (tinydict.keys())     # 输出所有键
```

```
dict_keys(['name', 'code', 'site'])
>>> print (tinydict.values())  # 输出所有值
dict_values(['li', 1, 'www.self.com'])
```

构造函数 dict()可以直接从键值对序列中构建字典，示例如下。

```
>>> dict([('Baidu', 1), ('Google', 2), ('Taobao', 3)])
{'Baidu': 1, 'Google': 2, 'Taobao': 3}
>>> dict(Baidu=1, Google=2, Taobao=3)
{'Baidu': 1, 'Google': 2, 'Taobao': 3}
```

另外，字典类型也有一些内置的函数，例如 clear()、keys()、values()等。

注意以下几点。

（1）字典是一种映射类型，它的元素是键值对。

（2）字典的关键字必须为不可变类型，且不能重复。

（3）创建空字典使用 { }。

3. Python 数据类型转换

有时候需要对数据内置的类型进行转换。转换数据类型时，只需要将数据类型作为函数名即可。

表 1-2 为几个典型的可以执行数据类型之间转换的内置函数，这些函数返回一个新的对象，表示转换的值。

表 1-2　数据类型转换

函数	描述	函数	描述
int(i [base])	将 i 转换为一个整数	long(i [,base])	将 i 转换为一个长整数
float(i)	将 i 转换到一个浮点数	str(s)	将对象 s 转换为字符串
complex(real [,imag])	创建一个复数	eval(x)	实现 list、dict、tuple 与 str 之间的转化
repr(s)	将对象 s 转换为字符串	tuple(l)	将序列 l 转换为一个元组
list(str)	将序列 str 转换为一个列表	set(s)	转换为可变集合
dict(k)	创建一个字典。k 必须是一个序列 (key，value)元组	frozenset(s)	转换为不可变集合
chr(i)	将一个整数转换为一个字符	unichr(i)	将一个整数转换为 Unicode 字符
ord(c)	将一个字符转换为它的整数值	hex(i)	将一个整数转换为一个十六进制字符串
oct(i)	将一个整数转换为一个八进制字符串		

1.3.3　基本控制结构

Python 基本控制结构包括顺序结构、选择结构和循环结构。

1. if 语句

Python 条件语句通过一条或多条语句的执行结果（True 或者 False）来决定执行的代码块。

Python 中 if 语句的一般形式如下。

```
if condition_1:
    statement_block_1
elif condition_2:
    statement_block_2
else:
    statement_block_3
```

如果 condition_1 为 True，将执行 statement_block_1 块语句；如果 condition_1 为 False，将判断 condition_2，如果 condition_2 为 True，将执行 statement_block_2 块语句；如果 condition_2 为 False，将执行 statement_block_3 块语句。

注意以下几点。

（1）Python 中用 elif 代替了 else if，所以 if 语句的关键字为：if-elif-else。

（2）每个条件后面要使用冒号（:），表示接下来是满足条件后要执行的语句块。

（3）使用缩进来划分语句块，相同缩进数的语句在一起组成一个语句块。

（4）在 Python 中没有 switch-case 语句。

下面展示一个简单的 if 实例。

```
>>> var1 = 100
>>> if var1:
        print ("1 - if 表达式条件为 true")
        print (var1)
1 - if 表达式条件为 true
100
>>> var2 = 0
>>> if var2:
        print ("2 - if 表达式条件为 true")
        print (var2)
```

if 中常用的操作运算符有：<（小于）、<=（小于或等于）、>（大于）、>=（大于或等于）、==（等于，比较对象是否相等）和!=（不等于）。

2. if 嵌套

在嵌套 if 语句中，可以把 if-elif-else 结构放在另外一个 if-elif-else 结构中，一般形式如下。

```
if 表达式1:
  语句
  if 表达式2:
      语句
  elif 表达式3:
      语句
  else:
```

```
    语句
elif 表达式4:
  语句
else:
  语句
```

例如，在 Python 编辑器中输入以下代码，保存到“embedded_if.py”文件中。

```
# !/usr/bin/python3
num=int(input("输入一个数字："))
if num%2==0:
   if num%3==0:
     print ("输入的数字可以整除 2 和 3")
   else:
     print ("输入的数字可以整除 2，但不能整除 3")
else:
   if num%3==0:
     print ("输入的数字可以整除 3，但不能整除 2")
   else:
     print  ("输入的数字不能整除 2 和 3")
```

执行后输出结果如下。

```
$ python3 test.py
输入一个数字：6
输入的数字可以整除 2 和 3。
```

3．循环语句 while

Python 中 while 语句的一般形式如下。

```
while 判断条件：
    语句
```

同样需要注意冒号和缩进。另外，在 Python 中没有 do-while 循环。

以下实例使用了 while 来计算 1 到 100 的总和。

```
#!/usr/bin/env python3
n = 100
sum = 0
counter = 1
while counter <= n:
   sum = sum + counter
   counter += 1
print("1 到 %d 之和为: %d" % (n,sum))
```

执行结果为“1 到 100 之和为: 5050”。

4. while 循环使用 else 语句

在 while-else 语句中，当条件语句为 false 时，执行 else 的语句块。

简单实例如下。

```
#!/usr/bin/python3
count = 0
while count < 5:
  print (count, " 小于 5")
  count = count + 1
else:
  print (count, " 大于或等于 5")
```

执行以上脚本，输出结果如下。

```
0  小于 5
1  小于 5
2  小于 5
3  小于 5
4  小于 5
5  大于或等于 5
```

5. 循环语句 for 语句

Python 的 for 循环可以遍历任何序列的项目，如一个列表或者一个字符串。

for 循环的一般格式如下。

```
for <variable> in <sequence>:
    <statements>
else:
    <statements>
```

在 Python Shell 中的 for 循环实例如下。

```
>>>languages = ["C", "C++", "Perl", "Python"]
>>> for x in languages:
     print (x)
C
C++
Perl
Python
```

for 实例可使用 break 语句，break 语句用于跳出当前循环体。

6. range()函数

如果需要遍历数字序列，可以使用内置 range()函数，它会生成数列，实例如下。

```
>>>for i in range(5):
```

```
    print(i)
0 1 2 3 4
```

也可以设置间隔，实例如下。

```
>>>for i in range(-10, -100, -30) :
       print(i)
-10 -40 -70
```

7. break 和 continue 语句及循环中的 else 子句

break 语句可以跳出 for 和 while 的循环体。如果从 for 或 while 循环中终止，任何对应的循环 else 块将不执行。continue 语句用于告诉 Python 跳过当前循环块中的剩余语句，然后继续进行下一轮循环。

8. pass 语句

pass 是空语句，是为了保持程序结构的完整性。pass 不起任何作用，一般用作占位语句，实例如下。

```
>>>while True:
       pass  # 等待键盘中断 (Ctrl+C)
```

9. 使用内置 enumerate()函数进行遍历

该函数使用格式如下。

```
for index, item in enumerate(sequence):
    process(index, item)
```

在 Python Shell 中的实例如下。

```
>>> sequence = [12, 34, 34, 23, 45, 76, 89]
>>> for i, j in enumerate(sequence):
       print(i, j)
```

输出结果如下。

```
0 12
1 34
2 34
3 23
4 45
5 76
6 89
```

10. 循环嵌套

使用 while 循环嵌套来实现 99 乘法法则的代码如下。

```
#!/usr/bin/python3
```

```
#外边一层循环控制行数
#i 是行数
i=1
while i<=9:
    #里面一层循环控制每一行中的列数
    j=1
    while j<=i:
        mut =j*i
        print("%d*%d=%d"%(j,i,mut), end="  ")
        j+=1
    print("")
    i+=1
```

for 循环嵌套的使用实例如下。

```
#!/usr/bin/python3
for i in range(1,6):
  for j in range(1, i+1):
    print("*",end='')
  print('\r')
```

输出结果如下。

```
*
**
***
****
*****
```

1.3.4　运算符

Python 语言和 C 语言、Java、PHP 等一样，都离不开运算操作，运算操作要用到运算符。Python 运算符可以分为算术运算符、比较运算符、逻辑运算符、赋值运算符、成员运算符、身份运算符以及位运算符等，如表 1-3 所示。

表 1-3　Python 的运算符

运算符类型	运算符	说明
算术运算符	+	两个对象相加
	-	负数，或一个数减去另一个数
	*	两个数相乘，或返回一个被重复若干次的字符串
	/	两个数相除
	%	模运算
	**	幂运算
	//	取整除（向下取整）

（续）

运算符类型	运算符	说明
关系运算符	==	比较对象是否相等，返回逻辑值
	!=	比较两个对象是否不相等，返回逻辑值
	<>	比较两个对象是否不相等，返回逻辑值。该运算符作用类似于!=
	>	大于，返回逻辑值
	<	小于，返回逻辑值
	>=	大于或等于，返回逻辑值
	<=	小于或等于，返回逻辑值
赋值运算符	=	简单的赋值运算符，k = a + b 将 a + b 的运算结果赋值为 k
	+=	加法赋值运算符，x += y 等效于 x = x + y
	-=	减法赋值运算符，a -= b 等效于 a = a – b
	*=	乘法赋值运算符，a *= b 等效于 a = a * b
	/=	除法赋值运算符，a /= b 等效于 a = a / b
	%=	取模赋值运算符，a %= b 等效于 a =a % b
	**=	幂赋值运算符，a **= b 等效于 a = a ** b
	//=	取整除赋值运算符，a //=b 等效于 a = a // b
位运算符	&	按位与运算符
	|	按位或运算符
	^	按位异或运算符，当两个对应的二进位相异时，结果为 1，相同时为 0
	~	按位取反运算符，对数据的每个二进制位取反
	<<	左移动运算符
	>>	右移动运算符
逻辑运算符	and	x and y，如果 x 为 False，x and y 返回 False，否则它返回 y 的计算值
	or	x or y，如果 x 是非 0，返回 x 的值，否则它返回 y 的计算值
	not	not x，如果 x 为 True，返回 False；如果 x 为 False，返回 True
成员运算符	in	x in y，如果 x 在 y 序列中存在，返回 True，否则返回 False
	not in	与 in 相反
身份运算符	is	判断两个标识符是不是引用自一个对象
	not is	判断两个标识符是不是引用自不同对象

1.3.5 函数

函数是组织好的、可重复使用的、用来实现单一或相关联功能的代码段。函数能提高应用的模块性和代码的重复利用率。Python 提供了许多内置函数，比如 print()。当然，也可以创建自己的函数，即用户自定义函数。

1．定义一个函数

可以定义一个具有自己想要功能的函数，以下是简单的规则。

（1）函数代码块以 def 关键词开头，后接函数标识符名称和圆括号（）。

（2）任何传入参数和自变量必须放在圆括号中间，圆括号之间可以用于定义参数。

（3）函数的第一行语句可以选择性地使用文档字符串（-）用于存放函数说明。

（4）函数内容以冒号起始，并且缩进。

（5）使用 return 表达式结束函数，选择性地返回一个值给调用方。不带表达式的 return 相当于返回 None。

函数定义语法格式如下。

```
def 函数名（参数列表）：
   函数体
```

默认情况下，参数值和参数名称是按函数声明中定义的顺序匹配起来的。

函数应用实例如下。

```
#!/usr/bin/python3
# 计算面积函数
def area(width, height):
   return width * height
def print_welcome(name):
   print("Welcome", name)
print_welcome("Hellow")
w = 6
h = 5
print("width =", w, " height =", h, " area =", area(w, h))
```

以上实例输出结果如下。

```
Welcome Hellow
width = 6  height = 5  area = 30
```

2. 函数调用

定义一个函数以后，可以通过另一个函数调用执行，也可以直接从 Python 命令提示符中执行。

如下实例中调用了 printstr() 函数。

```
#!/usr/bin/python3
# 定义函数
def printstr( str ):
   "打印任何传入的字符串"
   print (str);
   return;
# 调用函数
printstr("调用用户自定义函数!");
printstr("再次调用同一函数");
```

以上实例输出结果如下。

```
调用用户自定义函数!
再次调用同一函数
```

3. 参数传递

在 Python 中，类型属于对象，变量是没有类型的，例如：

```
a=[1,2,3]
a="Hellow"
```

以上代码中，[1,2,3] 是 List 类型，"Hellow" 是 String 类型，而变量 a 是没有类型，仅仅是一个对象的引用（一个指针），可以是 List 类型对象，也可以指向 String 类型对象。

4. 可更改与不可更改对象

在 Python 中，Strings、Tuples 以及 Numbers 是不可更改的对象，而 List、Dict 等则是可以更改的对象。

（1）不可变类型：变量赋值 a=8 后再赋值 a=10，这里实际是新生成一个 int 值对象 10，再让 a 指向它，而 8 被丢弃，不是改变 a 的值，相当于新生成了 a。

（2）可变类型：变量赋值 pa=[1,2,3,4] 后，再赋值 pa[2]=5，则是将 List pa 的第三个元素值更改，本身 pa 没有动，只是其内部的一部分值被修改了。

Python 函数的参数传递如下。

（1）不可变类型：类似于 C++的值传递，如整数、字符串、元组。例如，fun（x）传递的只是 x 的值，没有影响 x 对象本身。若在 fun（x）内部修改 x 的值，则只是修改另一个复制的对象，不会影响 x 本身。

（2）可变类型：类似于 C++的引用传递，如列表、字典。例如，Fun（pa）是将 pa 真正地传过去，修改后 fun 外部的 pa 也会受影响。

Python 中一切都是对象，严格来说，不应该说成值传递或是引用传递，应该说传不可变对象和传可变对象。

Python 传不可变对象实例如下。

```
#!/usr/bin/python3
def ChangeInt( x ):
    x = 10
b = 2
ChangeInt(b)
print( b ) # 结果是 2
```

实例中有整型对象 2，指向它的变量是 b，在传递给 ChangeInt()函数时，按传值的方式复制的变量 b，x 和 b 都指向了同一个 Int 对象，在 x=10 时，则新生成一个 Int 值对象 10，并让 x 指向它。

可变对象在函数里修改了参数，那么在调用这个函数时，函数的原始参数也被改变了，例如：

```
#!/usr/bin/python3
# 可写函数说明
def changelist( mylist ):
   "修改传入的列表"
   mylist.append([1,2,3,4,5]);
   print ("函数内取值: ", mylist)
   return
# 调用 changelist 函数
mylist = [10,20,30];
changelist( mylist );
print ("函数外取值: ", mylist)
```

传入函数的对象和在末尾添加新内容的对象用的是同一个引用，因此输出结果如下。

```
函数内取值:  [10, 20, 30, [1, 2, 3, 4,5]]
函数外取值:  [10, 20, 30, [1, 2, 3, 4,5]]
```

5. 参数

调用函数时可使用的正式参数类型如下。

1）必需参数

必需参数要以正确的顺序传入函数，调用时的参数数量必须和声明时的参数数量一样。调用 printstr()函数，必须传入一个参数，不然会出现语法错误，例如：

```
#!/usr/bin/python3
#可写函数说明
def printstr( str1 ):
   "打印任何传入的字符串"
   print (str1);
   return;
#调用 printstr 函数
printstr();
```

以上实例输出结果如下。

```
Traceback (most recent call last):
  File "<pyshell#10>", line 1, in <module>
    printstr();
TypeError: printstr() missing 1 required positional argument: 'str1'
```

2）关键字参数

关键字参数允许传入 0 个或任意一个含参数名的参数，这些关键字参数在函数内部自动组成为一个 Dict，例如：

```
def person(name,age,**kw):
    print('name:',name,'age:',age,'other:',kw)
person('Smith','37')
person('Smith','37',city='Beijing')
person('Smith','37',gender='M',job='Engineer')
```

输出结果如下。

```
name: Smith age: 37 other: {}
name: Smith age: 37 other: {'city': 'Beijing'}
name: Smith age: 37 other: {'gender': 'M', 'job': 'Engineer'}
```

3）默认参数

调用函数时，如果没有传递参数，则会使用默认参数。以下实例中，如果没有传入 age 参数，则使用默认值。

```
#!/usr/bin/python3
#可写函数说明
def printinfo( name, age = 30 ):  #age 默认参数
   "打印任何传入的字符串"
   print ("名字: ", name);
   print ("年龄: ", age);
   return;
#调用 printinfo 函数
printinfo(name="lisi", age=60);
print ("------------------------")
printinfo( name="lisi" );
```

以上实例输出结果如下。

```
  名字:  lisi
  年龄:  60
------------------------
  名字:  lisi
  年龄:  30
```

4）不定长参数

如果需要一个函数能处理比当初声明时更多的参数，这些参数叫作不定长参数，和上述几种参数不同，参数声明时不会命名，基本语法如下。

```
def functionname([formal_args,] *var_args_tuple ):
   "函数_文档字符串"
   function_suite
   return [expression]
```

加了星号（*）的变量名会存放所有未命名的变量参数。如果在函数调用时没有指定参

数，它就是一个空元组，也可以不向函数传递未命名的变量。不定长参数实例如下。

```
#!/usr/bin/python3
# 可写函数说明
def printinfo( arg1, *vartuple ):
   "打印任何传入的参数"
   print ("输出: ")
   print (arg1)
   for var in vartuple:
      print (var)
   return;
# 调用 printinfo 函数
printinfo( 8 );
printinfo( 70, 60, 50 ,80);
```

以上实例输出结果如下。

```
输出: 8
输出: 70  60  50  80
```

6. 匿名函数

Python 使用 lambda 来创建匿名函数。所谓匿名，意即不再使用 def 语句这样标准的形式定义一个函数。lambda 只是一个表达式，函数体比 def 函数简单很多。

lambda 的主体是一个表达式，而不是一个代码块，只能在 lambda 表达式中封装有限的逻辑。lambda 函数拥有自己的命名空间，且不能访问自己参数列表之外或全局命名空间里的参数。

虽然 lambda 函数看起来只能写一行，却不等同于 C 或 C++的内联函数，后者的目的是调用小函数时不占用栈内存从而提高运行效率。

lambda 函数的语法只包含一个语句：

```
lambda [arg1 [,arg2,.....argn]]:expression
```

实例如下。

```
#!/usr/bin/python3
# 可写函数说明
sum = lambda arg1, arg2: arg1 + arg2;
# 调用 sum 函数
print ("相加后的值为 : ", sum( 15, 15 ))
print ("相加后的值为 : ", sum( 50, 20 ))
```

以上实例输出结果如下。

```
相加后的值为 :  30
相加后的值为 :  60
```

7. return 语句

return 语句用于退出函数，选择性地向调用方返回一个表达式。不带参数值的 return 语句返回 None。之前的实例中都没有示范如何返回数值，以下实例演示了 return 语句的用法。

```
#!/usr/bin/python3
# 可写函数说明
def sum( arg1, arg2 ):
   # 返回 2 个参数的和."
   total = arg1 + arg2
   print ("函数内 : ", total)
   return total;
# 调用 sum 函数
total = sum( 20, 30 );
print ("函数外 : ", total)
```

以上实例输出结果如下。

```
函数内 :  50
函数外 :  50
```

8. 变量作用域

在 Python 中，程序的变量并不是在哪个位置都可以访问的，访问权限决定于这个变量是在哪里赋值的。变量的作用域决定了哪一部分程序可以访问哪个特定的变量名称。Python 的作用域一共有 4 种，分别如下。

（1）L（Local）：局部作用域。

（2）E（Enclosing）：闭包函数外的函数中。

（3）G（Global）：全局作用域。

（4）B（Built-in）：内建作用域。

在 Python 中，以 L>E>G>B 规则查找变量，即在局部找不到时，便会去局部外的局部查找（例如闭包），若依然找不到，则会去全局查找，再去内建中查找。

```
x = int(2.9)  # 内建作用域
g_count = 1  # 全局作用域
def outer():
    o_count = 2  # 闭包函数外的函数中
    def inner():
        i_count = 3  # 局部作用域
```

Python 中只有模块（module）、类（class）以及函数（def、lambda）会引入新的作用域，其他的代码块（如 if-elif-else、try-except、for-while 等）是不会引入新的作用域的，也就是说外部也可以访问这些语句内定义的变量，示例如下。

```
>>> if True:
    msg = 'I am from country'
>>> msg
'I am from country'
```

实例中 msg 变量定义在 if 语句块中，但外部还是可以访问的。

如果将 msg 定义在函数中，则它就是局部变量，外部不能访问。

```
>>> def test():
    msg_inner = 'I am from China'
>>> msg_inner
Traceback (most recent call last):
  File "<pyshell#26>", line 1, in <module>
    msg_inner
NameError: name 'msg_inner' is not defined
```

从报错的信息上看，说明了 msg_inner 未定义无法使用，因为它是局部变量，只有在函数内可以使用。

9．全局变量和局部变量

定义在函数内部的变量拥有一个局部作用域，定义在函数外的变量拥有全局作用域。局部变量只能在其被声明的函数内部访问，而全局变量可以在整个程序范围内访问。调用函数时，所有在函数内声明的变量名称都将被加入到作用域中，实例如下。

```
#!/usr/bin/python3
total = 10; # 这是一个全局变量
# 可写函数说明
def sum( arg1, arg2 ):
    #返回 2 个参数的和
    total = arg1 + arg2; # total 在这里是局部变量
    print ("函数内是局部变量 : ", total)
    return total;
#调用 sum 函数
sum( 20, 20 );
print ("函数外是全局变量 : ", total)
```

以上实例输出结果如下。

```
函数内是局部变量 :  40
函数外是全局变量 :  10
```

10．global 和 nonlocal 关键字

当内部作用域想修改外部作用域的变量时，就要用到 global 和 nonlocal 关键字。在以下实例中将修改全局变量 num。

```
#!/usr/bin/python3
```

```
num = 10
def fun1():
    global num  # 需要使用 global 关键字声明
    print(num)
    num = 1234
    print(num)
fun1()
```

以上实例输出结果如下。

```
10
1234
```

如果要修改嵌套作用域（enclosing 作用域，外层非全局作用域）中的变量，则需要使用 nonlocal 关键字，实例如下。

```
#!/usr/bin/python3
def outer():
    num = 10
    def inner():
        nonlocal num   # nonlocal 关键字声明
        num = 100
        print(num)
    inner()
    print(num)
outer()
```

以上实例输出结果如下。

```
100
100
```

另外，要注意一种特殊情况，假设下面这段代码被运行。

```
#!/usr/bin/python3
a = 10
def test():
    a = a + 1
    print(a)
test()
```

执行以上程序，报错信息如下。

```
T Traceback (most recent call last):
  File "<pyshell#38>", line 1, in <module>
    test()
  File "<pyshell#37>", line 2, in test
```

```
    a = a + 1
UnboundLocalError: local variable 'a' referenced before assignment
```

错误信息为局部作用域引用错误，因为 test()函数中的 a 使用的是局部未定义的变量，无法修改。

1.3.6　with 语句

Python 中有很多任务需要事先设置和事后清理，在这种情况下，使用 with 语句处理会非常方便。一个典型的例子就是文件处理，读取文件的一般代码如下。

```
file = open("/tmp/test.txt")
data = file.read()
file.close()
```

用户有时可能会忘记关闭文件，或者在读取数据时发生异常，没有进行任何处理，这时使用 with 可以很好地处理这些问题，使用 with 语句的代码如下。

```
with open("/tmp/test.txt") as file:
    data = file.read()
```

with 的使用格式如下。

```
with expression as variable:
    with block
```

with 后面为一个表达式，表达式被求值后，返回对象的 __enter__()方法被调用，这个方法的返回值将被赋值给 as 后面的变量，方便之后操作。然后执行 with block 代码块，不论成功、错误或异常，在 with block 执行结束后，会调用前面返回对象的__exit__()方法。

1.3.7　字符串操作

字符串是 Python 中最常用的数据类型，可以使用单引号或双引号来表示字符串。创建字符串很简单，只要为变量分配一个值即可，例如：

```
s1 = 'Hello World!'
s2 = "Python Test"
```

1. 访问字符串中的值

Python 不支持字符类型，在 Python 中单字符也作为一个字符串使用。在 Python 中，可以使用方括号来截取字符串，例如：

```
s1 = 'Hello World'
s1[0]   // 结果为'H'
s1[-1]  // 结果为'd'
s1[1:5]  // 结果为'ello'
```

2. 字符串运算符

假设变量 s1 值为"Hello"，变量 s2 的值为 "Python"，则字符串运算如下。

s1 + s2 的值为 'HelloPython'。

s1*2 的值为 'HelloHello'。

"H" in s1 的值为 True。

"M" not in s1 的值为 True。

r'\n' 的值为\n，r 接的字符串为原始字符串，所有的字符串都是直接按照字面的意思来使用。

3. 字符串内置函数

Python 字符串的操作大部分是通过 Python 的字符串内置函数实现的，字符串的内置函数列表如图 1-28 所示。

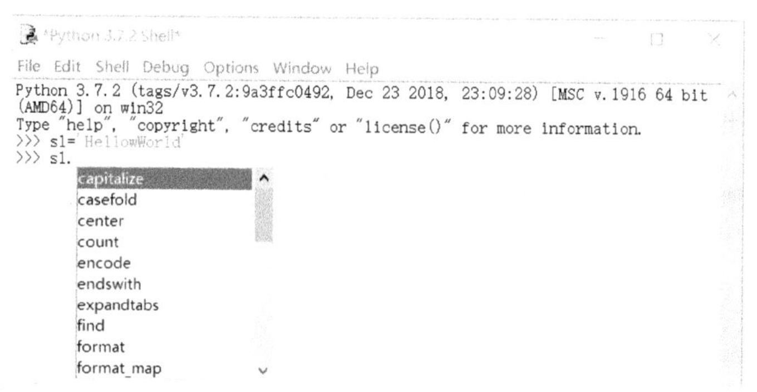

图 1-28 Python 的字符串内置函数

Python 的字符串常用内置函数说明如表 1-4 所示。

表 1-4 Python 的字符串常用内置函数

函数名称	说明	函数名称	说明
capitalize()	将字符串的第一个字符转换为大写	find(str, beg=0, end=len(string))	检测字符串中是否包含子字符串 str，与 index()方法相同
casefold()	转换字符串中所有大写字符为小写	isalnum()	检测字符串是否存在数字
center((width[, fillchar]))	返回一个原字符串居中，并使用指定字符串填充至长度 width 的新字符串	split(str)	指定分隔符 str 对字符串进行切片，返回字符串的列表
count(sub,start,end)	用于统计字符串里某子串出现的次数。可选参数为字符串搜索的开始与结束位置	strip()	去掉字符串开头和结尾的空格
encode(encoding='UTF-8')	以 encoding 指定的编码格式编码字符串	replace(old, new)	字符串中的 old（旧字符串）替换成 new（新字符串）
endswith(suffix[, start[, end]])	用于判断字符串是否以指定后缀结尾	partition(str)	有点像 find()和 split()的结合体，从 str 出现的第一个位置起，把字符串 string 分成一 个 3 元素的元组
expandtabs()	把字符串中的 tab 符号（'\t'）转为空格	translate(table)	根据 table 给出的映射表替换字符串的字符

1.3.8　异常处理

异常即是一个事件，该事件会在程序执行过程中发生，影响程序的正常执行。一般情况下，在 Python 无法正常处理程序时，就会发生一个异常。异常是 Python 对象，表示一个错误。当 Python 脚本发生异常时，我们需要捕获处理它，否则程序会终止执行。

捕捉异常可以使用 try-except 语句。try-except 语句用来检测 try 语句块中的错误，从而让 except 语句捕获异常信息并处理。如果不想在异常发生时结束程序，则要在 try 里捕获它。

以下为简单的 try-except-else 的语法。

```
try:
    <语句>          #运行别的代码
except <名字>:
    <语句>          #如果在 try 部分引发了'name'异常
except <名字>, <数据>:
    <语句>          #如果引发了'name'异常，获得附加的数据
else:
    <语句>          #如果没有异常发生
```

Try 的工作原理是，当开始一个 try 语句后，Python 就在当前程序的上下文中做标记，这样当异常出现时就可以回到这里，try 子句先执行，接下来会发生什么依赖于执行时是否出现异常。

如果 try 后的语句执行时发生异常，Python 就跳回到 try 并执行第一个匹配该异常的 except 子句，异常处理完毕，控制流就通过整个 try 语句（除非在处理异常时又引发新的异常）。

如果在 try 后的语句里发生了异常，却没有匹配的 except 子句，异常将被递交到上层的 try，或者到程序的最上层（这样将结束程序，并打印默认的出错信息）。

如果在 try 子句执行时没有发生异常，Python 将执行 else 语句后的语句（如果有 else 的话），然后控制流通过整个 try 语句。

下面是简单的实例，将打开一个文件，在该文件中写入内容，且并未发生异常。

```
#!/usr/bin/python3
try:
    fh = open("testfile", "w")
    fh.write("这是一个测试文件，用于测试异常!!")
except IOError:
    print "Error: 没有找到文件或读取文件失败"
else:
    print "内容写入文件成功"
    fh.close()
```

以上程序输出结果如下。

```
$ python test.py
内容写入文件成功
$ cat testfile       # 查看写入的内容
这是一个测试文件，用于测试异常!!
```

下面的实例中，将打开一个文件，在该文件中写入内容，但该文件没有写入权限，因此发生了异常。

```
#!/usr/bin/python
try:
    fh = open("testfile", "w")
    fh.write("这是一个测试文件，用于测试异常!!")
except IOError:
    print "Error: 没有找到文件或读取文件失败"
else:
    print "内容写入文件成功"
    fh.close()
```

在执行代码前为了测试方便，可以先去掉testfile文件的写权限，命令如下。

```
chmod -w testfile
```

再执行以上代码。

```
$ python test.py
Error: 没有找到文件或读取文件失败
```

也可以使用相同的except语句来处理多个异常信息，示例如下。

```
try:
    正常的操作
except(Exception1[, Exception2[,...ExceptionN]]]):
   发生以上多个异常中的一个，执行这块代码
else:
    如果没有异常，执行这块代码
try-finally 语句无论是否发生异常都将执行最后的代码
try:
    <语句>
finally:
    <语句>    #退出 try 时总会执行
```

例如：

```
#!/usr/bin/python
try:
    fh = open("testfile", "w")
    try:
```

```
        fh.write("这是一个测试文件，用于测试异常!!")
    finally:
        print "关闭文件"
        fh.close()
except IOError:
    print "Error: 没有找到文件或读取文件失败"
```

当在 try 块中抛出一个异常时，立即执行 finally 块代码。finally 块中的所有语句执行后，异常被再次触发，并执行 except 块代码。

可以使用 raise 语句自己触发异常，raise 语法格式如下。

```
raise [Exception [, args [, traceback]]]
```

语句中 Exception 是异常的类型（例如 NameError），参数是一个异常参数值。该参数是可选的，如果不提供，异常的参数是 None。最后一个参数是可选的（在实践中很少使用），如果存在，则是跟踪异常对象。

一个异常可以是一个字符串、类或对象。Python 的内核提供的异常，大多数都是实例化的类，可以理解为一个类的实例的参数。

定义异常的方法非常简单，示例如下。

```
def functionName( level ):
    if level < 1:
        raise Exception("Invalid level!", level)
        # 触发异常后，后面的代码就不会再执行
```

需要注意的是，为了能够捕获异常，except 语句必须用相同的异常来抛出类对象或者字符串。

例如，捕获以上异常，except 语句如下所示。

```
try:
    正常逻辑
except "Invalid level!":
    触发自定义异常
else:
    其余代码
```

例如：

```
#!/usr/bin/python3
# 定义函数
def mye( level ):
    if level < 1:
        raise Exception("Invalid level!", level)
        # 触发异常后，后面的代码就不会再执行
try:
```

```
    mye(0)              // 触发异常
except "Invalid level!":
    print 1
else:
    print 2
```

执行以上代码，输出结果如下。

```
$ python test.py
Traceback (most recent call last):
  File "test.py", line 11, in <module>
    mye(0)
  File "test.py", line 7, in mye
    raise Exception("Invalid level!", level)
Exception: ('Invalid level!', 0)
```

1.4 Python序列

在数学中，序列也称为数列，就是按照一定顺序排列的数，在计算机中，序列是指数据的存储方式。序列是 Python 中最基本的数据结构，表示一块连续的内存空间，Python 提供了 5 个常用的序列结构，分别是字符串、列表、元组、字典和集合。序列都可以进行索引、切片、加、乘和检查成员操作。Python 已经内置了确定序列的长度以及确定最大和最小的元素的方法。

1.4.1 列表

列表的所有元素放在一对方括号“[ ]”中，相邻的元素使用逗号“,”分割，列表中的元素可以是整数、实数、字符串、列表、元组等任何类型，同一列表的元素类型可以是相同的，也可以不相同，因此，Python 的列表是非常灵活的，这是与其他语言的不同之处。序列中的每个元素的位置都分配一个数字，叫索引，第一个位置是 0，第二个位置是 1，依此类推。

1. 创建一个列表

使用赋值运算符（=）将一个列表赋值给变量，语法格式如下。

```
list1=[element-1, element-2, ……. element-n]
```

其中 list1 为列表变量名，element-为列表中的元素，元素的数量没有限制，元素的类型是 Python 支持的类型，可以是相同类型，也可以是不同类型，例如：

```
l1=['a', 'b', 'c', 'd', 'e', 'f']  //元素同类型
l2 = ['math', 'Chinese', 2002, 2006];  //元素不同类型
l3=[]  //空列表
l4=['Python', 'Java', ['Linux', 'Windows', 'Unix']]  //元素本身为列表
```

2. 访问列表

使用下标索引可访问列表中的值，也可以使用方括号的形式截取字符，例如：

```
>>> l1=['a', 'b', 'c', 'd', 'e', 'f']
>>> l1[1]
'b'
>>> l1[2:4]
['c', 'd']
```

可以使用 for 循环遍历列表，格式如下。

```
for item in List
    输出列表元素
```

可以使用 for 循环和 enumerate（List）同时输出索引值和元素值，格式如下。

```
for index,item in enumerate（List）
  输出索引和元素
```

列表的内置函数如图 1-29 所示，这些函数用于实现列表的常用操作。

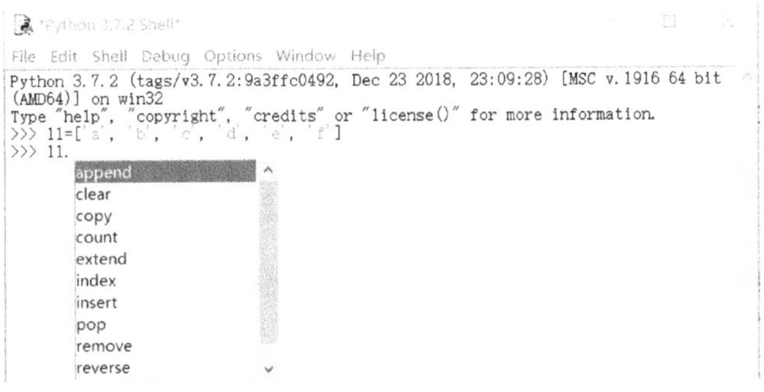

图 1-29　列表的内置函数

列表的内置函数说明如下。

（1）append(obj)：在列表末尾添加新的元素。

（2）clear()：清除列表的元素。

（3）copy()：返回列表的一个浅元素。

（4）count(element)：返回元素在列表中的数量。

（5）extend(l1)：在列表末尾一次性追加另一个序列（用新列表扩展原来的列表）。

（6）index(element,start,end)：返回元素的位置。

（7）insert(index, obj)：将对象插入列表。

（8）pop()：移除列表中一个元素（默认为最后一个元素），并且返回该元素的值。

（9）remove(element)：移除列表中第一个匹配元素项。

（10）reverse()：反向列表中元素。

（11）sort()：对列表进行排序，前提是元素为同类型。

Python 中包含的对列表的操作内置函数如下。

（1）cmp(l1, l2)：比较两个列表的元素。

（2）len(l1)：返回列表元素个数。

（3）max(l1)：返回列表元素最大值。

（4）min(l1)：返回列表元素最小值。

（5）list(seq)：将元组转换为列表。

使用列表推导式可以生成满足指定条件的列表，格式如下。

```
list=[exp for var in range if exp,]
```

例如：

```
 >>> l1= [k for k in range(50) if k % 3 is 0]
>>> print(l1)
[0, 3, 6, 9, 12, 15, 18, 21, 24, 27, 30, 33, 36, 39, 42, 45, 48]
```

删除列表的格式：del listname，其中 listname 为列表名。

1.4.2 元组

Python 的元组（Tuple）是另一个重要的序列结构，与列表的不同之处在于元组的元素不能修改；元组使用小括号，列表使用方括号。元组创建方法很简单，只需要在括号中添加元素，并使用逗号隔开即可，元组中的元素可以是整数、实数、字符串、列表、元组等任何类型，同一元组的元素类型可以相同，也可以不相同。

使用赋值运算符“=”将一个元组赋值给变量，语法格式如下。

```
t1= (element-1, element-2, ……. element-n)
```

其中 t1 为元组变量名，elemnet-为元组中的元素，元素的数量没有限制，元素的类型是 Python 支持的类型，可以是相同类型，也可以是不同类型，例如：

```
t1=('a', 'b', 'c', 'd', 'e', 'f')//元素同类型
t2 = ('math', 'Chinese', 2002, 2006);  //元素不同类型
t3=() //空元组
t4=('Python', 'Java', ('Linux', 'Windows', 'Unix'))  //元素本身为元组
```

元组的内置函数有两个，说明如下。

（1）count(element)：返回元素在元组的数量。

（2）index(element,start,end)：返回元素的位置。

Python 中包含的对元组的操作内置函数如下。

（1）cmp(t1, t2)：比较两个元组元素。

（2）len(t1)：计算元组元素个数。

（3）max(t1)：返回元组中元素最大值。

（4）min(t1)：返回元组中元素最小值。

（5）tuple(l1)：将列表转换为元组。

删除元组的格式：del tuplename，其中 tuplename 为元组名。

1.4.3　字典

在 Python 中，字典和列表相似，也是可变序列，不同之处在于字典内容是以键值对的形式存放的，字典的每个键值对（key：value）用冒号分割，每个键值对之间用逗号分隔，整个字典包括在花括号 { } 中。

1. 字典的创建和删除

字典的定义格式如下。

```
d = {key1 : value1, key2 : value2 , …}
```

其中键（key）必须是独一无二的，但值（value）则不必。值可以取任何 Python 数据类型，但必须是不可变的，例如：

```
d1 = {'Alice': '1234', 'Bell': '4503', 'Center': '3889'}
d2 = dict((['x', 11], ['y', 222]))
```

字典也可以通过映射进行创建，格式如下。

```
d=dict(zip(l1,l2)
```

其中，l1 表示生成字典键的列表，l2 表示生成字典值的列表。

删除字典的方法如下。

```
del d['name']        // 删除键为 name 的项。
d.clear()            // 删除 d 中所有的条目。
del d                // 删除整个 di 字典。
d.pop('name')        # 删除并返回键为 name 的项。
```

2. 字典的内置函数

字典的内置函数用于实现字典的常用操作，如图 1-30 所示。

字典的内置函数说明如下。

（1）clear ()：删除字典中所有元素。

（2）copy ()：返回字典（浅复制）的一个副本。

（3）fromkeys(keys,val=None)：创建并返回一个新字典，以 keys 中的元素为字典的键，val 用作该字典中所有键对应的初始值（默认为 None）。

（4）get(key,default=None)：返回字典键 key 对应的值，如果字典中不存在此键，则返回 default 值。

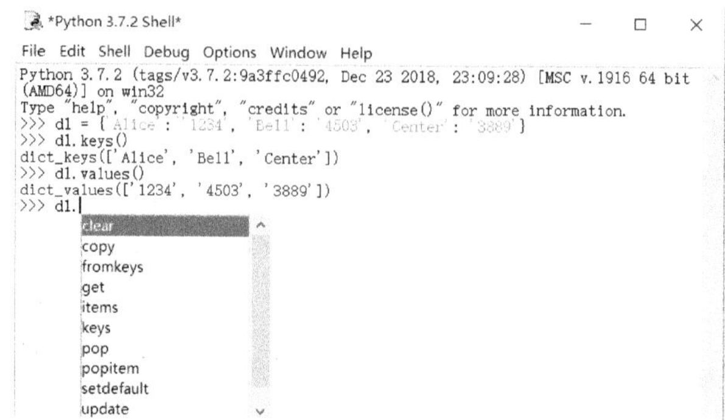

图 1-30　字典的内置函数

（5）items()：以列表返回可遍历的（key，value）数组。

输出字典的所有元素示例如下。

```
for item in d.items()
    print(item)
```

（6）keys()：返回一个包含字典中键的列表。

（7）pop(key[,default])：删除字典指定键 key 所对应的值，返回值为被删除的值。key 值必须给出，否则返回 default 值。

（8）popitem()：随机返回并删除字典中的一对键和值。

（9）setdefault(key, default=None)：和 get()类似，但如果键不存在于字典中，将会添加键并将值设为 default。

（10）update(d2)：将字典 d2 的键值对添加到字典中。

（11）values()：返回一个包含字典中所有值的列表。

1.4.4　集合

集合（Set）是一个可变序列，可以动态地添加或删除元素。集合是无序的，可以使用大括号{ }或者 set()函数创建集合。

1．集合创建方法

可采用如下两种方法创建集合。

（1）s1 = {value01,value02,...}。

（2）s2=set(list)，其中 list 为列表。

类似于列表推导式，集合同样支持推导式创建，例如：

```
>>> s1= {k for k in range(30) if k % 3 is 0}
>>> s1
{0, 3, 6, 9, 12, 15, 18, 21, 24, 27}
```

2．集合的内置函数

集合的内置函数用于实现集合的常用操作，如图 1-31 所示。

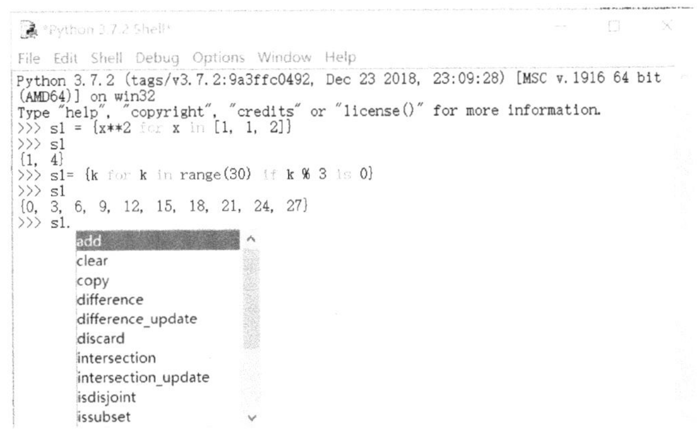

图 1-31　集合的内置函数

集合的内置函数说明如下。

（1）add(element)：添加一个元素到集合中。假如集合中已经有了该元素，则无效，因为集合是去重的。

（2）clear()：清空集合的所有元素。

（3）copy()：复制一个集合浅拷贝。

（4）difference(set2)：计算两个集合的差集，返回一个集合，集合中的元素为当前集合减去指定集合。

（5）difference_update(set2)：与 difference 方法的区别是差集合赋给原来的集合。

（6）discard(element)：从集合中移除指定元素；如果没有，则不进行任何操作。

（7）intersection(set2)：返回一个新集合，该集合是两个集合的交集。

（8）intersection_update(set2)：与 intersection(set2)方法的区别是把交集赋给前面的集合。

（9）isdisjoint(set2)：进行判断，如果两个集合交集为空，则返回 True，否则返回 False。

（10）issubset(set2)：判断该集合是否为指定集合的子集，如果是，则返回 True，否则返回 False。

（11）issuperset(set2)：判断该集合是否为指定集合的父集，如果是，则返回 True，否则返回 False。

（12）pop()：从集合中删除一个元素，并返回该元素，随机删除。

（13）remove(element)：从集合中删除指定元素，如果集合中没有这个元素，则报异常。

（14）symmetric_difference(set2)：返回一个集合，该集合为两个集合互为差集的合集，即 (set1 - set2)+(set2 - set1)。

（15）symmetricdifferenceupdate(set2)：与 symmetric_difference()不同的是，该集合为两个集合互为差集的合集，并把该集合赋给前面的那个集合。

（16）union(set2)：返回的集合是两个集合的并集。

（17）update(set2)：求两个集合的并集，返回一个集合，该集合是两个集合的并集，并把该集合赋给前面的集合。

1.4.5 列表、元组、字典和集合的区别

它们之间的区别如表 1-5 所示。

表 1-5 列表、元组、字典和集合的区别

序列类型	是否有序	创建符号	可否重复	是否动态扩展	元素访问	可否嵌套
列表	有序	[ ]	可重复	是	通过偏移读取	可以
元组	有序	()	可重复	否	通过偏移读取	可以
字典	无序	{key:value}	可重复	是	通过键读取	可以
集合	无序	{ }	不可重复	是	不能读取	不可以

1.5 Python 操作文件

使用 Python 读写文件非常方便，通过 open()函数打开一个文件，获取文件句柄，然后即可通过句柄进行各种操作。

file 对象可以使用 open()函数来创建，下面列出了 file 对象常用的函数。

（1）file.close()：关闭文件，关闭后文件不能再进行读写操作。

（2）file.flush()：刷新文件内部缓冲，直接把内部缓冲区的数据立刻写入文件，而不是被动地等待输出缓冲区写入。

（3）file.fileno()：返回一个整型的文件描述符（file descriptor FD 整型），可以用在如 os 模块的 read 方法等一些底层操作上。

（4）file.isatty()：如果文件连接到一个终端设备，则返回 True，否则返回 False。

（5）file.next()：返回文件下一行。

（6）file.read([size])：从文件读取指定的字节数，如果未给定或为负，则读取所有。

（7）file.readline([size])：读取整行，包括 "\n" 字符。

（8）file.readlines([sizeint])：读取所有行并返回列表，若给定 sizeint>0，返回总和大约为 sizeint 字节的行，实际读取值可能比 sizeint 大，因为需要填充缓冲区。

（9）file.seek(offset[, whence])：设置文件当前位置。

（10）file.tell()：返回文件当前位置。

（11）file.truncate([size])：从文件的首行首字符开始截断，截断文件为 size 个字符，无 size 表示从当前位置截断；截断之后，后面的所有字符被删除，其中 Windows 系统下的换行代表 2 个字符大小。

（12）file.write(str)：将字符串写入文件，没有返回值。

（13）file.writelines(sequence)：向文件写入一个序列字符串列表，如果需要换行则要自己加入每行的换行符。

1.5.1　操作文本文件

文本文件的读取步骤为打开、读取、关闭。例如，下面代码可完成逐行读取文件并且显示出来的操作。

```
f1 = open(r'd:/tmp/test.txt')
with open(f1, 'r') as file_read:
  while True:
    lines = file_read.readline() # 整行读取数据
    (lines)
  if not lines:
     break
  pass
```

下面的代码可完成将字符串写入文件的操作。

```
f2 = open(r'd:/tmp/test.txt','a')
f2.write('\n Python Language')
f2.close()
```

1.5.2　操作目录

Python 操作目录的函数说明如下。

（1）创建目录：os.mkdir(path)。

（2）复制文件：shutil.copyfile("oldfilename","newfilename")，其中 oldfilename 和 newfilename 都只能是文件。

shutil.copy("directory","newfile")，其中 directory 只能是文件夹，newfile 可以是文件，也可以是目录。

（3）复制文件夹：shutil.copytree("olddir","newdir")，其中 olddir 和 newdir 都必须是目录，且 newdir 不存在。

（4）重命名文件（目录）：os.rename("oldname","newname")。

（5）移动文件（目录）：shutil.move("old","new")。

（6）删除文件：os.remove("f")。

（7）删除目录：os.rmdir("diractory")，该函数只能删除空目录。

（8）删除目录：shutil.rmtree("dir")该函数可以删除空目录、有内容的目录。

（9）转换目录：os.chdir("path")。

（10）获取当前工作目录: os.getcwd()。

（11）返回指定目录下的所有文件和目录名：os.listdir()。

在下面的示例中，将实现递归遍历指定目录下所有文件的功能。

```
import os
def travers(path):
```

```
#遍历 path 下所有文件，包括子目录
  files = os.listdir(path)
  for fi in files:
    fi_d = os.path.join(path,fi)
    if os.path.isdir(fi_d):
      travers(fi_d)
    else:
      print(os.path.join(path,fi_d))
#递归遍历目录下所有文件
travers('D:\\tmp')
```

1.5.3　操作 Excel 文件

Python 操作 Excel 文件常使用 xlrd 和 xlwt 这两个库，其中 xlrd 用于读 excel，xlwt 用于写 excel，xlrd 和 xlwt 库不是 Python 自带的，需要自行安装。PyCharm 安装 xlwt 库如图 1-32 所示。

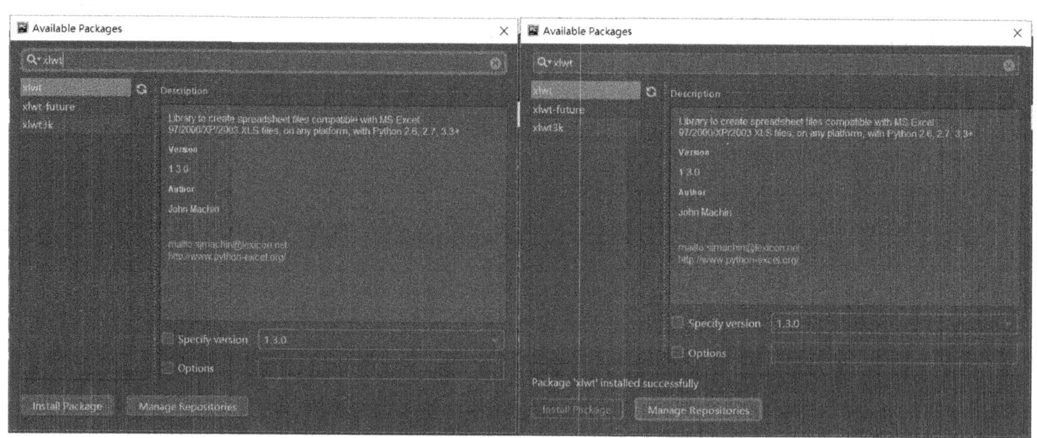

图 1-32　安装 xlwt 库

1. xlrd 读取 excel 文件

下面以实例形式展示 xlrd 读取 excel 文件方法，代码如下。

```
import xlrd
workbook = xlrd.open_workbook('test.xlsx')
sheet_names= workbook.sheet_names()
for sheet_name in sheet_names:
    sheet1 = workbook.sheet_by_name(sheet_name)
    print(sheet_name)
    rows = sheet1.row_values(2)        # 获取第三行内容
print(rows)
cols = sheet1.col_values(1)            # 获取第二列内容
```

```
print(cols)
```

2. xlwt 写 excel 文件

xlwt 写 excel 文件示例如下。

```
import xlwt
wbk = xlwt.Workbook()
sheet = wbk.add_sheet('sheet1')
sheet.write(1,1,'test python') #第一行第一列写入内容
wbk.save('test1.xls')
```

1.5.4 操作 CSV 文件

CSV（Comma-Separated Values）文件是一种常用的数据格式文件，可以用 Excel 打开查看，也可以用其他编辑器打开。与 Excel 文件相比，CSV 文件的特征如下。

（1）值没有类型，所有值都是字符串。

（2）不能指定字体颜色等样式。

（3）不能指定单元格的宽高，以及合并单元格。

（4）没有多个工作表。

（5）不能嵌入图像图表。

在 CSV 文件中，以逗号作为分隔符，分隔两个单元格。例如“a,,c”表示单元格 a 和单元格 c 之间有个空白的单元格，依此类推。

不是每个逗号都表示单元格之间的分界，所以即使 CSV 是纯文本文件，也坚持使用专门的模块进行处理。Python 内置了 csv 模块。下面先看一个简单的实例。

1. 写 CSV 文件

可以使用 CSV 类的 writer 写 CSV 文件，可以一次写入一行，也可以一次写入多行，代码如下。

```
import csv
# 使用数字和字符串的数字都可以
datas = [['name', 'li'], ['age', 14], ['address', 'Qingchun Road'], ['Telephone', 
'18700111']]
with open('test.csv', 'w', newline='') as f:
    writer = csv.writer(f)
    for row in datas:
        writer.writerow(row)
    # 还可以写入多行
    writer.writerows(datas)
```

2. 读 CSV 文件

可以使用 CSV 类的 reader 读 CSV 文件，可以选择全部读出或分行读出，代码如下。

```
import csv
```

```
filename = 'test.csv'
with open(filename) as f:
   reader = csv.reader(f)
   print(list(reader)) #全部输出
  for row in reader:
      print(reader.line_num, row) #分行输出
```

1.6 Python 模块

Python 模块（Module）又称为库，Python 拥有丰富的模块，且有很多第三方模块，另外开发者也可以自定义模块。模块能够有逻辑地组织 Python 代码段，极大地提高程序的开发效率。

Python 模块是一个 Python 文件，以“.py”结尾，模块内包含定义函数、类和变量，模块里也能包含可执行的代码。

1.6.1 模块分类

Python 中的模块其实就是一个 Python 文件（以“.py”为后缀名的文件），每一个模块都是一个独立的 Python 文件。在项目中可以使用不同模块，从而调用不同模块中的函数等功能。Python 中的标准库与模块类似。

Python 的模块可分为以下几种。

（1）系统内置模块。例如：sys、time、json 模块等，典型示例如下。

① os.getcwd()：获取当前工作目录。

② os.listdir("path")：列出指定目录下的所有文件和子目录，包括隐藏文件，返回值是列表。

③ os.remove("file")：删除单个文件。

④ time.time()：获取当前的时间。

⑤ time.localtime([timestamp])：获取当前本地的时间，类型为 struct_time。

⑥ time.sleep(timestamp)：程序睡眠，单位为秒。

⑦ random.random()：返回（0,1）之间的浮点型随机数。

⑧ random.uniform(a,b)：返回区间(a,b)浮点型数字。

⑨ json.loads()：将 json 字符串解码成 Python 对象。

⑩ json.dumps：将 Python 对象转换为 json 字符串。

（2）自定义模块。自定义模块是自己写的模块，对某段逻辑或某些函数进行封装后形成模块，以供其他函数调用。需要注意，自定义模块的名称不能和系统内置的模块重名，否则将无法导入系统的内置模块。

（3）第三方模块。第三方模块可以通过 pip install 命令进行安装。典型自定义模块如下。

① Requests：操作 HTTP 库。Python 程序员一般使用它访问网络。

② Scrapy：实现网络爬虫。

③ BeautifulSoup：XML 和 HTML 的解析库。

④ NumPy：数学库，为 Python 提供很多高级的数学方法。

⑤ Matplotlib：一个绘制图的库，可在分析数据中可视化数据。

⑥ Twisted：网络应用开发者需要的重要工具。

模块有如下四种表现形式。

（1）使用 Python 语言编写的 py 文件。

（2）已被编译为共享库或 DLL 的 C 或 C++扩展。

（3）把一系列模块组织到一起的文件夹（文件夹中有一个“__init__.py”文件，该文件夹称为“包”）。

（4）使用 C 语言编写并连接到 Python 解释器的内置模块。

一个模块只会被导入一次，当使用 import 语句导入模块的时候，Python 首先搜索文件，从 Python 的搜索路径进行搜索，搜索路径被存储在 sys 模块中的 path 变量。

1.6.2　自定义模块

自定义模块是将相关的代码编写在一个独立的文件中，并且将该文件命名为 Python 文件。包是一个文件夹，和别的文件夹不一样的是，其中包含一个“__init__.py”文件。包是从逻辑上来组织模块的，也就是说它是用来存放模块的。如果想导入其目录下的模块，那么这个目录必须首先是一个包才能导入。

模块文件创建完成以后，在另一个 Python 文件中可以导入模块，也可以调用模块内的函数、类、变量等。导入模块的方法如下。

1．使用 import 导入模块

格式：import module1[, module2[,... moduleN]]。

模块可以是自定义模块、Python 内置模块和已经安装的第三方模块。

2．使用 import as 语句

格式：import modulename as name，该方法只能通过 name 来引用

可以将模块名 modulename 重新命名为 name，有时候导入的模块或是模块属性名称已经在程序中使用了，或者太长不便输入，即可使用自己想要的名字替换模块的原始名称。

3．使用 from import 导入

格式：from Packagename import　modulename1[, moduleclassname2[, ... moduleclassnameN]]。

从包 Packagename 中导入子类 modulename1、modulename2，如果模块中存在许多子模块，则使用 from import 会更直截了当，在代码中可以直接使用导入的模块。

4．from modname import *

此方法可把一个模块的所有内容全都导入到当前的命名空间。

如果导入的模块与当前代码文件不在同一目录，则需要指定导入模块的目录，方法如下。

（1）导入 sys 模块。

（2）通过 sys.path.append(path) 函数导入自定义模块所在的目录。

（3）导入模块。

示例如下。

```
import sys
sys.path.append(r"C:\Users\Administrator\Desktop\python")
import  jisuan  //jisuan 模块在 C:\Users\Administrator\Desktop\python 目录下。
jisuan.value()
```

另外还可采用一种形式：from modulename import attrname as name，这种形式只能通过 name 来引用。

1.6.3　第三方模块的安装

Python 第三方模块的安装方法如下。

1．Pip 安装（远程安装）

Python3.4 以上的版本自带 Pip 工具，安装完以后，在其安装目录的 Script 目录下即是 pip 工具，如图 1-33 所示。

Python › Python37 › Scripts　　搜索"Scripts"

名称	修改日期	类型
__pycache__	2018/12/14 21:05	文件夹
easy_install.exe	2019/2/13 8:14	应用程序
easy_install-3.7.exe	2019/2/13 8:14	应用程序
f2py.py	2018/12/14 21:05	Python File
pip.exe	2019/2/13 8:14	应用程序
pip3.7.exe	2019/2/13 8:14	应用程序
pip3.exe	2019/2/13 8:14	应用程序

图 1-33　pip 工具

可以使用 pip 命令安装 Python 第三方模块，方法如下。

在命令行窗口直接输入"pip（pip3）install　第三方模块名"。

例如，输入 pip3 install pymysql，即可安装 pymysql 模块，如图 1-34 所示。

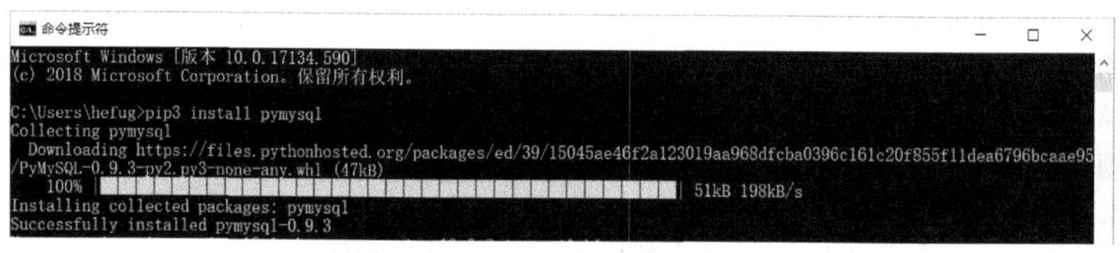

图 1-34　安装 pymysql 模块

例如，输入 pip　install pandas，即可安装 pandas 模块，如图 1-35 所示。

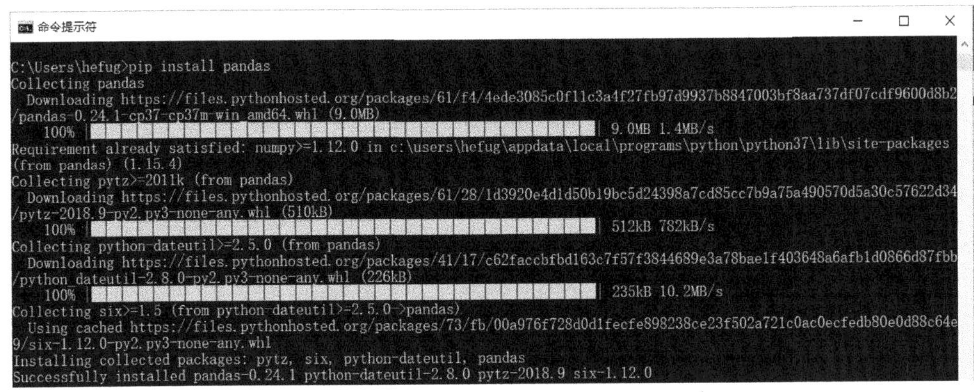

图 1-35　安装 pandas 模块

安装完成以后，在 Python 3.x 安装目录的子目录“\Python37\Lib\site-packages”中可以看到安装的内容，如图 1-36 所示。

› Python › Python37 › Lib › site-packages　　搜索"site-packages"

名称	修改日期	类型	大小
__pycache__	2019/2/15 21:11	文件夹	
cv2	2018/12/14 21:05	文件夹	
dateutil	2019/2/15 21:11	文件夹	
numpy	2018/12/14 21:05	文件夹	
numpy-1.15.4.dist-info	2018/12/14 21:05	文件夹	
opencv_python-3.4.4.19.dist-info	2018/12/14 21:05	文件夹	
pandas	2019/2/15 21:11	文件夹	
pandas-0.24.1.dist-info	2019/2/15 21:11	文件夹	
pip	2019/2/13 8:14	文件夹	
pip-18.1.dist-info	2019/2/13 8:14	文件夹	
pkg_resources	2019/2/13 8:14	文件夹	
pymysql	2019/2/15 21:05	文件夹	
PyMySQL-0.9.3.dist-info	2019/2/15 21:05	文件夹	
python_dateutil-2.8.0.dist-info	2019/2/15 21:11	文件夹	
pytz	2019/2/15 21:11	文件夹	
pytz-2018.9.dist-info	2019/2/15 21:11	文件夹	
setuptools	2019/2/13 8:14	文件夹	
setuptools-40.6.2.dist-info	2019/2/13 8:14	文件夹	
six-1.12.0.dist-info	2019/2/15 21:11	文件夹	
easy_install.py	2019/2/13 8:14	Python File	1 KB
README.txt	2018/12/23 22:16	文本文档	1 KB
six.py	2019/2/15 21:11	Python File	32 KB

图 1-36　安装的 pymysql 和 pandas 模块

卸载模块命令为“pip uninstall 模块名”，pymysql 卸载命令为 pip　uninstall pymysql，如图 1-37 所示。

图 1-37　pip 卸载模块

pip 命令的其他功能如下。

（1）pip list：查看所有包。

（2）pip list --not required：查看不被依赖的包。

（3）pip list -outdated：查看过期的包。

（4）pip show pandas：查看某个包（pandas）的具体信息。

2．本地安装

下载模块文件包并将其复制到相关文件夹。

（1）setup.py 文件的安装。打开 cmd 命令行工具，切换到 setup.py 文件所存在的文件夹，执行命令："python3 setup.py install"，进行安装。

（2）.whl 文件的安装。打开 cmd 命令行工具，切换到 whl 文件所存在的文件夹，执行命令："pip install whl 文件"，进行安装。

3．其他安装

在 PyCharm 中安装第三方模块的方法前面已经做过介绍，在 Anaconda 中安装第三方模块将在后面章节介绍。

1.7 Python 类

Python 从设计之初就是一门面向对象的语言，正因为如此，在其中创建一个类和对象是很容易的。下面介绍 Python 的面向对象编程。

1.7.1 面向对象概述

面向对象（Object Oriented，OO）是一种软件开发方法，面向对象是一种软件对现实世界理解和抽象表示的方法，为计算机目前普遍采用的编程技术，是基于面向过程发展出来的。

面向对象的基本特征如图 1-38 所示。

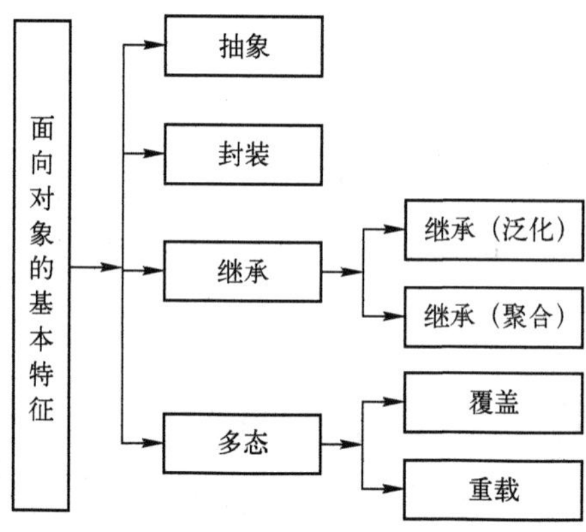

图 1-38　面向对象的基本特征

1．抽象

抽象是面向对象编程的第一步，完成从现实世界到计算机世界的转换，通过抽象的方法来理解这个现实世界，现实世界的一切物体都可以抽象成对象，一切软件系统都是由对象构成的。

在采用面向对象的方法处理数据的过程中，要把具体处理的对象使用程序语言描述出来，就是把处理的对象描述成一组对应的数据和方法，去除非本质、非特性、非有关的属性和方法，保留本质的、需要的和共性的属性和方法。

2．封装

封装是面向对象的最基本特点之一，也是面向对象的基础。对象可以没有继承、多态，但是不能没有封装，没有对象的封装就没有对象，数据封装就是指一组数据和与这组数据有关的操作集合组装在一起，形成一个能动的实体。封装给对象一个边界，使内部的数据信息尽量隐藏，只保留允许的对外的数据操作接口。

例如一个电视机，外部封装一个外壳，内部的元器件是看不到的，更是不允许直接插拔的，而是留下接口（包括电源接口、信号接口以及控制接口）来操作电视机。

3．继承

继承就是在类之间建立一种相交的关系，使得新定义的派生类可以继承已有的基类，而且可以在新定义的派生类中添加新的类成员或者替换已有的类成员，从而提高代码的复用性和扩充性。继承是面向对象最核心的特点，能够有效提高开发效率。

在面向对象程序设计中，当新定义一个类的时候，可以从某个或某些现有的类继承，新类称为派生类（Subclass），而被继承类称为基类、父类或超类。派生类拥有父类的属性和方法，并且可以拥有自己的属性和方法。

4．多态

多态字面的意思就是“多种状态”。在面向对象语言中，接口的多种不同的实现方式即为多态。同一个东西表现出多种状态，在面向对象的描述中就是同一个函数接口，实现多种不同的表现方式。

在面向对象方法中一般这样表述多态性：向不同的对象发送同一条消息，不同的对象在接收时会产生不同的行为（即方法）。也就是说，每个对象可以用自己的方式去响应同一消息。消息就是调用函数，不同的行为就是指不同的实现，即执行不同的函数。

多态实现一般有覆盖和重载两种方式。

（1）覆盖：子类重新定义父类的虚函数。

（2）重载：允许存在多个同名函数，而这些函数的参数表不同（或许参数个数不同，或许参数类型不同，或许两者都不同）。

多态性增加了程序的灵活性、适应性，以不变应万变，不论何种变化，都可以使用同一种形式去调用。

1.7.2　类和对象

下面是面向对象的一些重要概念。

（1）类（Class）：用来描述具有相同的属性和方法的对象的集合。它定义了该集合中每个对象所共有的属性和方法。对象是类的实例。

（2）类变量：类变量在整个实例化的对象中是公用的。类变量定义在类中，且在函数体之外。类变量通常不作为实例变量使用。

（3）数据成员：类变量或者实例变量用于处理类及其实例对象的相关数据。

（4）方法重写：如果从父类继承的方法不能满足子类的需求，可以对其进行改写，这个过程叫方法的覆盖（override），也称为方法的重写。

（5）实例变量：定义在方法中的变量，只作用于当前实例的类。

（6）继承：即一个派生类（Derived Class）继承基类（Base Class）的字段和方法。继承也允许把一个派生类的对象作为一个基类对象对待。

（7）实例化：创建一个类的实例，类的具体对象。

（8）方法：类中定义的函数。

（9）对象：通过类定义的数据结构实例。对象包括两个数据成员（类变量和实例变量）和方法。

和其他编程语言相比，Python 在尽可能不增加新的语法和语义的情况下加入了类机制。Python 中的类提供了面向对象编程的所有基本功能：类的继承机制允许多个基类，派生类可以覆盖基类中的任何方法，方法中可以调用基类中的同名方法，对象可以包含任意数量和类型的数据。

1.7.3 面向对象程序设计方法

传统的结构化程序设计通过设计一系列的过程（即算法）来解决问题，面向过程的程序设计算法是第一位的，数据结构是第二位的。面向过程编程是一种以过程为中心的编程思想，分析出解决问题的步骤，然后用函数把这些步骤一步一步实现。

面向对象程序设计将数据放在第一位，然后再考虑操作数据的算法，是一种以事件或消息来驱动对象运行处理的程序设计技术。它具有封装性、继承性以及多态性。

面向对象程序设计一般遵循以下原则。

（1）单一职责原则：一个类一般负责一项职责，提高类的可读性，提高系统的可维护性，降低变更引起的风险，提高内聚性。

（2）里氏替换原则：超类存在的地方，子类是可以替换的。在软件中将一个基类对象替换成它的子类对象，程序将不会产生任何错误和异常，反过来则不成立，因此在程序中尽量使用基类类型来对对象进行定义，而在运行时确定其子类类型后，用子类对象来替换父类对象。

（3）接口隔离原则：应提供单一接口，不要建立庞大的接口，要为各个类建立专用的接口，而不要试图去建立一个很庞大的接口供所有依赖它的类去调用。专用的接口要比综合的接口更灵活，提高系统的灵活性和可维护性。

（4）依赖倒置原则：尽量依赖抽象实现，而非依赖具体实现，不能有循环依赖。采用依赖倒置原则可以减少类之间的耦合性，提高系统的稳定性，减少并行开发引起的风险，提高代码的可读性和可维护性。

（5）开闭原则：面向扩展开放，面向修改关闭。

（6）迪米特法则：又叫最少知识原则，一个软件实体应当尽可能少地与其他实体发生相互作用。

（7）组合/聚合复用原则：尽量使用组合/聚合达到复用，尽量少用继承。

1.7.4　类的定义和使用

Python 是面向对象的编程语言，支持面向对象的各种功能，下面介绍 Python 类的定义和使用方法。

1．类定义

语法格式如下。

```
class ClassName:
  <statement-1>
  . . .
  <statement-N>
```

类实例化后，可以使用其属性，实际上，创建一个类之后，可以通过类名访问其属性。

2．类对象

类对象支持两种操作：属性引用和实例化。属性引用和 Python 中所有的属性引用的标准语法一样：obj.name。类对象创建后，类命名空间中所有的命名都是有效属性名。

类定义简单实例如下。

```
#!/usr/bin/python3
class MyClass:
    """一个简单的类实例"""
    i = 12345
    def f(self):
        return 'hello world'
 # 实例化类
 x = MyClass()
 # 访问类的属性和方法
 print("MyClass 类的属性 i 为：", x.i)
 print("MyClass 类的方法 f 输出为：", x.f())
```

以上创建了一个新的类实例，并将该对象赋给局部变量 x，执行以上程序输出结果如下。

```
MyClass 类的属性 i 为：12345
MyClass 类的方法 f 输出为：hello world
```

很多类都倾向于将对象创建为有初始状态。因此可能需要定义一个名为__init__()的特殊方法（构造方法），格式如下。

```
def __init__(self):
     self.data = []
```

如果类定义了__init__()方法，类的实例化操作会自动调用__init__()方法。所以在下例中，可以这样创建一个新的实例。

```
x = MyClass()
```

当然，__init__()方法可以有参数，参数通过__init__()传递到类的实例化操作上，例如：

```
#!/usr/bin/python3
class Complex:
    def __init__(self, realpart, imagpart):
        self.r = realpart
        self.i = imagpart
x = Complex(3.0, -4.5)
print(x.r, x.i)   # 输出结果：3.0 -4.5
```

类的方法与普通的函数只有一个区别，它们必须有一个额外的第一个参数名称，按照惯例它的名称是 self，例如：

```
class Test:
   def prt(self):
      print(self)
      print(self.__class__)
t = Test()
t.prt()
```

以上实例执行结果如下。

```
<__main__.Test object at 0x04283930>
<class '__main__.Test'>
```

从执行结果可以很明显地看出，self 代表的是类的实例，代表当前对象的地址，而 self.class 则指向类。

self 不是 Python 关键字，我们把它换成其他内容也是可以正常执行的，例如：

```
class Test:
   def prt(test):
      print(test)
      print(test.__class__)
t = Test()
t.prt()
```

以上实例执行结果如下。

```
<__main__.Test object at 0x034C3950>
```

```
<class '__main__.Test'>
```

3. 类的方法

在类内部，使用 def 关键字来定义一个方法，与一般函数定义不同，类方法必须包含参数 self，且为第一个参数，self 代表的是类的实例，定义方法如下。

```
#!/usr/bin/python3
#类定义
class people:
  #定义基本属性
  name = ''
  age = 0
  #定义私有属性,私有属性在类外部无法直接进行访问
  __weight = 0
  #定义构造方法
  def __init__(self,n,a,w):
      self.name = n
      self.age = a
      self.__weight = w
  def speak(self):
      print("%s 说: 我 %d 岁。" %(self.name,self.age))
# 实例化类
p = people('lisi',10,30)
p.speak()
```

执行以上程序输出结果为“lisi 说: 我 10 岁”。

4. 继承

Python 同样支持类的继承，派生类的定义方法如下。

```
class DerivedClassName(BaseClassName1):
      <statement-1>
      . . .
      <statement-N>
```

需要注意圆括号中基类的顺序，若是基类中有相同的方法名，而在子类使用时未指定，Python 将从左至右搜索，即方法在子类中未找到时，从左到右查找基类中是否包含方法。

BaseClassName（实例中的基类名）必须与派生类定义在一个作用域中。除了类，还可以用表达式，基类定义在另一个模块中时这一方法非常有用，格式如下。

```
class DerivedClassName(modname.BaseClassName):
```

例如:

```
#!/usr/bin/python3
#类定义
```

```
class people:
  #定义基本属性
  name = ''
  age = 0
  #定义私有属性,私有属性在类外部无法直接进行访问
  __weight = 0
  #定义构造方法
  def __init__(self,n,a,w):
      self.name = n
      self.age = a
      self.__weight = w
  def speak(self):
      print("%s 说: 我 %d 岁。" %(self.name,self.age))
#单继承实例
class student(people):
  grade = ''
  def __init__(self,n,a,w,g):
      #调用父类的构造函数
      people.__init__(self,n,a,w)
      self.grade = g
  #覆写父类的方法
  def speak(self):
      print("%s 说: 我 %d 岁了，我在读 %d 年级"%(self.name,self.age,self.grade))
s = student('ken',10,60,3)
s.speak()
```

执行以上程序输出结果为“ken 说: 我 10 岁了，我在读 3 年级”。

5. 多继承

Python 有限地支持多继承形式。多继承的类定义形式如下。

```
class DerivedClassName(Base1, Base2, Base3):
    <statement-1>
    . . .
<statement-N>
```

需要注意圆括号中父类的顺序，若是父类中有相同的方法名，而在子类使用时未指定，Python 将从左至右搜索，即方法在子类中未找到时，从左到右查找父类中是否包含方法。

简单实例如下。

```
#!/usr/bin/python3
#类定义
class people:
  #定义基本属性
  name = ''
```

```
  age = 0
  #定义私有属性,私有属性在类外部无法直接进行访问
  __weight = 0
  #定义构造方法
  def __init__(self,n,a,w):
      self.name = n
      self.age = a
      self.__weight = w
  def speak(self):
      print("%s 说: 我 %d 岁。" %(self.name,self.age))
#单继承实例
class student(people):
  grade = ''
  def __init__(self,n,a,w,g):
      #调用父类的构函
      people.__init__(self,n,a,w)
      self.grade = g
  #覆写父类的方法
  def speak(self):
      print("%s 说: 我 %d 岁了，我在读 %d 年级"%(self.name,self.age,self.grade))
#另一个类，多重继承之前的准备
class speaker():
  topic = ''
  name = ''
  def __init__(self,n,t):
      self.name = n
      self.topic = t
  def speak(self):
      print("我叫%s，我是一个演说家，我演讲的主题是%s"%(self.name,self.topic))
#多重继承
class sample(speaker,student):
  a =''
  def __init__(self,n,a,w,g,t):
      student.__init__(self,n,a,w,g)
      speaker.__init__(self,n,t)
test = sample("Tim",25,80,4,"Python")
test.speak()   #方法名同，默认调用的是在括号中排前地父类的方法
```

执行以上程序输出结果如下。

```
我叫 Tim，我是一个演说家，我演讲的主题是 Python
```

6. 方法重写

如果父类方法的功能不能满足需求，可以在子类中重写父类的方法，实例如下。

```
#!/usr/bin/python3
class Parent:              # 定义父类
   def myMethod(self):
      print ('调用父类方法')
 class Child(Parent):      # 定义子类
   def myMethod(self):
      print ('调用子类方法')
 c = Child()               # 子类实例
c.myMethod()               # 子类调用重写方法
```

执行以上程序输出结果为“调用子类方法”。

7. 类属性与方法

1）类的私有属性

__private_attrs：两个下划线开头，声明该属性为私有，不能在类的外部被使用或直接访问。在类内部的方法中使用时格式为 self.__private_attrs。

2）类的方法

在类的内部，使用 def 关键字来定义一个方法，与一般函数定义不同，类方法必须包含参数 self，且为第一个参数，self 代表的是类的实例。

self 的名字并不是不可改变的，也可以使用 this，但是最好还是按照约定使用 self。

3）类的私有方法

__private_method：两个下划线开头，声明该方法为私有方法，只能在类的内部调用，不能在类地外部调用。

类的私有属性实例如下。

```
#!/usr/bin/python3
class JustCounter:
    __secretCount = 0     # 私有变量
    publicCount = 0       # 公开变量
def count(self):
    self.__secretCount += 1
    self.publicCount += 1
    print (self.__secretCount)
counter = JustCounter()
counter.count()
counter.count()
print (counter.publicCount)
print (counter.__secretCount)        # 报错，实例不能访问私有变量
```

执行以上程序输出结果如下。

```
1
2
2
```

```
Traceback (most recent call last):
  File "test.py", line 16, in <module>
    print (counter.__secretCount)    # 报错，实例不能访问私有变量
AttributeError: 'JustCounter' object has no attribute '__secretCount'
```

类的私有方法实例如下。

```
#!/usr/bin/python3
class Site:
    def __init__(self, name, url):
        self.name = name        # public
        self.__url = url        # private
    def who(self):
        print('name  : ', self.name)
        print('url : ', self.__url)
    def __foo(self):            # 私有方法
        print('这是私有方法')
    def foo(self):              # 公共方法
        print('这是公共方法')
        self.__foo()
x = Site('菜鸟教程', 'www.runoob.com')
x.who()       # 正常输出
x.foo()       # 正常输出
x.__foo()     # 报错
```

以上实例执行结果如下。

```
=========
name  :  菜鸟教程
url :  www.runoob.com
这是公共方法
这是私有方法
Traceback (most recent call last):
File "/private_method.py", line 22, in <module>
x.__foo()      # 报错
AttributeError: 'Site' object has no attribute '__foo'
```

8. 类的专有方法

类的专有方法说明如下。

__init__：构造函数，在生成对象时调用。

__del__：析构函数，释放对象时使用。

__repr__：打印、转换。

__setitem__：按照索引赋值。

__getitem__：按照索引获取值。

__len__：获得长度。

__cmp__：比较运算。

__call__：函数调用。

__add__：加运算。

__sub__：减运算。

__mul__：乘运算。

__div__：除运算。

__mod__：求余运算。

__pow__：乘方。

9. 运算符重载

Python 支持运算符重载，可以对类的专有方法进行重载，实例如下。

```
#!/usr/bin/python3
class Vector:
   def __init__(self, a, b):
      self.a = a
      self.b = b
    def __str__(self):
      return 'Vector (%d, %d)' % (self.a, self.b)
      def __add__(self,other):
      return Vector(self.a + other.a, self.b + other.b)
  v1 = Vector(2,10)
  v2 = Vector(5,-2)
  print (v1 + v2)
```

以上代码执行结果如下。

```
Vector(7,8)
```

1.7.5 多线程

多线程类似于同时执行多个不同程序，多线程运行有如下优点。

（1）使用线程可以把程序中占据长时间的任务放到后台去处理。

（2）可以改观用户界面，比如用户单击了一个按钮去触发某些事件的处理，可以弹出一个进度条来显示处理的进度。

（3）程序的运行速度可能加快。

（4）在一些等待的任务实现上，线程比较实用，如用户输入、文件读写和网络收发数据等，在这种情况下我们可以释放内存占用等资源。

每个独立的线程有一个程序运行的入口、顺序执行序列和程序的出口。但是线程不能够独立执行，必须依存在应用程序中，由应用程序提供多个线程执行控制。

每个线程都有自己的一组 CPU 寄存器，称为线程的上下文，该上下文反映了上次运行该线程的 CPU 寄存器的状态。指令指针和堆栈指针寄存器是线程上下文中两个最重要的寄存器。

线程可以分为如下两种。（1）内核线程：由操作系统内核创建和撤销。（2）用户线程：不需要内核支持而在用户程序中实现的线程。

Python 线程中常用的两个模块为_thread 和 threading（推荐使用）。

_thread 模块已被废弃。用户可以使用 threading 模块代替。所以，在 Python3 中不能再使用_thread 模块。考虑到兼容性，Python3 将 thread 重命名为 _thread。

Python 中使用线程有两种方式：用函数或者类来包装线程对象。

（1）函数式：调用_thread 模块中的 start_new_thread()函数来产生新线程，语法如下。

```
_thread.start_new_thread ( function, args[, kwargs] )
```

其中，function 为线程函数；args 为传递给线程函数的参数，必须是个 tuple 类型；kwargs 为可选参数。

线程简单实例如下。

```
#!/usr/bin/python3
import _thread
import time
# 为线程定义一个函数
def print_time( threadName, delay):
   count = 0
   while count < 5:
      time.sleep(delay)
      count += 1
      print ("%s: %s" % ( threadName, time.ctime(time.time()) ))
# 创建两个线程
try:
   _thread.start_new_thread( print_time, ("Thread-1", 2, ) )
   _thread.start_new_thread( print_time, ("Thread-2", 4, ) )
except:
   print ("Error: 无法启动线程")
while 1:
   pass
```

执行以上程序输出结果如下。

```
Thread-1: Mon Jan 29 15:43:03 2018
Thread-2: Mon Jan 29 15:43:05 2018
Thread-1: Mon Jan 29 15:43:05 2018
Thread-1: Mon Jan 29 15:43:08 2018
Thread-2: Mon Jan 29 15:43:09 2018
Thread-1: Mon Jan 29 15:43:10 2018
```

```
Thread-1: Mon Jan 29 15:43:12 2018
Thread-2: Mon Jan 29 15:43:13 2018
Thread-2: Mon Jan 29 15:43:18 2018
```

按下 Ctrl+C 键退出。

（2）通过调用 threading 模块继承“threading.Thread”类来包装一个线程对象。实例如下。

```
import threading
import time
class timer(threading.Thread): #我的 timer 类继承自 threading.Thread 类
    def __init__(self,no,interval):
        #在重写__init__方法的时候要记得调用基类的__init__方法
        threading.Thread.__init__(self)
        self.no=no
        self.interval=interval
    def run(self):  #重写 run()方法，把自己的线程函数的代码放到这里
        while True:
            print ('Thread Object (%d), Time:%s'%(self.no,time.ctime()))
            time.sleep(self.interval)
    def test():
        threadone=timer(1,1)    #产生 2 个线程对象
        threadtwo=timer(2,3)
        threadone.start()       #通过调用线程对象的 start()方法来激活线程
        threadtwo.start()
  if __name__=='__main__':
    test()
```

执行以上程序输出结果如下。

```
Jan 29 16:02:09 2018
Thread Object (1), Time:Mon Jan 29 16:02:10 2018
Thread Object (1), Time:Mon Jan 29 16:02:11 2018
Thread Object (2), Time:Mon Jan 29 16:02:12 2018Thread Object (1), Time:Mon Jan 29 16:02:12 2018
Thread Object (1), Time:Mon Jan 29 16:02:13 2018
Thread Object (1), Time:Mon Jan 29 16:02:14 2018
Thread Object (2), Time:Mon Jan 29 16:02:15 2018Thread Object (1), Time:Mon Jan 29 16:02:15 2018
Thread Object (1), Time:Mon Jan 29 16:02:16 2018
Thread Object (1), Time:Mon Jan 29 16:02:17 2018
Thread Object (2), Time:Mon Jan 29 16:02:18 2018Thread Object (1), Time:Mon Jan 29 16:02:18 2018
```

其实 thread 和 threading 的模块中还包含了锁、定时器、获得激活线程列表等关于多线程编程的功能。

1.8　本章小结

本章介绍了 Python 语言集成编程的相关内容，包括开发环境、基本语法、序列、文件操作、模块和类等内容，学习这些知识将为后续的 Python 应用实现做好准备。

第 2 章
Python 操作数据库及 Web 框架

在大部分项目开发中，访问网络和数据库是必要的组成部分，本章介绍 Python 的这两个功能。

2.1 操作数据库

数据库的种类很多，如 MySQL、SQLite、Oracle、SQL Server 等，它们的基本功能是一样的，为了简化对数据库的操作，大部分语言提供了标准化的接口。

Python 的 DB-API 是大多数的数据库访问接口，DB-API 是一个规范，定义了一系列必须使用的对象及通过对象访问数据库的方式，为各种各样的不同数据库系统提供一致的访问接口，使用这种方式连接各数据库后，可以用相同的方式操作各数据库。

Python 操作数据库的过程如图 2-1 所示。

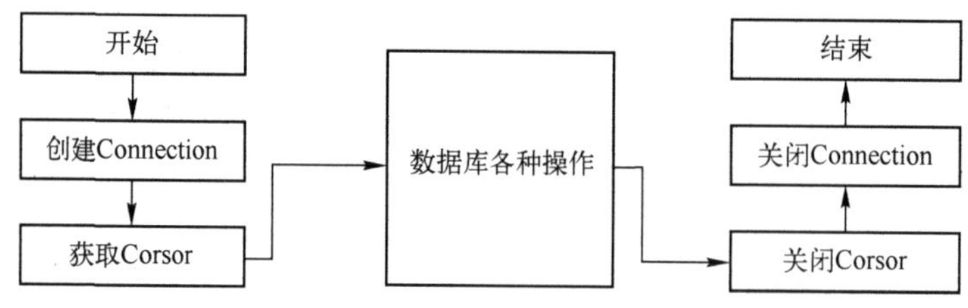

图 2-1　Python 操作数据进程

1．连接对象

数据库连接对象（Connection Object）完成数据库游标对象的获取、事务的提交、事务的回滚、数据库的关闭等方法。

Python 获取连接对象使用 Connect 方法，返回一个 Connect 对象，可以通过这个对象来访问数据库。这个函数的参数会随着数据库类型的不同有所区别，Connect 方法的一般形式如下。

```
Connect(dsn='host',user='root',password=' ',database=' ')
```

其中，dsn 为数据源名称，user 为用户名，password 为密码，database 为数据库名称。

返回的 Connect 对象的常用方法如下。

（1）close()：关闭此 Connect 对象，关闭后无法再进行操作。

（2）commit()：提交当前事务。

（3）rollback()：取消当前事务。

（4）cursor()：创建游标对象。

2．游标对象

Connect 对象的 cursor()方法会创建一个游标对象，这个游标对象可以操作数据库，游标主要提供执行 SQL 语句、调用存储过程、获取查询结果等功能。

游标对象的常用方法如下。

（1）close()：关闭游标对象。

（2）fetchone()：活动查询结果集的下一行。

（3）fetchmany(size)：获取指定数量的记录。

（4）fetchall()：获取查询结果中的所有行。

（5）excute(sql[, args])：执行一个数据库 SQL 命令。

（6）excutemany(sql, args)：用于批量操作。

（7）nextset()：跳至下一个可用的结果集。

（8）arraysize()：使用 fetchmany(size)获取的行数，默认为 1。

需要注意的是，对于 MySQL 数据库，Python 2.x 用的是 MySQLdb 模块，Python 3.x 之后的版本不支持 MySQLdb 模块，用的是 Pymysql 模块，这两个模块的功能是相同的。

2.1.1　操作 SQLite

SQLite 数据库是一款非常小巧的嵌入式开源数据库软件，也就是说没有独立的维护进程，所有的维护都来自于程序本身。在 Python 中，使用 Sqlite3 创建数据库的连接，连接对象会连接现有数据库或者自动创建数据库文件，连接对象可以是硬盘上面的数据库文件，也可以是建立在内存中的数据库。Sqlite3 提供了一个与 DB-API 2.0 规范兼容的 SQL 接口，不需要单独安装该模块，Python 2.5.x 以上版本默认自带了该模块。

使用 Sqlite3 模块，首先需要创建一个表示数据库的连接对象，然后可以创建光标对象，光标对象可以执行所有的 SQL 语句。

下面的代码将创建一个 test.db 数据库，然后创建一个表 trading。

```
import sqlite3
conn = sqlite3.connect('test.db')
c = conn.cursor()
# 建立表
c.execute('CREATE TABLE trading (date text, trans text, symbol text, qty real,
price real)')
```

```
#插入一行数据
c.execute("INSERT INTO trading VALUES ('2019-03-05','BUY','NewCloud',100,35.14)")
# 提交保存
conn.commit()
# 关闭连接
conn.close()
```

执行上述代码，会在当前目录中创建一个数据库文件 test.db。

可以使用列表批量插入数据库，代码如下。

```
import sqlite3
conn = sqlite3.connect('test.db')
c = conn.cursor()
# 批量插入
buys = [('2019-03-28', 'BUY', 'YangGuan', 1000, 45.00),
         ('2019-02-05', 'BUY', 'Flower', 1000, 72.00),
         ('2019-01-06', 'BUY', 'Plant', 500, 53.00),  ]
c.executemany("INSERT INTO trading VALUES (?,?,?,?,?)", buys)
conn.commit()
conn.close()
```

下面将查询所有记录，代码如下。

```
import sqlite3
conn = sqlite3.connect('test.db')
c = conn.cursor()
for row in c.execute('SELECT * FROM trading'):
       print(row)
conn.close()
```

查询结果如图 2-2 所示。

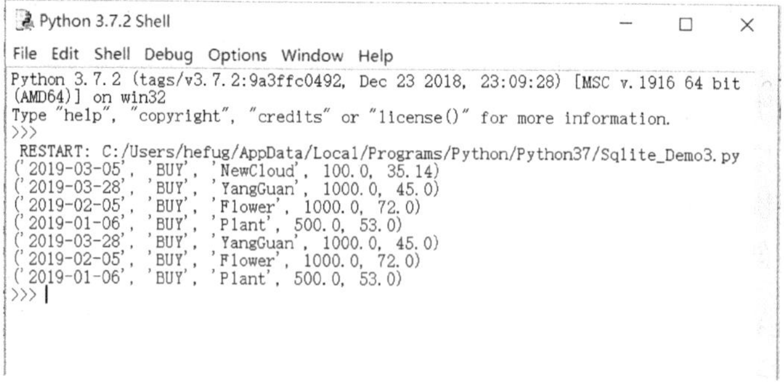

图 2-2　查询数据库

如果需要频繁访问数据库，可以建立内存数据库，代码如下。

```
import sqlite3
conn = sqlite3.connect(':memory:')
c = conn.cursor()
# 建立表
c.execute('CREATE TABLE trading (date text, trans text, symbol text, qty real, 
price real)')
#插入一行数据
c.execute("INSERT INTO trading VALUES ('2019-03-05','BUY','NewCloud',100,35.14)")
# 提交保存
conn.commit()
# 关闭连接
conn.close()
```

2.1.2　操作 MySQL

MySQL 是一个常用的关系型数据库管理系统，是 Oracle 旗下的产品。在 Web 应用方面，MySQL 是最好的数据库应用软件之一。MySQL 主页：https://www.mysql.com/，如图 2-3 所示。

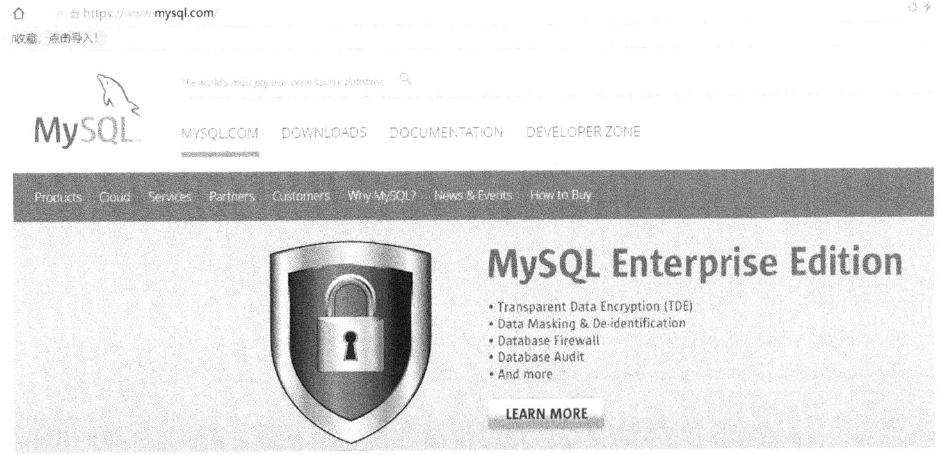

图 2-3　MySQL 的主页

MySQL 使用的 SQL 语言是用于访问数据库的标准化语言。MySQL 软件采用了双授权政策，分为社区版和商业版，由于其体积小、速度快、成本低及开放源码等特点，很多中小型项目的开发选择 MySQL 作为数据库。

目前 MySQL 有如下三种类型的版本。

（1）MySQL Enterprise Edition（商业版）。其中包含 MySQL 的所有内容及管理工具。

（2）MySQL Cluster CGE（商业版）。MySQL 的官方集群部署方案，可通过自动分片支持读写扩展，可实时备份冗余数据，是可用性最高的方案。

（3）MySQL Community Edition（社区免费版）。

MySQL 的使用方法如下。

（1）从 MySQL 的主页下载数据库安装软件，这里选择社区版的 Windows 安装版，如图 2-4 所示。

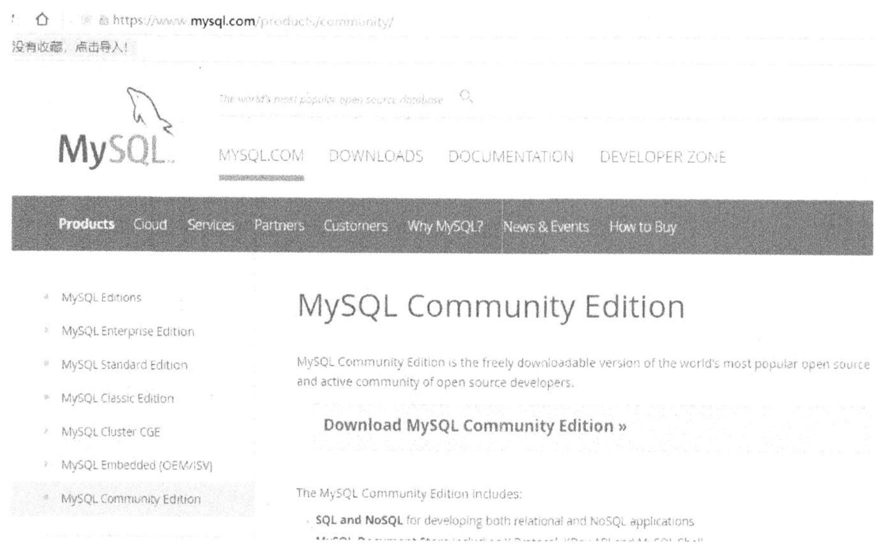

图 2-4　MySQL 的 Windows 安装版

（2）单击 Download 按钮，进入下载页面。如果有 MySQL 的账号，可以单击 Login 按钮，登录以后再下载，如果没有账号，则单击下方的“No thanks，Just start my download”超链接，直接进行下载，如图 2-5 所示。

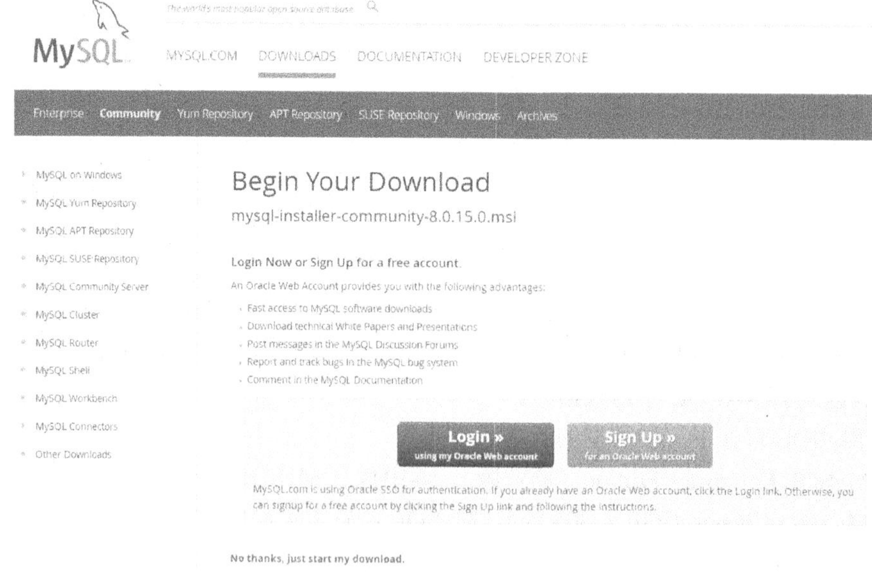

图 2-5　下载 MySQL 社区版

（3）下载后的文件名为“mysql-installer-community-8.0.19.0.msi”，双击文件开始安装，如图 2-6 所示。

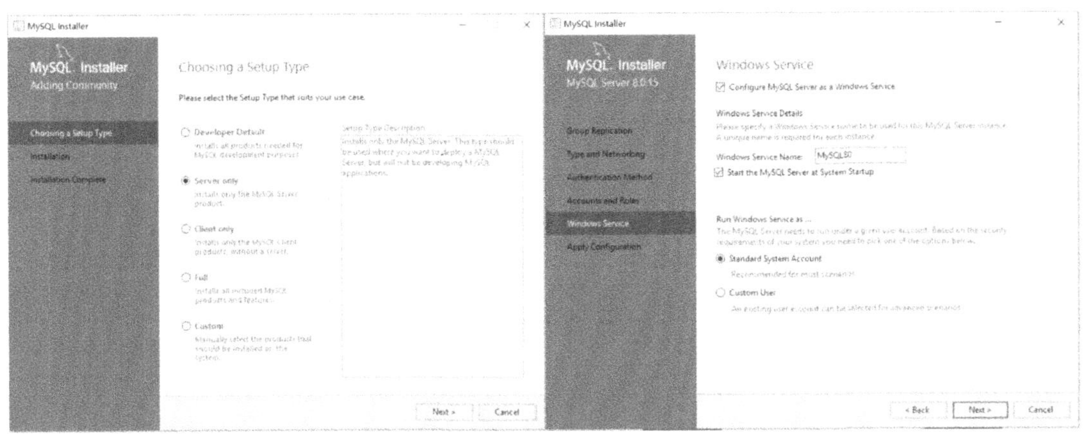

图 2-6　MySQL 安装

默认的安装路径为“C:\Program Files\MySQL\MySQL Server 8.0\bin”，安装完成以后，将此路径加入环境变量 PATH。

（4）在开始菜单就可以看到 MySQL 的启动项，选择 MySQL 8.0 Command Line Client，即可打开 MySQL 的操作窗口，如图 2-7 所示。

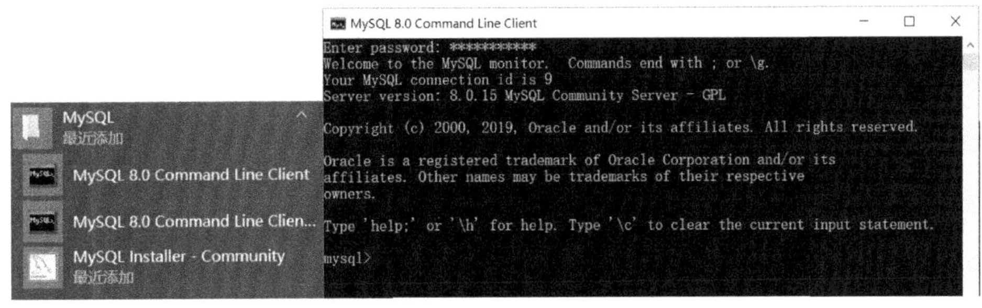

图 2-7　MySQL 的操作窗口

通过命令行操作 MySQL 数据库界面不是很友好，Navicat for MySQL 是专为 MySQL 设计的高性能数据库管理及开发工具，Navicat for MySQL 主要功能包括 SQL 创建连接、新建数据库、新建表、数据传输、导入或导出、数据或结构同步、报表、备份等，为管理和使用 MySQL 或 MariaDB 提供了理想的解决方案。Navicat 官方主页：https://www.navicat.com.cn/。

（5）从官方主页下载 Navicat for MySQL，安装完成后启动，进入主界面，新建连接，选择 MySQL，填入相关信息，即可进入 MySQL 数据库，如图 2-8 所示。

（6）在 Navicat 创建数据库 Student，如图 2-9 所示。

（7）Python 要访问数据库，需要安装 PyMySQL 模块，如图 2-10 所示。PyMySQL 也遵守 Python DB API 2.0 规范，所以操作 MySQL 数据库与 SQLite 相似。

图 2-8 Navicat for MySQL 新建连接

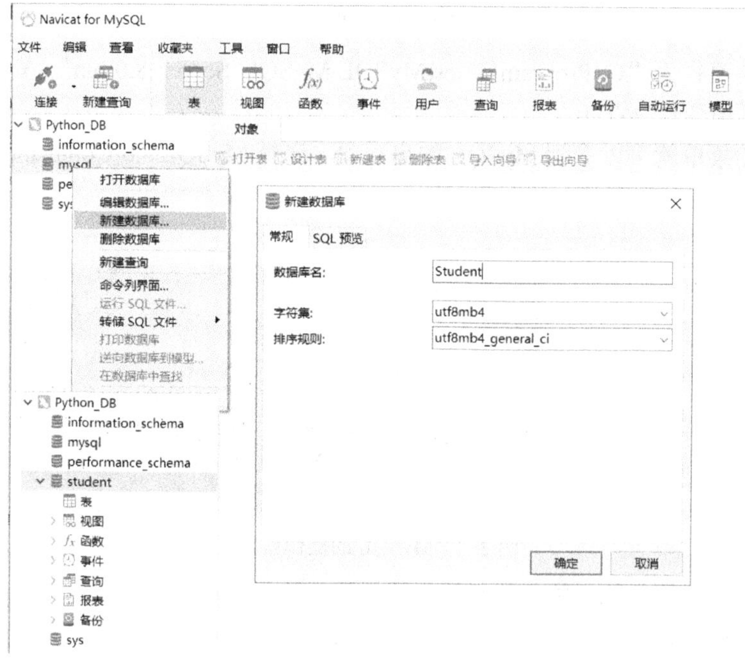

图 2-9 创建数据库 Student

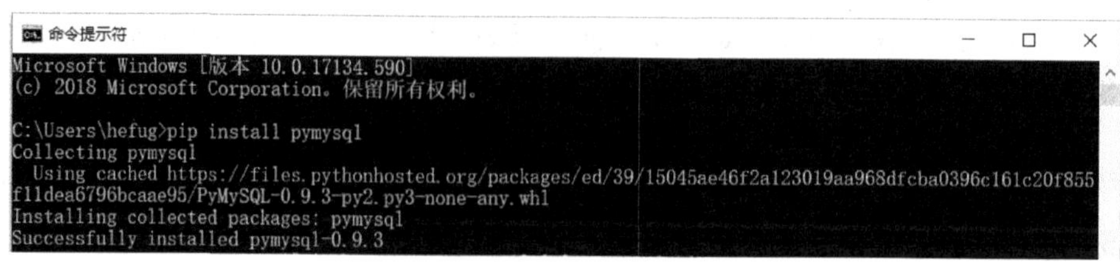

图 2-10 安装 PyMySQL 模块

在 Python IDLE 中输入下面的代码，查询刚才新建的数据库 Student 的数据库版本。

```
import pymysql
conn=pymysql.Connect(host='localhost',user='root', password='root', db='student', charset='utf8', cursorclass=pymysql.cursors.DictCursor)
c=conn.cursor()
c.execute('SELECT VERSION()')
print(c.fetchone())
conn.close()
```

查询结果：{'VERSION()': '8.0.15'}。

下面代码可新建一个表，并插入记录。

```
import pymysql
# 打开数据库连接
db=pymysql.Connect(host='localhost',user='root', password='root',db='student',charset='utf8',cursorclass=pymysql.cursors.DictCursor)
 # 使用 cursor()方法获取操作游标
c=db.cursor()
#创建表
sql = """CREATE TABLE EMPLOYEE ( FIRST_NAME  CHAR(20) NOT NULL, LAST_NAME CHAR(20),         AGE INT, SEX CHAR(1), INCOME FLOAT )"""
try:
   # 执行 sql 语句
   c.execute(sql)
   # 提交到数据库执行
   db.commit()
except:
   # 如果发生错误则回滚
   db.rollback()
# SQL 插入语句
sql = """INSERT INTO EMPLOYEE(FIRST_NAME, LAST_NAME, AGE, SEX, INCOME) VALUES ('Mac', 'Mohan', 20, 'M', 2000)"""
try:
   # 执行 sql 语句
   c.execute(sql)
   # 提交到数据库执行
   db.commit()
except:
   # 如果发生错误则回滚
   db.rollback()
# 关闭数据库连接
db.close()
```

在 Navicat 中可以看到刚才创建的表和插入的记录，如图 2-11 所示。

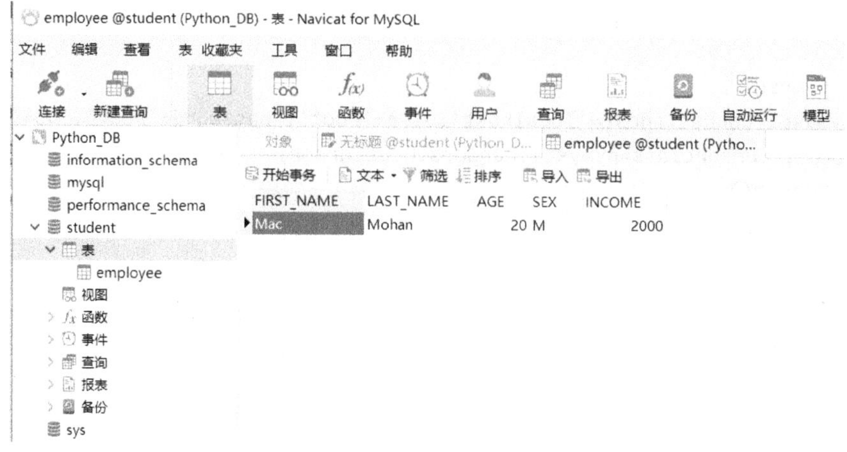

图 2-11 新建的表和插入的记录

下面代码可查询表，并输出记录。

```
import pymysql
# 打开数据库连接
db=pymysql.Connect(host='localhost',user='root', password='root',db='student',charset=
'utf8',cursorclass=pymysql.cursors.DictCursor)
# 使用 cursor()方法获取操作游标
c=db.cursor()
# SQL 查询语句
sql = "SELECT * FROM EMPLOYEE "
try:
    # 执行 SQL 语句
    c.execute(sql)
    # 获取所有记录列表
    results = c.fetchall()
    print(results)
except:
    print ("Error: unable to fetch data")
# 关闭数据库连接
db.close()
```

输出结果如下。

```
[{'FIRST_NAME': 'Mac', 'LAST_NAME': 'Mohan', 'AGE': 20, 'SEX': 'M', 'INCOME':
2000.0}]
```

2.2 Web 框架

Python 语言具有开源和跨平台的特点，在设计开发 Web 应用程序方面具有很大的优势，Python 强大的模块以及广泛的实际应用使其成为 Web 开发的典型选择。Python 具有丰富的 Web 开发框架，如 Django 和 Flask，可以快速完成一个网站的开发和 Web 服务。国内的豆瓣、果壳网及国外的 Google、Dropbox 等都是使用 Python 开发的。

2.2.1　主流 Web 框架

Python 常用的主流 Web 框架包括 Django、Flask、Pyramid、Bottle、Web2py、Tornado、Aiohttp、Scrapy 等，下面介绍这些主流 Web 框架。

1．Django

Django 是最流行的一款 Web 框架，具有实用的设计和快速开发的效率，纯免费、开源。其设计是为了帮助开发人员尽快完成从概念转换为应用程序。它能自动生成数据库结构以及全功能的管理后台，因此安全性非常好，能够帮助开发人员避免许多常见的安全错误。

2．Flask

Flask 是一款使用 Python 编写的轻量级 Web 应用框架，Flask 使用 BSD 授权。Flask 也被称为微型框架，因为它使用简单的核心，可扩展增加其他功能，使用 Flask 的扩增功能可实现 ORM（Object Relational Mapping）、窗体验证工具、文件上传、各种开放式身份验证技术等。

3．Pyramid

Pyramid 和 Django 都面向大的应用，Pyramid 比较灵活，注重于让开发人员去选择，可以选择数据库、各种模板、项目结构等，而 Django 的目标是提供一站式的解决方案。

4．Bottle

Bottle 是一款快速小巧、轻量级的微型 Web 框架，是遵循 WSGI（Web Server Gateway Interface）的简单高效的微型 Python Web 框架。除 Python 标准库外，它不依赖于任何第三方模块。

5．Web2py

Web2py 是一款全栈式的 Web 框架，是为 Python 语言提供的全功能 Web 应用框架，旨在快速开发 Web 应用，具有快速、安全以及可移植等特性，兼容 Google App Engine。

6．Tornado

Tornado 是一款 Python 的 Web 框架和异步网络库，使用了非阻塞的网络 I/O，而且速度相当快。

7．Aiohttp

Aiohttp 是基于 Asyncio 实现的 Http 框架，实现了单线程并发 IO 操作以及 TCP、UDP、SSL 等协议。

8．Scrapy

Scrapy 是一款使用 Python 编写的轻量级简单轻巧的爬虫框架，使用起来非常方便。

9．Cubes

Cubes 是一款轻量级 Python 框架，包含 OLAP（Online Analytical Processing）、多维数据分析和浏览聚合数据（Aggregated Data）等工具。

10．Falcon

Falcon 是一款构建云 API 和网络应用后端的高性能 Python 框架。

11．Buildbot

Buildbot 是一款开源框架，基于 Python 的持续集成测试框架，可以自动化软件构建、测试和发布等过程。

2.2.2 Django 框架

Python 下有许多款不同的 Web 框架，Django 应该是最出名的框架之一，许多知名网站和 APP 都基于 Django。Django 主页：https://www.djangoproject.com/，如图 2-12 所示。

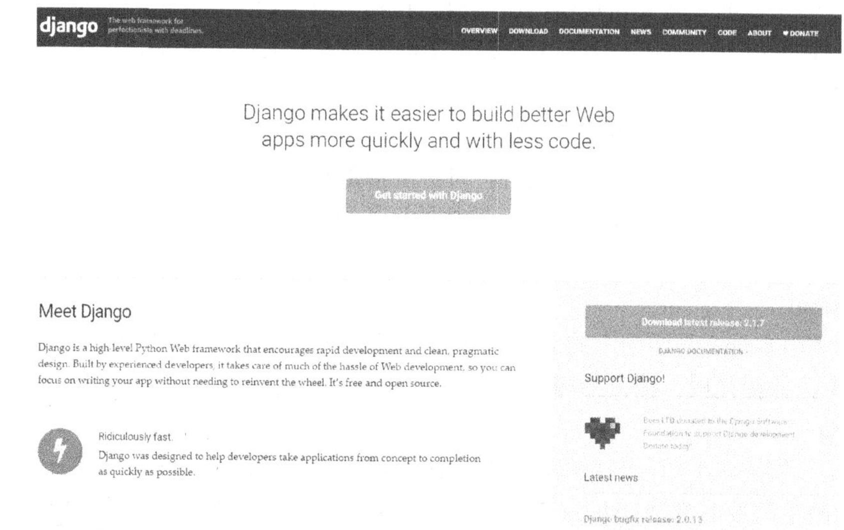

图 2-12　Django 主页

Django 项目的 Github 地址：https://github.com/django/django，其是由世界各地的贡献者来开发的一个开源项目。

Django 具有以下特点。

（1）支持对象关系映射（ORM）。Django 提供数据模型和数据库引擎之间的桥梁，并支持多种数据库系统，例如 MySQL、Oracle、Postgres 等。在 Django 中还可通过 Django-nonrel 支持 NoSQL 数据库。

（2）多种语言支持。Django 通过其内置的国际化系统支持多语种应用。

（3）框架支持。Django 内置了对 Ajax、RSS 和其他各种框架的支持。

（4）GUI 管理。Django 提供了一个很好的用户界面用于管理活动。

（5）方便开发。Django 自带了一个轻量级的 Web 服务器，方便 Web 应用的开发和测试。

Django 主流的版本为 2.1.7，支持 Python 3.x 版本，安装命令为“pip install Django==2.1.7”，如图 2-13 所示。

图 2-13　Django 安装

安装 Django 后的目录如图 2-14 所示。

Python › Python37 › Lib › site-packages › django　　搜索"django"

名称	修改日期	类型	大小
__pycache__	2019/2/18 20:11	文件夹	
apps	2019/2/18 20:11	文件夹	
bin	2019/2/18 20:11	文件夹	
conf	2019/2/18 20:11	文件夹	
contrib	2019/2/18 20:11	文件夹	
core	2019/2/18 20:11	文件夹	
db	2019/2/18 20:11	文件夹	
dispatch	2019/2/18 20:11	文件夹	
forms	2019/2/18 20:11	文件夹	
http	2019/2/18 20:11	文件夹	
middleware	2019/2/18 20:11	文件夹	
template	2019/2/18 20:11	文件夹	
templatetags	2019/2/18 20:11	文件夹	
test	2019/2/18 20:11	文件夹	
urls	2019/2/18 20:11	文件夹	
utils	2019/2/18 20:11	文件夹	
views	2019/2/18 20:11	文件夹	
__init__.py	2019/2/18 20:11	Python File	1 KB
__main__.py	2019/2/18 20:11	Python File	1 KB
shortcuts.py	2019/2/18 20:11	Python File	6 KB

图 2-14　Django 目录

安装 Django 之后，即拥有了可用的管理工具"django-admin.py"，如图 2-15 所示。

Python › Python37 › Lib › site-packages › django › bin

名称	修改日期	类型
__pycache__	2019/2/18 20:11	文件夹
django-admin.py	2019/2/18 20:11	Python File

图 2-15　管理工具"django-admin.py"

可以使用"django-admin.py"创建一个项目，例如创建项目 HelloWorld，命令为"django-admin startproject HelloWorld"，创建项目后的目录结构如图 2-16 所示。

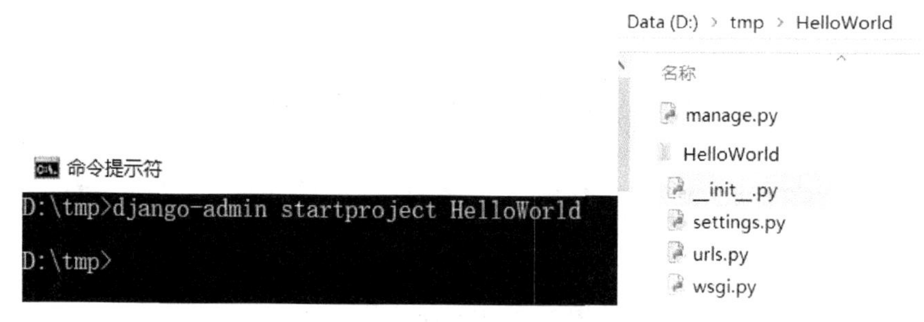

图 2-16　创建 Django 项目

项目中的文件说明如下。

（1）manage.py：一个实用的命令工具，Django 程序执行的入口。

（2）HelloWorld/__init__.py：一个空文件，表示该目录是一个 Python 包。

（3）HelloWorld/settings.py：该 Django 项目的总设置/配置文件。

（4）HelloWorld/urls.py：Django 项目默认的路由配置文件。

（5）HelloWorld/wsgi.py：WSGI 兼容的 Web 服务器的入口，以便运行项目。

切换到 HelloWorld 目录，输入命令“python manage.py runserver 0.0.0.0:8000”，启动服务器，“0.0.0.0”表示其他计算机可连接到开发服务器，8000 为端口号。在浏览器中输入服务器的 1P 及端口号，如图 2-17 所示。

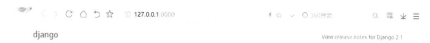

图 2-17　Django 项目

“manage.py”是每个 Django 项目中自动生成的一个用于管理项目的脚本文件，需要通过 Python 命令执行。“manage.py”接受的是 Django 提供的内置命令。

Django 执行命令可以使用以下两种方式。

（1）django-admin　<command>　[options]

（2）python manage.py　<command>　[options]

其中<command>为 Django 提供的内置命令，包括 check、dbshell、diffsettings、flush、makemigrations、migrate、runserver、shell、startapp、startproject、test。

上面列出的是 Django 核心提供的命令项，下面这些内置命令只在对应的 APP 启用时才可用：changepassword、createsuperuser、clearsessions、collectstatic。

在 Django 项目创建完成以后，执行下列命令，可以为项目生成数据表、用户名和密码，如图 2-18 所示。

```
命令提示符

D:\tmp\HelloWorld>python manage.py migrate
Operations to perform:
  Apply all migrations: admin, auth, contenttypes, sessions
Running migrations:
  Applying contenttypes.0001_initial... OK
  Applying auth.0001_initial... OK
  Applying admin.0001_initial... OK
  Applying admin.0002_logentry_remove_auto_add... OK
  Applying admin.0003_logentry_add_action_flag_choices... OK
  Applying contenttypes.0002_remove_content_type_name... OK
  Applying auth.0002_alter_permission_name_max_length... OK
  Applying auth.0003_alter_user_email_max_length... OK
  Applying auth.0004_alter_user_username_opts... OK
  Applying auth.0005_alter_user_last_login_null... OK
  Applying auth.0006_require_contenttypes_0002... OK
  Applying auth.0007_alter_validators_add_error_messages... OK
  Applying auth.0008_alter_user_username_max_length... OK
  Applying auth.0009_alter_user_last_name_max_length... OK
  Applying sessions.0001_initial... OK

D:\tmp\HelloWorld>python manage.py createsuperuser
Username (leave blank to use 'hefug'): test
Email address: test@163.com
Password:
Password (again):
The password is too similar to the email address.
This password is too short. It must contain at least 8 characters.
This password is too common.
Bypass password validation and create user anyway? [y/N]: y
Superuser created successfully.

D:\tmp\HelloWorld>
```

图 2-18　为项目生成数据表、用户名和密码

```
python manage.py migrate  #执行数据库迁移
python manage.py  createsuperuser  #创建用户名和密码
```

重新启动服务器命令为“python manage.py runserver 0.0.0.0:8000”，在浏览器中输入“127.0.0.1:8000/admin”，使用刚才创建的用户名和密码登录，如图 2-19 所示。

在 Django 项目中执行命令“python manage.py startapp app_demo”，创建一个应用程序，如图 2-20 所示。

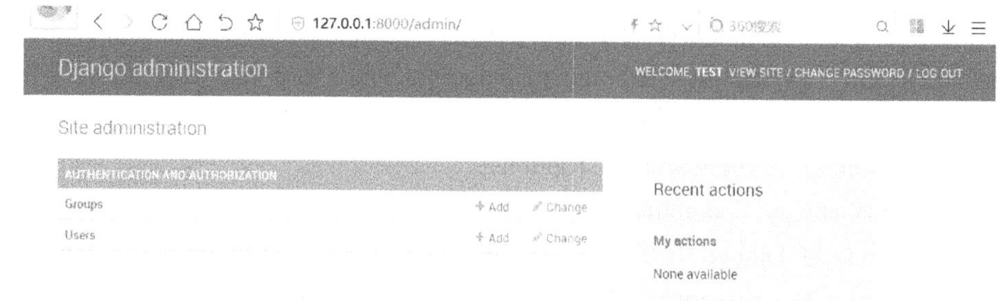

图 2-19　Django 项目的后台管理界面

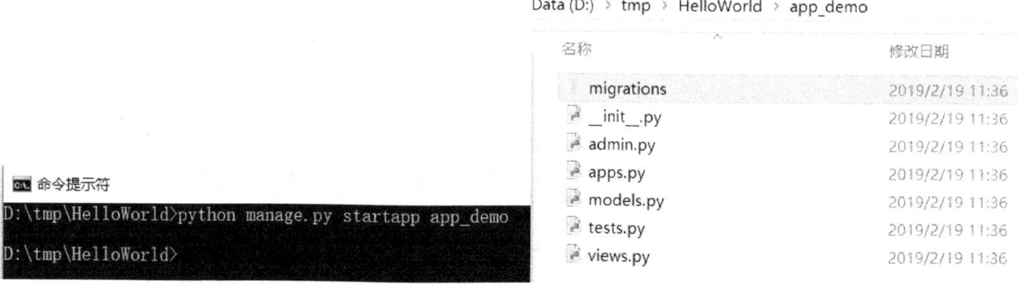

图 2-20　创建应用程序

应用程序中文件和文件夹的说明如下。

（1）admin.py：配置和管理站点的文件。

（2）apps.py：应用信息配置文件，其中的类 Appconfig 用于定义应用名等数据。

（3）migrations：数据库迁移生成的脚本。

（4）models.py：数据库模型的文件。

（5）views.py：视图控制器的文件。

（6）test.py：测试脚本的文件。

Django 项目创建应用程序后，使用过程如图 2-21 所示。

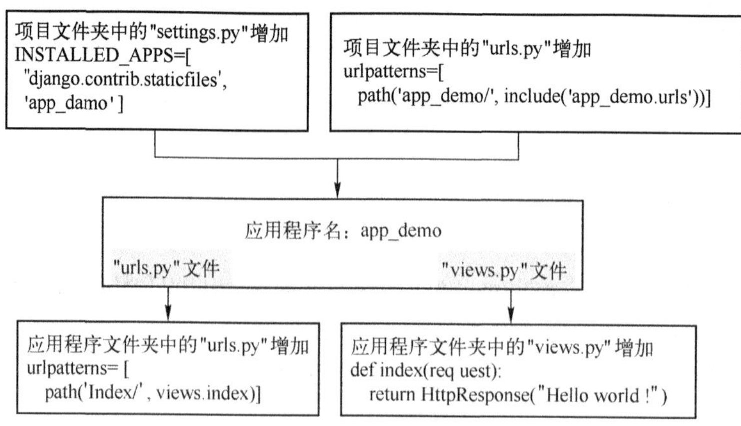

图 2-21　应用程序使用过程

具体描述如下。

（1）创建 Django 应用程序后，需要在项目的同名文件夹中的“settings.py”文件中注册，如图 2-22 所示。

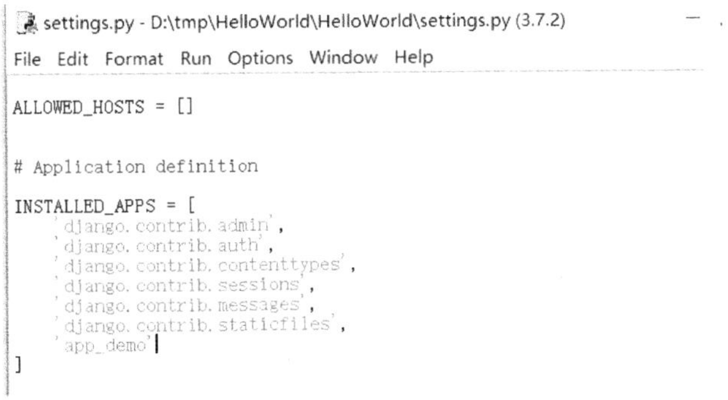

```
settings.py - D:\tmp\HelloWorld\HelloWorld\settings.py (3.7.2)
File  Edit  Format  Run  Options  Window  Help

ALLOWED_HOSTS = []


# Application definition

INSTALLED_APPS = [
    'django.contrib.admin',
    'django.contrib.auth',
    'django.contrib.contenttypes',
    'django.contrib.sessions',
    'django.contrib.messages',
    'django.contrib.staticfiles',
    'app_demo'
]
```

图 2-22　“settings.py”文件中注册应用程序

（2）在项目的“urls.py”文件中包含 app_demo 的 url 模式，如图 2-23 所示。

```
Data (D:) > tmp > HelloWorld > HelloWorld

名称
__pycache__
__init__.py
settings.py
urls.py
wsgi.py

urls.py - D:\tmp\HelloWorld\HelloWorld\urls.py (3.7.2)
File  Edit  Format  Run  Options  Window  Help
from django.contrib import admin
from django.urls import path, include

urlpatterns = [
    path('admin/', admin.site.urls),
    path("app_demo/", include('app_demo.urls')),
]
```

图 2-23　配置项目的“urls.py”文件

（3）项目的“urls.py”文件配置视图的函数和对应的 URL 绑定，如图 2-24 所示。

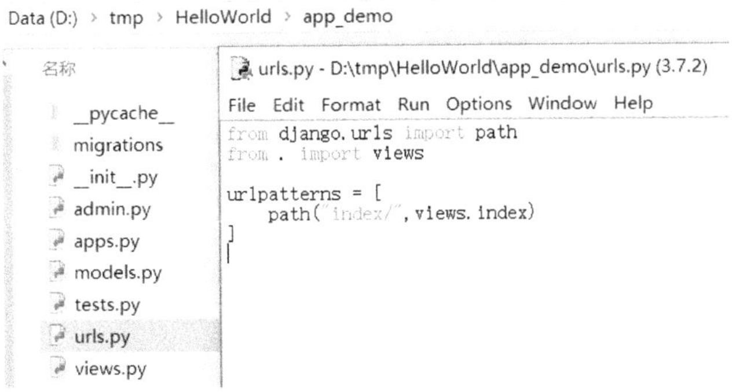

```
Data (D:) > tmp > HelloWorld > app_demo

名称
__pycache__
migrations
__init__.py
admin.py
apps.py
models.py
tests.py
urls.py
views.py

urls.py - D:\tmp\HelloWorld\app_demo\urls.py (3.7.2)
File  Edit  Format  Run  Options  Window  Help
from django.urls import path
from . import views

urlpatterns = [
    path("index/", views.index)
]
```

图 2-24　配置应用程序的“urls.py”文件

（4）在视图文件“views.py”中填入如下内容，如图 2-25 所示。

图 2-25 “views.py”中填入内容

（5）运行应用程序，启动服务器。运行命令“python manage.py runserver”，在浏览器中输入“http://127.0.0.1:8000/app_demo/index/”，如图 2-26 所示。

图 2-26 运行应用程序

2.2.3 Flask 框架

Flask 是一款使用 Python 编写的轻量级 Web 应用框架，其依赖两个模块：Werkzeug 和 Jinja2。Werkzeug 是一个 WSGI（Web Server Gateway Interface，WSGI 是一个规范，定义 Web 服务器如何与 Python 应用程序进行交互）的工具集，Jinja2 负责渲染模板。Flask 主页：http://flask.pocoo.org/，如图 2-27 所示。

图 2-27 Flask 的主页

Flask 的安装命令：pip install flask，如图 2-28 所示。

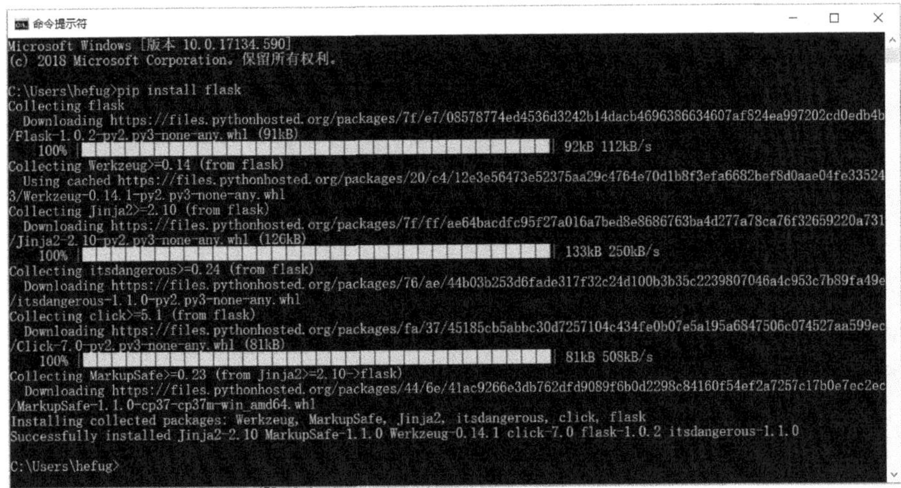

```
命令提示符
Microsoft Windows [版本 10.0.17134.590]
(c) 2018 Microsoft Corporation。保留所有权利。

C:\Users\hefug>pip install flask
Collecting flask
  Downloading https://files.pythonhosted.org/packages/7f/e7/08578774ed4536d3242b14dacb4696386634607af824ea997202cd0edb4b
/Flask-1.0.2-py2.py3-none-any.whl (91kB)
    100% |                                | 92kB 112kB/s
Collecting Werkzeug>=0.14 (from flask)
  Using cached https://files.pythonhosted.org/packages/20/c4/12e3e56473e52375aa29c4764e70d1b8f3efa6682bef8d0aae04fe33524
3/Werkzeug-0.14.1-py2.py3-none-any.whl
Collecting Jinja2>=2.10 (from flask)
  Downloading https://files.pythonhosted.org/packages/7f/ff/ae64bacdfc95f27a016a7bed8e8686763ba4d277a78ca76f32659220a731
/Jinja2-2.10-py2.py3-none-any.whl (126kB)
    100% |                                | 133kB 250kB/s
Collecting itsdangerous>=0.24 (from flask)
  Downloading https://files.pythonhosted.org/packages/76/ae/44b03b253d6fade317f32c24d100b3b35c2239807046a4c953c7b89fa49e
/itsdangerous-1.1.0-py2.py3-none-any.whl
Collecting click>=5.1 (from flask)
  Downloading https://files.pythonhosted.org/packages/fa/37/45185cb5abbc30d7257104c434fe0b07e5a195a6847506c074527aa599ec
/Click-7.0-py2.py3-none-any.whl (81kB)
    100% |                                | 81kB 508kB/s
Collecting MarkupSafe>=0.23 (from Jinja2>=2.10->flask)
  Downloading https://files.pythonhosted.org/packages/44/6e/41ac9266e3db762dfd9089f6b0d2298c84160f54ef2a7257c17b0e7ec2ec
/MarkupSafe-1.1.0-cp37-cp37m-win_amd64.whl
Installing collected packages: Werkzeug, MarkupSafe, Jinja2, itsdangerous, click, flask
Successfully installed Jinja2-2.10 MarkupSafe-1.1.0 Werkzeug-0.14.1 click-7.0 flask-1.0.2 itsdangerous-1.1.0

C:\Users\hefug>
```

图 2-28　Flask 安装

安装完成以后，可以使用命令 pip list 查看所有安装包，如图 2-29 所示。

```
命令提示符
Microsoft Windows [版本 10.0.17134.590]
(c) 2018 Microsoft Corporation。保留所有权利。

C:\Users\hefug>pip  list
Package          Version
---------------- -------
Click            7.0
Django           2.1.7
Flask            1.0.2
itsdangerous     1.1.0
Jinja2           2.10
MarkupSafe       1.1.0
numpy            1.15.4
opencv-python    3.4.4.19
pandas           0.24.1
pip              19.0.2
PyMySQL          0.9.3
python-dateutil  2.8.0
pytz             2018.9
setuptools       40.6.2
six              1.12.0
Werkzeug         0.14.1
```

图 2-29　查看所有安装包

在 Python IDLE 中输入下列代码，保存文件名为“Flask_Demo1.py”。

```
 from flask import Flask       #导入了Flask类
app = Flask(__name__)          #创建Flask类的实例对象
@app.route('/')                #告诉 Flask 什么 URL 能够触发该修饰符下的方法
def hello_world():             #定义函数，浏览器显示的信息
   return 'Hello, World!'
```

在 Windows 的命令控制台输入以下命令以启动运行，如图 2-30 所示。

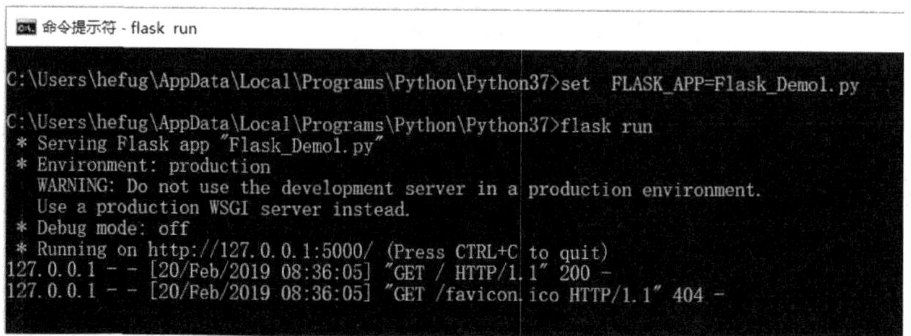

图 2-30　启动运行

```
set FLASK_APP=Flask_Demo1.py
flask run
```

在浏览器中输入网址“http://127.0.0.1:5000/”，结果如图 2-31 所示。

图 2-31　浏览器运行

为了使 URL 可变，可以把这些特殊的字段标记为<variable_name>，这样会传递一个关键字变量到定义的方法中。转换器规则<converter:variable_name>的实例代码如下。

```
from flask import Flask
app = Flask(__name__)
@app.route('/user/<user_name>')
def show_user_profile(user_name):
    # show the user profile for that user
    return 'User %s' % user_name
@app.route('/post/<int:id>')
def show_post(id):
    # show the post with the given id, the id is an integer
    return 'Post %d' % id
```

在 Python IDLE 中保存文件名为“Flask_Demo2.py”，启动代码，在浏览器中运行结果如图 2-32 所示。

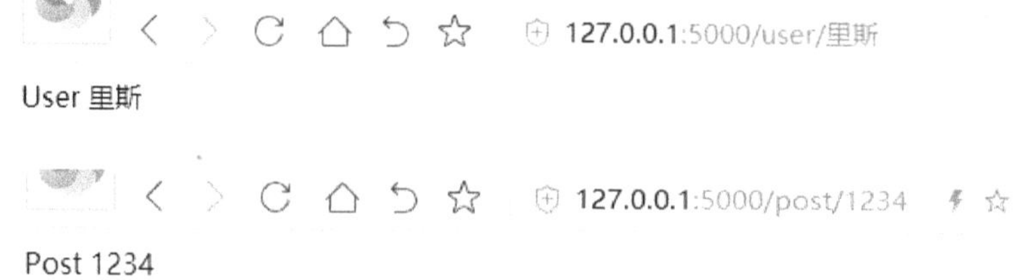

图 2-32　可变 URL 浏览器的运行结果

Http 访问 URL 的方法有所不同。默认情况下，一个路由只能回复 GET 请求，但可以通过为 route()修饰符提供 methods 参数来改变这一点，实例代码如下。

```
@app.route('/login', methods=['GET', 'POST'])
def login():
  if request.method == 'POST':
    do_the_post()
  else:
    do_the_get()
```

使用 Python 生成 HTML 表单是很麻烦的事，Flask 推出了 Jinja2 模板引擎来完成这项任务。可以使用 render_template()方法渲染一个模板，需要做的仅仅是提供模板的名称和想要传递给模板引擎的关键字变量，实例代码如下。

```
from flask import Flask, render_template
app = Flask(__name__)
@app.route('/index/')
@app.route('/index/<name>')
def index(name=None):
    return render_template('index.html', name=name)
```

Flask 会在项目的 templates 子目录下查找模板。

2.3　本章小结

本章主要介绍 Python 的数据库和 Web 框架，包括两种常用数据库 SQLite 和 MySQL 的操作，以及 Python 的主流 Web 框架、Django 和 Flask 框架，包括框架的安装、基础知识和基本使用方法等内容。

第3章 Python深度学习环境

3.1 Anaconda介绍

Anaconda是一个开源的包、环境管理器，用于科学计算的Python发行版，支持Linux、Mac、Windows系统，提供了包管理与环境管理的功能，包含了conda、Python等100多个科学包及其依赖项，可以方便地解决多版本Python并存、切换及各种第三方模块安装问题。Anaconda主页：https://www.anaconda.com/，如图3-1所示。

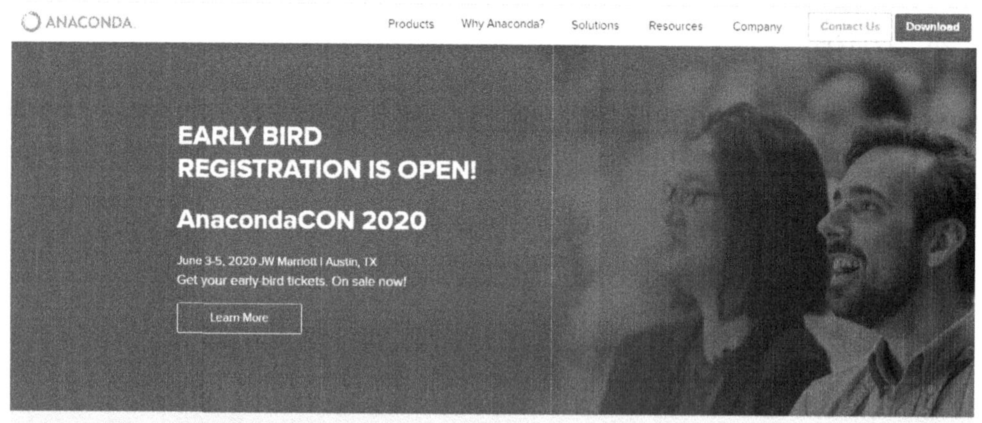

图3-1　Anaconda的主页

3.2 Anaconda环境搭建

在Anaconda的官方主页单击Download按钮，进入下载页，其目前提供了3种版本：Windows、macOS、Linux，如图3-2所示。

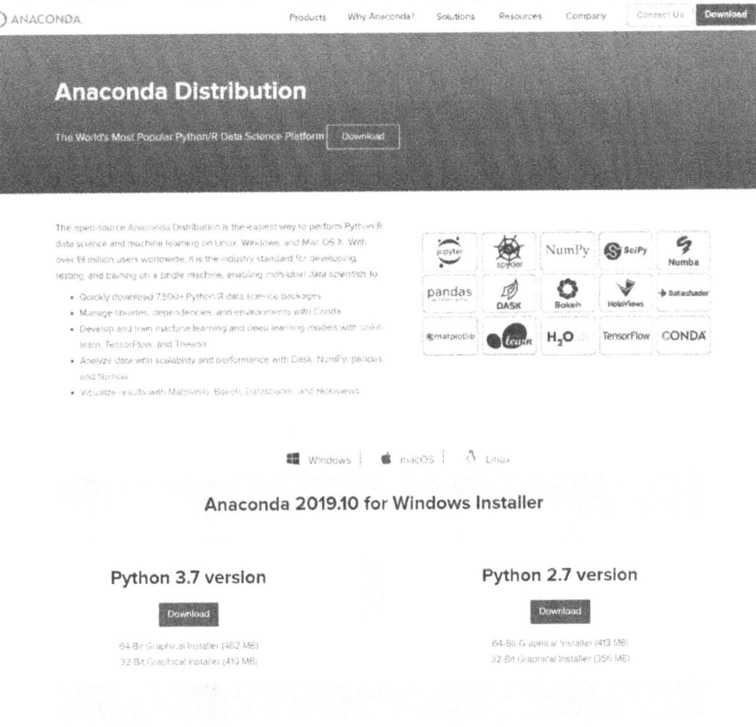

图 3-2　下载 Anaconda

Windows 平台的 Anaconda 安装软件分为支持 Python 3.7 和 Python 2.7 的两个版本，其中支持 Python 3.7 的版本目前使用比较多，本书选择的版本为支持 Python 3.7 的 64-Bit 版本。下载的文件为："Anaconda3-2019.10-Windows-x86_64.exe"，双击文件开始安装，如图 3-3 所示。

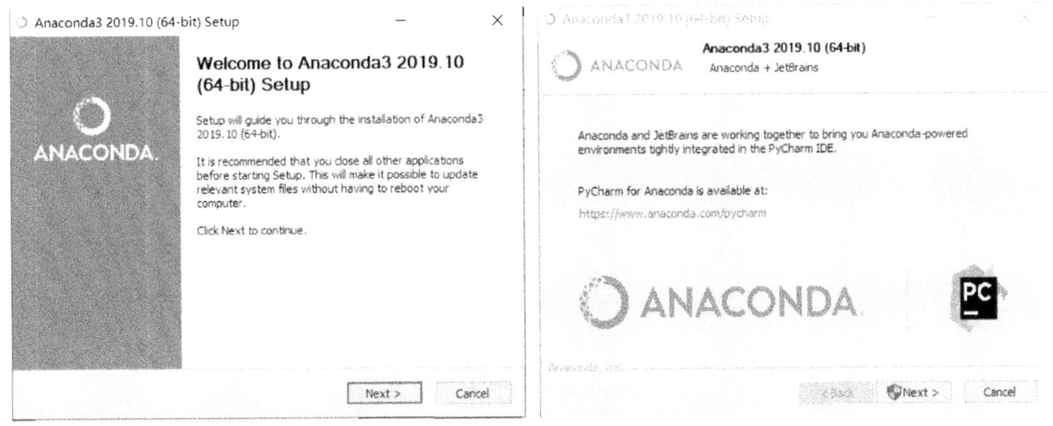

图 3-3　安装 Anaconda

Anaconda 安装完成以后，在开始菜单的菜单项中出现启动项，如图 3-4 所示。

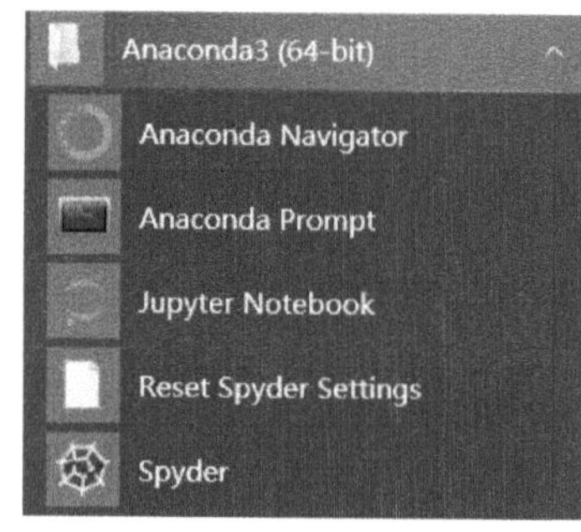

图 3-4　Anaconda 启动项

3.3　Anaconda 使用方法

Anaconda 中的功能菜单说明如下。

（1）Anaconda Navigator：Anaconda 的管理工具。

（2）Anaconda Prompt：Anaconda 的命令控制台。

（3）Jupyter Notebook：Anaconda 的 Web 应用。

（4）Reset Spyder Settings：恢复 Spyder 初始设置。

（5）Spyder：一个简单的 Python 集成开发环境。

3.3.1　管理工具 Navigator

Anaconda Navigator 是 Anaconda 中的图形界面管理工具，可以启动应用程序，方便地管理 Conda 包、环境，主要实现两个方面的功能。

（1）包（packages）管理：可以安装、更新及卸载包 ，并且它更侧重于数据科学相关的工具包。在安装 Anaconda 时就已经集成了 Numpy、Scipy、Pandas、Scikit-learn 等数据分析中常用的包。另外，Navigator 不仅能管理 Python 的工具包，也能安装非 Python 的包，比如可以安装 R 语言的集成开发环境 Rstudio。

（2）环境管理：可以建立多个虚拟环境，用于隔离不同项目所需的不同版本的工具包，以防止版本上的冲突。可以建立 Python2 和 Python3 两个环境，来分别运行不同版本的 Python 代码。

Navigator 可以从 Anaconda Cloud 或本地 Anaconda 仓库中搜索下载。Anaconda Navigator 的说明文档主页：https://docs.anaconda.com/anaconda/navigator/，如图 3-5 所示。

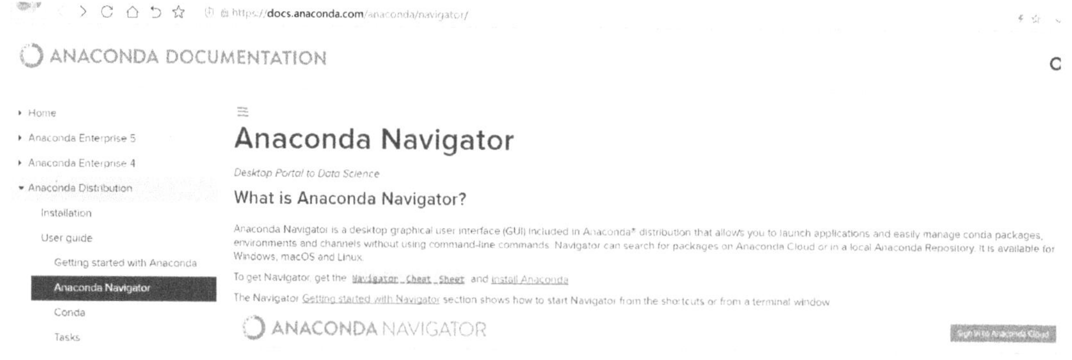

图 3-5　Anaconda Navigator 的说明文档

Anaconda Navigator 启动后的主界面如图 3-6 所示。

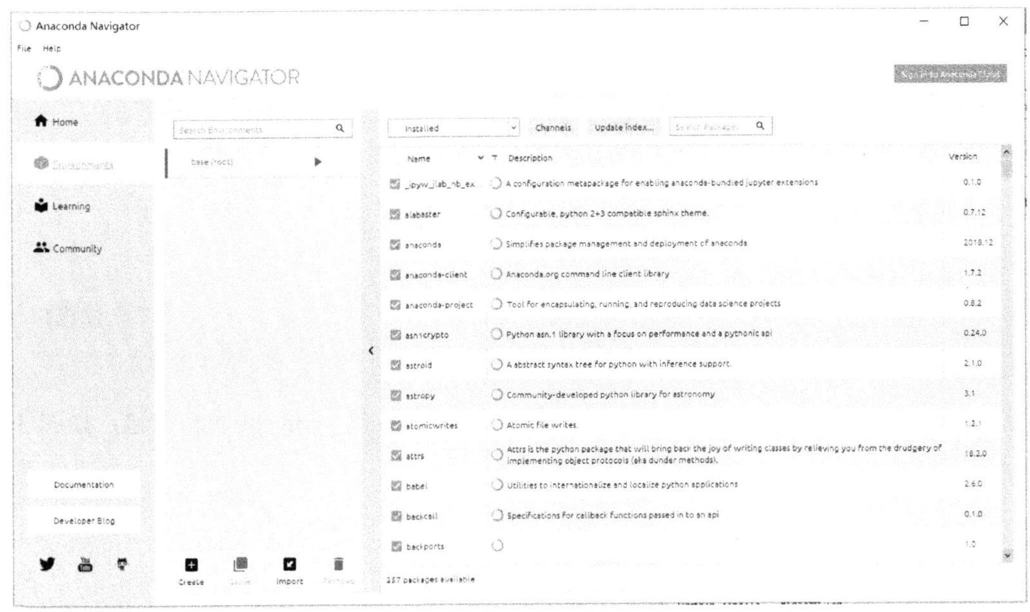

图 3-6　Anaconda Navigator 的主界面

在主界面的左侧有四个列表项，说明如下。

（1）Home：显示所有的应用程序，每一个应用程序可以安装、启动和更新。

（2）Environments：允许管理已经安装的环境、包和包的网络位置。

（3）Learning：Anaconda 的学习指南。

（4）Community：各种社区群。

Anaconda Navigator 安装包的方法如下。

（1）选择 Environments 项，在右侧包的列表框选项选择 All，如图 3-7 所示。

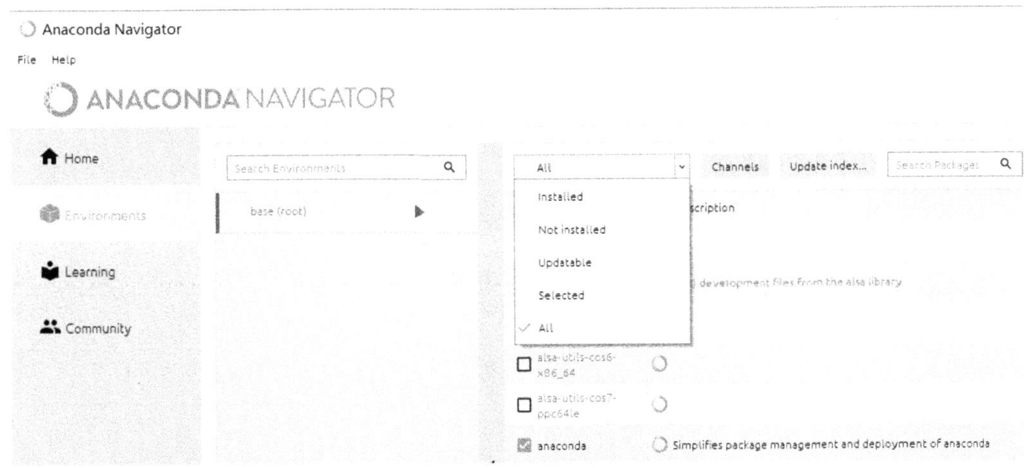

图 3-7　选择包的列表项

（2）在右侧的 Search Package 中输入 pymy，在下面的搜索结果中选择 pymysql，如图 3-8 所示。

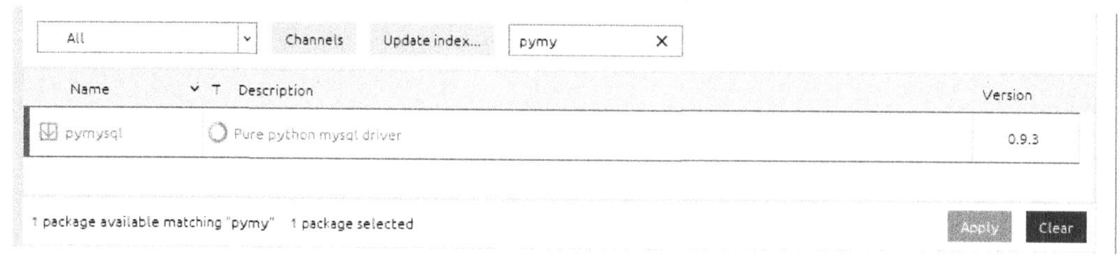

图 3-8　选择 pymysql

（3）单击右下角的 Apply 按钮，开始安装，弹出安装包 pymysql 的相关包，如图 3-9 所示。

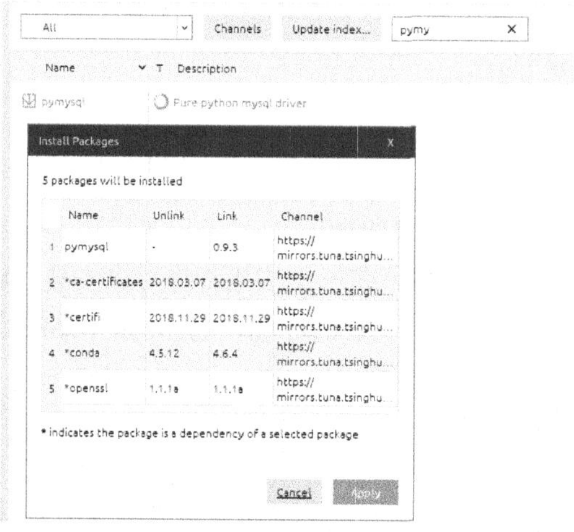

图 3-9　pymysql 的相关包

（4）单击右下角的 Apply 按钮，开始安装，安装结束后可以看到 pymysql 变成已安装状态，如图 3-10 所示。

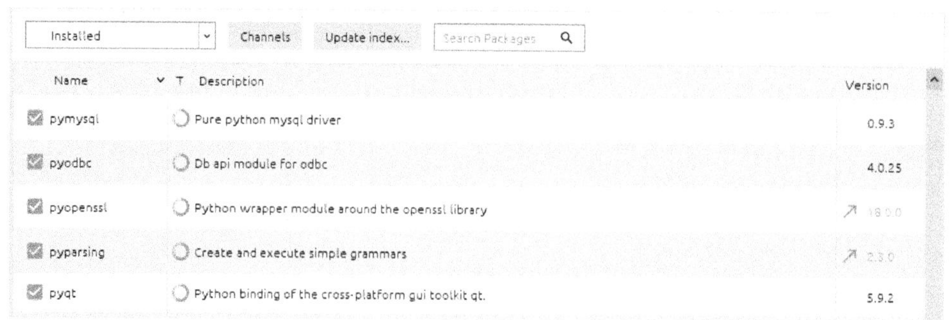

图 3-10　pymysql 包已安装

（5）Anaconda 的另一个强大的功能就在于可以同时配置多个环境，以满足不同的需求，例如同时配置 Python 2.x 和 Python 3.x 环境。创建方法：在 Anaconda Navigator 的主界面左侧选择 Environments 项，单击下方的 Create 按钮，弹出对话框，输入名字并选择包，单击 Create 按钮，新建一个环境，如图 3-11 所示。

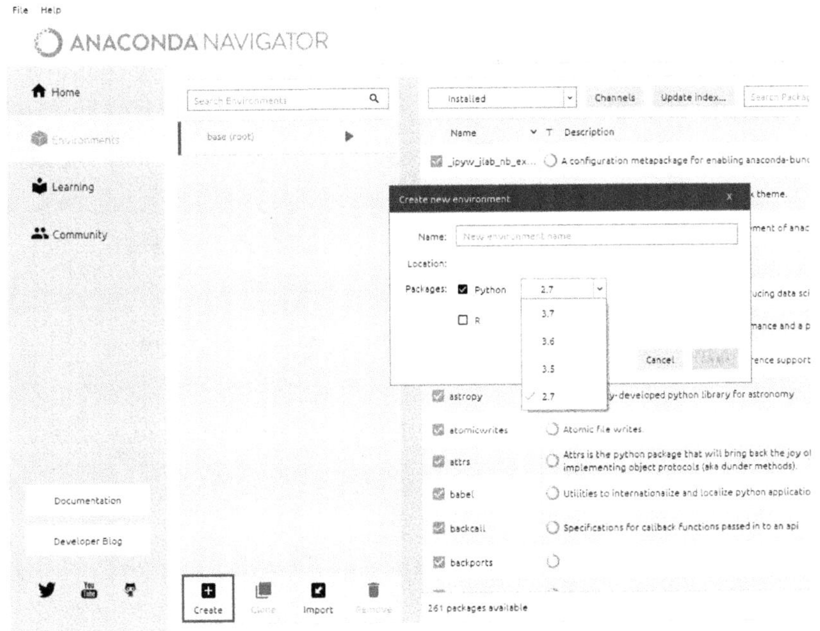

图 3-11　新建环境

（6）安装成功以后会自动下载环境要求的基本包，如图 3-12 所示。现在已成功安装了两个版本的 Python 开发环境。

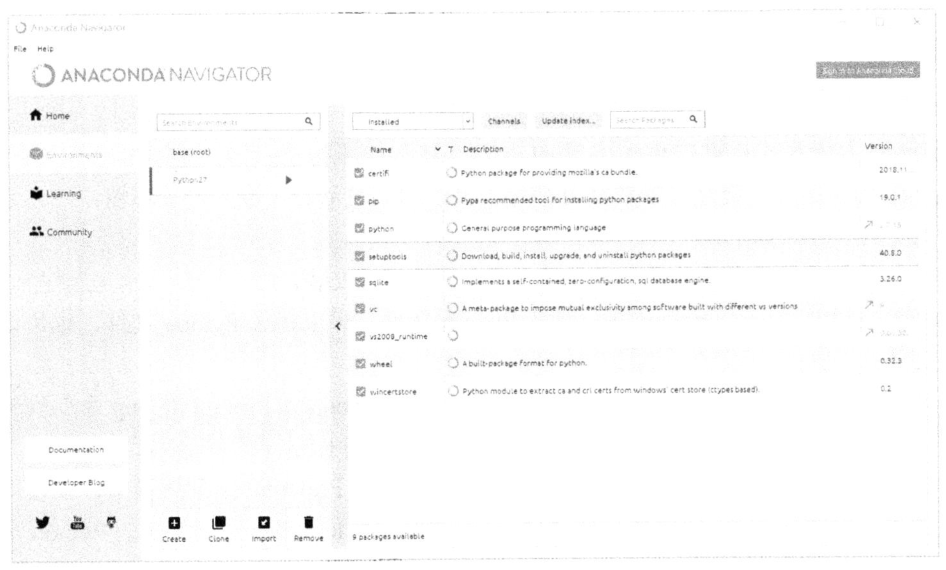

图 3-12　Python2.7 环境

3.3.2 Anaconda 的 Python 开发环境 Spyder

Spyder（Scientific Python Development Environment）是一个强大的交互式 、跨平台的科学运算集成开发环境，提供高级的代码编辑、交互测试、调试等特性，支持 Windows、Linux 和 OS X 系统平台。

Spyder 启动后的主界面如图 3-13 所示。

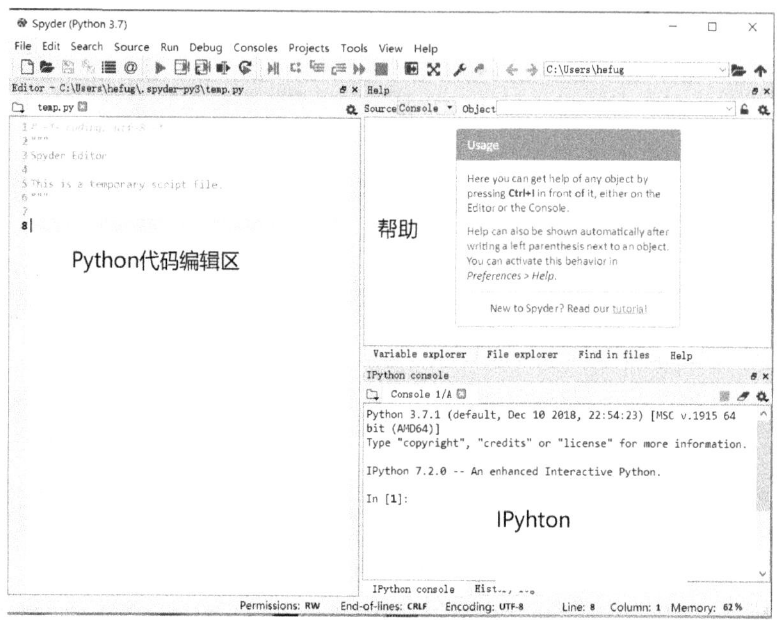

图 3-13 Spyder 主界面

IPython 是一个功能强大的交互式 Shell（为使用者提供操作界面的软件，即命令解析器），与 Python shell 相比，IPython 更方便、更好用，它支持变量自动补全，内置了许多强大的功能和函数。

IPython 为交互式计算提供了丰富的架构，具有如下特点：（1）强大的交互式 Shell；（2）Jupyter 内核；（3）交互式的数据可视化工具；（4）灵活、可嵌入的解释器；（5）易于使用、高性能的并行计算工具。

Anaconda 安装后已经包含了 IPython，因此不需要再安装。

Spyder 可以新建一个 Python 项目或者 Python 文件，可以运行 Python 文件，也可以调试 Python 文件。

Spyder 使用的库是通过 Anaconda Navigator 或者 Anaconda Prompt 的 pip 命令安装的，如果使用时遇到了之前使用 pip 安装的库和包导入或者提示不存在该模块的情况，则在 Spyder 的主界面选择菜单命令“Tools>Preferences”，弹出 Preferences 配置窗口，在窗口的右侧选择 Python interpreter，设置 Use the following Python interpreter 为包所在的 Python 环境，这样就可以正常使用已经安装好的包了，如图 3-14 所示。

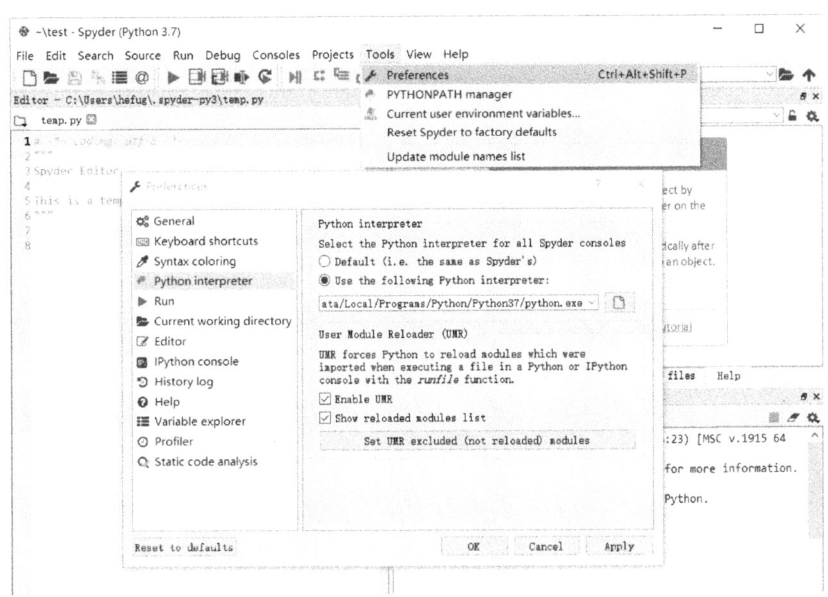

图 3-14　Preferences 窗口

3.4　深度学习的一些常备库

深度学习算法和人脑相似，人脑和深度学习模型都拥有大量的神经元，这些神经元在独立的情况下并不智能，但当它们相互作用时就会变得相当智能。深度学习主要由神经网络构成，该网络模拟了人脑中类似的网络。当数据穿过这个神经网络时，每一层都会处理这些数据，进行过滤和聚合，进行辨别、分类及识别等，并产生最终输出。

Python 具有丰富的深度学习库，这些方便易用的库帮助了开发人员高效开发，主要包括以下几个方面。

（1）科学计算、数据分析、统计功能库，例如 Numpy、Scipy、Pandas、StatsModels 等。

（2）可视化输出库，例如 Matplotlib、Seaborn、Plotly 等。

（3）深度学习库，例如 Sklearn、TensorFlow、PyTorch、Keras 等。

（4）自然语言处理，例如 NLTK、SpaCy、Gensim 等。

3.4.1　NumPy——基础科学计算库

NumPy（Numerical Python）是 Python 语言的一个开源的数值计算扩展库，主要用来存储和处理大型矩阵，NumPy 支持的数据类型比 Python 内置的类型要多很多，基本可以和 C 语言的数据类型对应上。目前 NumPy 已经成为其他大数据和机器学习模块的基础。NumPy 主页：http://www.numpy.org/，如图 3-15 所示。

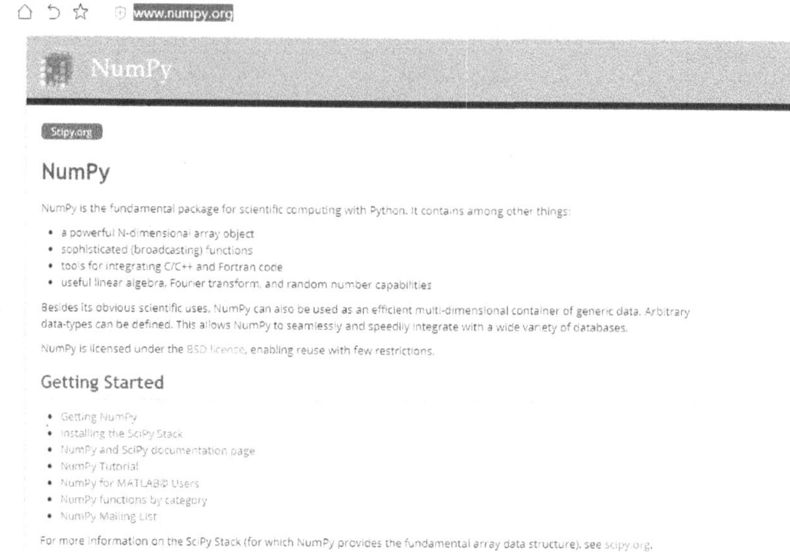

图 3-15　NumPy 主页

NumPy 的主要功能如下。

（1）一个强大的数组对象。

（2）线性代数、傅里叶变换和随机数生成函数，例如最优化、线性代数、积分、插值、特殊函数、快速傅里叶变换、信号处理和图像处理、常微分方程求解及其他科学与工程中常用计算。

（3）广播功能函数。

（4）集成 C/C++/Fortran 代码的工具。

NumPy 的安装命令为 pip install numpy，Anaconda 环境中已经包含该库，NumPy 的典型应用说明如下。

（1）创建一个全 0 矩阵或全 1 矩阵，代码如下。

```
import numpy as np
full_zero = np.zeros([3,5])
print (full_zero)
full_one= np.ones([3,5])
print(full_one)
```

输出结果如下。

```
[[0. 0. 0. 0. 0.]
 [0. 0. 0. 0. 0.]
 [0. 0. 0. 0. 0.]]
[[1. 1. 1. 1. 1.]
 [1. 1. 1. 1. 1.]
 [1. 1. 1. 1. 1.]]
```

（2）创建一个单位矩阵，代码如下。

```
myeye = np.eye(3)
print(myeye)
```

输出结果如下。

```
[[1. 0. 0.]
 [0. 1. 0.]
 [0. 0. 1.]]
```

（3）矩阵相乘，代码如下。

```
matrix1 = np.mat([[1,2,3],[4,5,6],[7,8,9]])
matrix2 = np.mat([[1],[2],[3]])
print( np.matmul(matrix1,matrix2))
```

输出结果如下。

```
[[14]
 [32]
 [50]]
```

NumPy 的矩阵乘法函数有两个：（1）np.matmul 矩阵乘法，[a,b]*[b,c] = [a,c]；（2）np.multiply 对应位相乘，要求矩阵维度完全相同。

（4）快速傅里叶变化，代码如下。

```
x = np.linspace(0, 2 * np.pi, 20) #创建一个包含 20 个点的余弦波信号。
wave = np.cos(x)
transformed = np.fft.fft(wave) #使用 fft 函数对余弦波信号进行傅里叶变换。
print(transformed)
```

输出结果如下。

```
[ 1.00000000e+00+0.00000000e+00j  1.00885745e+01+1.59787322e+00j
 -3.58250561e-01-1.16402663e-01j -1.20143712e-01-6.12162789e-02j
 -5.56894817e-02-4.04607768e-02j -2.86433551e-02-2.86433551e-02j
 -1.49180522e-02-2.05329373e-02j -7.28185176e-03-1.42914388e-02j
 -2.94842265e-03-9.07431186e-03j -6.99016721e-04-4.41341788e-03j
 -5.72458747e-17-1.04083409e-17j -6.99016721e-04+4.41341788e-03j
 -2.94842265e-03+9.07431186e-03j -7.28185176e-03+1.42914388e-02j
 -1.49180522e-02+2.05329373e-02j -2.86433551e-02+2.86433551e-02j
 -5.56894817e-02+4.04607768e-02j -1.20143712e-01+6.12162789e-02j
 -3.58250561e-01+1.16402663e-01j  1.00885745e+01-1.59787322e+00j]
```

3.4.2　SciPy——科学计算工具集

SciPy 是易于使用的用于数学、科学、工程领域的开源 Python 工具包，包含插值处理、积分、优化、图像处理、常微分方程数值的求解、信号处理等功能，与 Numpy 协同工作可高效解决问题。SciPy 主页：https://www.scipy.org/，如图 3-16 所示。

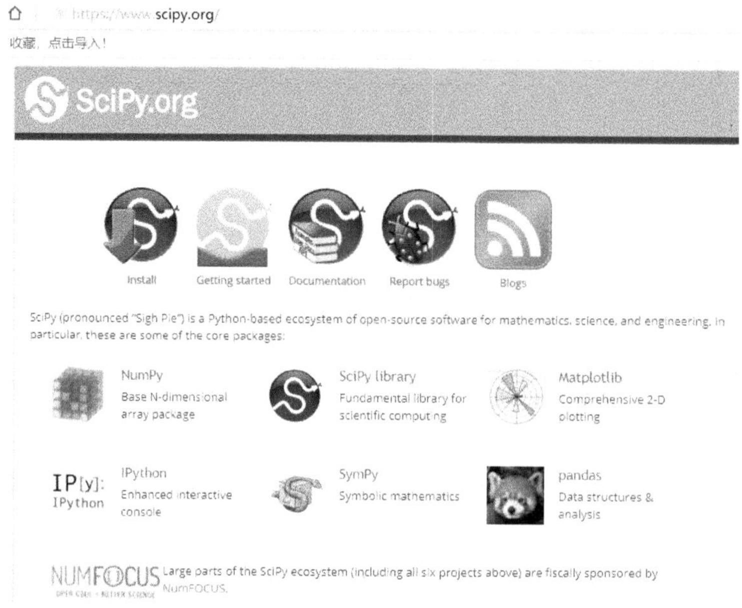

图 3-16 SciPy 主页

SciPy 的常用子模块如表 3-1 所示。

表 3-1 SciPy 的常用子模块

模块名	功能	模块名	功能
linalg	线代模块。各种线性代数中的常规操作	constants	物理和数学常量
fftpack	傅立叶变换，可以进行 FFT/ DCT/ DST	integrate	积分，包括多重积分、高斯积分、解常微分方程
interpolate	插值，例如 B 样条插值、径向基函数插值等	linalg	线性代数程序
ndimage	多维图像处理	io	O 模块。提供与其他文件的接口
optimize	各种优化算法，例如函数最小值、最小二乘法	sparse	稀疏矩阵及其算法
signal	信号处理	spatial	空间数据结构和算法，如凸包、维诺图、Kd 树
special	一些特殊的数学函数，如贝塞尔函数	stats	统计学上常用的函数

SciPy 的安装命令为 pip install scipy，Anaconda 环境中已经包含 SciPy，SciPy 的典型应用说明如下。

（1）求逆矩阵，代码如下。

```
import numpy as np
from scipy import linalg
arr=np.array([[8,2],[6,4]])
```

```
print(linalg.inv(arr))
```

输出结果如下。

```
[[ 0.2 -0.1]
[-0.3  0.4]]
```

（2）求均值和方差，代码如下。

```
from scipy import stats
x = stats.norm.rvs(size=1000)  #正态分布的随机变量
(mean,std) = stats.norm.fit(x) #利用正态分布去拟合生成的数据，得到其均值和标准差
print('平均值',mean)            #mean 平均值
print('std 标准差',std)         #std 标准差
```

stats 包中有许多其他分布，比如正态分布（norm）、几何分布（geom）、泊松分布（poisson）等。

（3）快速傅里叶变换，代码如下。

```
from scipy import fft
x=np.linspace(0,1,1000)
#设置需要采样的信号，频率分量有 210
y=6*np.sin(2*np.pi*210*x)
  yy=fft(y)  #快速傅里叶变换
```

3.4.3 Pandas——数据分析的利器

Pandas 是 Python 的一个数据分析包，是基于 NumPy 的一种工具，用于完成数据分析任务。Pandas 提供了高性能的数据分析工具，包含大量快速便捷地处理数据的函数和方法，它使 Python 成为强大而高效的数据分析环境。Pandas 主页：http://pandas.pydata.org/，如图 3-17 所示。

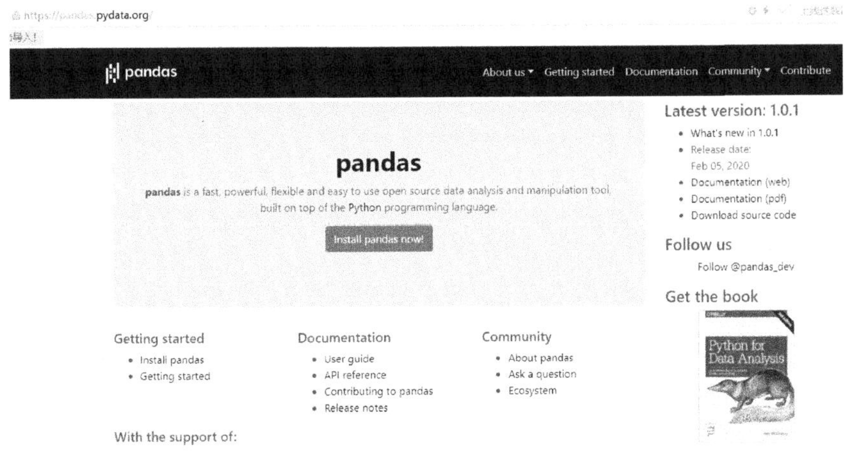

图 3-17　Pandas 主页

Pandas 有两种数据类型：Series 与 DataFrame。Series 可以简单地理解为 Excel 中的行或者列，DataFrame 可以理解为整个 Excel 表格，当然这只是形象的理解，实际上它们的功能要比 Excel 灵活。

（1）Series：一维的数据类型，其中每一个元素都有一个标签。

（2）DataFrame：二维的表结构。可以存储多种不同的数据类型。

（3）Panel：三维的数组，可以理解为 DataFrame 的容器。

Pandas 的安装命令为 pip install pandas，Anaconda 环境中已经包含 Pandas，Pandas 的典型应用说明如下。

（1）读数据

Pandas 可以读取 CSV 文件和 EXCEL 文件的数据，例如：

```
import pandas as pd
pd.read_csv('test.csv',header=1))
pd.read_excel('test.xlsx'))
```

（2）对数据的统计特性进行描述

方法如下。

```
df1.describe()
```

（3）Series

Pandas 的 Series 是一维数据结构，类似于 Python 中的列表和 Numpy 中的数组，区别是 Series 是一维的，能存储不同类型的数据，有一组索引与元素对应。

Series 可以通过列表、字典及嵌套等方法创建，例如：

```
import pandas as pd
ser1 =pd.Series(range(3),index = ["a","b","c"])
print(ser1)
sdata = {'Ohio': 35000, 'Texas': 71000, 'Oregon': 16000, 'Utah': 5000}
ser2 = pd.Series(sdata)
print(ser2)
```

输出结果如下。

```
a    0
b    1
c    2
dtype: int64
Ohio      35000
Texas     71000
Oregon    16000
Utah       5000
dtype: int64
```

Series 可以通过索引访问，可以追加、删除其中的项。

（4）DataFrame

Pandas 的 DataFrame 是一种表格型数据结构，含有一组有序的列，每列可以是不同的值。DataFrame 既有行索引，也有列索引，可以看作是由 Series 组成的字典，不过这些 Series 共用一个索引。DataFrame 的创建常采用两种方式：使用 Dict 进行创建以及读取 CSV 或者 Excel 文件来创建。

下面展示根据 Dict 构造 DataFrame 的方法，代码如下。

```
import pandas as pd
data = {
    'name':['wang','zhang','li','zhao','qiang'],
    'birth':[2000,2001,2012,2011,2002],
    'age':[19,18,7,8,17]
}
Frame2 = pd.DataFrame(data)
print(frame2)
```

输出结果如下。

```
   [8 rows x 6 columns]
    name  birth  age
0   wang   2000   19
1  zhang   2001   18
2     li   2012    7
3   zhao   2011    8
4  qiang   2002   17
```

下面展示通过 Excel 文件创建 DataFrame 的方法，代码如下。。

```
import pandas as pd
df2 = pd.DataFrame(pd.read_excel('test.xlsx'))
frame1 = pd.DataFrame(df2)
print(frame1
```

输出结果如下。

```
    Name    Math   Chinese  English  Art  Music
0  zhang     89       78       78    67     87
1     li     90       86       77    78     79
```

DataFrame 的行索引是 index，列索引是 columns，可以在创建 DataFrame 时指定索引的值。DataFrame 可以根据列名来选取一列，返回一个 Series，即切片。DataFrame 的变量可以进行加、减、乘、除等运算。

3.4.4 Matplotlib——画出优美的图形

Matplotlib 是 Python 的 2D 绘图库，可以在各种平台上以各种硬拷贝格式和交互式环境生成出高品质图形。Matplotlib 可用于 Python 脚本、Python 和 IPython shell、Jupyter 笔记本、Web 应用程序服务器四个图形用户界面工具包。Matplotlib 主页：https://matplotlib.org/，如图 3-18 所示。

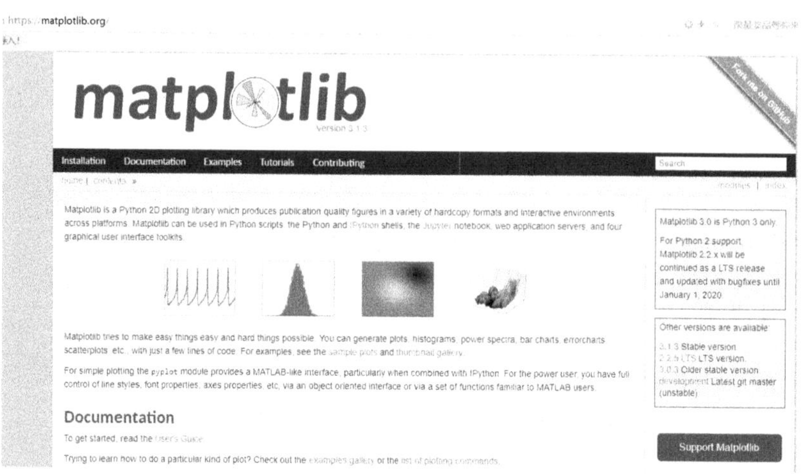

图 3-18　Matplotlib 主页

Matplotlib 的安装命令为 pip install matplotlib，Anaconda 环境中已经包含 Matplotlib，其典型应用说明如下。

（1）绘制正弦曲线，代码如下。

```
import numpy as np
import matplotlib.pyplot as plt
# 计算正弦曲线上点的 x 和 y 坐标
x = np.arange(0,  2  * np.pi,  0.1)
y = np.sin(x)
plt.title("sine wave curve")
plt.plot(x, y) # 使用 matplotlib 来绘制点
plt.show()
```

输出结果如图 3-19 所示。

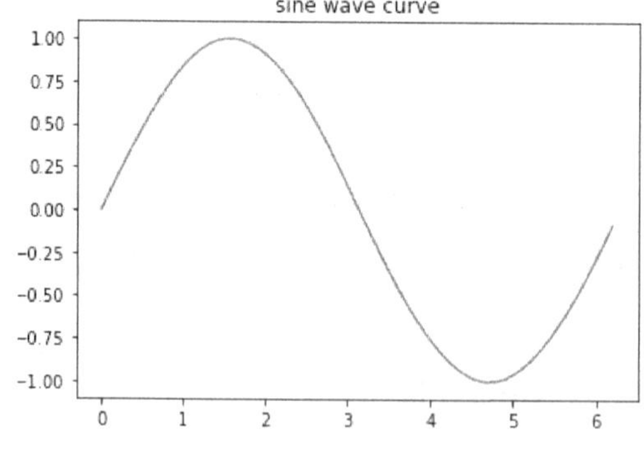

图 3-19　绘制正弦曲线

（2）绘制两个子图，代码如下。

```
import numpy as np
import matplotlib.pyplot as plt
# 计算正弦和余弦曲线上的点的 x 和 y 坐标
x = np.arange(0,  4  * np.pi,  0.1)
y_sin = np.sin(x)
y_cos = np.cos(x)
# 建立 subplot，高为 2，宽为 1，第一个 subplot 中绘制
plt.subplot(2,  1,  1)
# 绘制第一个图像
plt.plot(x, y_sin)
plt.title('Sine')
# 第二个 subplot 绘制第二个图像
plt.subplot(2,  1,  2)
plt.plot(x, y_cos)
plt.title('Cosine')
# 显示图像
plt.show()
```

输出结果如图 3-20 所示。

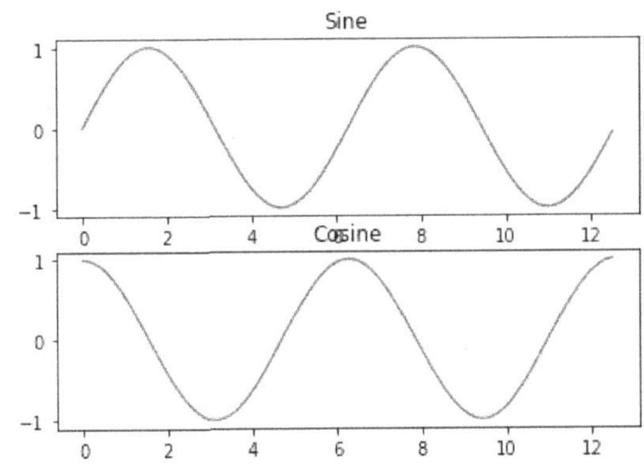

图 3-20　绘制两个子图

3.4.5　Tqdm——Python 进度条库

Tqdm 的实例代码如下。

```
import time
from tqdm import tqdm

# 一共 200 个，每次更新 10，一共更新 20 次
with tqdm(total=200) as pbar:
  for i in range(20):
```

```
    pbar.update(10)
    time.sleep(0.1)

#方法 2:
pbar = tqdm(total=200)
for i in range(20):
    pbar.update(10)
    time.sleep(0.1)
pbar.close()
```

输出结果如图 3-21 所示。

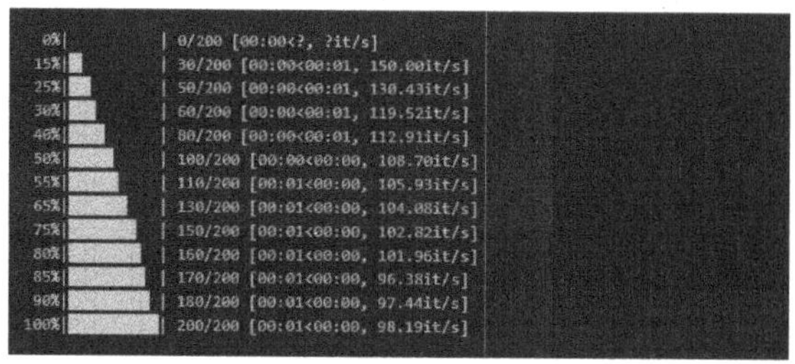

图 3-21　Tqdm 进度条

3.5　机器学习通用库 Sklearn

Sklearn（Scikit-Learn）是基于 NumPy 和 Scipy 的一个机器学习算法库，Sklearn 已经封装了大量的机器学习算法，例如种监督学习、非监督学习及监督学习等机器学习，同时 Sklearn 内置了大量数据集，可节省获取和整理数据集的时间。Sklearn 主页：https://scikit-learn.org/stable/，如图 3-22 所示。

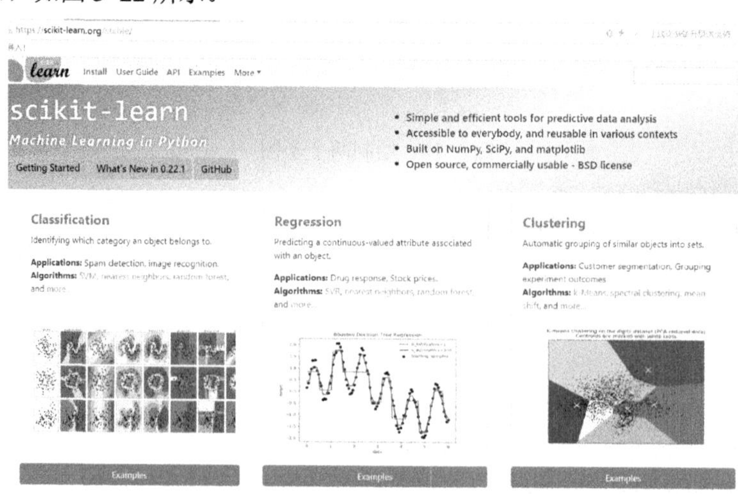

图 3-22　Sklearn 主页

3.5.1　Sklearn 的安装

Sklearn 的 pip 安装命令为 pip install sklearn，如图 3-23 所示。

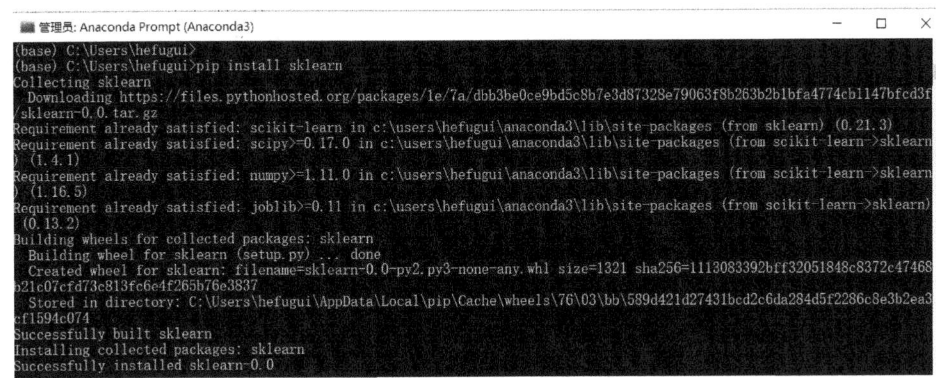

图 3-23　Sklearn 的 pip 安装

在 PyCharm 中安装 Sklearn 方法是在主界面选择菜单命令“File>Settings”，打开 Settings 窗口，操作如图 3-24 所示。

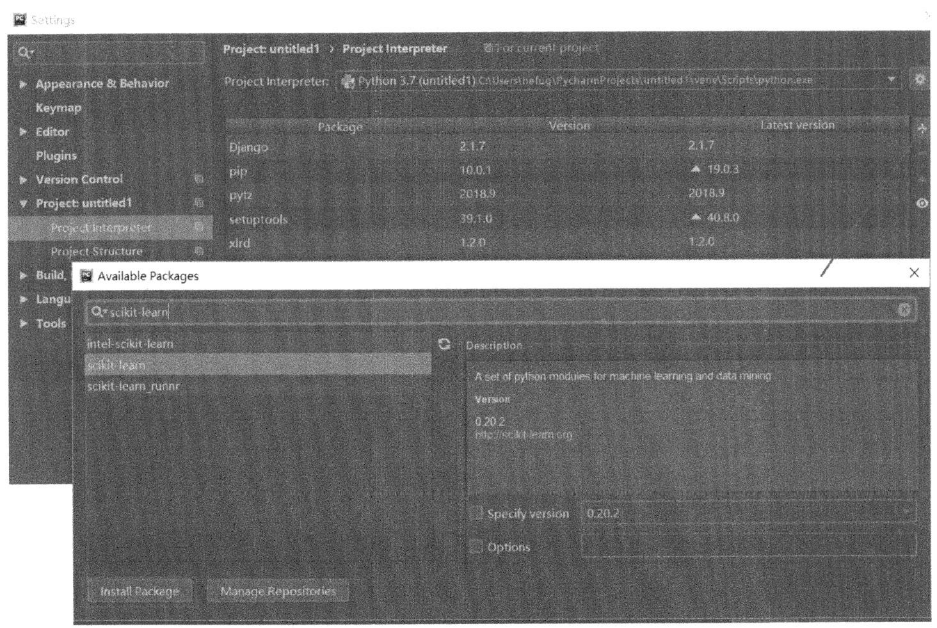

图 3-24　在 PyCharm 中安装 Sklearn

安装完成后，如图 3-25 所示。

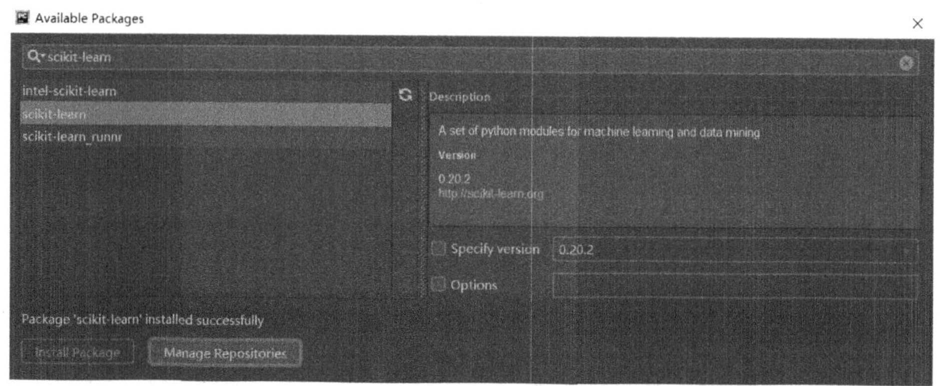

图 3-25　PyCharm 安装完成

3.5.2　Sklearn 的数据集

SKlearn 中包含了强大的预置数据集，很多数据可以直接拿来使用。Sklearn 数据集主页：https://scikit-learn.org/stable/modules/classes.html#module-sklearn.datasets，如图 3-26 所示。

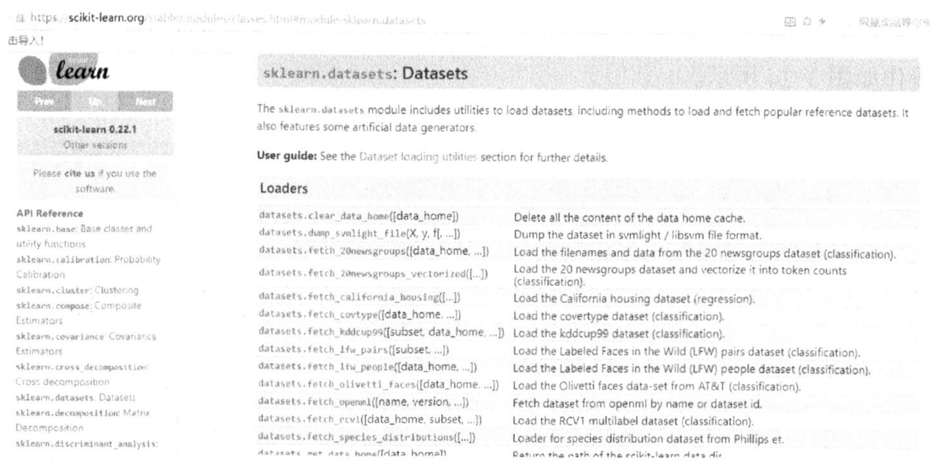

图 3-26　Sklearn 数据集主页

典型的数据集包括datasets.load_boston([return_X_y])（波士顿房价）、load_digits([n_class, return_X_y])（手写数字数据集）、fetch_20newsgroups([data_home, …])（新闻分类数据集）fetch_lfw_pairs([subset, …])（带标签的人脸分类数据集）、load_diabetes([return_X_y])（糖尿病数据集）、load_iris([return_X_y])（鸢尾花数据集）等。

其中，datasets.load_*()用于获取小规模数据集，数据包含在 datasets 里。datasets.fetch_*()用于获取大规模数据集，需要从网络上下载。

下面以示例形式展示数据集的应用方法。

（1）sklearn.datasets.load_sample_image(*image_name*)。参数 image_name 为图像的文件名，例如“china.jpg”、“flower.jpg”，返回一个三维数组。获取显示图像的代码如下。

```
from sklearn.datasets import load_sample_image
import cv2
flower = load_sample_image('flower.jpg')
cv2.imshow("flower",flower)
cv2.waitKey(0)
```

执行结果如图 3-27 所示。

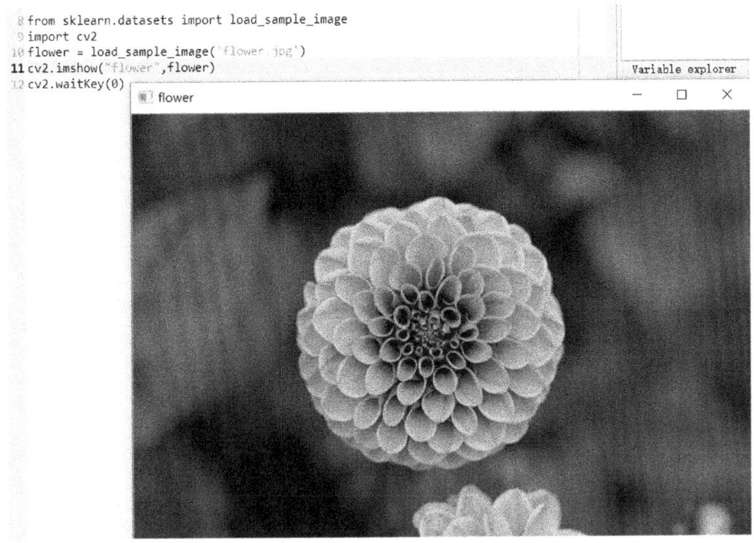

图 3-27　下载指定的图像

（2）加载手写数字库的代码如下。

```
from sklearn.datasets import load_digits
import matplotlib.pyplot as plt
digits = load_digits()
plt.matshow(digits.images[6])
plt.show()
```

（3）波士顿房价预测实例如下。

```
import matplotlib.pyplot as plt
from sklearn import datasets
from sklearn.linear_model import LinearRegression
loaded_data = datasets.load_boston()        # 加载数据集
data_x = loaded_data.data
data_y = loaded_data.target
model = LinearRegression()                  # 模型
model.fit(data_X, data_y)                   # 训练
result = model.predict(data_X)              # 计算预测值
plt.scatter(data_y, result)
```

```
plt.show()
```

输出结果如图 3-28 所示。

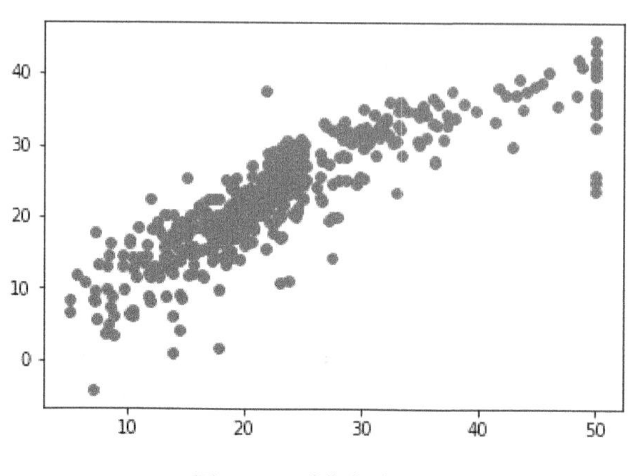

图 3-28　波斯顿房价预测

3.5.3　Sklearn 的机器学习方式

Sklearn 的主要构成为六大部分：分类、回归、聚类、降维、模型选择和预处理。

1．分类（Classification）

算法包括逻辑回归、SVM、最近邻、随机森林、Naïve Bayes、神经网络等，可应用到二元分类、多分类、垃圾邮件检测、图像识别等。

2．回归（Regression）

算法包括线性回归、Ridge Regression、Lasso、SVR、最小角回归（LARS）等。

3．聚类（Clustering）

算法包括 k-Means、Spectral Clustering(谱聚类)、Mean-Shift（均值漂移）等，可应用于客户细分、实验结果分组等。

4．降维（Dimensionality Reduction）

算法包括主成分分析（PCA）、非负矩阵分解（NMF）、特征选择（Feature_Selection）等。

5．预处理（Preprocessing）

子模块包括 Preprocessing、Feature_Extraction、Transformer 等，可应用于转换输入数据、规范化编码等。

6．模型选择（Model selection）

子模块包括网格搜索（Grid_Search）、交叉验证（Cross_Validation）、度量（Metrics）、（流水线）Pipeline、学习曲线（Learning_Curve），主要功能是通过参数调整提高精度。

机器学习主要分为有监督学习（Supervised Learning）和无监督学习（Unsupervised Learning）两大类。

有监督学习是指已知系统的正确输出的情况下的一类学习算法，典型的有监督学习包括分类、线性回归、神经网络、决策树、支持向量机（SVM）、KNN、朴素贝叶斯算法。

无监督学习是指对无标签数据的一类学习算法。因为没有标签信息，意味着需要从数据集中发现和总结模式或者结构。典型的无监督算法有主成分分析法（PCA）、异常检测法、自编码算法、深度信念网络、赫比学习法、生成式对抗网络、自组织映射网络。

Skleran 中集成了许多机器学习算法，典型的算法说明如下。

（1）逻辑回归：from sklearn.linear_model import LogisticRegression。

（2）朴素贝叶斯：from sklearn.naive_bayes import GaussianNB。

（3）K-近邻：from sklearn.neighbors import KNeighborsClassifier。

（4）决策树：from sklearn.tree import DecisionTreeClassifier。

（5）聚类算法：sklearn.cluster，包括 k-means、邻近传播算法、DBSCAN 等。

下面具体介绍 Sklearn 的典型的机器学习算法。

1．K 最近邻分类器（KNeighborsClassifier）

KNeighborsClassifier 详细使用说明网址：https://scikit-learn.org/stable/modules/generated/sklearn.neighbors.KNeighborsClassifier.html。KNeighborsClassifier 使用方法很简单，有如下三步：（1）创建 KNeighborsClassifier 对象；（2）调用其 fit 函数训练；（3）调用 predict 函数预测。示例如下。

```
from sklearn.neighbors import KNeighborsClassifier
X = [[10], [15], [25], [30],[35], [40],[45],[50],[55]]
y = [1, 2, 3, 4, 5, 6, 7, 8, 9]
neigh = KNeighborsClassifier(n_neighbors=1)
neigh.fit(X, y)
print(neigh.predict([[34]]))
print(neigh.predict([[54]]))
```

输出结果：[5]　[9]。

例如，使用 Sklearn 的 K 最近邻分类算法对 Sklearn 的数据库鸢尾花（iris）进行预测，代码如下。

```
from sklearn.neighbors import KNeighborsClassifier
from distutils.version import LooseVersion as Version
from sklearn import __version__ as sklearn_version
from sklearn import datasets
import numpy as np
iris = datasets.load_iris()
iris_x=iris.data
iris_y=iris.target
indices = np.random.permutation(len(iris_x))
#permutation 接收一个数作为参数(150),产生一个 0-149 一维数组，只不过是随机打乱的
iris_x_train = iris_x[indices[:-20]] # 随机选取 130 个样本作为训练数据集
iris_y_train = iris_y[indices[:-20]] # 并且选取这 130 个样本的标签作为训练数据集的标签
```

```
iris_x_test = iris_x[indices[-20:]]  # 剩下的 20 个样本作为测试数据集
iris_y_test = iris_y[indices[-20:]]  # 把剩下 20 个样本对应标签作为测试数据集的标签
knn = KNeighborsClassifier()         # 定义一个 knn 分类器对象
knn.fit(iris_x_train, iris_y_train)  # 调用该对象的训练方法，主要接收两个参数：训练数据集及其样本标签
iris_y_predict = knn.predict(iris_x_test  ) # 调用该对象的测试方法，主要接收一个参数：测试数据集
score = knn.score(iris_x_test, iris_y_test, sample_weight=None)  # 调用该对象的打分方法，计算出准确率
print('iris_y_predict = ',iris_y_predict) # 输出测试的结果
print('iris_y_test = ',iris_y_test)       # 输出原始测试数据集的正确标签，以方便对比
print('Accuracy:', score)                 # 输出准确率计算结果
```

输出结果如下。

```
iris_y_predict =  [1 2 0 1 2 1 0 1 1 0 0 2 0 2 2 1 0 1 1 2]
iris_y_test =  [1 2 0 1 2 2 0 1 1 0 0 2 0 2 2 1 0 1 1 2]
Accuracy: 0.95
```

2．朴素贝叶斯算法（GaussianNB）

朴素贝叶斯算法示例如下。

```
import numpy as np
from sklearn.naive_bayes import GaussianNB
X = np.array([[-2,-3],[-2,-1],[0,1],[1,2],[2,3],[3,4]])
Y = np.array([1,2,3,4,5,6])
clf = GaussianNB(priors=None)
clf.fit(X,Y)
print(clf.predict([[-1.8,-1]]))
```

输出结果：[2]。

3．DBSCAN

DBSCAN（Density-Based Spatial Clustering of Applications with Noise）是一种很典型的密度聚类算法，和 K-Means 这种只适用于凸样本集的聚类相比，DBSCAN 既可以适用于凸样本集，也可以适用于非凸样本集。

下面的代码来源于 https://scikit-learn.org/stable/auto_examples/cluster/plot_dbscan.html#sphx-glr-auto-examples-cluster-plot-dbscan-py，代码如下。

```
import numpy as np
from sklearn.cluster import DBSCAN
from sklearn import metrics
from sklearn.datasets.samples_generator import make_blobs
from sklearn.preprocessing import StandardScaler
# Generate sample data
```

```
centers = [[1, 1], [-1, -1], [1, -1]]
X, labels_true = make_blobs(n_samples=750, centers=centers, cluster_std=0.4, random_
state=0)
X = StandardScaler().fit_transform(X)
# Compute DBSCAN
db = DBSCAN(eps=0.3, min_samples=10).fit(X)
core_samples_mask = np.zeros_like(db.labels_, dtype=bool)
core_samples_mask[db.core_sample_indices_] = True
labels = db.labels_
# Number of clusters in labels, ignoring noise if present.
n_clusters_ = len(set(labels)) - (1 if -1 in labels else 0)
n_noise_ = list(labels).count(-1)
import matplotlib.pyplot as plt
# Black removed and is used for noise instead.
unique_labels = set(labels)
colors = [plt.cm.Spectral(each)  for each in np.linspace(0, 1, len(unique_labels))]
for k, col in zip(unique_labels, colors):
    if k == -1:
        # Black used for noise.
        col = [0, 0, 0, 1]
    class_member_mask = (labels == k)
    xy = X[class_member_mask & core_samples_mask]
    plt.plot(xy[:, 0], xy[:, 1], 'o', markerfacecolor=tuple(col),
            markeredgecolor='k', markersize=14)
    xy = X[class_member_mask & ~core_samples_mask]
    plt.plot(xy[:, 0], xy[:, 1], 'o', markerfacecolor=tuple(col),
            markeredgecolor='k', markersize=6)
plt.title('Estimated number of clusters: %d' % n_clusters_)
plt.show()
```

输出结果如图 3-29 所示。

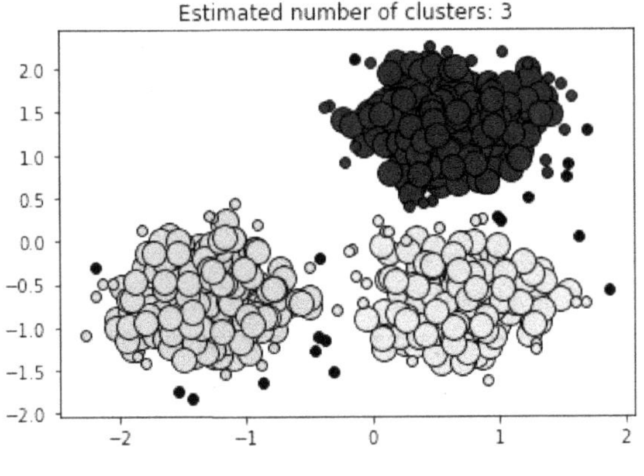

图 3-29　DBSCAN 聚类

4．k-means

k-means 算法将数据分为 k 个簇，簇内相似度较高，簇间相似度较低，使用方法如下。

（1）选择 k 个点作为初始中心。

（2）将每个点指派到最近的中心，形成 k 个簇（Cluster）。

（3）重新计算每个簇的中心。

（4）如果簇中心发生明显变化或未达到最大迭代次数，则回到第二步。

k-means 算法可实现图像的压缩，下面的代码来源于 https://scikit-learn.org/stable/auto_examples/cluster/plot_color_quantization.html#sphx-glr-download-auto-examples-cluster-plot-color-quantization-py。

```
import numpy as np
import matplotlib.pyplot as plt
from sklearn.cluster import KMeans
from sklearn.metrics import pairwise_distances_argmin
from sklearn.datasets import load_sample_image
from sklearn.utils import shuffle
from time import time
n_colors = 64
# Load the Summer Palace photo
china = load_sample_image("china.jpg")
# Convert to floats instead of the default 8 bits integer coding. Dividing by#
255 is important so that plt.imshow behaves works well on float data (need to be in
the range [0-1])
china = np.array(china, dtype=np.float64) / 255
# Load Image and transform to a 2D numpy array.
w, h, d = original_shape = tuple(china.shape)
assert d == 3
image_array = np.reshape(china, (w * h, d))
print("Fitting model on a small sub-sample of the data")
t0 = time()
image_array_sample = shuffle(image_array, random_state=0)[:1000]
kmeans = KMeans(n_clusters=n_colors, random_state=0).fit(image_array_sample)
print("done in %0.3fs." % (time() - t0))
# Get labels for all points
print("Predicting color indices on the full image (k-means)")
t0 = time()
labels = kmeans.predict(image_array)
print("done in %0.3fs." % (time() - t0))
codebook_random = shuffle(image_array, random_state=0)[:n_colors]
print("Predicting color indices on the full image (random)")
t0 = time()
labels_random = pairwise_distances_argmin(codebook_random, image_array, axis=0)
print("done in %0.3fs." % (time() - t0))
```

```
def recreate_image(codebook, labels, w, h):
    """Recreate the (compressed) image from the code book & labels"""
    d = codebook.shape[1]
    image = np.zeros((w, h, d))
    label_idx = 0
    for i in range(w):
        for j in range(h):
            image[i][j] = codebook[labels[label_idx]]
            label_idx += 1
    return image
# Display all results, alongside original image
plt.figure(1)
plt.clf()
plt.axis('off')
plt.title('Original image (96,615 colors)')
plt.imshow(china)
plt.figure(2)
plt.clf()
plt.axis('off')
plt.title('Quantized image (64 colors, K-Means)')
plt.imshow(recreate_image(kmeans.cluster_centers_, labels, w, h))
plt.figure(3)
plt.clf()
plt.axis('off')
plt.title('Quantized image (64 colors, Random)')
plt.imshow(recreate_image(codebook_random, labels_random, w, h))
plt.show()
```

输出结果如图 3-30 所示。

图 3-30　k-means 算法压缩图像

3.6　机器学习深度库 TensorFlow

TensorFlow 是一个用于人工智能的开源神器，其最初由 Google（谷歌）大脑小组（隶属于 Google 机器智能研究机构）的研究员和工程师们开发出来，用于机器学习和深度神经网络方面的研究，但这个系统的通用性使其也可广泛用于其他计算领域。TensorFlow 主页：https://tensorflow.google.cn，如图 3-31 所示。

图 3-31　TensorFlow 主页

TensorFlow 支持 Python 和 C++语言，以及 CNN、RNN 和 LSTM 等算法，可以被用于语音识别或图像处理等多项深度学习领域，是目前最受欢迎的深度学习平台之一。

一般来说，TensorFlow 使用图（Graph）来表示计算任务，使用会话（Session）上下文（Context）执行图，使用张量（Tensor）表示数据，使用变量（Variable）记录计算状态，使用 Feed 和 Fetch 可以做任意的操作赋值或者从其中获取数据。

TensorFlow 的工作原理描述如下。

（1）构建图（graphs）来表示计算任务。

（2）使用张量（Tensor）来表示数据。TensorFlow 的张量（Tensor）可以看作一个 N 维数组或列表。在 TensorFlow 中这种数据结构表示所有的数据。

（3）使用会话（Session）来执行图。Session 是运行 TensorFlow 操作的类，通过 Session 执行图，一般使用格式如下。

```
import tensorflow as tf
sess = tf.Session()
sess.run(...)
sess.close()
```

或者采用如下简化的方式。

```
with tf.Session() as sess:
     sess.run(...)
```

（4）使用变量（Variables）来维护状态。变量是计算过程中需要动态调整的数据，维护整个图执行过程中的状态信息。

（5）使用供给（feeds）和取回（fetches）来传入和传出数据。TensorFlow 的 feed_dict 可

实现 feed 数据功能，会话运行完成之后，如果我们想查看会话运行的结果，就需要使用 fetch 来实现。

3.6.1　TensorFlow 的安装

TensorFlow 有两种版本：CPU 版本和 GPU 版本。GPU 版本需要 CUDA 和 CUDNN 的支持，CPU 版本不需要。如果要安装 GPU 版本，要先确认显卡支持 CUDA。

安装 CPU 版本的 pip 命令是 pip install tensorflow，如图 3-32 所示。

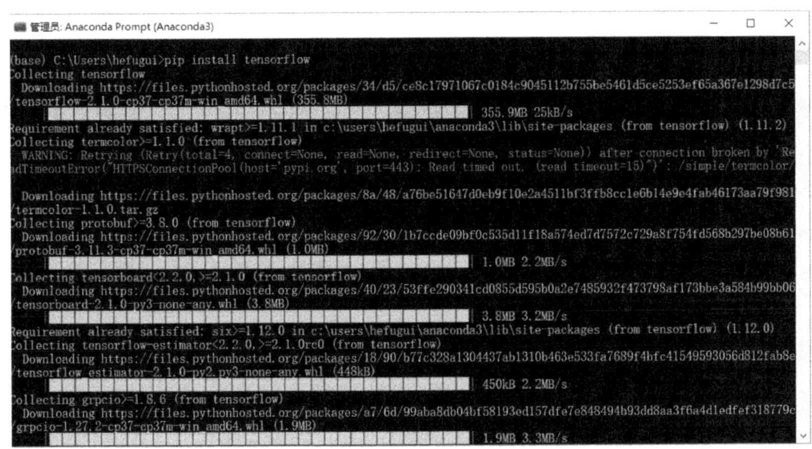

图 3-32　TensorFlow 的 CPU 版本安装

安装 GPU 版本的 pip 命令是 pip install tensorflow-gpu，如图 3-33 所示。

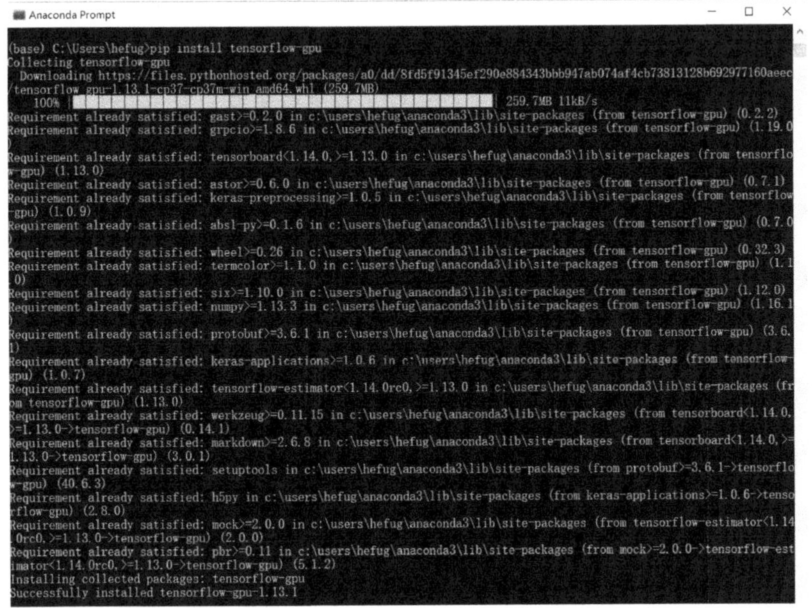

图 3-33　TensorFlow 的 GPU 版本安装

在 Python 的 IDE 中输入使用 TendorFlow 的代码，若能正常运行，说明 TensorFlow 安装成功，代码如下。

```
import tensorflow as tf
sess = tf.Session()
a = tf.constant(10)
b= tf.constant(12)
sess.run(a+b)
```

3.6.2 TensorFlow 的深度学习方式

TensorFlow 是 Google 2015 年开源的为深度学习算法开发的一套框架，目前在学术界和工业界非常受欢迎，其成为广受欢迎的深度学习库的原因主要包括如下几点。

（1）TensorFlow 是一个强大的库，用于执行深度学习大规模的数值计算。

（2）TensorFlow 在后端使用 C/C++，计算速度更快。

（3）TensorFlow 有一个高级机器学习 API，可以更容易地设置、训练和评估大量的机器学习模型。

（4）可以在 TensorFlow 上使用高级深度学习库 Keras。

TensorFlow 训练的典型步骤：（1）定义学习的函数；（2）定义损失函数；（3）定义优化器；（4）最小化损失函数；（5）初始化所有参数；（6）创建会话；（7）进行训练。

实例代码如下。

```
import tensorflow as tf
import numpy as np
x_vals=np.random.rand(100).astype(np.float32)
y_vals=x_vals*8+0.01
#定义学习的函数
weight=tf.Variable(tf.random_uniform([1]))
biase=tf.Variable(tf.zeros([1]))
y=x_vals*weight+biase

#定义损失函数、优化器及最小化损失函数
loss=tf.reduce_mean(tf.square(y-y_vals))
optimizer=tf.train.GradientDescentOptimizer(0.5)
train=optimizer.minimize(loss)
#初始化所有的参数，特别重要
init=tf.global_variables_initializer()

#创建会话
sess=tf.Session()
sess.run(init)
#开始训练
```

```
for step in range(1000):
    sess.run(train)
    if step%50==0:
        print(step,sess.run(weight),sess.run(biase))
```

代码运行输出结果如下。

```
0 [2.563751] [3.7580707]
50 [7.7500668] [0.13741939]
100 [7.989289] [0.01546083]
150 [7.9995413] [0.01023387]
200 [7.999981] [0.01000985]
250 [7.9999986] [0.01000089]
300 [7.9999986] [0.01000089]
350 [7.9999986] [0.01000088]
400 [7.9999986] [0.0100009]
450 [7.9999986] [0.01000089]
500 [7.9999986] [0.01000089]
550 [7.9999986] [0.01000089]
600 [7.9999986] [0.01000089]
650 [7.9999986] [0.01000089]
700 [7.9999986] [0.01000088]
750 [7.9999986] [0.0100009]
800 [7.9999986] [0.01000089]
850 [7.9999986] [0.01000089]
900 [7.9999986] [0.01000089]
950 [7.9999986] [0.01000089]
```

上面是最简单的 TensorFlow 学习方式，在实际使用神经网络进行学习时，常会用到下面一些典型的 TensorFlow 内置神经函数模块（使用 import tensorflow as tf 命令，将 TensorFlow 简写为 tf）。

1．卷积函数 tf.nn.conv2d

该函数是 TensorFlow 实现卷积的函数，其结果返回一个 Tensor，为输入的特征映射，函数格式如下。

```
tf.nn.conv2d(input, filter, strides, padding, use_cudnn_on_gpu=None, name=None)
```

参数说明如下。

（1）input：需要做卷积的输入数据，要求是一个 Tensor，例如输入数据是图像，则为一个四维的 Tensor：[batch, in_height, in_width, in_channels]，其中参数可以理解为[训练时一个 batch 的图片数量，图片高度，图片宽度，图像通道数]。

（2）filter：相当于 CNN 中的卷积核，也是一个 Tensor，例如对于图像：[filter_height, filter_width, in_channels, out_channels]，其中参数可以理解为[卷积核的高度，卷积核的宽度，通道数，卷积核个数]，要求类型与参数 input 相同，注意第三个参数 in_channels，是

input 的第四个参数。

（3）strides：卷积的步长，是一个一维的向量。

（4）padding：string 类型的量，值为 SAME 或 VALID，表示不同的卷积方式。

（5）use_cudnn_on_gpu：Bool 类型值，是否使用 Cudnn 加速，默认为 True。

（6）name：指定该操作的名字。

2．激活函数 tf.nn.relu

格式为 tf.nn.relu(features, name = None)，用于为矩阵中每个元素使用函数 max(features, 0)。

3．池化函数 tf.nn.max_pool

格式为 tf.nn.max_pool(value, ksize, strides, padding, data_format, name)。

参数说明如下。

（1）value：需要池化的输入，一般池化层接在卷积层后面，例如[batch, height, width, channels]。

（2）ksize：池化窗口的大小，一般是一个四维向量，例如[1, in_height, in_width, 1]。

（3）strides：和卷积类似，窗口在每一个维度上滑动的步长，一般也是[1, stride,stride, 1]。

（4）padding：和卷积类似。

结果返回一个 Tensor，仍然是 [batch, height, width, channels] 这种形式。

4．平均值函数 tf.reduce_mean

用于计算张量沿着指定的数轴（Tensor 的某一维度）上的平均值，格式为 tf.reduce_mean (input_tensor, axis=None, keep_dims=False, name=None,reduction_indices=None)。

参数说明如下。

（1）input_tensor：输入数据。

（2）axis：指定计算的轴，如果不指定，则计算所有元素的均值。

（3）keep_dims：布尔型，如果为 True，则输出的结果保持输入 Tensor 的形状；若设置为 False，则输出结果会降低维度。

（4）name：操作的名字。

（5）reduction_indices：兼容以前版本用来指定轴，已弃用。

5．防止过拟合函数 tf.nn.dropout

格式为 tf.nn.dropout(input, keep_prob, noise_shape=None, seed=None,name=None)。

参数说明如下。

（1）input：输入数据。

（2）keep_prob：每个元素被保留下来的概率，设置神经元被选中的概率，在初始化时一般 keep_prob 是一个占位符符，例如 keep_prob = tf.placeholder(tf.float32)。

（3）noise_shape：一维的张量，代表了随机产生“保留/丢弃”标志的 shape。

（4）seed：随机数种子，整形变量。

（5）name：操作的名字。

6．求交叉熵函数 tf.nn.softmax_cross_entropy_with_logits

该函数是 TensorFlow 中常用的求交叉熵的函数，格式为 tf.nn.softmax_cross_entropy_with_ logits(logits, labels, name=None)。

参数说明如下。

（1）logits：神经网络最后一层的输出。

（2）labels：实际的标签，大小与 logits 相同。

7．求值的概率函数 tf.nn.softmax

格式为 tf.nn.softmax(logits, axis=None, name=None, dim=None)。

将输入数据 logits 中的元素映射到（0,1）的区间上，将各个值以概率的形式表现出来。

8．训练参数选择 tf.train

（1）优化器（Optimizer）：选项包括 tf.train.Optimizer、tf.train.AdadeltaOpzimizer、tf.train.GradientDescentOptimizer、tf.train.MomentumOptimizer、tf.train.AdagradDAOptimizer、tf.train.FtrlOptimizer、tf.train.AdamOptimizer、tf.train.ProximalAdagradOptimizer、tf.train.Proximal GradientDescentOptimizer、tf.train.RMSPropOptimizer 等。例如 tf.train.GradientDescentOptimizer()为随机梯度下降算法，使参数沿着梯度的反方向，即总损失减小的方向移动，实现更新参数；tf.train.AdamOptimizer()为自适应学习率的优化算法，是一个寻找全局最优点的优化算法，引入了二次方梯度校正。

（2）梯度计算：选项包括 tf.gradients、tf.stop_gradient、tf.AggregationMethod、tf.hessians 等。

（3）学习率衰减（Decaying the Learning Rate）：选项包括 tf.train.exponential_decay、tf.train.natural_exp_decay、tf.train.inverse_time_decay、tf.train.polynomial_decay、tf.train.piecewise_constant 等。

3.6.3　TensorLayer

TensorLayer 是为研究人员和工程师设计的一款基于 Google TensorFlow 开发的深度学习与强化学习库。它提供高级别的（Higher-Level）深度学习 API，这样不仅可以加快研究人员的实验速度，也能够减少工程师在实际开发中的重复工作。TensorLayer 非常易于修改和扩展，这使它可以同时用于机器学习的研究与应用。此外，TensorLayer 提供了大量实例和教程来帮助初学者理解深度学习，并提供大量的官方实例程序，方便开发者快速找到适合自己项目的例子。

3.6.4　可视化工具 TensorBoard

TensorBoard 是一个非常有用的 TensorFlow 可视化工具，能帮助我们分析训练效果。深度学习过程就像一个黑盒子，其内部的组织、结构以及训练过程很难看明白，这给深度学习的原理理解和工程化应用带来了很大的困难。为了解决这个问题，TensorBoard 应运而生。TensorBoard 通过将 TensorFlow 运行输出的日志文件的信息可视化，使得对 TensorFlow 应用的理解、调试和优化更加高效。

在安装 TensorFlow 的时候同时也安装了 TensorBoard，如果没有安装，可使用 pip 命令完成安装：pip install tensorboard。TensorBoard 的使用方法如下。

（1）将程序运行的计算图写入文件。可以调用 tf.summary.FileWritter 将计算图写入文件，格式为“tf.summary.FileWritter(path,sess.graph)”。

示例代码如下。

```
import tensorflow as tf
a = tf.constant([10.0,20.0,30.0],name='input1')
b = tf.Variable(tf.random_uniform([3]),name='input2')
add = tf.add_n([a,b],name='add')
with tf.Session() as sess:
    sess.run(tf.global_variables_initializer())
    writer = tf.summary.FileWriter("logs",sess.graph)
    print(sess.run(add))
writer.close()
```

运行上面的代码，查询当前目录的 logs 分支目录，可以找到一个新生成的文件，就是计算图文件。

（2）在命令控制台输入启动命令“tensorboard --logdir=logs”，“--logdir”指定计算图路径，如图 3-34 所示。

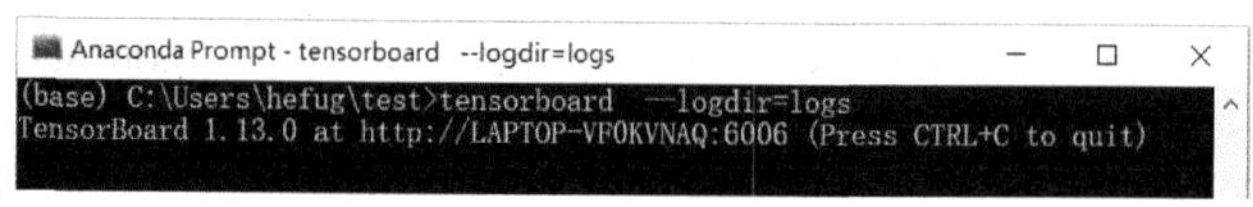

图 3-34 启动 TensorBoard

（3）打开浏览器，输入地址“http://localhost:6006/”，出现可视化的计算图，如图 3-35 所示。

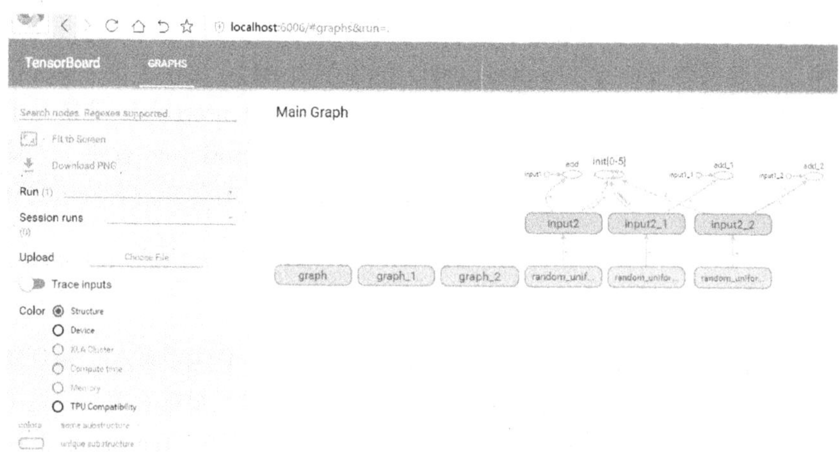

图 3-35 可视化的计算图

3.7 机器学习深度库 Keras

Keras 是基于 Theano 和 TensorFlow 的深度学习库，以及是一个高层神经网络 API。

Keras 由纯 Python 编写，使用 TensorFlow、Theano 以及 CNTK 作为后端。Keras 具有高度模块化、简单性、支持 CNN 和 RNN 及可扩充等特性，Keras 能够简易和快速地进行原型设计。Keras 中文主页：https://keras.io/zh/，如图 3-36 所示。

图 3-36　Keras 中文主页

Keras 被工业界和学术界广泛采用，与其他任何深度学习框架相比，Keras 在行业和研究领域的应用率更高，且 Keras API 是 TensorFlow 的官方前端，如图 3-37 所示。

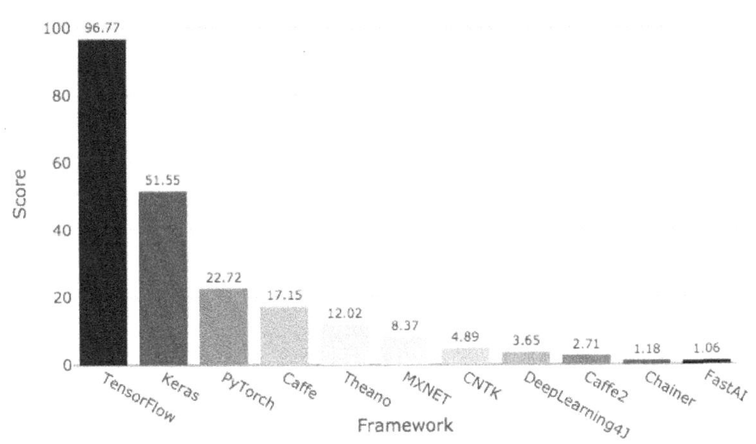

图 3-37　2018 年深度学习框架排名

Keras 具有如下优点。

（1）Keras 已经包含许多经典的学习模型，例如 VGG16、VGG19、ResNet50、Inception V3 等，位于“keras.applications”的包中，如图 3-38 所示。

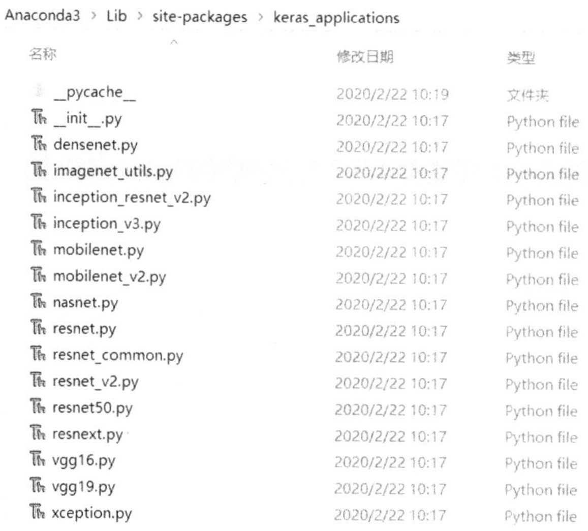

Anaconda3 › Lib › site-packages › keras_applications

名称	修改日期	类型
__pycache__	2020/2/22 10:19	文件夹
__init__.py	2020/2/22 10:17	Python file
densenet.py	2020/2/22 10:17	Python file
imagenet_utils.py	2020/2/22 10:17	Python file
inception_resnet_v2.py	2020/2/22 10:17	Python file
inception_v3.py	2020/2/22 10:17	Python file
mobilenet.py	2020/2/22 10:17	Python file
mobilenet_v2.py	2020/2/22 10:17	Python file
nasnet.py	2020/2/22 10:17	Python file
resnet.py	2020/2/22 10:17	Python file
resnet_common.py	2020/2/22 10:17	Python file
resnet_v2.py	2020/2/22 10:17	Python file
resnet50.py	2020/2/22 10:17	Python file
resnext.py	2020/2/22 10:17	Python file
vgg16.py	2020/2/22 10:17	Python file
vgg19.py	2020/2/22 10:17	Python file
xception.py	2020/2/22 10:17	Python file

图 3-38　Keras 的经典学习模型

（2）Keras 提供一致而简洁的 API，方便用户使用。

（3）Keras 提供模块组合使用，例如网络层、损失函数、优化器、初始化策略、激活函数、正则化方法等独立模块，可以使用它们来构建自己的模型。

（4）Keras 具有易扩展性。添加新的模块很容易，由于能够轻松地创建可以提高表现力的新模块，Keras 更适合高级研究。

（5）与 Python 融合。Keras 没有特定格式的单独配置文件，模型定义在 Python 代码中，易于调试，且易于扩展。

Keras 中提供的学习模型主要有两种：序列（Sequential）和函数式（Functional）模型。

1. 序列模型

序列模型是函数式模型的简略版，简顺序结构的单线性模型，是多个网络层的线性堆叠。Keras 中有很多层，包括核心层（Core）、卷积层（Convolution）、池化层（Pooling）、全连接层（fully connected layers）等，序列模型可以堆叠这些层。

序列模型的使用说明如下。

```
import numpy as np
import keras
# 定义卷积层
convolution_2d_layer = keras.layers.Conv2D(filters=1, kernel_size=(, ), strides=(,), input_shape=())
# 定义最大化池化层
max_pooling_2d_layer = keras.layers.MaxPool2D(pool_size=pooling_size, strides=1, padding="valid", name="")
# 平铺层
reshape_layer = keras.layers.core.Flatten(name="reshape_layer")
# 定义全链接层
```

```
    full_connect_layer = keras.layers.Dense(5, kernel_initializer=keras.initializers.
RandomNormal(mean=0.0, stddev=0.1, seed=seed), bias_initializer="random_normal", use_
bias=True, name="full_connect_layer")
    #定义序列层
    model_sq = keras.Sequential()
    #一次增加
    model_ sq.add(convolution_2d_layer)
    model_ sq.add(max_pooling_2d_layer)
    model_ sq.add(reshape_layer)
    model_ sq.add(full_connect_layer)
    output = keras.Model(inputs=model_sq.input, outputs=model_sd.get_layer('full_connect_
layer').output).predict(data)
    print(output)
```

2. 函数式（Functional）模型

Keras 函数式模型是最广泛的一类模型，序列（Sequential）模型只是它的一种特殊情况。函数式模型接口是用户定义多输出模型、非循环有向模型或具有共享层的模型等复杂模型的途径，函数式模型更灵活。

Keras 函数式模型的使用方法如下。

（1）建立模型：model = Model(inputs=a, outputs=b)。

（2）载入模型：model = keras . models . load_model(filepath)。

（3）模型编译：model.compile(loss, optimizer)。

（4）模型训练：model.fit(x_train,y_train,epochs,batch_size,verbose=1,validation_data,callbacks=None)。

（5）模型保存：model.save(filepath="*.h5", includeoptimizer=False)。

（6）模型预测：model.predict(data)。

（7）模型评价：model.evaluate(x_test, y_test, batch_size)。

3.7.1　Keras 的安装

Keras 的 pip 安装命令为 pip install keras，如图 3-39 所示。

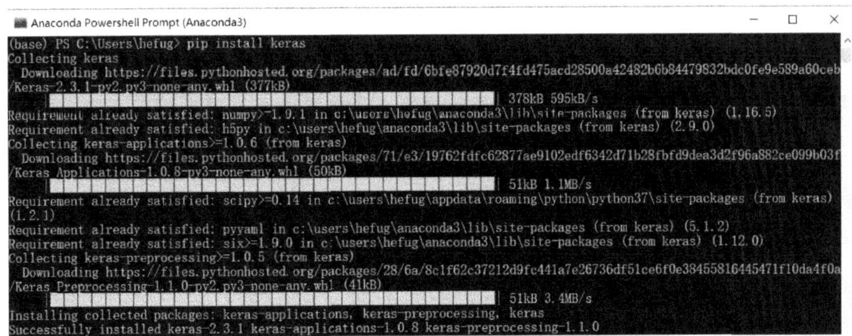

图 3-39　Keras 的 pip 安装

Keras 在 PyCharm 中的安装方法是在主界面选择菜单命令“File>Setting”，打开 Settings 窗口，操作如图 3-40 所示。

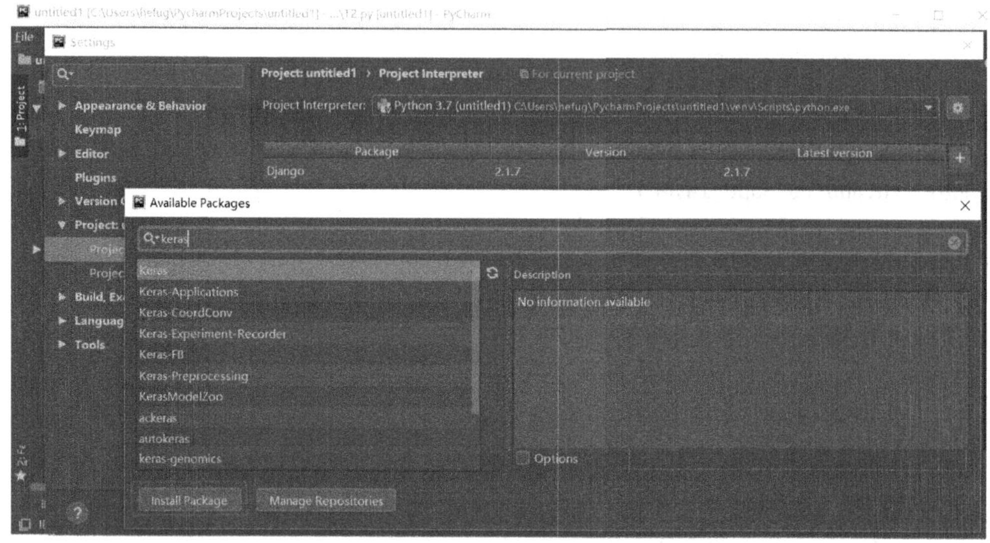

图 3-40　Keras 在 PyCharm 中的安装

在深度学习过程中，要想输出 Keras 神经网络模型的模型图，需要安装 Pydot 和 Graphviz 模块。Pydot 主页：https://pypi.org/project/pydot/。Graphviz 主页：https://graphviz.gitlab.io。Pydot 和 Graphviz 的安装方法如图 3-41 所示。

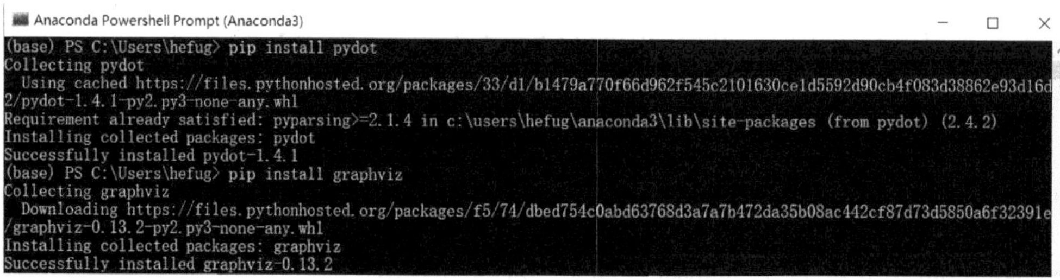

```
(base) PS C:\Users\hefug> pip install pydot
Collecting pydot
  Using cached https://files.pythonhosted.org/packages/33/d1/b1479a770f66d962f545c2101630ce1d5592d90cb4f083d38862e93d16d
2/pydot-1.4.1-py2.py3-none-any.whl
Requirement already satisfied: pyparsing>=2.1.4 in c:\users\hefug\anaconda3\lib\site-packages (from pydot) (2.4.2)
Installing collected packages: pydot
Successfully installed pydot-1.4.1
(base) PS C:\Users\hefug> pip install graphviz
Collecting graphviz
  Downloading https://files.pythonhosted.org/packages/f5/74/dbed754c0abd63768d3a7a7b472da35b08ac442cf87d73d5850a6f32391e
/graphviz-0.13.2-py2.py3-none-any.whl
Installing collected packages: graphviz
Successfully installed graphviz-0.13.2
```

图 3-41　Pydot 和 Graphviz 安装

3.7.2　Keras 的深度学习方式

Keras 是一种高级的深度学习 API，它的运行需要许多底层库的支持，这些库被用作后端，例如 TensorFlow、Theano、CNTK 等。Keras 的深度学习过程如图 3-42 所示。

Keras 可以使用已经包含的模型进行深度学习，因为 Keras 已经包含许多经典的学习模型，例如基于 ImageNet（ImageNet 数据集包含约 1500 万张图片，22000 个类别）训练好的图像模型 VGG16、VGG19、ResNet50、Inception V3 等，使用这些模型可以简化学习过程。

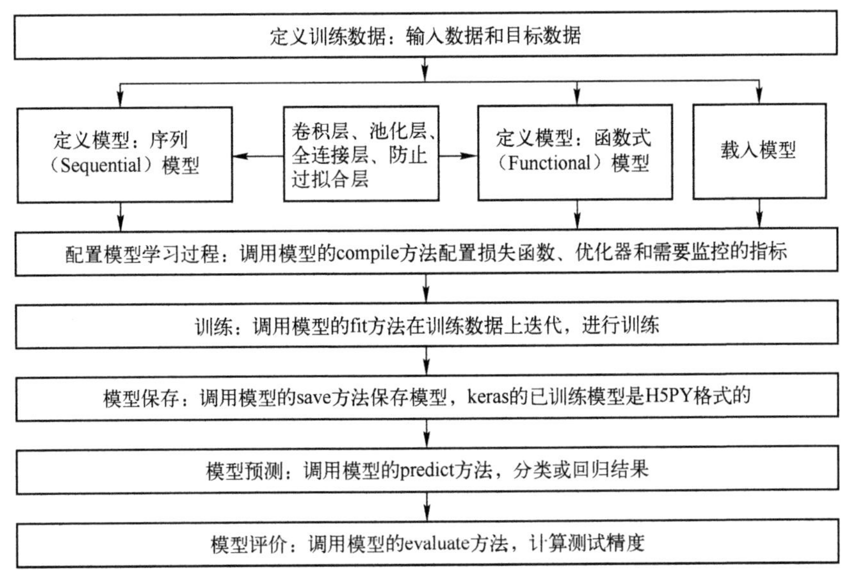

图 3-42　Keras 的深度学习过程

下面是使用 ResNet50 模型进行图像分类的实例，代码如下。

```
from keras.applications.resnet50 import ResNet50
from keras.preprocessing import image
from keras.applications.resnet50 import preprocess_input, decode_predictions
import numpy as np
from keras.utils import plot_model
from matplotlib import pyplot as plt

model = ResNet50(weights='imagenet')
print(model.summary())                          # 打印模型概况
img_path = 'cat.jpg'
img = image.load_img(img_path, target_size=(224, 224))
input_img = image.img_to_array(img)
input_img = np.expand_dims(input_img, axis=0)
input_img = preprocess_input(input_img)

preds = model.predict(input_img)
plt.imshow(img)
plt.show()
print('Predicted:', decode_predictions(preds, top=3)[0])
```

程序运行输出结果如图 3-43 所示。

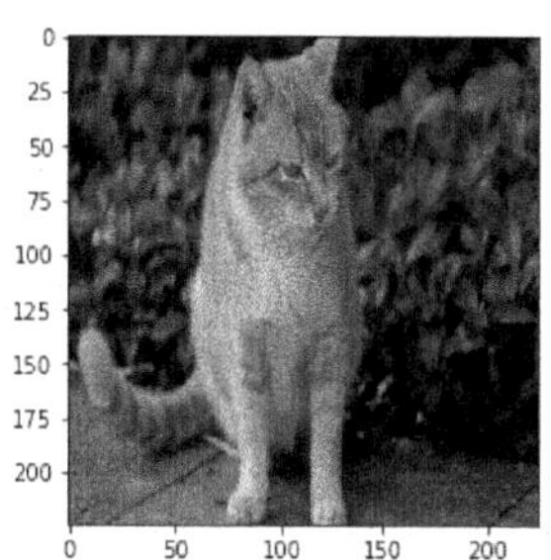


```
Predicted: [('n02123159', 'tiger_cat', 0.39383957), ('n02127052', 'lynx', 0.38691434), ('n02124075',
'Egyptian_cat', 0.1145662)]
```

图 3-43　ResNet50 模型图像分类

3.8　自然语言处理

自然语言处理（Natural Language Processing，NLP）是计算机科学领域与人工智能领域中的一个重要方向，是以一种智能与高效的方式，对文本数据进行系统化分析、理解与信息提取的过程，主要研究人与计算机之间用自然语言进行有效通信的各种理论和方法。自然语言处理融语言学、数学及计算机科学于一体，是人工智能中重要的应用领域，对自然语言处理的研究不仅充满吸引力而且具有挑战性。

自然语言处理的主要研究如下这些方面：（1）文本朗读/语音合成；（2）中文自动分词；（3）语音识别；（4）句法分析；（5）词性标注；（6）文本分类；（7）自然语言生成；（8）信息抽取；（9）信息检索；（10）文字校对；（11）问答系统；（12）机器翻译；（13）自动摘要等。

3.8.1　NLTK

NLTK（Natural Language Toolkit）是一个处理自然语言数据的高效平台，也是知名的 Python 自然语言处理工具。它提供了方便使用的接口，通过这些接口可以访问超过 50 个语料库和词汇资源（如 WordNet）。它提供一套文本处理库用于分类、标记化、词干标记、解析和语义推理以及工业级 NLP 库的封装器。

NLTK 提供全面的 API 文档，使得 NLTK 非常适合于语言学家、工程师、学生、教育家、研究人员以及行业用户等人群。NLTK 的运行平台包括 Windows、Mac OS X 及 Linux 系统。另外，NLTK 是一个免费、开源的社区驱动的项目。

综上所述，NLTK 被称为使用 Python 开发的用于统计语言学的教学和研究的有力工具和自然语言处理的高效库。NLTK 主页：http://www.nltk.org，如图 3-44 所示。

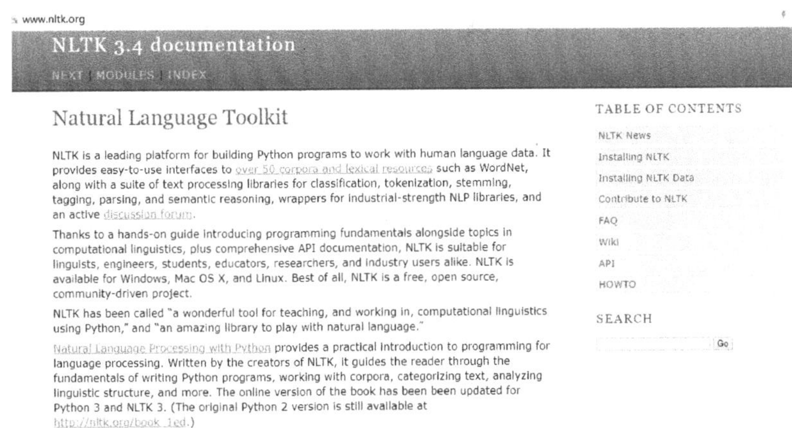

图 3-44　NLTK 主页

NLTK 的安装命令为 pip install nltk，如图 3-45 所示。

```
Anaconda Prompt
(base) C:\Users\hefug>pip install nltk
Collecting nltk
  Using cached https://files.pythonhosted.org/packages/6f/ed/9c755d357d33bc1931e157f537721efb5b88d2c5
83fe593cc09603076cc3/nltk-3.4.zip
Requirement already satisfied: six in c:\users\hefug\anaconda3\lib\site-packages (from nltk) (1.11.0)

Requirement already satisfied: singledispatch in c:\users\hefug\anaconda3\lib\site-packages (from nlt
k) (3.4.0.3)
Building wheels for collected packages: nltk
  Building wheel for nltk (setup.py) ... done
  Stored in directory: C:\Users\hefug\AppData\Local\pip\Cache\wheels\4b\c8\24\b2343664bcceb7147efeb21
c0b23703a05b23fcfeaceaa2a1e
Successfully built nltk
Installing collected packages: nltk
Successfully installed nltk-3.4
```

图 3-45　NLTK 的 pip 安装

NLTK 内部支持数十种的语料库和训练好的模型，在 Python 的解释器中执行如下代码。

```
import nltk
nltk.download()
```

运行代码可以下载语料、预训练的模型等，如图 3-46 所示。

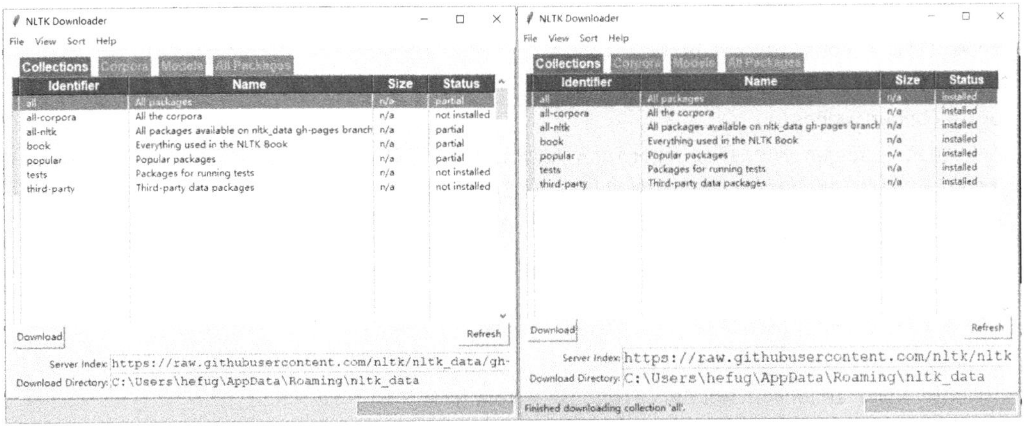

图 3-46　NLTK 下载

在下载目录中的子目录 corpora 为语料库，下载完成后的语料库如图 3-47 所示。

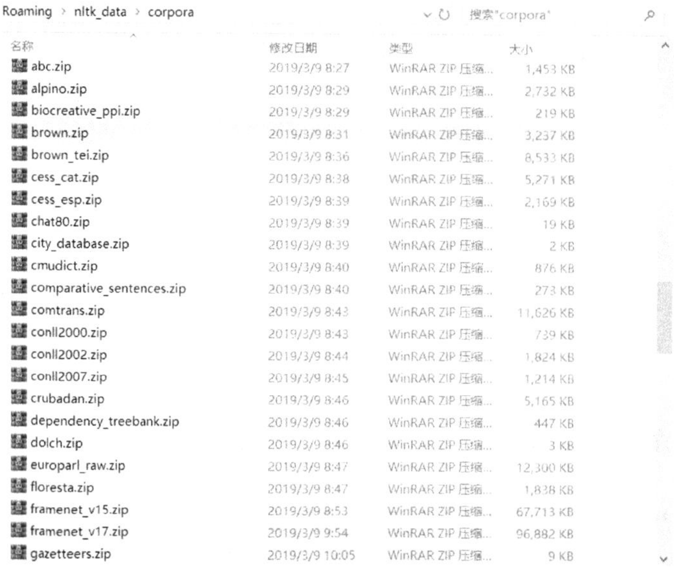

Roaming > nltk_data > corpora　　搜索"corpora"

名称	修改日期	类型	大小
abc.zip	2019/3/9 8:27	WinRAR ZIP 压缩...	1,453 KB
alpino.zip	2019/3/9 8:29	WinRAR ZIP 压缩...	2,732 KB
biocreative_ppi.zip	2019/3/9 8:29	WinRAR ZIP 压缩...	219 KB
brown.zip	2019/3/9 8:31	WinRAR ZIP 压缩...	3,237 KB
brown_tei.zip	2019/3/9 8:36	WinRAR ZIP 压缩...	8,533 KB
cess_cat.zip	2019/3/9 8:38	WinRAR ZIP 压缩...	5,271 KB
cess_esp.zip	2019/3/9 8:39	WinRAR ZIP 压缩...	2,169 KB
chat80.zip	2019/3/9 8:39	WinRAR ZIP 压缩...	19 KB
city_database.zip	2019/3/9 8:39	WinRAR ZIP 压缩...	2 KB
cmudict.zip	2019/3/9 8:40	WinRAR ZIP 压缩...	876 KB
comparative_sentences.zip	2019/3/9 8:40	WinRAR ZIP 压缩...	273 KB
comtrans.zip	2019/3/9 8:43	WinRAR ZIP 压缩...	11,626 KB
conll2000.zip	2019/3/9 8:43	WinRAR ZIP 压缩...	739 KB
conll2002.zip	2019/3/9 8:44	WinRAR ZIP 压缩...	1,824 KB
conll2007.zip	2019/3/9 8:45	WinRAR ZIP 压缩...	1,214 KB
crubadan.zip	2019/3/9 8:46	WinRAR ZIP 压缩...	5,165 KB
dependency_treebank.zip	2019/3/9 8:46	WinRAR ZIP 压缩...	447 KB
dolch.zip	2019/3/9 8:46	WinRAR ZIP 压缩...	3 KB
europarl_raw.zip	2019/3/9 8:47	WinRAR ZIP 压缩...	12,300 KB
floresta.zip	2019/3/9 8:47	WinRAR ZIP 压缩...	1,838 KB
framenet_v15.zip	2019/3/9 8:53	WinRAR ZIP 压缩...	67,713 KB
framenet_v17.zip	2019/3/9 9:54	WinRAR ZIP 压缩...	96,882 KB
gazetteers.zip	2019/3/9 10:05	WinRAR ZIP 压缩...	9 KB

图 3-47　下载的语料库

典型的语料库说明如下。

（1）Gutenberg：腾堡语料库，项目大约有 36000 本免费的电子图书。

（2）Webtex：网络和聊天文本，网络聊天中的文本包括 Firefox 论坛。

（3）Brown：朗语料库，一个百万词级的英语电子语料库，包含 500 个不同来源的文本，并且按照文体分类，例如新闻、社论等。

（4）Reuters：路透社语料库，包含 10788 个新闻文档，共计 130 万字，这些文档分成 90 个主题，按照“训练”和“测试”分为两组。

（5）Inaugural：就职演说语料库。

下面是使用 Brown 语料库的代码示例。

```
from nltk.corpus import brown
print(brown.categories())
print(brown.words())
new_text = brown.words(categories='fiction')
fdist = nltk.FreqDist([w.lower() for w in new_text])
modals = ['big', 'small', 'stone', 'glad', 'love', 'woman']
for m in modals:
    print(m+':',fdist[m])
cfd = nltk.ConditionalFreqDist((genre,word)
    for genre in brown.categories()
    for word in brown.words(categories=genre))
genres = ['adventure', 'editorial', 'hobbies', 'science_fiction', 'romance', 'humor']
```

```
modals = ['big', 'small', 'stone', 'glad', 'love', 'woman']
cfd.tabulate(conditions=genres, samples=modals)
```

运行结果如图 3-48 所示。

```
['adventure', 'belles_lettres', 'editorial', 'fiction', 'government', 'hobbies', 'humor', 'learned', 'lore',
'mystery', 'news', 'religion', 'reviews', 'romance', 'science_fiction']
['The', 'Fulton', 'County', 'Grand', 'Jury', 'said', ...]
big: 52
small: 31
stone: 10
glad: 3
love: 16
woman: 34
                  big small stone  glad  love woman
      adventure    50    35     5     7     9    29
      editorial    17    27     0     1    13     4
        hobbies    21    55     2     1     6     1
science_fiction     6     6     2     1     3     4
        romance    36    31     6     7    32    34
          humor     3     9     8     1     4    10
```

图 3-48　Brown 语料库示例运行结果

3.8.2　SpaCy

SpaCy 是深度学习的有效工具，可以与 TensorFlow、PyTorch、Scikit-Learn、Gensim 无缝交互。它可以构建出语言学复杂的统计模型，并且提供了简洁的接口用来访问其方法和属性，因此可以提取语言特征，例如词性标签、语义依赖标签、命名实体等。SpaCy 主页：https://spacy.io，如图 3-49 所示。

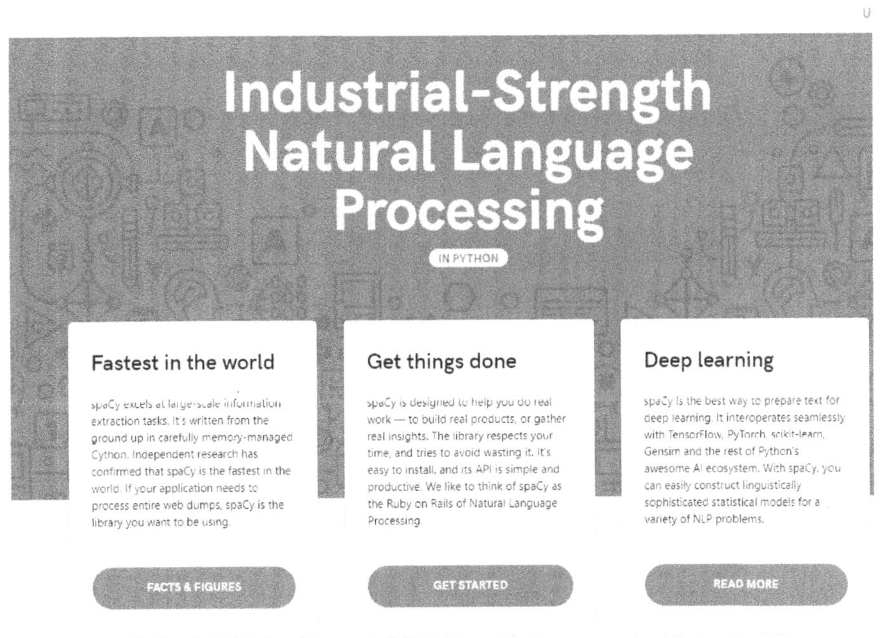

图 3-49　SpaCy 主页

SpaCy 的 pip 安装命令为 pip install sapcy，如图 3-50 所示。

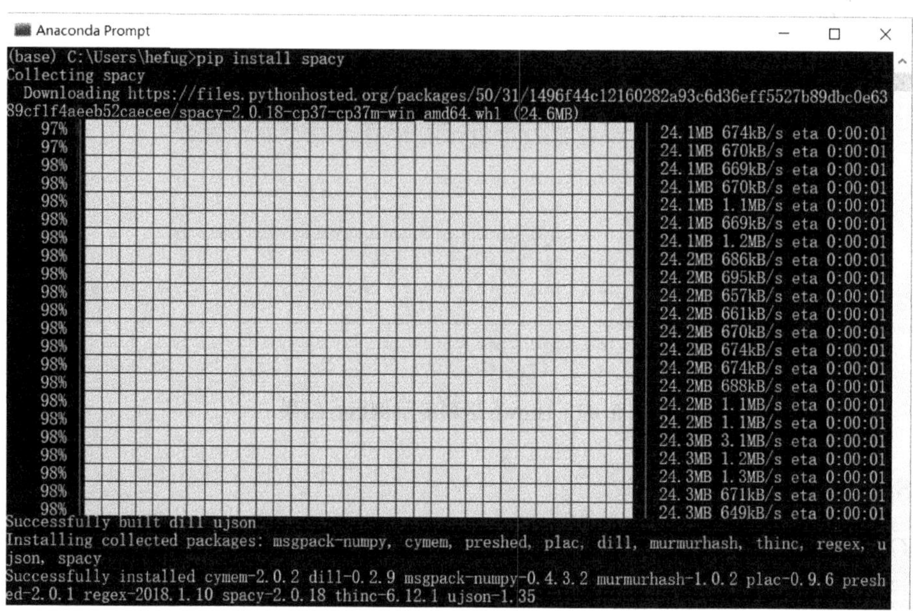

图 3-50　SpaCy 的 pip 安装

SpaCy 下载完成后，可以下载数据和模型，命令为“python -m spacy download en”，如图 3-51 所示。

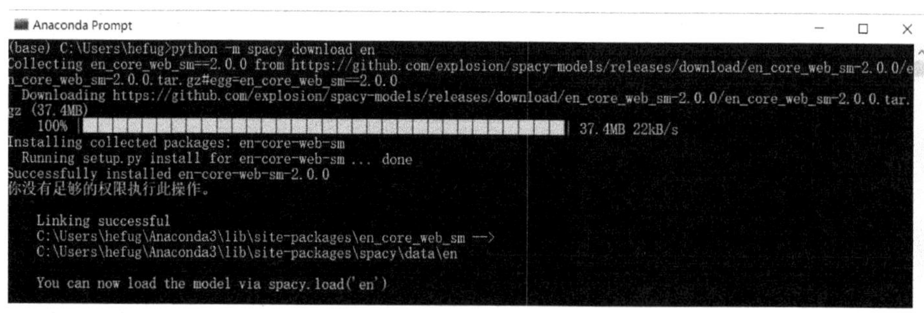

图 3-51　下载数据和模型

从上图可以看到，下载了模型“en_core_web_sm”，另外 SpaCy 还有模型“en_core_web_lg”，安装命令为“python -m spacy download en_core_web_lg”，如图 3-52 所示。可以看到模型压缩包大小为 852.3MB。也可以在“https://github.com/explosion/spacy-models/releases/download/en_core_web_lg-2.0.0/en_core_web_lg-2.0.0.tar.gz”下载压缩包，然后使用命令“pip install en_core_web_lg-1.2.0.tar.gz”进行安装。

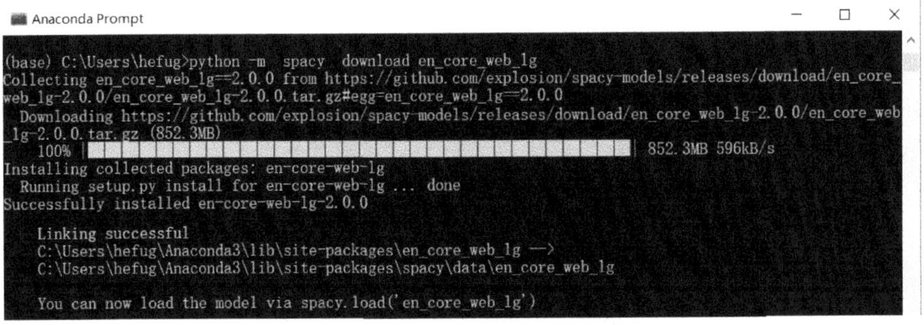

```
Anaconda Prompt
(base) C:\Users\hefug>python -m  spacy  download en_core_web_lg
Collecting en_core_web_lg==2.0.0 from https://github.com/explosion/spacy-models/releases/download/en_core_
web_lg-2.0.0/en_core_web_lg-2.0.0.tar.gz#egg=en_core_web_lg==2.0.0
  Downloading https://github.com/explosion/spacy-models/releases/download/en_core_web_lg-2.0.0/en_core_web
_lg-2.0.0.tar.gz (852.3MB)
    100% |████████████████████████████████| 852.3MB 596kB/s
Installing collected packages: en-core-web-lg
  Running setup.py install for en-core-web-lg ... done
Successfully installed en-core-web-lg-2.0.0

    Linking successful
    C:\Users\hefug\Anaconda3\lib\site-packages\en_core_web_lg -->
    C:\Users\hefug\Anaconda3\lib\site-packages\spacy\data\en_core_web_lg

    You can now load the model via spacy.load('en_core_web_lg')
```

图 3-52　安装模型“en_core_web_lg”

下面是 SpaCy 的“en_core_web_sm”和“en_core_web_lg”模型使用实例。

```
import spacy
from spacy import displacy
import en_core_web_sm
nlp = spacy.load('en_core_web_sm')
text="The reason for separating the trained vectors into KeyedVectors is that if
you don’t need the full model state any more (don’t need to continue training), the
state can discarded, resulting in a much smaller and faster object that can be
mmapped for lightning fast loading and sharing the vectors in RAM between processes:"
doc = nlp(text)
for token in doc:
    print('"' + token.text + '"')
for ent in doc.ents:
    print(ent.text, ent.label_)  #实体（entity）词汇
for sent in doc.sents:
    print(sent)   #一段文字拆解为语句

nlp = spacy.load('en_core_web_lg')
dog = nlp.vocab["dog"]
cat = nlp.vocab["cat"]
apple = nlp.vocab["apple"]
orange = nlp.vocab["orange"]
print(dog.similarity(cat))  //计算 dog 和 cat 的相似性
```

输出结果为 0.80168545。

3.8.3　Gensim

Gensim 是一款开源的第三方自然语言处理 Python 工具包，用于从原始的非结构化的文本中，无监督地学习到主题向量表达，是一个用于从文档中自动提取语义主题的 Python 库，主要有以下特征。

（1）能方便地处理自定义的语料库。

（2）具有常用主题模型算法。常用算法包括 Latent Semantic Analysis (LSA/LSI/SVD)、Latent Dirichlet Allocation (LDA)、Random Projections (RP)、Hierarchical Dirichlet Process (HDP)和 word2vec deep learning 等。

（3）分布式计算。能够在分布式计算机上运行算法 Latent Semantic Analysis 和 Latent Dirichlet Allocation。

（4）方便扩展向量空间算法。

Gensim 主页：https://pypi.org/project/gensim/，如图 3-53 所示。

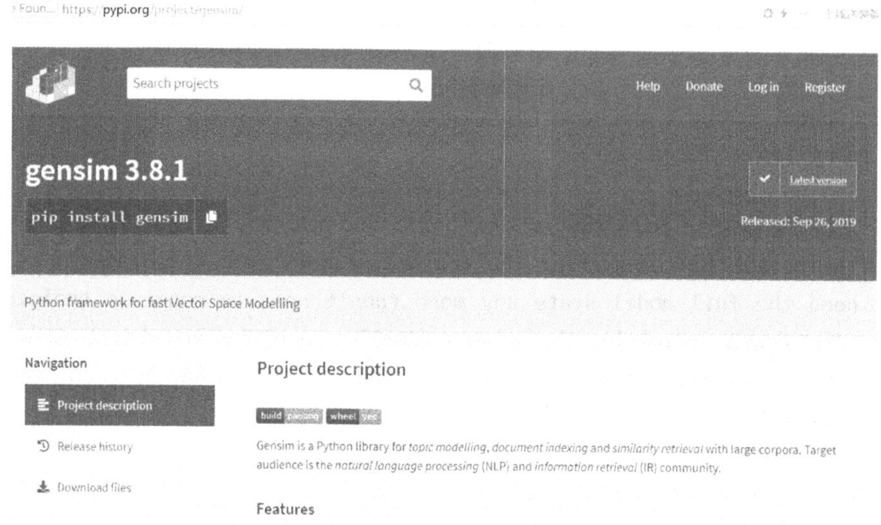

图 3-53　Gensim 主页

Gensim 的 pip 安装命令为 pip install genism，如图 3-54 所示。

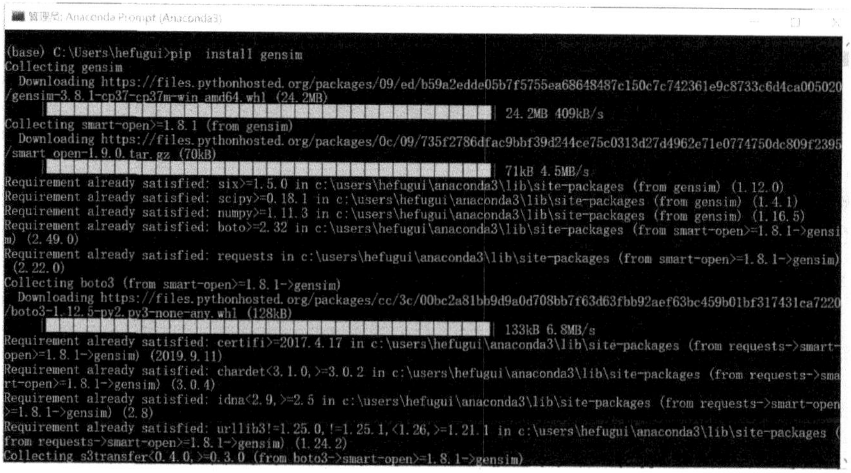

图 3-54　Gensim 的 pip 安装

Gensim 包括许多文档处理模型，Word2Vec 就是其中一个词转向量的模型，相关的 API 都在包“gensim.models.word2vec”中，其构造格式如下。

```
Word2Vec (self, sentences=None, corpus_file=None, size=100, alpha=0.025, window=5, min_count=5, max_vocab_size=None, sample=1e-3, seed=1, workers=3, min_alpha=0.0001, sg=0, hs=0, negative=5, ns_exponent=0.75, cbow_mean=1, hashfxn=hash, iter=5, null_word=0, trim_rule=None, sorted_vocab=1, batch_words=MAX_WORDS_IN_BATCH,  compute_loss=False, callbacks=(), max_final_vocab=None)。
```

其中主要的参数说明如下。

（1）sentences：要分析的语料（即语言材料），可以是一个列表，或者从文件中遍历读出。

（2）size：词向量的维度，默认值是 100。取值一般与语料的大小相关，如果是不大（小于 100M）的语料，使用默认值即可，如果是超大的语料，建议增大维度。

（3）window：词向量上下文最大距离，window 越大，则和某一词较远的词也会产生上下文关系。默认值为 5。在实际使用中，可以根据实际的需求来动态调整 window 大小。如果是小语料，则这个值可以设得更小。对于一般的语料，这个值推荐设置在[5,10]区间。

（4）min_count：需要计算词向量的最小词频。利用这个值可以去掉一些很生僻的低频词，默认值是 5。如果是小语料，可以调低这个值。

（5）iter：随机梯度下降法中迭代的最大次数，默认值是 5。对于大语料，可以增大这个值。

（6）alpha: 在随机梯度下降法中迭代的初始步长，默认值是 0.025。

（7）min_alpha: 由于算法支持在迭代的过程中逐渐减小步长，min_alpha 给出了最小的迭代步长值。随机梯度下降中每轮的迭代步长可以由 iter、alpha、min_alpha 一起得出。

（8）workers：同时工作的线程，默认值为 3。

下面是模型 Word2Vec 的实例。

```
from gensim.test.utils import common_texts, get_tmpfile
from gensim.models import Word2Vec
print(common_texts)
model = Word2Vec(common_texts, size=100, window=5, min_count=1, workers=4)
model.save("word2vec.model")

model = Word2Vec.load("word2vec.model")
  vector = model.wv['user']
print(vector)
```

运行结果如图 3-55 所示。

```
[['human', 'interface', 'computer'], ['survey', 'user', 'computer', 'system', 'response', 'time'], ['eps',
'user', 'interface', 'system'], ['system', 'human', 'system', 'eps'], ['user', 'response', 'time'],
['trees'], ['graph', 'trees'], ['graph', 'minors', 'trees'], ['graph', 'minors', 'survey']]
[ 3.6323187e-03  1.6356402e-03  7.6695987e-06 -1.4412067e-03
 -1.8643363e-03  6.1253307e-04 -3.1443251e-05  4.4392940e-04
 -3.1673654e-03 -2.1196685e-03 -4.6487483e-03 -2.4069559e-04
 -4.9274410e-03  1.9372582e-03 -3.0326433e-03  3.3944533e-03
 -1.2005713e-03  3.5586138e-03 -2.5196490e-03  1.4684836e-03
  3.3743766e-03  2.4733241e-03  7.2420150e-04  2.0474785e-03
 -2.4486242e-03  4.4261371e-03 -4.1609327e-03  2.9229741e-03
 -2.5857219e-03 -2.0817698e-03  3.3612759e-03 -4.3854578e-03
  3.7756010e-03 -1.2557721e-03  9.9890493e-04 -4.7952714e-03
  3.7415505e-03 -3.6580847e-03  4.2426875e-03  1.5987830e-03
  4.4907254e-04  2.0737582e-04 -2.9520760e-03  4.4426415e-03
 -4.9508116e-03 -1.3468190e-03  4.2723119e-03  1.6290116e-03
 -2.5522611e-03  2.9955298e-04  1.9299133e-04  1.6094286e-03
 -4.1473289e-03  7.9042773e-04 -4.4595203e-04 -2.9953416e-03
  1.2370167e-04  1.2904700e-03  2.4434817e-03  1.8006467e-03
 -3.4005798e-03 -4.8096878e-03 -2.3320713e-03 -4.1716467e-03
  3.9425856e-03 -1.7903836e-03  3.2908712e-03 -9.9010678e-05
  4.2981000e-04 -4.9239188e-04 -4.4339718e-03 -5.2786095e-04
 -4.7695097e-03  3.0182167e-03  4.7565537e-04 -3.2916812e-03
  2.9154174e-04 -1.3153786e-03 -2.4408470e-03 -3.1997161e-03
  1.3920906e-04  4.6628602e-03 -2.7652904e-03 -2.3800733e-03
  2.4267274e-03  2.5189761e-03 -4.9371930e-04  4.7227819e-04
  4.3370388e-03  4.6402910e-03 -3.1280504e-03 -4.9556472e-04
 -1.8844918e-03  2.8540716e-03 -4.9240994e-03 -4.8734420e-03
  8.7165914e-04  1.6535125e-03 -1.0518621e-04  1.5552841e-03]
```

图 3-55　模型 Word2Vec 的实例结果

3.9　视觉 OpenCV

OpenCV（Opensource Computer Vision Library）是一个基于 BSD 许可（开源）发行的跨平台计算机视觉库，可以运行在 Linux、Windows、Android 和 Mac OS 操作系统上，同时提供了 Python、Ruby、MATLAB 等语言的接口，可实现图像处理和计算机视觉方面的很多通用算法。虽然 Python 有自己的图像处理库 PIL，但是相对于 OpenCV 来讲，功能比较弱，OpenCV 提供了完善的 Python 接口，非常便于调用。OpenCV 包含了超过 2500 个算法和函数，可以实现大部分视觉处理功能。

OpenCV 典型应用领域如下：（1）人机互动；（2）物体识别；（3）图像分割；（4）人脸识别；（5）动作识别；（6）运动跟踪；（7）机器人；（8）运动分析；（9）机器视觉；（10）结构分析；（11）汽车安全驾驶。

OpenCV 的 Python 主页：https://pypi.org/project/opencv-python/，如图 3-56 所示。

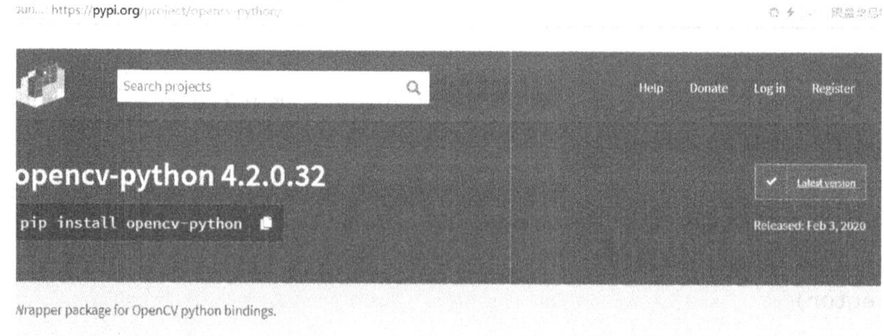

图 3-56　OpenCV 的 Python 主页

当前的 OpenCV 有两个版本：OpenCV2 和 OpenCV3。OpenCV3 较 OpenCV2 提供了更强的功能和更多方便的特性，带来了全新的项目架构的改变。OpenCV3 抛弃了整体统一架构，使用“内核+插件”的架构形式，更加稳定，附加的库更加灵活多变，从而保持高速的发展与迭代。

3.9.1 OpenCV 的安装

OpenCV 的 pip 安装命令为“pip install opencv-python”，如图 3-57 所示。

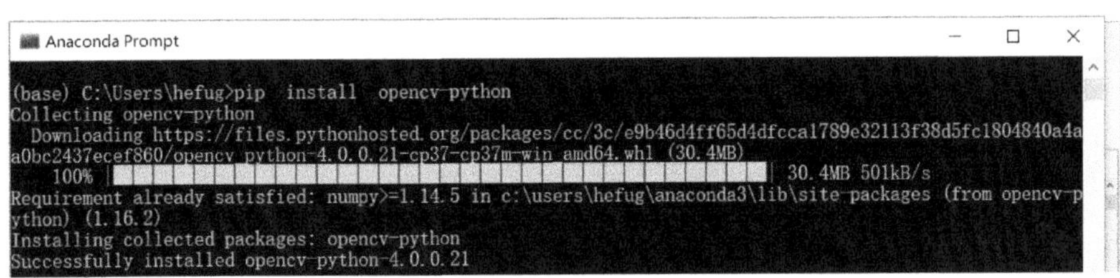

图 3-57　OpenCV 的 pip 安装

OpenCV 在 PyCharm 中的安装方法是在主界面选择菜单命令“File>Settings”，打开 Settings 窗口，操作如图 3-58 所示。

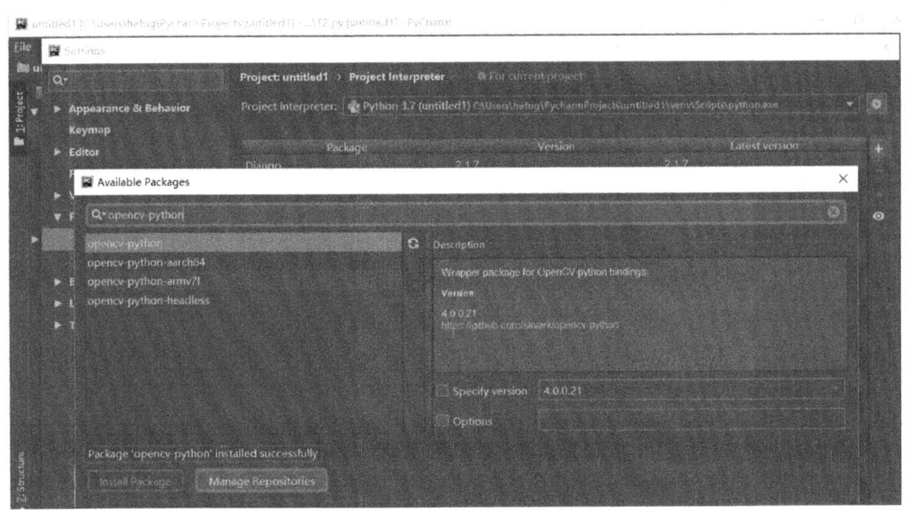

图 3-58　OpenCV 在 PyCharm 中的安装

OpenCV 安装完成以后，其中已经包含了基于 OpenCV harr 级联分类器的人脸及眼睛、鼻子、嘴巴检测器，位于 CV2 包的 data 目录，如图 3-59 所示。

其中，“haarcascade_eye_tree_eyeglasses.xml”为人脸检测的人眼检测分类器，“haarcascade_smile.xml”用于实现对人脸、笑脸同时检测。

Anaconda3 › Lib › site-packages › cv2 › data   搜索"data"

名称	修改日期	类型
__pycache__	2019/3/9 19:45	文件夹
__init__.py	2019/3/9 19:45	Python File
haarcascade_eye.xml	2019/3/9 19:45	XML 文档
haarcascade_eye_tree_eyeglasses.xml	2019/3/9 19:45	XML 文档
haarcascade_frontalcatface.xml	2019/3/9 19:45	XML 文档
haarcascade_frontalcatface_extended.xml	2019/3/9 19:45	XML 文档
haarcascade_frontalface_alt.xml	2019/3/9 19:45	XML 文档
haarcascade_frontalface_alt_tree.xml	2019/3/9 19:45	XML 文档
haarcascade_frontalface_alt2.xml	2019/3/9 19:45	XML 文档
haarcascade_frontalface_default.xml	2019/3/9 19:45	XML 文档
haarcascade_fullbody.xml	2019/3/9 19:45	XML 文档
haarcascade_lefteye_2splits.xml	2019/3/9 19:45	XML 文档
haarcascade_licence_plate_rus_16stages.xml	2019/3/9 19:45	XML 文档
haarcascade_lowerbody.xml	2019/3/9 19:45	XML 文档
haarcascade_profileface.xml	2019/3/9 19:45	XML 文档
haarcascade_righteye_2splits.xml	2019/3/9 19:45	XML 文档
haarcascade_russian_plate_number.xml	2019/3/9 19:45	XML 文档
haarcascade_smile.xml	2019/3/9 19:45	XML 文档
haarcascade_upperbody.xml	2019/3/9 19:45	XML 文档

图 3-59　OpenCV 自带的人脸及眼睛、鼻子、嘴巴检测器

3.9.2　OpenCV 的使用

OpenCV 提供了图像和视频两方面的处理功能，这些功能主要包括图像的基础操作、图像上的算术运算、颜色空间变化、图像几何变换、图像平滑、图像形态学转换、图像梯度、边缘检测、图像变换（傅里叶变换、Hough 变换）、图像特征提取、视频分析、摄像机标定、3D 重构、机器学习、计算摄影学、对象检测等。

下面介绍一些 OpenCV 的常用函数。

（1）cv2.VideoCapture（参数）：读取视频，参数如果是数字，则对应摄像头编号，参数也可以是视频名。

（2）cv2.imread（参数）：读取图像，参数是图像路径。

（3）cv2.imshow（参数 1,参数 2）：显示图像，“参数 1”为显示的标题，“参数 2”为显示的图像，为 cv2.imread()的返回值。

（4）cv2.waitKey（参数）：在一个给定的时间内（单位 ms）等待用户按键触发，如果为 0，则一直等待。

（5）cv2.imwrite（参数 1,参数 2）：保存图像，“参数 1”为保存路径，“参数 2”为保存的图像，为 cv2.imread()的返回值。

（6）cv2.putText()：图像加文字，包含 7 个参数，“参数 1”为图像，“参数 2”为文字内容，“参数 3”为坐标位置，“参数 4”为字体，“参数 5”为字号，“参数 6”为颜色，“参数 7”为字体粗细。

（7）cv2.rectangle()：图像内加矩形框，包含 5 个参数，“参数 1”为图像，“参数 2”为左上角坐标，“参数 3”为右下角坐标，“参数 4”为框的颜色，“参数 5”为框的粗细。

（8）cv2.cvtColor（参数 1,参数 2）：图像颜色转换，“参数 1”为图像，“参数 2”为转换方式。例如“cv2.COLOR_BGR2GRAY”表示转换为灰度图，“cv2.COLOR_BGR2HSV”表示转换为 HSV 颜色空间。

（9）cv2.GaussianBlur()：高斯平滑滤波，包含 3 个参数，“参数 1”为图像，“参数 2”为滤波器大小，“参数 3”为标准差。

（10）cv2. circle ()：图像加圆形框，包含 6 个参数，“参数 1”为图像，“参数 2”为圆心 X 坐标，“参数 3”为圆心 Y 坐标，“参数 4”为半径，“参数 5”为框的颜色，“参数 6”为框的粗细。

在下面的示例中，使用 OpenCV 内置的检测器识别人的眼睛，并且画出标识框，代码如下。

```
import cv2
# 获取内置的检测器
face_cascade = cv2.CascadeClassifier(r'C:\Users\hefug\Anaconda3\Lib\site-packages\
cv2\data\haarcascade_eye_tree_eyeglasses.xml')
# 读取图片
img = cv2.imread("D:\\head.jpg")
gray = cv2.cvtColor(img, cv2.COLOR_BGR2GRAY)
# 探测图片中的人脸
eyes = face_cascade.detectMultiScale(gray)
print("发现{0}个眼睛!".format(len(eyes)))
for (x, y, w, h) in eyes:
    #cv2.rectangle(img,(x,y),(x+w,y+w),(0,255,0),2)
    cv2.circle(img, (int((x + x + w) / 2), int((y + y + h) / 2)),int( w / 2), (0,
255, 0), 2)
cv2.imshow("Find Faces!", img)
cv2.imwrite("D:\\Q.JPG",img)
cv2.waitKey(0)
```

程序运行结果如图 3-60 所示。

图 3-60　OpenCV 人眼识别

在下面的示例中，使用 OpenCV 内置的检测器识别笑脸，并且画出标识框，代码如下。

```
import cv2
 # 获取内置的检测器
smilePath = r"C:\Users\hefug\Anaconda3\Lib\site-packages\cv2\data\haarcascade_smile.xml"
smileCascade = cv2.CascadeClassifier(smilePath)
face_cascade = cv2.CascadeClassifier(r'C:\Users\hefug\Anaconda3\Lib\site-packages\cv2\data\haarcascade_frontalface_alt2.xml')

img = cv2.imread("D:\\smile.jpg")
gray = cv2.cvtColor(img, cv2.COLOR_BGR2GRAY)

faces = face_cascade.detectMultiScale( gray)

for (x, y, w, h) in faces:
    cv2.rectangle(img, (x, y), (x+w, y+h), (0, 0, 255), 2)
    roi_gray = gray[y:y+h, x:x+w]
    roi_color = img[y:y+h, x:x+w]
    smile = smileCascade.detectMultiScale(roi_gray,
        scaleFactor= 1.16,
        minNeighbors=60,
        minSize=(25, 25),
        flags=cv2.CASCADE_SCALE_IMAGE
    )
     for (x2, y2, w2, h2) in smile:
        cv2.rectangle(roi_color, (x2, y2), (x2+w2, y2+h2), (255, 0, 0), 2)
        cv2.putText(img,'Smile',(x,y-7), 3, 1.2, (0, 255, 0), 2, cv2.LINE_AA)
cv2.imshow('Smile test', img)
cv2.imwrite("smile.jpg",img)
c = cv2.waitKey(0)
```

程序运行结果如图 3-61 所示。

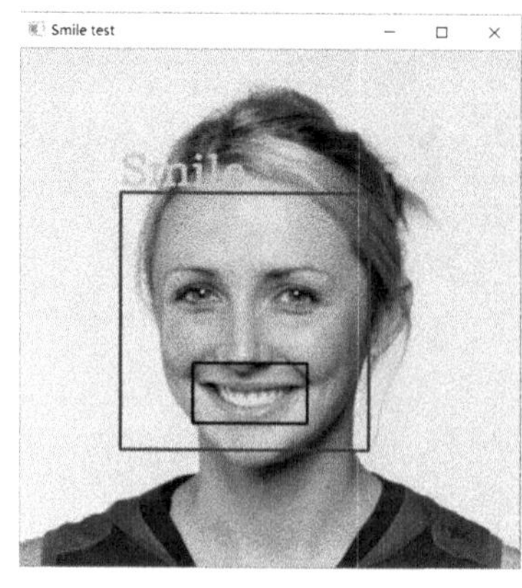

图 3-61　OpenCV 笑脸识别

3.10 其他深度学习框架

除了流行的深度学习框架 TensorFlow 和 Keras，常见的深度学习框架还有 PyTorch、TFLearn、Chainer、Theano 等，这些都是深受欢迎的深度学习框架。

3.10.1 PyTorch

PyTorch 与 Python 相融合，具有强大的 GPU 支持的张量计算和动态神经网络的框架，是使用 GPU 和 CPU 优化的深度学习张量库。PyTorch 主页：https://github.com/pytorch/，如图 3-62 所示。

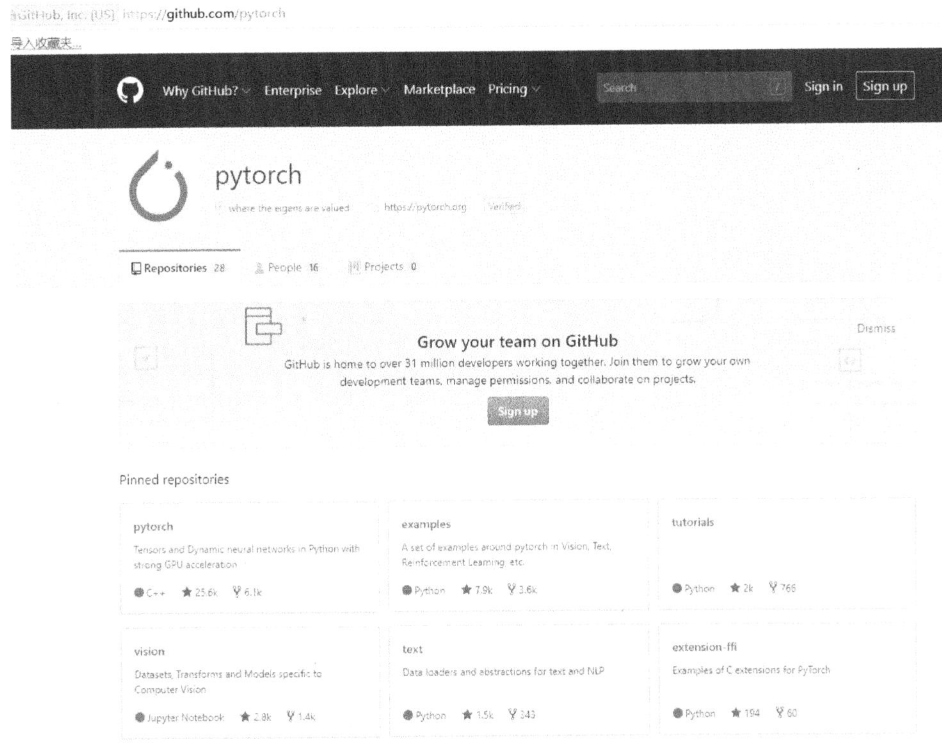

图 3-62 PyTorch 主页

PyTorch 主要包含下列组件。

（1）Torch 组件：包含了多维张量的数据结构以及基于其上的多种数学操作。另外，它也提供了多种工具，其中一些可以更有效地对张量和任意类型进行序列化，类似于 NumPy。

（2）torch.autograd 组件：提供了类和函数，用来对任意标量函数进行求导。

（3）torch.nn 组件：与 autograd 紧密集成的神经网络库。

（4）torch.utils 组件：数据装载、数据训练等应用工具。

3.10.2 TFLearn

TFLearn 是一个建立在 TensorFlow 上的模块化、透明的深度学习库。它比 TensorFlow 提供了更高层次的 API，从而使用户能够更加快速地进行实验。TFLearn 主页：http://tflearn.org，如图 3-63 所示。

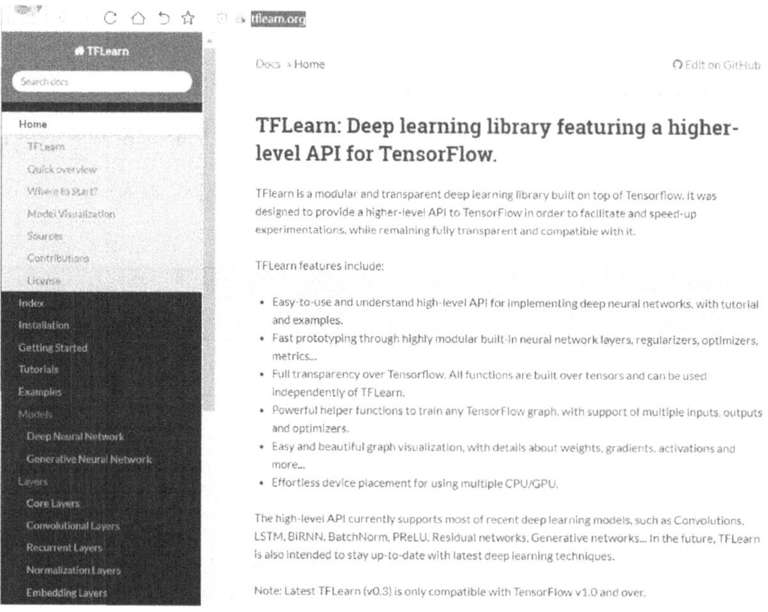

图 3-63　TFLearn 主页

TFLearn 的 pip 安装命令为 pip install tflearn，安装 TFLearn 前需要先安装 TensorFow，如图 3-64 所示。

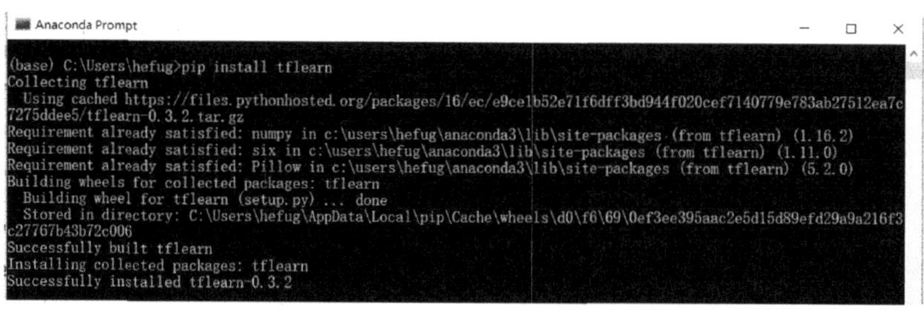

图 3-64　TFLearn 的 pip 安装

TFLearn 支持大部分深度学习模型，例如 Convolutions、LSTM、BiRNN、BatchNorm、PReLU、Residual networks、Generative networks 等，未来还将支持最新的深度学习技术。TFLearn 的特征如下。

（1）更高层次的深度神经网络 API，且易于使用。

（2）通过内建神经网络模块快速模块化原型实现。

（3）对 TensorFow 完全透明。

（4）更方便的图形可视化。

3.10.3　Chainer

Chainer 是一个专门为高效研究和开发深度学习算法而设计的开源框架，Chainer 使复杂神经网络变得简单，具有如下特点。

（1）基于 Python 语言，允许在运行时检查和定制 Python 中的所有代码。

（2）Chainer 采用 Define by Run 的方案，可以动态调整网络的参数，训练时“实时”构建计算图。

（3）由于 Chainer 是一个基于 Python 的独立的深度学习框架，由纯 Python 语言实现，可以完全地定制化。

（4）Chainer 支持目前广泛使用的神经网络 CNN、RNN、RL 等，也可以自定义神经网络的结构。

（5）支持多 GPU 的并行运算。

Chainer 主页：https://chainer.org，如图 3-65 所示。

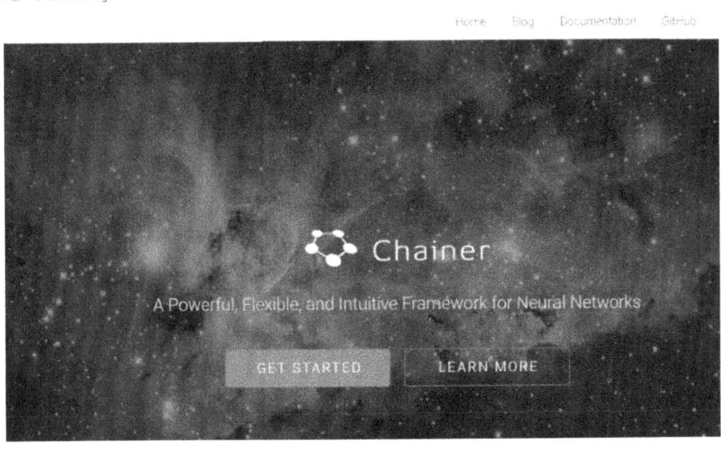

图 3-65　Chainer 主页

Chainer 的 pip 安装命令为 pip install chainer，如图 3-66 所示。

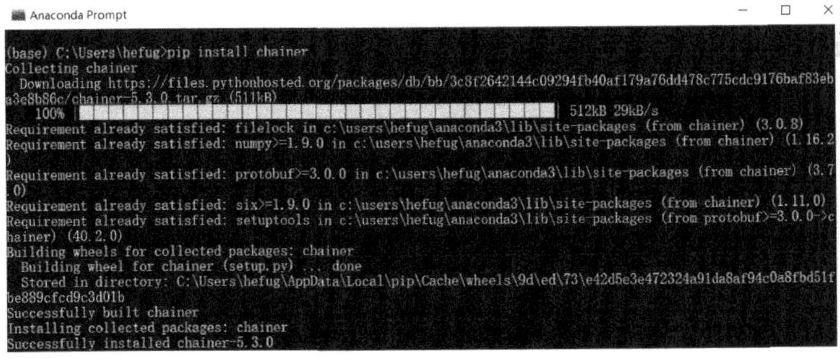

图 3-66　Chainer 的 pip 安装

训练结构是 Chainer 中的重要部分，主要功能是建立神经网络训练数据，如图 3-67 所示。

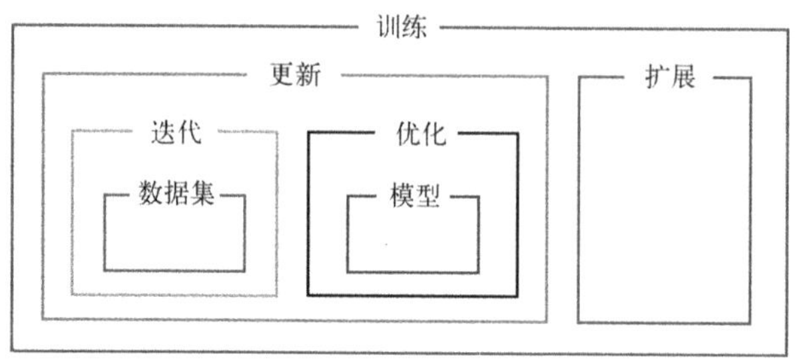

图 3-67 Chainer 的训练结构

Chainer 支持常见的训练数据集和验证数据集的接口，数据集包括三部分：数据集、迭代器和批处理转换函数。下面是使用 mnist 数据集的实例，代码如下。

```
from __future__ import print_function
import matplotlib.pyplot as plt
from chainer.datasets import mnist

# Download the MNIST data if you haven't downloaded it yet
train, test = mnist.get_mnist(withlabel=True, ndim=1)
# Display an example from the MNIST dataset.
# `x` contains the input image array and `t` contains that target class
# label as an integer.
x, t = train[0]
plt.imshow(x.reshape(28, 28), cmap='gray')
plt.savefig('5.png')
print('label:', t)
```

运行结果如图 3-68 所示。

```
Downloading from http://yann.lecun.com/exdb/mnist/train-images-idx3-ubyte.gz...
Downloading from http://yann.lecun.com/exdb/mnist/train-labels-idx1-ubyte.gz...
Downloading from http://yann.lecun.com/exdb/mnist/t10k-images-idx3-ubyte.gz...
Downloading from http://yann.lecun.com/exdb/mnist/t10k-labels-idx1-ubyte.gz...
label: 5
```

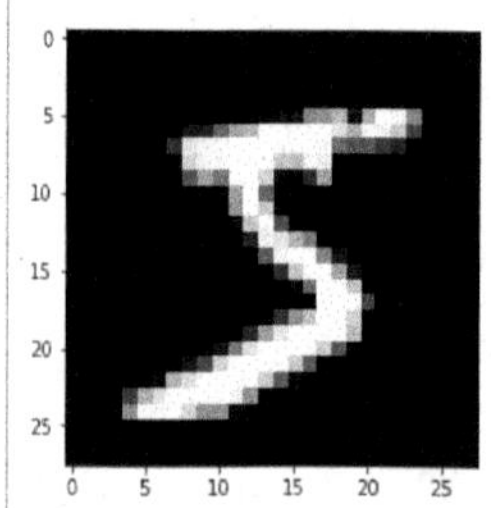

图 3-68 Chainer 的 mnist 数据集实例

3.10.4 Theano

Theano 是一个擅长处理多维数组的 Python 库（类似于 NumPy），专门用于定义、优化、求值数学表达式，优点是效率高，适用于多维数组。与其他深度学习库结合起来，Theano 十分适合数据探索，也特别适合做机器学习，能执行深度学习中大规模神经网络算法的运算，高效运行于 GPU 或 CPU。Theano 主页：https://github.com/Theano/Theano。

Theano 的 pip 安装命令为 pip install Theano，如图 3-69 所示。

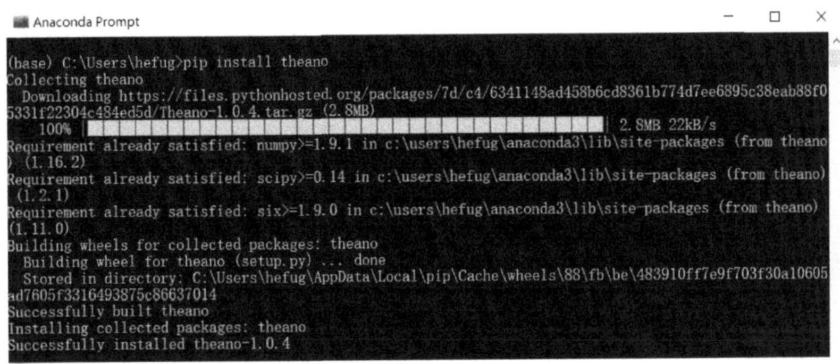

图 3-69　Theano 的 pip 安装

3.11 本章小结

本章介绍了基于 Python 的深度学习环境，包括深度学习管理工具 Anaconda 环境、深度学习的常备基础库、流行的深度学习框架、典型的自然语言处理平台、视觉学习库 OpenCV 等内容，为之后的学习打牢了基础。

第 4 章
深度学习典型结构

4.1 人工智能、机器学习、神经网络和深度学习的关系

人工智能（Artificial Intelligence，AI）是研究、开发用于模拟、延伸和扩展人的智能的理论、方法、技术及应用系统的一门技术科学。其缘于 1956 年 8 月美国东北部小镇汉诺威达特茅斯学院的人工智能夏季研讨会，会议第一次提出人工智能的概念及其需要研究的七个领域：（1）自动计算机；（2）编程语言；（3）神经网络；（4）计算规模的理论；（5）自我学习；（6）抽象能力；（7）顿悟与创新。人工智能是属于计算机学科的前沿发展技术，二十世纪七十年代以来被称为世界三大尖端技术之一（空间技术、能源技术、人工智能），近三十年来获得了迅速的发展，在很多学科领域得到了广泛应用，并取得了丰硕的成果，人工智能已逐步发展成为一个独立的学科。人工智能的发展历程如图 4-1 所示。

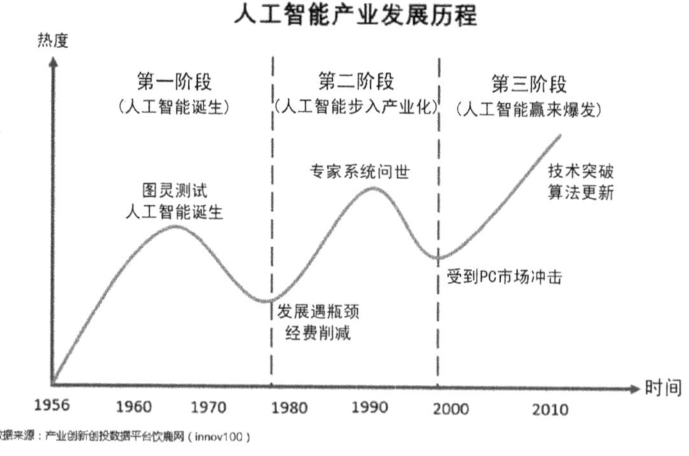

图 4-1 人工智能的发展历程

人工智能的发展由最初的简单的逻辑判断，发展到目前的智慧城市、智能智造、智慧医疗等，未来将进一步发展成为自我意识、自我思考、自我逻辑、自我判断、自我创造的人工

智能，人工智能的发展路径如图 4-2 所示。

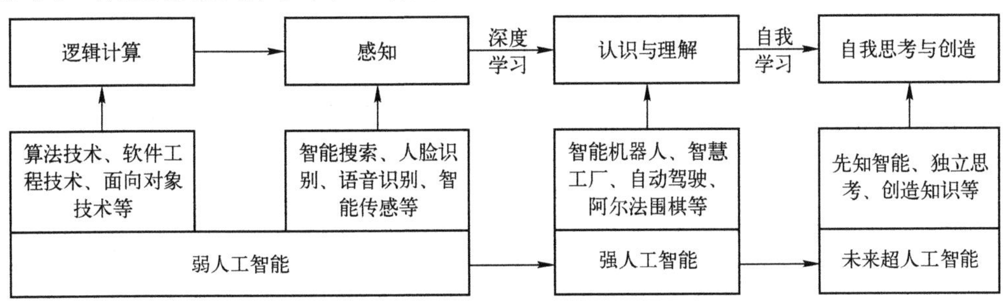

图 4-2　人工智能的发展路径

机器学习（Machine Learning，ML）是一门多领域交叉学科，也是一门关于人工智能的科学。它是人工智能的核心，是使计算机具有智能的根本途径。机器学习以计算机系统为基础，研究模拟或实现人的行为，以获取新的知识或技能，重新组织已有的知识结构，使之不断改善自身的性能，其应用遍及人工智能的各个领域。机器学习是人工智能最重要的内容，这种学习后的逻辑可以用来处理新的数据，和人类的学习过程有些类似，如图 4-3 所示。

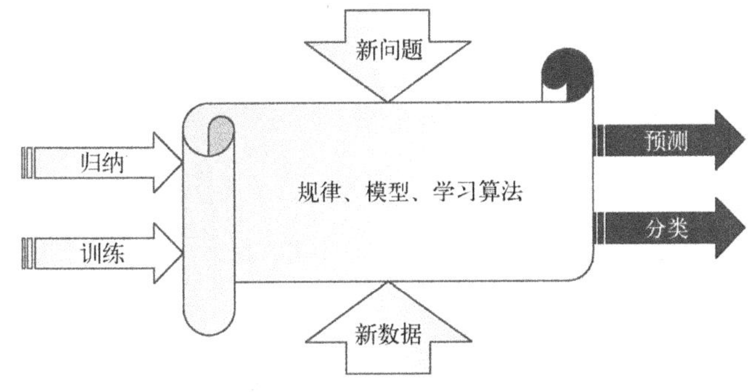

图 4-3　机器学习过程

人工神经网络（Artificial Neural Network，ANN）简称神经网络（NN）或称作连接模型（Connection Model），它是一种模仿动物神经网络行为特征，进行分布式并行信息处理的算法数学模型。这种网络依靠系统的复杂程度，通过调整内部大量节点之间相互连接的关系，从而达到处理信息的目的。典型的神经网络分类如图 4-4 所示。

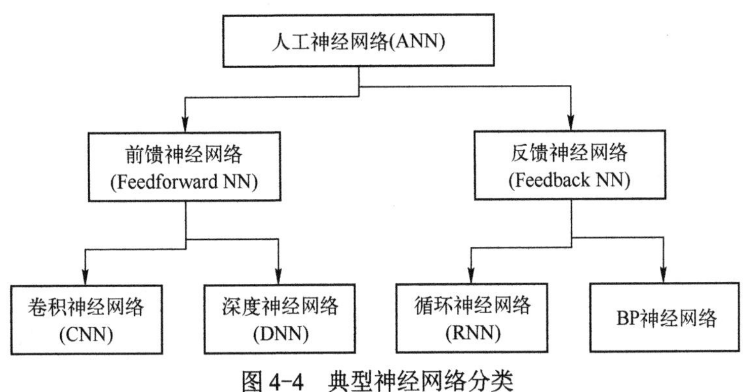

图 4-4　典型神经网络分类

深度学习的概念源于人工神经网络的研究，优点是用非监督式或半监督式的特征学习和分层特征提取高效算法来替代手工获取特征。它是机器学习研究中的一个新的领域，动机在于建立、模拟人脑进行分析学习的神经网络，模仿人脑的机制来解释数据。

人工智能、机器学习、神经网络和深度学习的关系如图 4-5 所示。

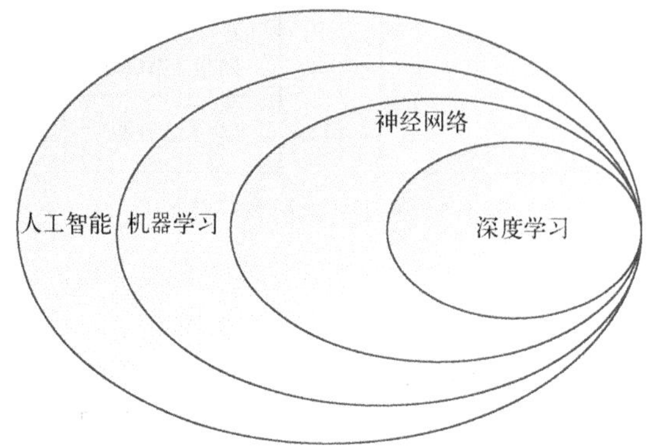

图 4-5　人工智能、机器学习、神经网络和深度学习的关系

4.2　深度学习的发展历程

深度学习作为机器学习最重要的一个分支，近年来取得了迅速的发展，在国内外都引起了广泛的关注。然而深度学习的发展经历了一段漫长的过程，可分为三个阶段。

1．深度学习起源阶段

1943 年，美国数学家沃尔特·皮茨（W.Pitts）和心理学家沃伦·麦克洛克（W.McCulloch）首次提出了人工神经网络这一概念，并使用数学模型对人工神经网络中的神经元进行了理论建模，开启了人们对人工神经网络的研究，开创了人工神经网络的新时代，也奠定了神经网络模型的基础。1949 年，著名心理学家唐纳德·赫布（D. Olding Hebb）给出了神经元的数学模型，提出了人工神经网络的学习规则，为以后的神经网络学习算法奠定了基础。1957 年，著名人工智能专家弗兰克·罗森布莱特（F.Rosenblatt）提出了感知器人工神经网络模型，感知器是最早且结构最简单的人工神经网络模型。随后，弗兰克·罗森布莱特在康奈尔大学航空实验室通过硬件实现了第一个感知器模型，开辟了人工神经网络的计算机向硬件化发展的方向。

2．深度学习的发展阶段

1980 年，基于传统的感知器结构，深度学习创始人加拿大多伦多大学教授杰弗里·辛顿（G. Hinton）采用多个隐含层的深度结构来代替感知器的单层结构。1982 年，著名物理学家约翰·霍普菲尔德发明了 Hopfield 神经网络。1986 年，深度学习之父杰弗里·辛顿提出了一种适用于多层感知器的反向传播算法——BP 算法。BP 算法在传统神经网络正向传播的基础上，增加了误差的反向传播过程。反向传播过程不断调整神经元之间的权值和阈值，直到输出的误差减小到允许的范围之内，或达到预先设定的训练次数为止。BP 算法完美地解决了非线性分类问题，让人工神经网络再次引起了人们广泛的关注。

面对采用反向传播法来训练具有多隐含层的深度网络的网络参数时存在的缺陷，研究人员开始探索通过改变感知器的结构来改善网络学习的性能，由此产生了很多著名的单隐含层的浅层学习模型，如 SVM、Logistic Regression 和朴素贝叶斯模型等。

3. 深度学习的爆发阶段

2006 年，杰弗里·辛顿正式提出了深度学习的概念。他们在世界顶级学术期刊《科学》发表了一篇关于通过无监督的学习方法逐层训练算法，再使用有监督的反向传播算法进行调优的文章。该深度学习方法的提出，立即在学术圈引起了巨大的反响，许多研究人员投入了深度学习领域的相关研究。

2012 年，杰弗里·辛顿领导的小组采用深度学习模型 AlexNet，在著名的 ImageNet 图像识别大赛中一举夺冠。AlexNet 采用 ReLU 激活函数，从根本上解决了梯度消失问题。同年，由斯坦福大学著名的吴恩达教授和世界顶尖计算机专家 Jeff Dean 共同主导的深度神经网络（DNN），在 ImageNet 评测中成功地把错误率从 26%降低到了 15%，推进了图像识别的发展，深度学习算法脱颖而出。

随着深度学习技术的不断进步以及数据处理能力的不断提升，2014 年，Facebook 基于深度学习技术的 DeepFace 项目，在人脸识别方面的准确率已经能达到 97%以上。2016 年，随着 Google 公司基于深度学习开发的 AlphaGo 以 4:1 的比分战胜了国际顶尖围棋高手李世石，深度学习的热度走向巅峰，基于深度学习技术的机器人在某些方面已经超越了人类。

2017 年，基于强化学习算法的 AlphaGo 升级版 AlphaGo Zero 横空出世，以 100:0 的比分轻而易举打败了之前的 AlphaGo。此外，在这一年，深度学习的相关算法在医疗、金融、艺术、无人驾驶等多个领域均取得了显著的成果。

4.3 深度学习的应用

由于深度学习可以使用人工神经网络对非线性过程进行建模，因此已经成为解决诸如分类、聚类、回归、模式识别、结构化预测、机器翻译、决策可视化、语音识别、自然语言处理等问题的利器。

4.3.1 计算机视觉

计算机视觉技术的应用十分广泛，例如数字图像检索管理、医学影像分析、智能安检、人机交互等，该技术是人工智能技术的重要应用，也是目前计算机科学研究的前沿领域。

下面介绍计算机视觉在深度学习中的典型应用，例如人脸识别、图像分类、目标检测、目标跟踪等。

1. 人脸识别

人脸识别为计算机视觉研究领域的一个热点，是基于人的脸部特征信息进行身份识别的一种生物识别技术，即用图像传感器采集含有人脸的图像或视频流，并自动在图像中检测和跟踪人脸，进而对检测到的人脸进行脸部识别的技术，通常也叫做人像识别或面部识别。

人脸识别的依据是人脸的特征，人脸的典型特征如下。

（1）几何特征：以面部特征点之间的距离和比率作为特征，识别速度快，对于光照敏感度降低。

（2）模型特征：根据不同模型的特征状态相比较，提取人脸图像特征。

（3）统计特征：将人脸图像表示为随机向量，并采用统计方法区分不同人脸的特征模式。

（4）神经网络特征：采用神经网络训练对人脸图像特征进行联想存储和记忆，根据不同的训练结果实现对人脸图像准确识别。

根据人脸的特征进行检测，典型的检测技术如下。

（1）基于几何特征的检测技术：通过颜色、轮廓、纹理、结构或者直方图等特征进行人脸检测。

（2）基于模板匹配人脸检测技术：采集一定数量的模板，检测使用模板匹配策略，使采集的人脸图像与模板库相比较和匹配，由相关性的高低和所匹配的模板确定人脸大小以及位置信息。

（3）基于统计的人脸检测技术：通过统计方法对“人脸”和“非人脸”的图像特征进行提取，实现对人脸和非人脸的检测和分类。

（4）基于神经网络的人脸检测技术：采用神经网络的模型，对一定数量样本的人脸图像进行训练，获得模型，使用训练结果模型对类似图像进行判断检测。

神经网络方法在人脸识别上的应用比起前述几类方法有一定的优势，因为对人脸识别的许多规律或规则进行显性的描述是相当困难的，而神经网络方法则可以通过学习的过程获得对这些规律和规则的隐性表达，它的适应性更强，一般也比较容易实现物体检测问题。

2. 图像分类

深度学习的典型应用还有图像分类，用深度学习技术进行图像分类的表现出众，甚至超过了人类的水平。图像分类是要识别图像属于某类物体的问题，图像分类同样要解决对图像进行特征描述的问题。一般来说，通过神经网络算法对样本图像集合的特征进行学习和训练，然后使用分类模型判断是否属于某类物体，例如交通标志分类、汽车分类、植物分类、动物分类等。深度学习利用设定好的网络结构，完全从训练数据集中学习图像的层级结构性特征，能够提取更加接近图像高级语义的抽象特征，因此在图像识别上的表现远远超过传统方法。

3. 目标检测

深度学习在物体检测方面也取得了非常好的成果。基于深度学习的目标检测算法超越了传统的目标检测方法，已经成为目前广泛使用的目标检测算法。目标检测在很多领域都有应用需求，其中被广为研究的是行人检测、车辆检测、农作物病虫害检测等重要目标的检测。行人检测在视频监控、人流量统计、自动驾驶中有重要的地位。车流量统计、车辆违章的自动分析等都离不开车辆检测，在自动驾驶中，首先要解决的问题就是确定道路、周围车、人或障碍物的位置。

传统的目标检测一般使用滑动窗口的框架，包括三个步骤。

（1）利用变尺寸的滑动窗口框住图中的某一部分作为候选区域。

（2）提取候选区域相关的视觉特征，比如人脸检测常用的 Harr 特征、行人检测和普通目标检测常用的 HOG 特征等。

（3）利用分类器进行识别，比如常用的 SVM 模型。

依据设计理念，深度学习的目标检测算法可分为基于区域提名的目标检测算法和基于端到端学习的目标检测算法。

基于区域提名的目标检测算法：针对图像中目标物体位置，选择区域提名的目标检测算法，例如 RCNN、SPP-net、Fast RCNN、Faster RCNN、RFCN。算法主要包括区域提名、归一化处理、特征提取、分类及回归等步骤。

基于端到端学习的目标检测算法：该类方法无须预先提取候选区域，其代表性方法为 YOLO（You Only Look Once）和 SSD（Single Shot MultiBox Detector）。YOLO 整合了目标判定和识别，把目标判定和目标识别合二为一，运行速度有了极大的提高，所以识别性能有了很大提升，背景误检率比 RCNN 等要低，且支持对非自然图像的检测。

4．目标跟踪

深度学习对解决跟踪问题有很显著的效果，可分为基于初始化帧的跟踪和基于目标检测的跟踪。

（1）基于初始化帧的跟踪：在视频第一帧中选择跟踪目标，由跟踪算法去实现目标的跟踪。这种方式的优点是速度相对较快，但不能跟踪新的目标。

（2）基于目标检测的跟踪：在视频每帧中先检测出所有感兴趣的目标物体，然后将其与前一帧中检测出来的目标进行关联来实现跟踪的效果。

4.3.2　语音识别

语音识别技术，也被称为自动语音识别（Automatic Speech Recognition，ASR)。语音识别技术的应用包括语音拨号、语音导航、室内设备控制、语音文档检索、简单的听写数据录入等。语音识别技术与其他自然语言处理技术（如机器翻译及语音合成技术）相结合，可以构建出更加复杂的应用，例如语音到语音的翻译。

语音识别的基本流程如图 4-6 所示。

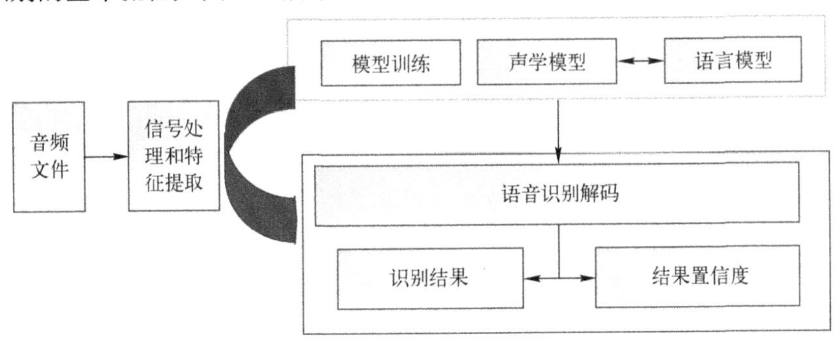

图 4-6　语音识别的基本流程

深度学习使用多层的非线性结构，将底层特征变换成更加抽象的高层特征，使用有监督和无监督的方法对输入特征进行变换，提升分类和预测的准确性。在深度学习应用到语言识别领域兴起之前，声学模型已经有了非常成熟的模型体系，并且也有了被成功应用到实际系统中的案例，比如经典的高斯混合模型（GMM）和隐马尔可夫模型（HMM）等。神经网络和深度学习兴起以后，循环神经网络、LSTM、编码-解码框架、注意力机制等基于深度学习的声学模型将识别准确率提高了一个档次，所以基于深度学习的语音识别技术逐渐成为语音识别领域的核心技术。

4.3.3 自然语言处理

自然语言处理深度学习在自然语言处理中的应用越来越广泛，从底层的分词、词性分析、语言模型、文本分类、句法分析等到高层的对话管理、自动摘要、知识问答、信息抽取、机器翻译等方面，几乎全部都有深度学习模型的身影，并且取得了不错的效果。

从数据上看，目前已进入大数据时代，数据量急剧增长。在数据膨胀的社会里，海量数据中蕴含大量价值信息，如何有效挖掘海量数据中的有效信息已经成为目前研究的热点。目前已经大量应用机器学习、数据挖掘、人工智能、深度学习等算法获取海量数据中蕴含的有用信息，并且已经取得了很大的进展。

2013 年，Google 开源了一款用于词向量计算的工具——Word2Vec，该工具可以在百万数量级的词典和上亿的数据集上进行高效训练，得到的训练结果——词向量（Word Embedding），可以很好地度量词与词之间的相似性，通常作为一种预处理步骤，在这之后词向量被送入判别模型（例如 RNN）生成预测结果和执行各种需要的操作。

2014 年，Sutskever 提出 Encoder-Decorder 模型，称为“编码-解码”模型，如图 4-7 所示，这是一个解决问题的框架，主要解决 Seq2Seq 类问题。Encoder-Decoder 是深度学习中非常常见的一个模型框架，Encoder 和 Decoder 部分可以是任意的文字、语音、图像、视频数据，具体实现的时候，编码器和解码器都不是固定的，可选的有 CNN、RNN、BiRNN、GRU、LSTM 等，可以自由组合，所以基于 Encoder-Decoder，可以设计出各种各样的应用算法。

Encoder-Decorder 模型可应用在机器翻译、语音识别、问答系统、文本摘要等领域。Encoder-Decoder 模型虽然非常经典，但是局限性也非常大。最大的局限性就在于编码和解码之间的唯一联系就是一个固定长度的语义向量 C，为了解决这个问题，提出了 Attention-based Encoder-Decoder 模型，或者说注意力模型，如图 4-8 所示。Attention-based Model 其实就是一个相似性的度量，当前的输入与目标状态越相似，那么在当前的输入的权重就会越大，说明当前的输出越依赖于当前的输入。简单来说，就是这种模型在产生输出的时候，还会产生一个“注意力范围”，表示接下来输出的时候要重点关注输入序列中的哪些部分，然后根据关注的区域来产生下一个输出。

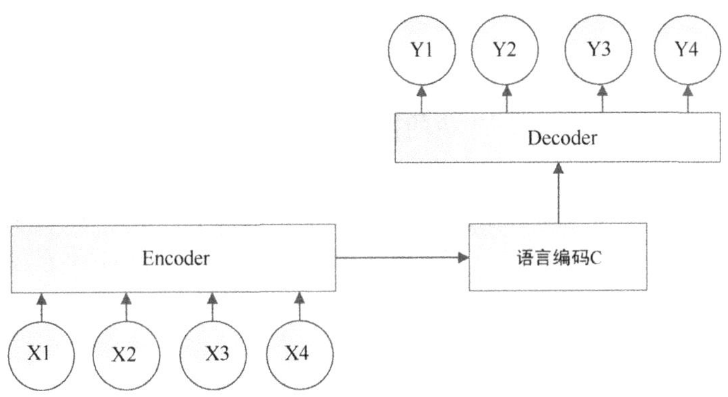

图 4-7　Encoder-Decorder 模型

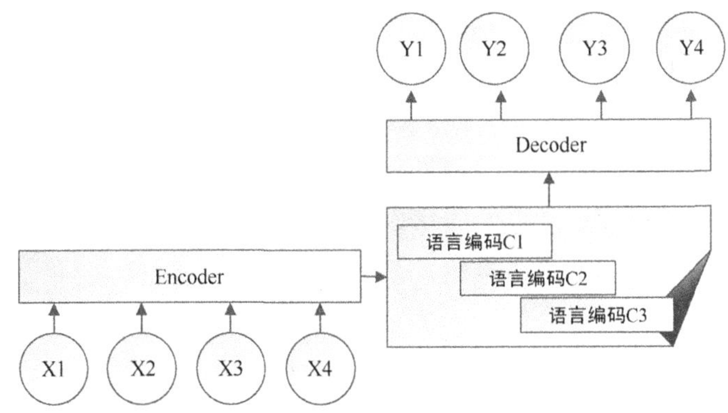

图 4-8　Attention-based Encoder-Decoder 模型

Python 内置了非常强大的机器学习代码库和数学库，使其成了自然语言处理的开发利器，具体的典型自然语言处理工具如下。

（1）NTLK：Python 处理语言数据的领先平台。提供了像 WordNet 这样的词汇资源和简便易用的界面，具有文本分类（Classification）、文本标记（Tokenization）、词干提取（Stemming）、词性标记（Tagging）、语义分析（Parsing）和语义推理（Semantic Reasoning）等类库。

（2）Pattern：自然语言处理工具，具有词性标注工具（Part-Of-Speech Tagger）、N 元搜索（n-gram search）、情感分析（Sentiment Analysis）和 WordNet 的一系列工具，支持机器学习矢量空间建模、聚类分析以及向量机。

（3）TextBlob：处理文本数据的一个 Python 库，为深入挖掘常规自然语言处理提供简单易用的 API，例如词性标注、名词短语抽取、情感分析、分类、翻译等。

（4）Gensim：提供了对大型语料库的主题建模、文件索引、相似度检索的功能，能处理大于 RAM 内存的数据。

（5）PyNLPl：全称为 Python Natural Language Processing Library，是用于自然语言处理的 Python 库的集合，包含一系列的相互独立的模块。PyNLPl 可用于处理 N 元搜索、频率列表和分布、语言建模。

（6）spaCy：一个商业化开源软件，结合 Python 和 Cython，它的自然语言处理能力达到了工业强度，是目前速度最快、领域先进的自然语言处理工具。

（7）Polyglot：一个支持海量多语言的自然语言处理工具，支持约 165 种语言的文本标记、196 种语言的语言检测、40 种语言的命名实体识别、16 种语言的词性标注、136 种语言的情感分析、137 种语言的字根嵌入、135 种语言的形态分析以及 69 种语言的音译。

（8）MontyLingua：一个免费、常识丰富、端对端的英语自然语言处理工具。只需要将原始英文文本输入 MontyLingua，就能输出文本的语义解释，适合用来进行信息检索和提取、问题处理、回答问题等任务。可以从英文文本中提取出主动动宾元组、形容词、名词和动词短语、人名、地名、事件、日期和时间等语义信息。

（9）Quepy：一个自然语言转换成为数据库查询语言的 Python 框架，可以方便地实现不同类型的自然语言和数据库查询语言的转化。

NLTK 和 Pattern 的 pip 安装方法如图 4-9 所示。

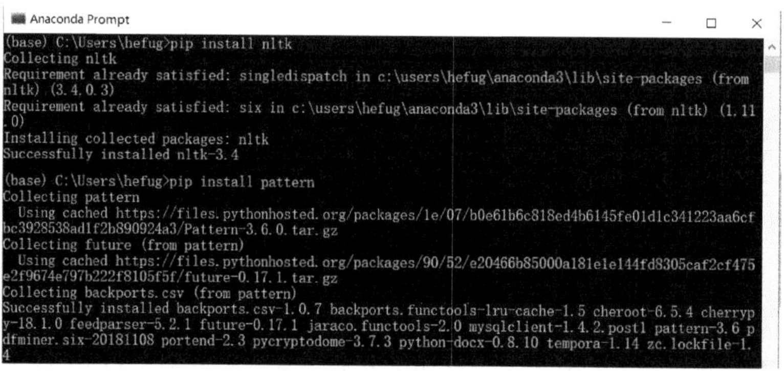

图 4-9　NLTK 和 Pattern 的 pip 安装

自然语言的处理步骤如下：①获取语料；②语料预处理；③特征工程；④特征选择；⑤模型训练；⑥评价指标（错误率、精度、准确率、精确度、召回率、ROC 曲线、AUC 曲线）。

4.3.4　人机博弈

人机博弈是人工智能一个重要的研究方向。棋类游戏自古以来就是人类智慧的象征，受众面广泛，而且该类游戏规则清晰，胜负容易评估，因此每一次人机对弈都会引起公众的极大关注，并推动人工智能技术的快速发展。

早在 19 世纪 60 年代初就已经出现了若干博弈程序，并达到了一定的智能程度。在 1962 年，当时就职于 IBM 的阿瑟·萨缪尔在 IBM 7090 晶体管计算机上研制出了西洋跳棋（Checkers）AI 程序，并击败了当时全美最强的西洋棋选手之一的罗伯特·尼雷，引起了轰动。

历史上最具影响的人机博弈是 1997 年世界首席国际象棋大师卡斯帕罗夫与 IBM 公司生

产的计算机“深蓝”的较量。在 1989 年他曾击败过 IBM 的“深思”计算机棋手，而在 1997 年这次较量中，经过几轮激烈的角逐，“深蓝”最终以 3.5:2.5 战胜了人类国际象棋（Chess）世界冠军加里·卡斯帕罗夫，成为人工智能发展史上的又一个里程碑。

2016 年 3 月，Google 旗下的 DeepMind 公司的 AlphaGo 围棋 AI 战胜了韩国围棋世界冠军九段棋手李世石，再一次掀起了人机博弈的热潮。

AlphaGo 围棋的核心技术是将深度学习、强化学习和蒙特卡洛树搜索有机整合起来，使其既具有围棋的局部战斗能力，还具备了围棋的全局观。总体而言，AlphaGo 具有两套深度神经网络：策略网络（Policy Network）与价值网络（Value Network）。策略网络选择下棋步法，即给定当前的局面，预测下一步如何走棋；价值网络则评估当前局面，即给定当前局面，估计是白方胜还是黑方胜。

4.4　神经网络

神经网络属于机器学习领域中的一类模型，是一类特定的算法。神经网络算法受到生物神经网络的启发，并且已经证明可以达到非常好的效果。

4.4.1　神经网络的结构

神经元是神经网络中的基本结构和基本单元，它的设计灵感完全来源于生物学上神经元的信息传播机制。生物的神经元有两种状态：兴奋和抑制。一般情况下，大多数的神经元是处于抑制状态，但是一旦某个神经元受到刺激，导致它的电位超过一个阈值，那么这个神经元就会被激活，处于“兴奋”状态，进而向其他的神经元传播信息，如图 4-10 所示。

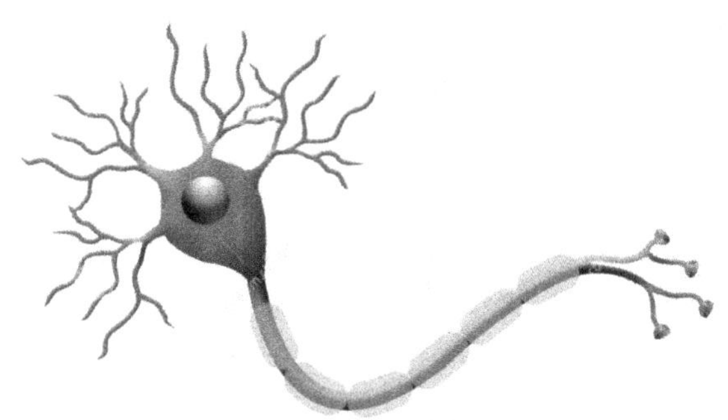

图 4-10　生物学上的神经元结构

1943 年，McCulloch 和 Pitts 将生物的神经元结构用一种简单的模型进行了表示，构成了一种人工神经元模型，也就是我们现在经常用到的“M-P 神经元模型”，如图 4-11 所示。神经网络是一个有向图，神经网络由大量的节点（或称“神经元”、“单元”）相互连接而成。每个神经元接受输入的线性组合，进行非线性变换（亦称激活函数 Activation Function）后输出。每两个节点之间的连接代表加权值，称之为权重（Weight）。不同的权重和激活函数会导致神经网络不同的输出。

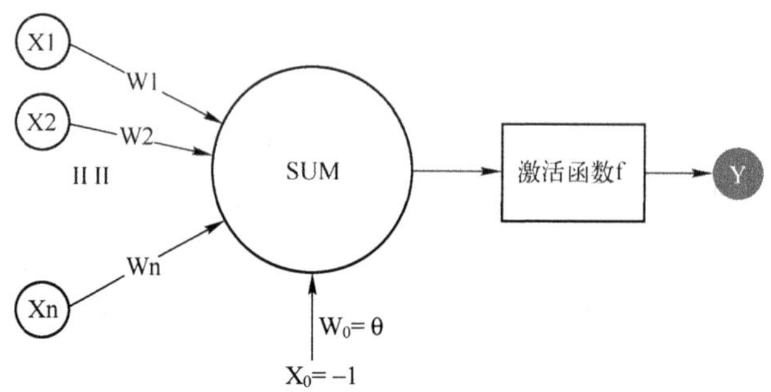

图 4-11　神经网络的每个神经元结构

图中 X1～Xn 为输入量，W1～Wn 为权重，f 为激活函数，Y 为输出。

决策模型函数为“Y = f(w1*x1 + w2*x2 + w3*x3-θ)”，f 表示激活函数。不同的输入会得到不一样的决策结果。

在多层神经网络中，上层节点的输出和下层节点的输入之间具有一个函数关系，这个函数称为激活函数（又称激励函数），引入非线性函数作为激励函数，这样深层神经网络表达能力会更加强大，不单是输入的线性组合，而是任意逼近函数。并非所有的函数都可以作为激活函数，激活函数需要满足以下要求。

（1）非线性：当激活函数是非线性函数时，神经网络就可以逼近绝大多数函数。但是如果激活函数是线性的，则只能学习简单的线性关系，无法去学习复杂的非线性关系。

（2）单调性：只有激活函数单调，才可以保证单层网络是凸的。

（3）可微性：在使用基于梯度的优化方法时，要求激活函数是可微的。因为在反向传播更新梯度时，需要求损失函数对权重的偏导数，因此要求激活函数是可微的。

常用的激活函数有 Sigmoid、Tanh、ReLU 等，下面分别介绍这几个函数。

（1）Sigmoid 是常用的非线性的激活函数，它的数学形式如下。

$$f(z)=\frac{1}{1+e^{-z}}$$

它能够把输入的连续实值变换为 0 和 1 之间的输出，如果是非常大的负数，那么输出就是 0；如果是非常大的正数，则输出就是 1。缺点是在深度神经网络中梯度反向传递时会导致梯度爆炸和梯度消失，且它的输出不是零均值（Zero-Centered）。

（2）Tanh 函数的数学形式如下。

$$\tanh(x)=\frac{e^{x}-e^{-x}}{e^{x}+e^{-x}}$$

Tanh 函数解决了 Sigmoid 函数的 Zero-Centered 输出问题，但是梯度消失（Gradient Vanishing）的问题和幂运算的问题仍然存在。

（3）ReLU 函数的数学形式为“Relu=max(0,x)”。

ReLU 函数其实就是一个取最大值函数，注意这并不是全区间可导的，ReLU 虽然简单，但有以下几大优点。

① 收敛速度远快于 Sigmoid 和 Tanh。

② 解决了梯度消失问题（在正区间）。

③ 计算速度非常快，只需要判断输入是否大于 0。

Sigmoid 和 Tanh 多用于全链接层，ReLU 常见于卷积层。

典型的神经网络包含输入层、隐藏层和输出层，每一层是由多个神经元构成的，如图 4-12 所示。

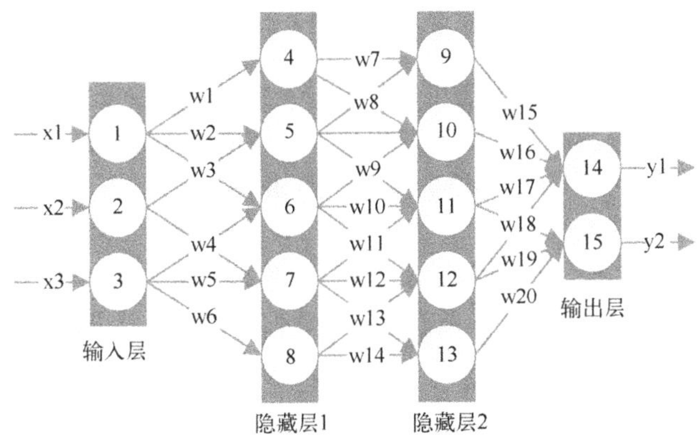

图 4-12　神经网络结构

（1）输入层（Input layer）：接受非线性输入信息，常用的输入形式为向量。

（2）输出层（Output layer）：信息经过运算形成输出结果，常用的输出形式为向量。

（3）隐藏层（Hidden layer），是输入层和输出层之间众多神经元链接组成的各个层面。如果有多个隐藏层，则意味着有多个激活函数。

上面这种网络在训练过程中没有反馈信号，在运算过程中数据只能向前传送，直到到达输出层，层间没有向后的反馈信号，因此被称为前馈网络，也称前向网络。感知机与 BP（Back Propagation）神经网络就属于前馈网络。

反馈神经网络是一种从输出到输入具有反馈连接的神经网络，其结构比前馈网络要复杂，如图 4-13 所示。典型的反馈型神经网络有 Elman 网络和 Hopfield 网络。

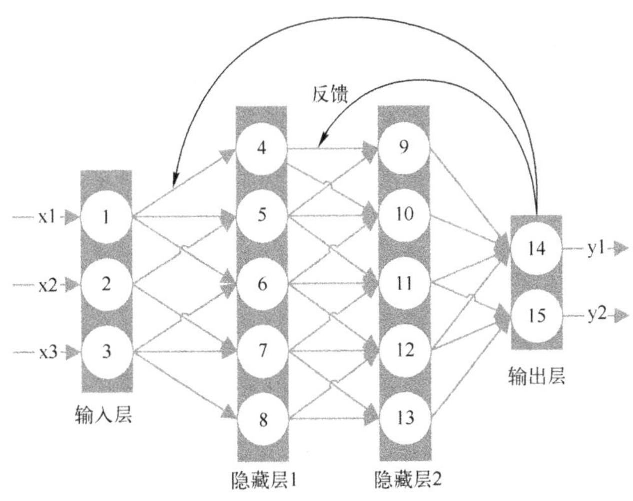

图 4-13　反馈神经网络

4.4.2 神经网络的算法

神经网络主要用来解决分类（Classification）和回归（Regression）问题。

1．分类算法

分类算法是一种理论上比较成熟的机器学习算法，典型的分类算法如下。

1）贝叶斯分类算法（Bayes）

贝叶斯分类算法是基于贝叶斯定理的统计学分类方法，是一类利用概率统计知识进行分类的算法。此方法简单、分类准确率高、速度快。在许多场合，朴素贝叶斯（Naive Bayes，NB）分类算法可以与决策树和神经网络分类算法相媲美。

2）决策树（Decision Trees）

决策树是一种简单但广泛使用的分类器，通过训练数据构建决策树，对未知的数据进行分类。决策树是从根结点开始递归构造，所有的训练数据在根结点处进行划分。在每个结点处，基于优化准则（例如最优分裂）进行分裂，递归算法分裂左右子结点，一直到某个结点停止。

3）支持向量机（Support Vector Machines，SVM）

支持向量机把分类问题转化为寻找分类平面的问题，并通过最大化分类边界点距离分类平面的距离来实现分类。通过某些核函数把特征向量映射到高维空间，然后建立一个线性判别函数，最优解一般是两类中距离分割面最近的特征向量和分割面的距离最大化。离分割面最近的特征向量被称为“支持向量”。

4）随机森林（Random Forest）

随机森林既可以解决回归问题，也可以解决分类问题。随机森林可以通过收集很多树的子节点对各个类别投票，然后选择获得最多投票的类别作为判断结果。通过计算“森林”的所有子节点的值的平均值来解决回归问题。

5）K 近邻（K-Nearest Neighbors，KNN）

K 近邻算法是一种基于实例的分类方法。这是一个理论上比较成熟的方法，也是最简单的机器学习算法之一。该方法的思路是如果一个样本在特征空间中的 K 个最相似（即特征空间中最邻近）的样本中的大多数属于某一个类别，则该样本也属于这个类别。如果样本集比较复杂，可能会导致很大的计算开销，因此无法应用到实时性很强的场合。

分类算法的实现流程：（1）选择任务；（2）特征表示；（3）特征选择；（4）模型选择；（5）训练数据准备；（6）模型训练进行预测分类；（7）评测。

2．回归算法

回归算法通常用来预测一个值，如预测房价、未来的天气情况等，典型的回归算法说明如下。

1）线性回归（Linear Regression）

线性回归是用来确定两种或两种以上变量间相互依赖的定量关系的一种统计分析方法，其表达形式为“y=wx+b”，其中只有一个自变量的情况称为简单回归，有多个自变量的情况叫多元回归。先给定一个训练集，根据这个训练集学习出一个线性函数，然后测试这个函数是否足够拟合训练集数据，然后挑选出最好的线性函数。

2）逻辑回归（Logistic Regression）

实际应用中最常用的是二分类的逻辑回归，逻辑回归本质上是线性回归，只是在特征到结果的映射中加入了一层函数映射，即先把特征线性求和，然后使用函数 g(z)作为假设函数来预测。g(z)可以将连续值映射到（0,1）上，并划分一个阈值，大于阈值的分为一类，小于等于阈值分为另一类，可以用来处理二分类问题。对于 N 分类问题，则先得到 N 组 w 值不同的“wx+b”，然后归一化（比如用 softmax 函数），最后变成 N 个类上的概率，从而处理多分类问题。

3）岭回归（Ridge Regression）

岭回归是一种专用于共线性数据分析的有偏估计回归方法，实质上是一种改善的最小二乘估计法，通过放弃最小二乘法的无偏性，岭回归给回归估计上增加一个偏差度，来降低标准误差。

4）支持向量回归（Support Vector Regression）

支持向量回归找到一个回归平面，让一个集合的所有数据到该平面的距离最近，该算法是支持向量机（SVM）的重要的应用分支。

5）多项式回归（Polynomial Regression）

对于一个回归方程，如果自变量的指数大于 1，那么它就是多项式回归方程，例如“y=a+b*x^2”。

6）逐步回归（Stepwise Regression）

在处理多个自变量时，可以使用这种形式的回归。在这种技术中，自变量的选择是在一个自动的过程中完成的，这种建模技术的目的是使用最少的预测变量数来最大化预测能力，是处理高维数据集的方法之一 。

7）套索回归（Lasso Regression）

套索回归类似于岭回归，套索 Lasso （Least Absolute Shrinkage and Selection Operator）也会为回归系数的绝对值添加一个阈值。此外，它能够降低偏差并提高线性回归模型的精度。

4.4.3 神经网络的训练

在神经网络模型建立以后，且层数、层内节点数、权值、激活函数、损失函数、学习率等确定以后，向网络输入足够多的样本，通过一定算法调整网络的结构，使网络的输出与预期值相符，这样的过程就是神经网络训练，典型训练步骤如图 4-14 所示。

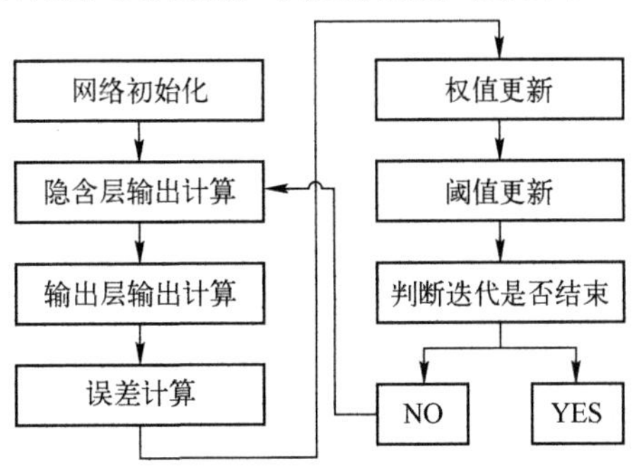

图 4-14　神经网络训练步骤

如果输入和输出是线性关系，那么可以根据情况调节参数，当输出过大时，就把输入调小一些，反之则调大一些。计算误差并根据误差来修改权重，不断调整训练参数，直到输出满足误差要求，训练结束，如图 4-15 所示。如果输入为向量，向量的多个分量互相独立，那么方法和上面的类似。

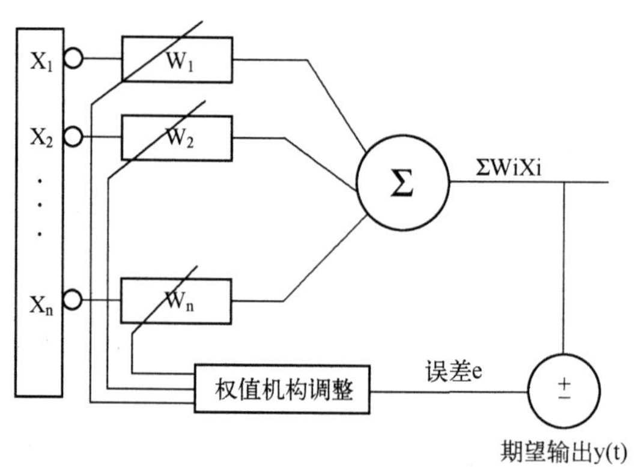

图 4-15　训练过程

神经网络最常用的优化算法是反向传播算法加上梯度下降法。梯度下降法能够使网络参数不断收敛到全局（或者局部）最小值，如果神经网络层数太多，反向传播算法需要把误差一层一层地从输出传播到输入，逐层地更新网络参数。由于梯度方向是函数值变化最快的方向，如果正梯度是变化最大的，那么负梯度是变化最小的，沿着负梯度方向一步一步迭代，便能快速地收敛到函数最小值，这就是梯度下降法的基本思想，如图 4-16 所示。

梯度法思想的三要素为出发点、下降方向、下降步长。

机器学习目标函数，一般都是凸函数。用凸函数求解问题时，可以把目标损失函数想象成一口锅，来找到这个锅的锅底。沿着初始某个点的函数的梯度方向往下走，完整的三要素就是步长（走多少）、方向、出发点，出发点很重要，是初始化时重点要考虑的，而方向、步长也很关键。

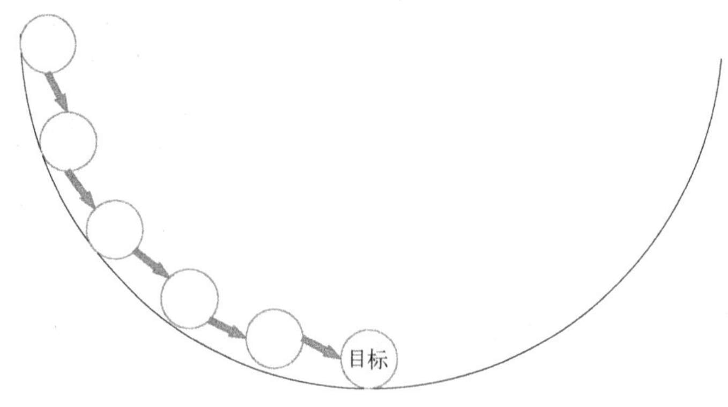

图 4-16　梯度下降法

下面介绍典型的梯度下降法。

（1）全量梯度下降法（Batch gradient descent）：每次学习都使用整个训练集，因此最终能够保证收敛于极值点，凸函数收敛于全局极值点，非凸函数可能会收敛于局部极值点，缺陷是由于使用整个训练集，学习时间太长，消耗资源。

（2）随机梯度下降法（Stochastic Gradient Descent）：一轮迭代只用一条随机选取的数据，学习时间快，如果目标函数有最小区域，会使优化的方向从当前的局部极小点跳到另一个更好的局部极小点，对于非凸函数，可能最终收敛于一个较好的局部极值点，甚至全局极值点。

（3）小批量梯度下降法（Mini-Batch Gradient Descent）：一轮迭代随机选取一些数据迭代，兼具收敛速度快和收敛时不浮动的特征。

（4）Momentum 梯度下降法：在更新模型参数时，计算过程中有一个超参数 Momentum，称为动量，对当前的梯度方向与上一次梯度方向相同的参数进行强化，使这些方向上加快。同时，对当前的梯度方向与上一次梯度方向不同的参数进行削减，使这些方向上减慢。在陡峭的方向上削弱这些动荡，因此可以获得更快的收敛速度与更少的振荡。

（5）NAG 梯度下降法：不仅增加了动量项，并且在计算参数的梯度时，在损失函数中减去了动量项。

（6）AdaGrad：一种基于梯度的优化算法，能够对每个参数自适应不同的学习速率，对稀疏特征能得到较大的学习更新，对非稀疏特征则得到较小的学习更新，因此该优化算法适合处理稀疏特征数据。

（7）AdaDelta：自适应地为各个参数分配不同学习率的算法，随着其更新的总距离增多，其学习速率也随之变慢。

（8）RMSProp：Adadelta 的中间形式，可改善“Adagrad”中学习速率衰减过快的问题。

（9）Adam：一种不同参数自适应不同学习速率的方法，与 Adadelta 和 RMSprop 的区别在于计算历史梯度衰减方式不同，此方法不使用历史平方衰减，其衰减方式类似于动量。

为了更好地说明梯度下降算法，举例如下。

使用梯度求函数“$f(x,y)=x^2+y^2$”的最小值。

下面代码可显示该函数的图形。

```
import numpy as np
from matplotlib import pyplot as plt
from mpl_toolkits.mplot3d import Axes3D
from matplotlib import animation as amat
"function: f(x,y) = x^2 + y ^2"
def GradFunction(x, y):
    return np.power(x, 2) + np.power(y, 2)
def show(X, Y, func=GradFunction):
    fig = plt.figure()
    ax = Axes3D(fig)
    X, Y = np.meshgrid(X, Y, sparse=True)
```

```
    Z = func(X, Y)
    plt.title("grade image")
    ax.plot_surface(X, Y, Z, rstride=1, cstride=1, cmap='rainbow', )
    ax.set_xlabel('x label', color='r')
    ax.set_ylabel('y label', color='g')
    ax.set_zlabel('z label', color='b')
    amat.FuncAnimation(fig, GradFunction, frames=200, interval=20, blit=True)
    plt.show()

if __name__ == '__main__':
    X = np.arange(-1.5, 1.5, 0.1)
    Y = np.arange(-1.5, 1.5, 0.1)
    Z = GradFunction(X, Y)
    show(X, Y, GradFunction)
```

执行结果如图 4-17 所示。

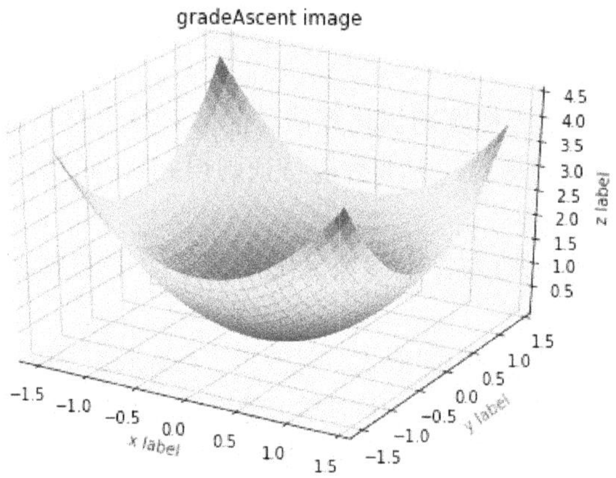

图 4-17　函数“f(x,y)=x^2+y^2”的图形

函数“f(x,y)=x^2+y^2”的偏导数为“$\frac{\partial f(x,y)}{\partial x}=2x$　$\frac{\partial f(x,y)}{\partial y}=2y$”，函数的梯度为“J(x,y)=<2x, 2y>”。

现在通过梯度下降法求最小值，假设起始点为（1，3），学习率α为0.1，则迭代如下。

（1）第 1 步：起始点 Θ^0=（1，3）。

（2）第 2 步：起始点 $\Theta^1=\Theta^0$-α* J(x,y)=（1，3）-0.1*（2，6）=（0.8，2.4）。

（3）第 3 步：起始点 $\Theta^2=\Theta^1$- α* J(x,y)=（0.8，2.4）-0.1*（1.6，4.8）=（0..64，1.92）。

……

（4）第 100 步：（2.0370359763344877e-10，6.111107929003464e-10）。

计算代码如下。

```
import random
```

```
import numpy as np
from matplotlib import pyplot as plt
from mpl_toolkits.mplot3d import Axes3D
from matplotlib import animation as amat
"function: f(x,y) = x^2 + y ^2"
def GradFunction(x, y):
    return np.power(x, 2) + np.power(y, 2)
def show(X, Y, func=GradFunction):
    fig = plt.figure()
    ax = Axes3D(fig)
    X, Y = np.meshgrid(X, Y, sparse=True)
    Z = func(X, Y)
    plt.title("gradeAscent image")
    ax.plot_surface(X, Y, Z, rstride=1, cstride=1, cmap='rainbow', )
    ax.set_xlabel('x label', color='r')
    ax.set_ylabel('y label', color='g')
    ax.set_zlabel('z label', color='b')
    plt.show()
def drawPaht(px, py, pz, X, Y, func=GradFunction):
    fig = plt.figure()
    ax = Axes3D(fig)
    X, Y = np.meshgrid(X, Y, sparse=True)
    Z = func(X, Y)
    plt.title("gradeAscent image")
    ax.set_xlabel('x label', color='r')
    ax.set_ylabel('y label', color='g')
    ax.set_zlabel('z label', color='b')
    ax.plot_surface(X, Y, Z, rstride=1, cstride=1, cmap='rainbow', )
    ax.plot(px, py, pz, 'r.')  # 绘点
    plt.show()
def gradeAscent(X, Y, Maxcycles=100, learnRate=0.1):
    # x, Y = np.meshgrid(X, Y, sparse=True)
    new_x = [X]
    new_Y = [Y]
    g_z=[GradFunction(X, Y)]
    current_x = X
    current_Y = Y
    for cycle in range(Maxcycles):
        "为了更好地表示grad,我这里对表达式不进行化解"
        current_Y -= learnRate * 2* Y
        current_x -= learnRate * 2 * X
        X = current_x
        Y = current_Y
        new_x.append(X)
```

```
            new_Y.append(Y)
            g_z.append(GradFunction(X, Y))
            #print(X,Y,g_z)
        return new_x, new_Y, g_z
if __name__ == '__main__':
    X = np.arange(-1, 1, 0.1)
    Y = np.arange(-1, 1, 0.1)
    x = 1
    y = 3
    print( x,y)
    x, y, z = gradeAscent(x, y)
    print( x,y,z)
    drawPaht(x, y, z, X, Y, GradFunction)
```

程序运行结果如图 4-18 所示。

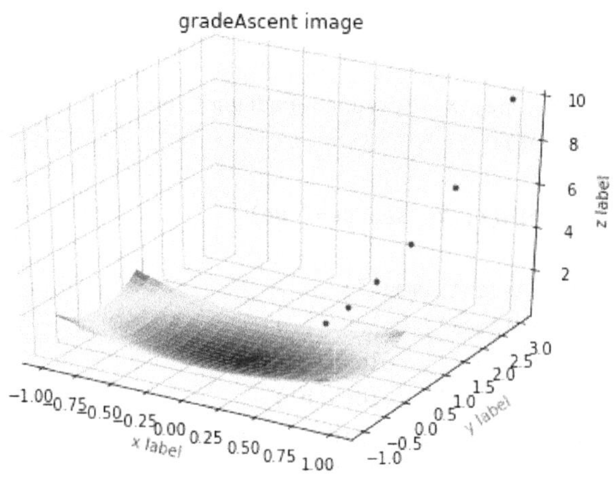

图 4-18　梯度下降搜索过程

典型的深度学习软件包有 Theano、Pylearn2 和 Scikit-Neuralnetwork。Scikit-Neuralnetwork 是对 Pylearn2 的神经网络封装，兼容 Scikit-Learn。Scikit-Neuralnetwork 主页：https://pypi.org/project/scikit-neuralnetwork/。Scikit-Neuralnetwork 的 pip 安装命令为 pip install scikit-neuralnetwork，如图 4-19 所示。

Scikit-Neuralnetwork 支持下列神经网络特征。

（1）激活函数：包括非线性 Sigmoid、Tanh、Rectifier 和线性 Linear、Gaussian、Softmax。

（2）层类型：卷积层（Convolution）和 全连接层（Dense）。

（3）学习规则：支持 sgd、momentum、nesterov、adadelta、adagrad、rmsprop。

（4）正则化：支持 L1、L2 和 dropout。

下面是使用 Scikit-Neuralnetwork 训练的实例代码。

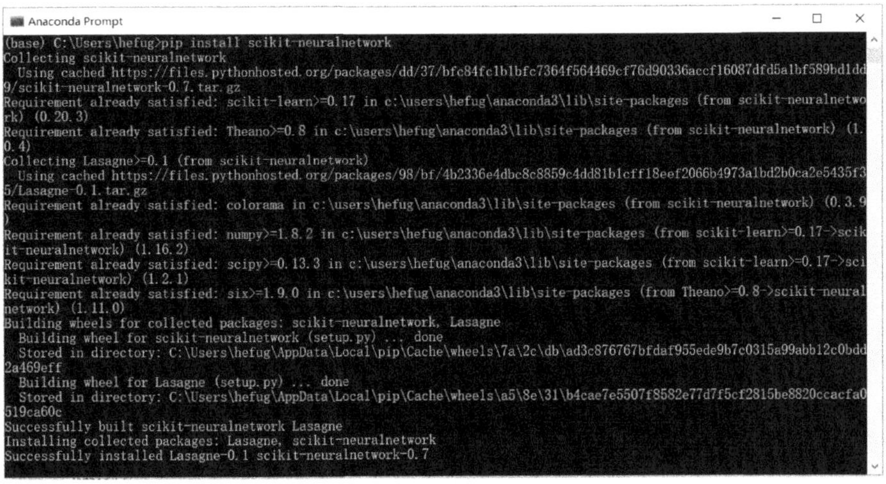

```
Anaconda Prompt
(base) C:\Users\hefug>pip install scikit-neuralnetwork
Collecting scikit-neuralnetwork
  Using cached https://files.pythonhosted.org/packages/dd/37/bfc84fc1b1bfc7364f564469cf76d90336accf16087dfd5a1bf589bd1dd
9/scikit-neuralnetwork-0.7.tar.gz
Requirement already satisfied: scikit-learn>=0.17 in c:\users\hefug\anaconda3\lib\site-packages (from scikit-neuralnetwo
rk) (0.20.3)
Requirement already satisfied: Theano>=0.8 in c:\users\hefug\anaconda3\lib\site-packages (from scikit-neuralnetwork) (1.
0.4)
Collecting Lasagne>=0.1 (from scikit-neuralnetwork)
  Using cached https://files.pythonhosted.org/packages/98/bf/4b2336e4dbc8c8859c4dd81b1cff18eef2066b4973a1bd2b0ca2e5435f3
5/Lasagne-0.1.tar.gz
Requirement already satisfied: colorama in c:\users\hefug\anaconda3\lib\site-packages (from scikit-neuralnetwork) (0.3.9
)
Requirement already satisfied: numpy>=1.8.2 in c:\users\hefug\anaconda3\lib\site-packages (from scikit-learn>=0.17->scik
it-neuralnetwork) (1.16.2)
Requirement already satisfied: scipy>=0.13.3 in c:\users\hefug\anaconda3\lib\site-packages (from scikit-learn>=0.17->sci
kit-neuralnetwork) (1.2.1)
Requirement already satisfied: six>=1.9.0 in c:\users\hefug\anaconda3\lib\site-packages (from Theano>=0.8->scikit-neural
network) (1.11.0)
Building wheels for collected packages: scikit-neuralnetwork, Lasagne
  Building wheel for scikit-neuralnetwork (setup.py) ... done
  Stored in directory: C:\Users\hefug\AppData\Local\pip\Cache\wheels\7a\2c\db\ad3c876767bfdaf955ede9b7c0315a99abb12c0bdd
2a469eff
  Building wheel for Lasagne (setup.py) ... done
  Stored in directory: C:\Users\hefug\AppData\Local\pip\Cache\wheels\a5\8e\31\b4cae7e5507f8582e77d7f5cf2815be8820ccacfa0
519ca60c
Successfully built scikit-neuralnetwork Lasagne
Installing collected packages: Lasagne, scikit-neuralnetwork
Successfully installed Lasagne-0.1 scikit-neuralnetwork-0.7
```

图 4-19　Scikit-Neuralnetwork 的 pip 安装

```
import matplotlib.pyplot as plt
import numpy as np
from sknn.mlp import Regressor
from sknn.mlp import Layer
hiddenLayer=Layer("Rectifier",units=6)
outputLayer=Layer("Linear",units=1)
nn=Regressor([hiddenLayer,outputLayer],learning_rule='sgd',learning_rate=.001,batch_size=5,loss_type="mse")
def cubic(x):
    return 2*x**3-3*x**2-x-1
def get_cubic_data(start,end,steo_size):
    X=np.arange(start,end,steo_size)
    X.shape=(len(X),1)
    y=np.array([cubic(X[i]) for i in range(len(X))])
    y.shape=(len(y),1)
    return X,y
X,Y=get_cubic_data(-2,3,.01)
nn.fit(X,Y)
prediction=nn.predict(X)

plt.plot(prediction)
plt.plot(Y)
plt.show()
```

运行结果如图 4-20 所示。

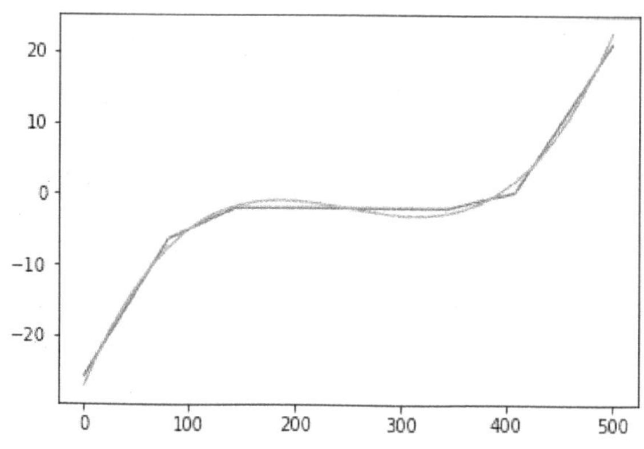

图 4-20　Scikit-Neuralnetwork 训练结果

4.4.4　神经网络的参数

下面分别介绍神经网络参数。

（1）Softmax 主要用来做多分类问题，是 logistic 回归模型在多分类问题上的推广。Softmax 一般作为神经网络最后一层，用作输出层进行多分类，Softmax 输出的每个值都是>=0，并且其总和为 1，所以可以认为其为概率分布。

（2）损失函数（Loss Function）是一种将一个事件（在一个样本空间中的一个元素）映射到一个表达与其事件相关的经济成本或机会成本的实数上的一种函数，在统计学中损失函数是一种衡量损失和错误程度的函数。交叉熵（Cross-Entropy）就是神经网络中常用的损失函数，目的是使预测值和真实值越来越接近。

（3）激活函数（Activation Function）可以为模型加入非线性因素。Sigmoid 是一个用来做二分类的 S 形逻辑回归曲线的激活函数。ReLU 激活函数来自于对人脑神经细胞工作时的稀疏性的研究，ReLU 具有线性、非饱和性，而其非饱和性使得网络可以自行引入稀疏性。ReLU 的使用解决了 Sigmoid 梯度下降慢、深层网络信息丢失的问题。

（4）学习率就是梯度下降的步伐。为了到达最小点，需要控制步伐的大小，即学习速率。学习速率大小的调节一般取决于损失函数的变化幅度。

（5）Dropout 是指对于神经网络单元按照一定的概率将其暂时从网络中丢弃，从而解决过拟合问题。

4.4.5　深度学习与深层神经网络

神经网络能处理很多问题，其强大能力主要源自神经网络足够“深”，也就是说网络层数越多，神经网络就越复杂和深入，学习也更加准确，深层神经网络其实就是包含更多的隐藏层神经网络。

例如人脸识别的神经网络，第一层所做的事就是从人脸图片中提取出人脸的轮廓与边缘，即边缘检测，这样得到的是一些边缘信息；第二层所做的事情就是将前一层的边缘进行组合，组合成人脸一些局部特征，比如眼睛、鼻子、嘴巴等；第三层将这些局部特征组合起来，融合成人脸的模样；最后一层分类输出，如图 4-21 所示。随着层数由浅到深，神经网络提取的特征从边缘到局部特征再到整体，由简单到复杂。因此，隐藏层越多，能够提取的特征就越丰富、越复杂，模型的准确率就越高。

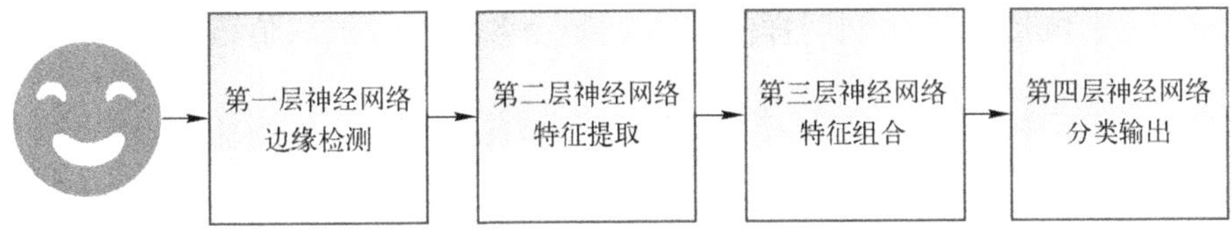

图 4-21　人脸识别的神经网络模型

语音识别模型也类似，浅层的神经元能够检测一些简单的音调，较深的神经元能够检测出基本的音素，更深的神经元能够检测出单词信息。如果网络加深，还能对短语、句子进行检测。

除了从提取特征复杂度的角度来说明深层网络的优势之外，深层网络还有另外一个优点，就是能够减少神经元个数，从而减少计算量。

4.5　卷积神经网络（CNN）

卷积神经网络（Convolutional Neural Networks，CNN）是一类包含卷积计算且具有深度结构的前馈神经网络（Feedforward Neural Networks），为深度学习（Deep Learning）的代表算法之一。由于卷积神经网络能够进行平移不变分类（Shift-Invariant Classification），因此也被称为平移不变人工神经网络（Shift-Invariant Artificial Neural Networks，SIANN）。卷积神经网络在图像识别中大放异彩，达到了前所未有的准确度，有着广泛的应用。

卷积神经网络是一种特殊的深层的神经网络模型，体现在两个方面：（1）它的神经元间的连接是非全连接的；（2）同一层中某些神经元之间的连接的权重是共享的（即相同的）。它的非全连接和权值共享的网络结构使之更类似于生物神经网络，降低了网络模型的复杂度，减少了权值的数量。

4.5.1　卷积神经网络结构

卷积神经网络是为识别二维形状而特殊设计的一个多层感知器，为一种模仿生物神经网络行为特征的算法数学模型，这种网络结构对平移、比例缩放、倾斜或者共他形式的变形具有高度不变性。由神经元、节点与节点之间的连接所构成，典型的 CNN 结构如图 4-22 所示。

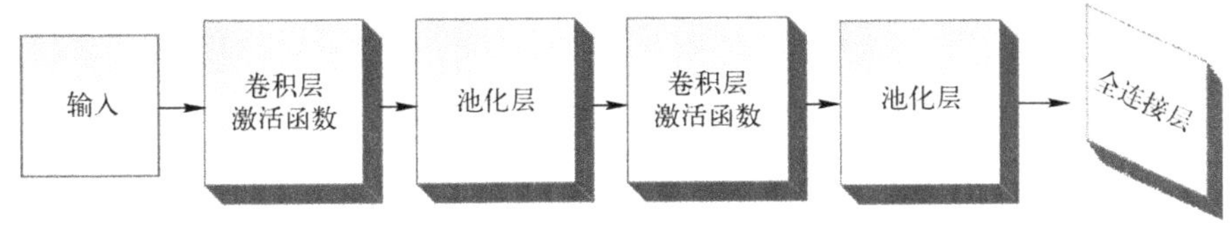

图 4-22　CNN 结构

1．数据输入层

该层要做的主要是对原始图像数据进行预处理，典型处理方法如下。

（1）去均值：把输入数据各个维度都中心化为零，其目的就是把样本的中心平移到坐标系原点上。

（2）归一化：幅度归一化到同样的范围，减少各维度数据取值范围的差异而带来的干扰。

（3）PCA/白化：用PCA降维，白化是对数据各个特征轴上的幅度归一化。

2．卷积层（Convolution）

这一层是卷积神经网络最重要的一个层次，卷积神经网络的主要特征就是这一层，卷积层用来提取特征，通过滑动窗口（相当于滤波器）内的值计算进行特征提取，如图4-23所示。

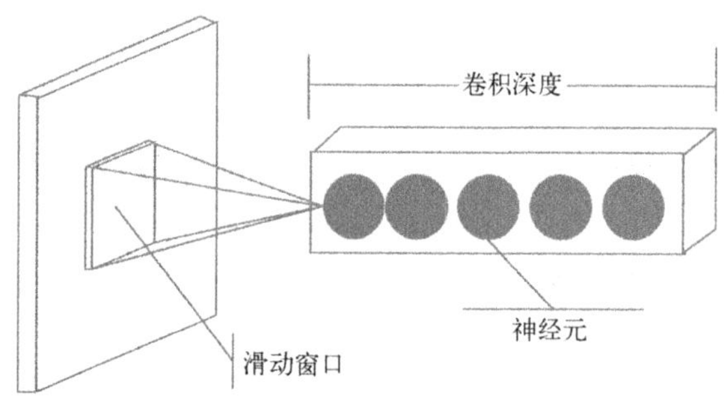

图4-23 卷积特征提取

例如，在图4-24中，左面为矩阵，右面为卷积结果，卷积滑动窗口为3×3，滑动窗口步长为1。计算方法：Σ(矩阵元素×权值)。

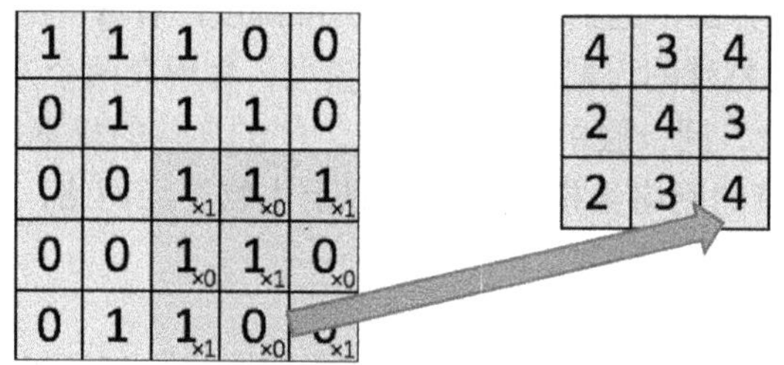

图4-24 卷积实例

图像卷积的实例代码如下。

```
import matplotlib.pyplot as plt
import pylab
import cv2
import numpy as np
img = plt.imread("test1.jpg")         #在这里读取图片
plt.imshow(img)                       #显示读取的图片
pylab.show()
```

```
fil = np.array(([-1, 0, 1], [-2, 0, 2], [-1, 0, 1]))  #卷积算子
res = cv2.filter2D(img,-1,fil)      #使用 Opencv 的卷积函数
plt.imshow(res)                     #显示卷积后的图片
plt.imsave("result.jpg",res)
pylab.show()
```

程序运行结果如图 4-25 所示。

图 4-25　图像卷积实例 1

卷积核一般应该是奇数行和奇数列，上面程序中卷积算子改为“np.array([[-1,-1,-1, 0, 1],[-1,-1, 0, 1, 1],[-1, 0, 1, 1, 1]])”后，运行结果如图 4-26 所示。

图 4-26　图像卷积实例 2

典型的卷积算子说明如下。

（1）Sobel 算子。水平方向：np.array(([-1, 0, 1], [-2, 0, 2], [-1, 0, 1]))；垂直方向：np.array(([-1, -2, -1], [0, 0, 0], [1, 2, 1]))；两个方向：np.array(([-1, -1, 0], [-1, 0, 1], [0, 1, 1]))。

（2）Prewitt 的算子。水平方向：np.array(([-1, 0, 1], [-1, 0, 1], [-1, 0, 1]))；垂直方向：np.array(([-1, -1, -1], [0, 0, 0], [1, 1, 1]))；两个方向：np.array(([-2, -1, 0], [-1, 0, 1], [0, 1, 2]))。

（3）拉普拉斯算子。"np.array(([0, -1, 0], [-1, 4, -1], [0, -1, 0]))"和"np.array(([-1, -1, -1], [-1, 8, -1], [-1, -1, -1]))"。

假设输入图像尺寸为 W，卷积核尺寸为 F，步幅（stride）为 S（卷积核移动的步幅），Padding 使用 P（用于填充输入图像的边界，一般填充 0），那么经过该卷积层后输出的图像尺寸为"$(W-F+2P)/S+1$"。

3．池化层（Pooling）

池化层对输入的特征图进行压缩，一个作用是使特征图变小，简化网络计算复杂度；另一个作用是进行特征压缩，提取主要特征。

在使用卷积层获得特征后，下一步我们希望利用这些特征去做分类，但是这些特征的量还是很大，而且容易出现过拟合，因此，对于大的图像，要对不同位置的特征进行聚合统计，例如计算图像一个区域上的某个特定特征的平均值（或最大值）。这些概要统计特征不仅具有低得多的维度，同时还会改善结果，这种聚合的操作就称为池化，有时也称为平均池化或者最大池化。

图 4-27 所示为使用 2×2 过滤器、步长为 2 的最大值池化。

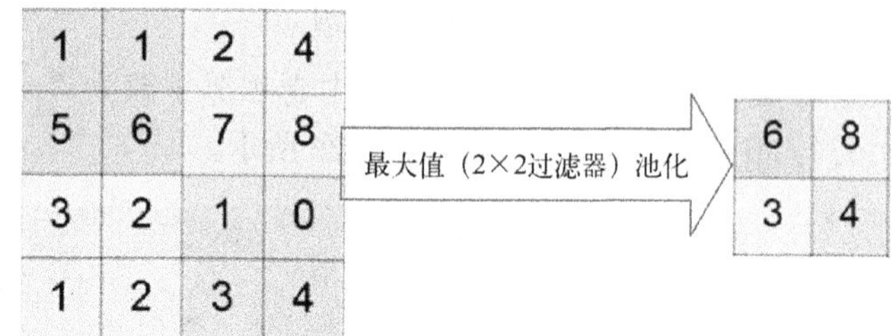

图 4-27　最大值池化

根据相关理论，特征提取的误差主要来自两个方面。

（1）邻域大小受限造成的估计值方差增大。

（2）卷积层参数误差造成估计均值的偏移。

一般来说，平均池化能减小第一种误差，更多地保留图像的背景信息，最大池化能减小第二种误差，更多地保留纹理信息。虽然池化操作对于整体精度提升效果不大，但是在减参、控制过拟合以及提高模型性能、节约计算力方面的作用还是很明显的，所以池化操作是卷积设计不可缺少的一个操作。

池化的实例代码如下。

```
import tensorflow as tf
input = tf.placeholder(tf.float32, (None, 4, 4, 5))
```

```
filter_shape = [1, 2, 2, 1]
strides = [1, 2, 2, 1]
padding = 'VALID'
pool = tf.nn.max_pool(input, filter_shape, strides, padding)
print(pool)
```

运行结果为“Tensor("MaxPool_3:0", shape=(?, 2, 2, 5), dtype=float32)”，池化后矩阵大小由 4×4×5 变为 2×2×5。

图 4-28 为图像卷积池化的对比，左边为原图，中间为卷积后的图像，右边为池化后的图像，张量变化如下。

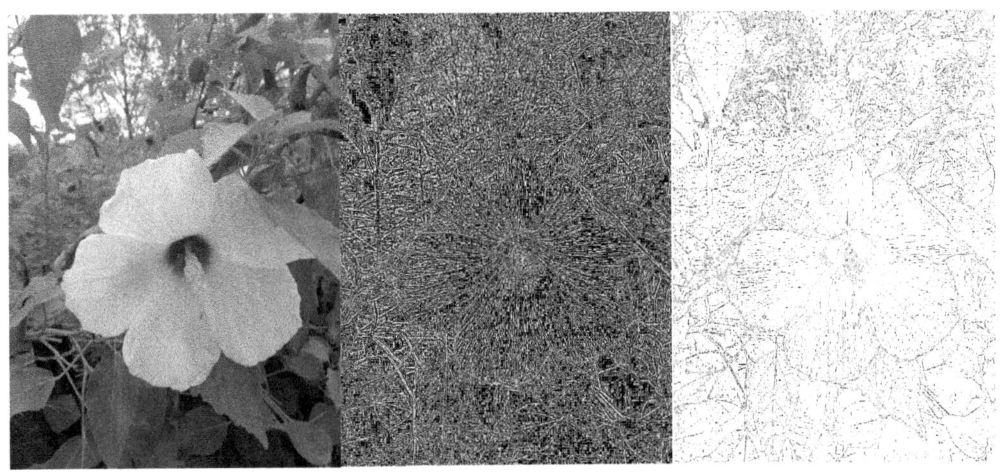

图 4-28　图像卷积（中间）池化（右边）对比

（1）原图：Tensor("Const:0", shape=(1, 1440, 1080, 1), dtype=float32)。

（2）卷积后：Tensor("Conv2D:0", shape=(1, 720, 540, 1), dtype=float32)。

（3）池化后：Tensor("MaxPool:0", shape=(1, 360, 270, 1), dtype=float32)。

4．全连接层（Fully Connected Layers）

全连接层在整个卷积神经网络中起到“分类器”的作用，即通过卷积、激活函数、池化等深度网络后，再经过全连接层对结果进行识别分类。

5．激活函数 ReLU（Rectified Linear Units）

常用的激活函数有 Sigmoid、Tanh、ReLU 等，Sigmoid 和 Tanh 常见于全连接层，ReLU 常见于卷积层。

最后总结一下：卷积神经网络主要由两部分组成，一部分是特征提取（卷积、激活函数、池化），另一部分是分类识别（全连接层）。

4.5.2　经典卷积网络模型

CNN 的经典结构有 LeNet、AlexNet、ZFNet、VGGNet、GoogleNet、ResNet、DenseNe 等。

1. LeNet

LeNet 是 Yann LeCun 在 1998 年设计的一个用来识别手写数字的经典的卷积神经网络是，为早期卷积神经网络中最有代表性的实验系统之一。LeNet 网络模型框架总共有 7 层，C 开头代表卷积层，S 开头代表下采样层，如图 4-29 所示。

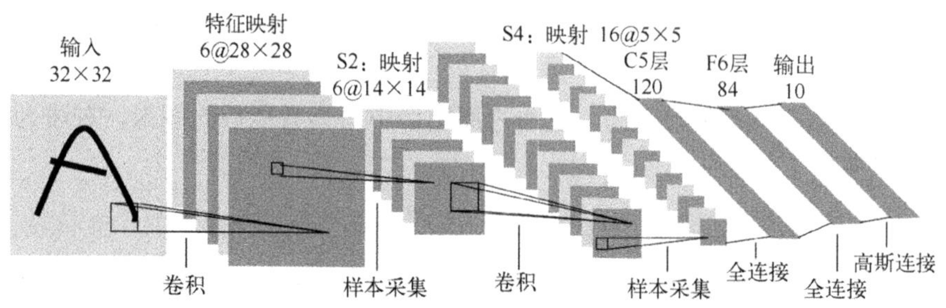

图 4-29　LeNet 网络模型框架

LeNet 中主要有 2 个卷积层、2 个下抽样层（池化层）、3 个全连接层 3 种连接方式。

LeNet 使用 CNN 的最基本的架构：卷积层、池化层、全连接层。深度学习广泛使用的框架 LeNet-5（-5 表示具有 5 个层）是由 LeNet 简化改进的，和原始的 LeNet 有点不同，例如把激活函数修改为常用的 ReLU。

LeNet 的 Keras 实现代码如下。

```
from keras.models import Sequential
from keras.layers import Dense, Activation,Conv2D,MaxPooling2D,Flatten
def LeNet():
 model = Sequential()
model.add(Conv2D(32,(5,5),strides=(1,1),input_shape=(28,28,1),padding='valid',activation='relu',kernel_initializer='uniform'))
model.add(MaxPooling2D(pool_size=(2,2)))
model.add(Conv2D(64,(5,5),strides=(1,1),padding='valid',activation='relu',kernel_initializer='uniform')) model.add(MaxPooling2D(pool_size=(2,2))) model.add(Flatten()) model.add(Dense(100,activation='relu')) model.add(Dense(10,activation='softmax'))
return model
```

2. AlexNet

2012 年，Hinton（深度学习知名专家）的学生 Alex Krizhevsky 提出了深度卷积神经网络模型 AlexNet，获得当年 ILSVRC（Image Large Scale Visual Recognition Challenge）比赛分类项目的冠军，从此深度学习和卷积神经网络声名鹊起，深度学习的研究如雨后春笋般出现，更多、更深的神经网路被提出，比如 VGG、GoogleLeNet 等。

AlexNet 的典型架构的前面 5 层是卷积层，后面 3 层是全连接层，最终 softmax 输出，如图 4-30 所示。

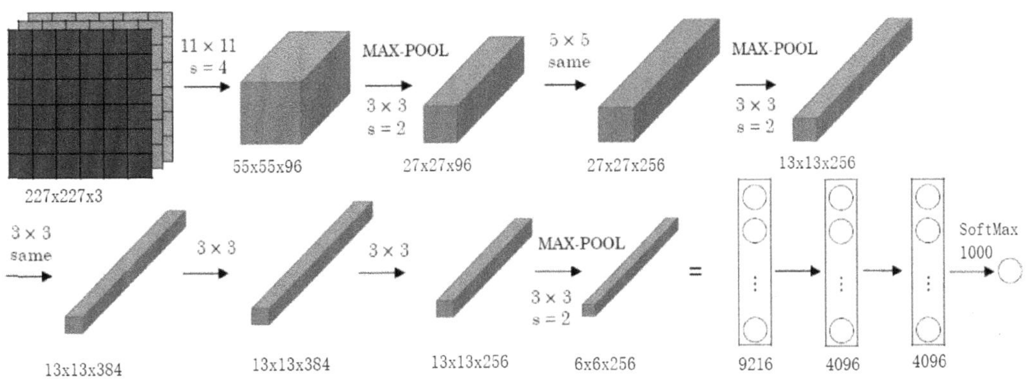

图 4-30　AlexNet 的典型架构

AlexNet 层数比 LeNet 多，但卷积神经网络总的流程并没有变化，只是在深度上增加了不少。AlexNet 针对的是 1000 类的分类问题，规定输入图片是 227×227 的三通道彩色图片，其特征如下。

（1）共 8 层，前 5 层是卷积层，后 3 层是全连接层，最后一个全连接层是具有 1000 个输出的 softmax。

（2）分布在第一个卷积层和第二个卷积层后跟着局部响应归一化（Local Response Normalization）。

（3）在每一个卷积层及全连接层后接着 ReLU 操作。

（4）Dropout 操作是在最后两个全连接层。

AlexNet 的 Keras 实现代码如下。

```
def AlexNet():
    model = Sequential()
    model.add(Conv2D(96,(11,11),strides=(4,4),input_shape=(227,227,3),padding=
'valid',activation='relu',kernel_initializer='uniform'))
    model.add(MaxPooling2D(pool_size=(3,3),strides=(2,2)))
    model.add(Conv2D(256,(5,5),strides=(1,1),padding='same',activation='relu',
kernel_initializer='uniform'))
    model.add(MaxPooling2D(pool_size=(3,3),strides=(2,2)))
    model.add(Conv2D(384,(3,3),strides=(1,1),padding='same',activation='relu',
kernel_initializer='uniform'))
    model.add(Conv2D(384,(3,3),strides=(1,1),padding='same',activation='relu',
kernel_initializer='uniform'))
    model.add(Conv2D(256,(3,3),strides=(1,1),padding='same',activation='relu',
kernel_initializer='uniform'))
    model.add(MaxPooling2D(pool_size=(3,3),strides=(2,2)))
    model.add(Flatten())
    model.add(Dense(4096,activation='relu'))
    model.add(Dropout(0.5))
```

```
    model.add(Dense(4096,activation='relu'))
    model.add(Dropout(0.5))
    model.add(Dense(1000,activation='softmax'))
    return model
```

3．ZFNet

ZFNet 是 2013 年 ImageNet 分类任务的冠军，其网络结构基本与 AlexNet 相同，只是调整了参数，性能较 AlexNet 提升了不少。ZFNet 只是将 AlexNet 第一层卷积核由 11 变成 7，步长由 4 变为 2，第 3、4、5 卷积层转变为 384、384、256。

4．VGGNet

VGGNet 是牛津大学计算机视觉组（Visual Geometry Group）和 Google DeepMind 公司的研究员一起研发的深度卷积神经网络。它探索了卷积神经网络的深度与其性能之间的关系，通过反复堆叠 3×3 的小型卷积核和 2×2 的最大池化层，成功地构筑了 16~19 层深的卷积神经网络。VGGNet 相比之前 state-of-the-art 的网络结构，错误率大幅下降，因此获得了 ILSVRC 2014 年比赛的亚军和定位项目的冠军。

VGGNet 主要的贡献是展示出网络的深度（depth）是算法性能优劣的关键部分。目前使用的典型网络结构主要有 ResNet（152-1000 层）、GooleNet（22 层）、VGGNet（19 层），大多数模型都是基于这几个模型改进的。到目前为止，VGG Net 依然经常被用来提取图像特征。

VGGNet 拥有从 A 到 E 的五个级别，每一级网络都比前一级更深，但是参数并没有增加很多。D 和 E 级别就是常说的 VGGNet-16 和 VGGNet-19。

VGGNet 拥有 5 段卷积，每一段卷积内有 2~3 个卷积层，同时每段尾部都会连接一个最大池化层用来缩小图片尺寸，5 段卷积后有 3 个全连接层，然后通过 softmax()来预测结果，如图 4-31 所示。

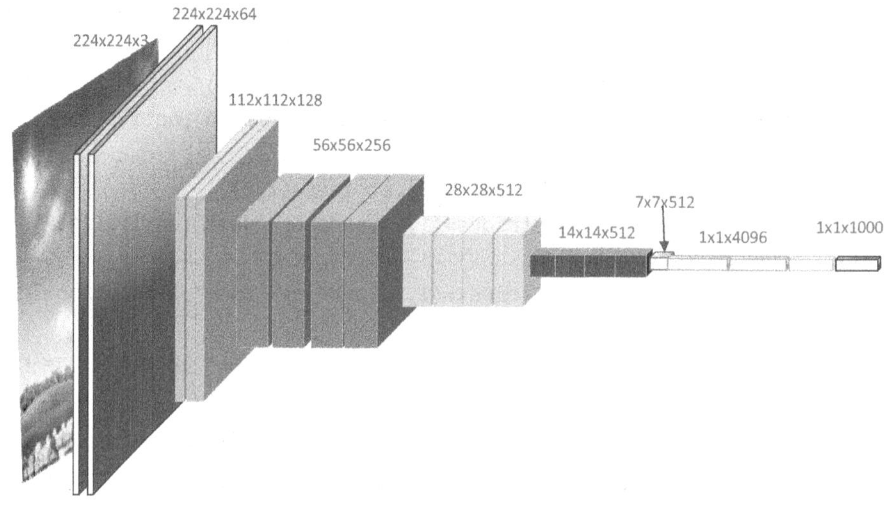

图 4-31　VGGNet 的架构

VGGNet 输入的是大小为 224×224 的 RGB 图像，通过预处理计算出三个通道的平均值，再在每个像素上减去平均值。图像经过一系列卷积层处理，图像的数据变小，在卷积层中一般使用 3×3 卷积核或者 1×1 的卷积核。

卷积层之后是三个全连接层（Fully-Connected Layers，FC）。前两个全连接层均有 4096 个通道，第三个全连接层有 1000 个通道，用来分类。所有网络的全连接层配置相同。

5. GoogleNet

GoogleNet 是 2014 年 Christian Szegedy 提出的一种全新的深度学习结构，与 AlexNet、VGGNet 等结构类似，都是通过增大网络的深度（层数）来获得更好的训练效果。

2014 年，GoogleNet 和上一页提到的 VGGNet 是当年 ImageNet 挑战赛的双雄，GoogleNet 获得了第一名、VGGNet 获得了第二名，这两类模型结构的共同特点是层次更深。VGGNet 继承了 LeNet 以及 AlexNet 的一些框架结构，而 GoogleNet 则做了更加大胆的网络结构尝试，虽然深度只有 22 层，但大小却比 AlexNet 和 VGGNet 小很多，GoogleNet 参数为 500 万个，AlexNet 参数个数是 GoogleNet 的 12 倍，VGGNet 参数又是 AlexNet 的 3 倍，而 GoogleNet 性能更加优越，因此在内存或计算资源有限时，GoogleNet 是比较好的选择。GoogleNet 的核心结构为 Inception。

自 2012 年 AlexNet 取得突破以来直到 GoogleNet 出现，主要采用的方法是增大网络的深度，层次更多，但是这样带来两个缺点：计算量的增加和过拟合。

解决这两个问题的方法当然就是添加网络深度和宽度的同时减少参数，为了减少参数，全连接就需要变成稀疏连接，可是在实现上，全连接变成稀疏连接后实际计算量并不会有质的提升，Inception 就是为了解决这个问题而设计的。

1）Inception V1 模型

Inception 的网络是将 1×1、3×3、5×5 的卷积和 3×3 的池化堆叠在一起，一方面增加了网络的宽度，另一方面增加了网络的适应性，这就是 naive 版本号的 Inception，如图 4-32 所示。

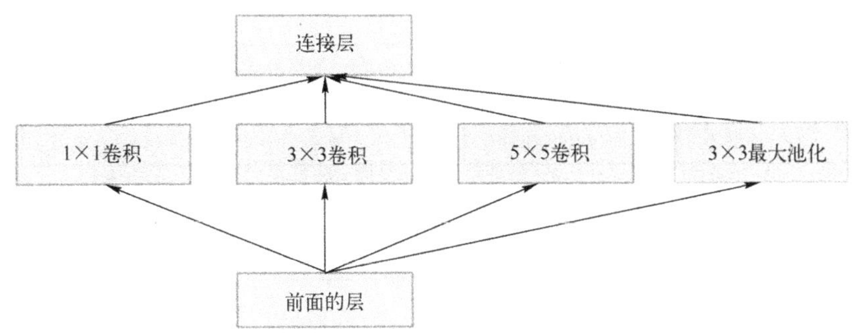

图 4-32　naive 版本号的 Inception 网络结构

这个版本的 Inception 所有的卷积核处在同一层，5×5 的卷积核所需的计算量比较大，使得特征图厚度很大。为了解决这个问题，Inception V1 结构在 3×3 前、5×5 前、max pooling 后分别加上了 1×1 的卷积核，起到了降低特征图厚度的作用，如图 4-33 所示。

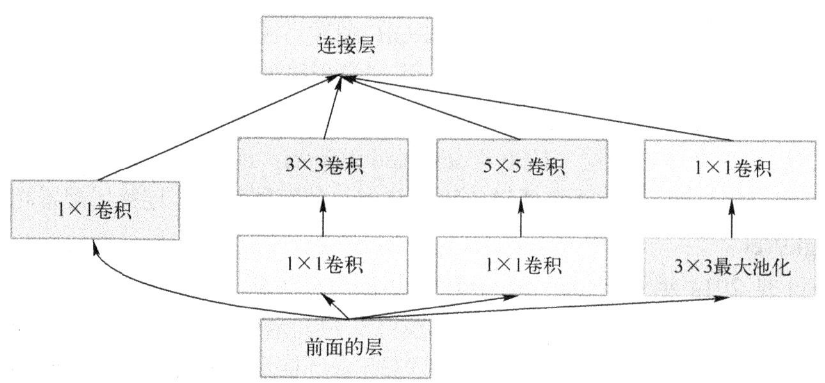

图 4-33　Inception V1 的网络结构

2）Inception V2 模型

Inception V2 加入了 BN 层（BN 层本质上是一个归一化网络层），减少了 Internal Covariate Shift（内部 neuron 的数据分布发生变化），使每一层的输出都规范化到一个 N(0, 1) 的高斯。另外一方面，Inception V2 学习 VGG，采用 2 个 3×3 的 conv 替代 inception 模块中的 5×5，既降低了参数数量，也加速了计算，如图 4-34 所示。

3）Inception V3 模型

Inception V3 的一个最重要的改进是分解（Factorization），将 7×7 分解成两个一维的卷积（1×7,7×1），3×3 也作了如此分解，这样既可以加速计算（多余的计算能力可以用来加深网络），又可以将 1 个卷积拆成 2 个卷积，使得网络深度进一步增加，增强了网络的非线性。

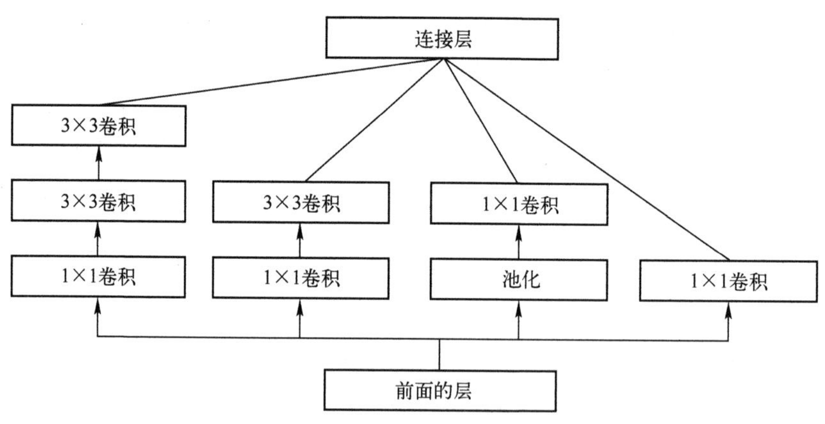

图 4-34　Inception V2 的网络结构

4）Inception V4 模型

Inception V4 网络对 Inception 块的每个网格大小进行了统一，相比于 Inception V3，Inception V4 结合了微软的 ResNet，将错误率进一步减少到 3.08%。

GoogLeNet 的网络结构如图 4-35 所示。

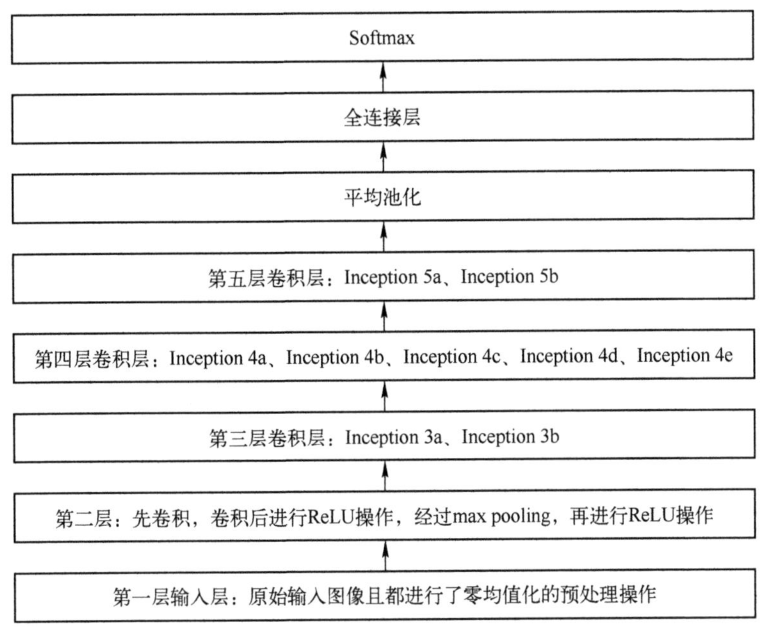

图 4-35　GoogLeNet 的网络结构

GoogleNet 具有如下特点。

（1）GoogleNet 采用了模块化的 Inception 结构，方便增添和修改。

（2）网络最后采用了平均池化来代替全连接层，这样可以将准确率提高 0.6%。但是，在最后还是加了一个全连接层，主要是为了方便对输出进行灵活调整。

（3）为了避免梯度消失，网络额外增加了两个辅助的 softmax 用于向前传导梯度（辅助分类器）。

6．ResNet

ResNet（Residual Neural Network，中文译名为残差网络结构）由微软研究院的 Kaiming He 等人提出，通过残差网络可以把网络层加深，能够减轻训练深度网络的难度，从而达到 1000 多层，最终的网络分类效果也非常好，残差网络的基本结构如图 4-36 所示。

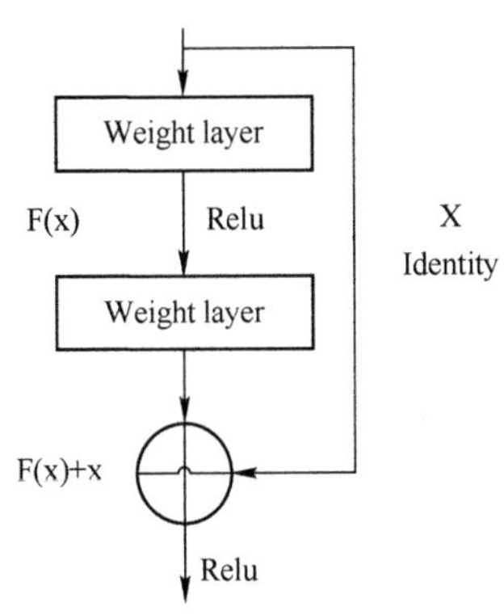

图 4-36　残差网络的基本结构

ResNet 在 ILSVRC 2015 比赛中取得冠军，效果非常突出。ResNet 的结构可以大大加速神经网络的训练，模型的准确率也有比较大的提升。利用这样的结构我们可以很容易地训练出上百层甚至上千层的网络。

深度学习网络的深度对最后的分类和识别的效果有着很大的影响，一般来讲网络设计的越深，效果越好，但有时候在网络很深的时候，网络的堆叠效果却越来越差。其原因之一是网络越深，梯度消失就越明显，网络的训练效果就会受到影响，但是浅层的网络无法明显提升网络的识别效果，所以需要解决的问题是怎样在加深网络的情况下解决梯度消失的问题。

残差网络可以解决退化问题并同时避免梯度爆炸/消失。一般网络拟合使用的是 h(x)，输入 x，h(x)能够得到正确的解来预测分类，在 ResNet 中引入了残差函数“f(x)=h(x)-x”（即目标值与输入值的偏差），通过训练拟合 f(x)，进而由“f(x)+x”得到 h(x)。

7. DenseNet

在计算机视觉领域，卷积神经网络（CNN）已经成为主要使用的方法，例如 GoogLenet、VGG-19、Incepetion 等模型使用的就是 CNN。ResNet 模型是 CNN 史上的一个里程碑事件，ResNet 能够训练出更深的 CNN 模型，从而实现更准确的模型。ResNet 模型的核心是通过建立层之间的“短路连接”，有助于训练过程中梯度的反向传播，从而训练出更深的 CNN 网络。

DenseNet（Dense Convolutional Network，密集卷积网络）模型的基本思路与 ResNet 一致，但区别是建立前面所有层与后面层的密集连接（Dense Connection），它的名称也是由此而来。DenseNet 能在参数和计算成本更少的情形下实现比 ResNet 更优的性能，DenseNet 也因此斩获 CVPR 2017 的最佳论文奖。

DenseNet 模型的参数规模比传统的卷积网络少，参数规模更小，计算复杂度更低，在多个任务上取得了最佳的结果。它可以同时拥有恒等映射（Identity Mapping）、深度监督（Deep Supervision）和深度多样性（Diversified Depth）的特性，也可以重复利用网络中的特征，学习到更简洁、准确率更高的模型。由于内部表示的简洁以及对冗余特征的缩减，DenseNet 可以在多种计算机视觉任务中作为特征提取器。

DenseNet 的另一个优点是改进了信息和梯度在网络中的传输，使得网络更易于优化。每一层都可以直接得到损失函数的梯度以及原始的输入信号，就像隐式的深度监督（deep supervision），这有助于训练更深层的网络。另外我们还发现密集连接有一定的正则化效果，在训练集规模比较小时可以避免过拟合。

DenseNet 的主要特征如下。

（1）解决了深层网络的梯度消失问题。

（2）加强了特征的传播。

（3）实现特征重用。

（4）减少了模型参数。

4.5.3 卷积神经网络应用

卷积神经网络是一种多层神经网络，它在图像识别和分类等领域已被证明非常有效。典型应用场景包括图像识别、深度学习、语音识别、自然语言处理、语言检测和场景分类等领域。

1. 图像识别

CNN 在图像处理和图像识别领域取得了很大的成功，在标准的 ImageNet 数据集上，许多成功的模型都是基于 CNN 的。CNN 相较于传统的图像处理算法的好处之一是避免了对图像复杂的前期预处理过程，可以直接输入原始图像。

CNN 可以识别位移、缩放及其他形式扭曲不变性的二维或三维图像。CNN 的特征提取层参数是通过训练数据学习得到的，所以避免了人工特征提取，而是从训练数据中进行学习。其次，同一特征图的神经元共享权值，减少了网络参数，这也是卷积网络相对于全连接网络的一大优势。共享局部权值这一特殊结构更接近于真实的生物神经网络，使 CNN 在图像处理、语音识别领域有着独特的优越性，另一方面权值共享降低了网络的复杂性，且多维输入信号（语音、图像）可以直接输入网络的特点避免了特征提取和分类过程中数据重排的过程。

CNN 是一种多层感知机，对于图像来说，相邻像素的相似度一般来说高于相隔远的像素，CNN 结构上的优越性，使得它更关注相邻像素的关系，这种结构符合图像处理的要求，也使得 CNN 在处理图像问题上具有优越性。

2．深度学习

CNN 是一种深度的监督学习下的机器学习模型，具有极强的适应性，善于挖掘数据局部特征，提取全局训练特征和分类，它的权值共享结构网络使之更类似于生物神经网络，在模式识别各个领域都取得了很好的成果。

经典的深度学习理论可分为卷积神经网络、深度置信网络以及自动编码器，卷积神经网络可以说是目前深度学习体系中研究较多、应用较为成功的一个模型。

3．语音识别

近几年，语音识别取得了很大的突破。IBM、微软、百度等多家机构相继推出了 Deep CNN 模型，提升了语音识别的准确率。Deep CNN 的使用可分为两种策略：一种是 HMM 框架中基于 Deep CNN 结构的声学模型，CNN 可以是 VGG、Residual 连接的 CNN 网络结构或 CLDNN 结构。另一种是近两年比较热的端到端结构，百度将 Deep CNN 应用于语音识别研究，使用了 VGGNet ，以及包含 Residual 连接的深层 CNN 等结构，并将 LSTM 和 CTC 的端对端语音识别技术相结合，使得识别错误率相对下降了 10%以上。百度发现，深层 CNN 结构不仅能够显著提升 HMM 语音识别系统的性能，也能提升 CTC 语音识别系统的性能。根据 Mary Meeker 年度互联网报告，Google 以机器学习为背景的语音识别系统在 2017 年 3 月已经获得英文领域 95%的字准确率，此结果逼近人类语音识别的准确率。2016 年，科大讯飞提出了深度全序列卷积神经网络（Deep Fully Convolutional Neural Network，DFCNN）的语音识别框架，使用大量的卷积层直接对整句语音信号进行建模，更好地表达了语音的长时相关性。

4．自然语言处理

CNN 在数字图像处理领域取得了巨大的成功，从而掀起了 CNN 在自然语言处理领域（Natural Language Processing，NLP）的应用。

最天然适合于 CNN 的应该是分类任务，比如情感分析（Sentiment Analysis）、垃圾检测（Spam Detection）和主题分类（Topic Categorization）。例如基于 Word2vec 的文本分类，嵌入 CNN 后实验结果得到的模型在验证集准确率从 96.5%提升到 97.1%，测试准确率从 96.7%提升到 97.2%。

5. 场景分类

场景分类是图像处理领域的重要研究方向之一。随着互联网的快速发展，大量的图像数据涌入到人们的生活和工作中，面对如此巨大的图像信息，传统的场景分类方法和技术表现出很多不足。近年来，CNN 在图像处理领域取得了很多突破性进展，通过模拟人类学习的过程，直接从图像像素中提取图像特征，并将特征提取与分类器结合到一个学习框架下，对相关对象进行分类识别。另外，卷积神经网络的局部连接、权值共享和降采样等特性大大减少了网络的训练参数，简化了网络模型，进一步提高了网络的训练效率。

4.6 循环神经网络（RNN）

循环神经网络（Recurrent Neural Network，RNN）是一类以序列（Sequence）数据为输入，在序列的演进方向进行递归（Recursion），且所有节点（循环单元）按链式连接的递归神经网络（Recursive Neural Network）。

循环神经网络具有记忆性、参数共享和图灵完备（Turing Completeness）的特征，因此能以很高的效率对序列的非线性特征进行学习。循环神经网络在自然语言处理（Natural Language Processing，NLP），例如语音识别、语言建模、机器翻译等领域有所应用，也被用于各类时间序列预报或与卷积神经网络（Convoutional Neural Network，CNN）相结合处理计算机视觉问题。

4.6.1 循环神经网络结构

假设函数 f 的定义为“$h',y=f(h,x)$”，h 和 h' 是具有同一长度的向量，则 RNN 的基本结构如图 4-37 所示。

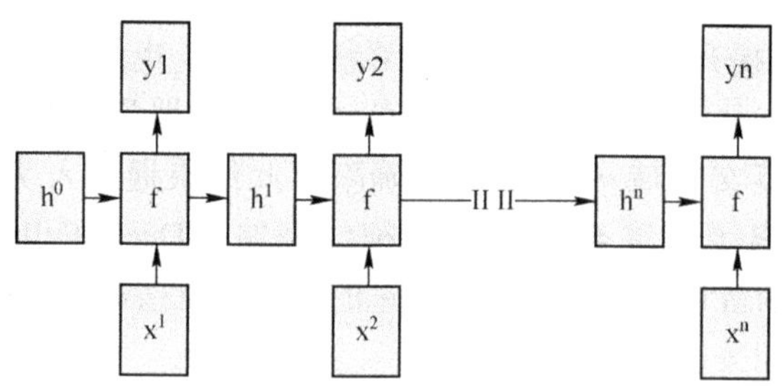

图 4-37 RNN 的基本结构

RNN 的结构是一个重复的过程，是一类处理序列数据的神经网络，相比于 CNN，RNN 可以减少参数量，从而减少计算的复杂度。第 t 时刻隐藏层的输出需要 t-1 时刻的隐藏层的输出，RNN 以此来实现信息的传递。

如果系统需要更多的参数，则函数 f 的定义为“$h^t=f(Wx^t+Uh^{t-1})$”，多参数的 RNN 的结构如图 4-38 所示，其中权重 w、u、v 是共享的。

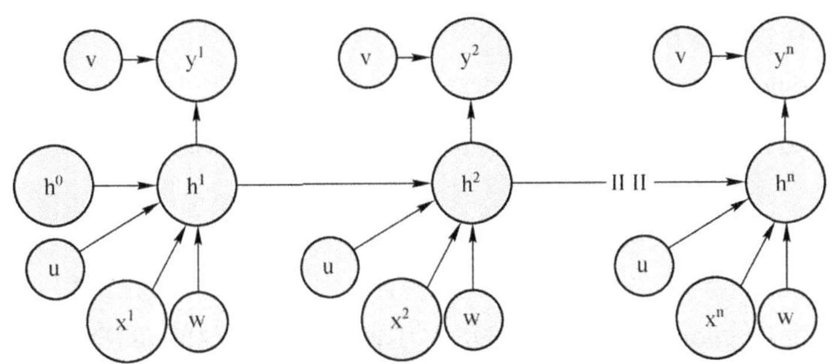

图 4-38　多参数的循环网络结构

因此，RNN 是一个函数的反复迭代。RNN 处理时间序列的功能突出，相比于传统的时间序列算法，RNN 使用起来更方便，不需太多的参数调节，是一种“智能”算法。不只在时间序列方面，在很多领域，特别是涉及序列数据的领域，RNN 的表现非常好。

4.6.2　长短期记忆网络（LSTM）

长短期记忆网络（Long Short-Term Memory，LSTM）是一种时间循环神经网络，适合于处理和预测时间序列中间隔和延迟相对较长的重要事件。

由于 RNN 也有梯度消失的问题，因此不能处理长序列的数据，为了能够处理长序列的数据，对 RNN 做了改进，得到了 LSTM，它可以有效避免 RNN 的梯度消失问题，因此在工业界得到了广泛的应用。LSTM 已经在科技领域有了多种应用。基于 LSTM 的系统可以学习翻译语言、控制机器人、图像分析、文档摘要、语音识别、图像识别、手写识别、控制聊天机器人、预测疾病、预测点击率和股票、合成音乐等任务。

LSTM 和 RNN 的主要区别在于 LSTM 在算法中加入了一个判断信息的“门”，这些门包括遗忘门、学习门、记忆门、使用门。一条信息进入 LSTM 的网络后，可以根据规则来判断是否有用。只有符合算法认证的信息才会留下，不符的信息则通过遗忘门被遗忘，如图 4-39 所示，其中 LTM 为长期记忆，STM 为短期记忆。

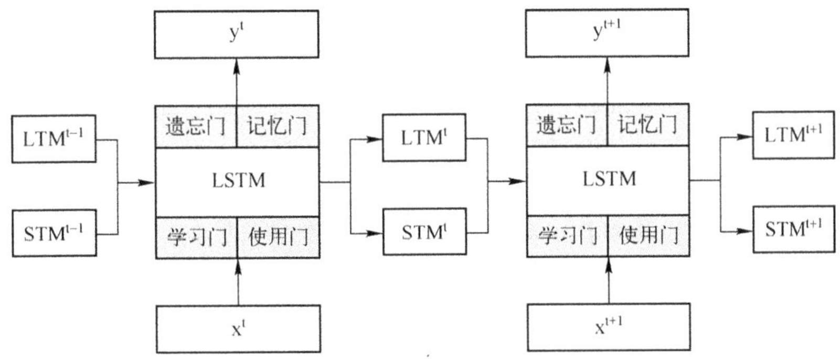

图 4-39　LSTM 模型的结构

LSTM 结构的四个门的作用如下。

（1）遗忘门：忘记它认为没有用的信息。

（2）记忆门：将认为有用的信息输出。

（3）学习门：STM 和输入合并作为新学习的信息。

（4）使用门：选择之前知道的信息以及刚学到的信息，从而做出预测，输出包括了预测和新的短期记忆。

4.6.3 循环神经网络改进

双向 RNN（Bi-directional RNN，BRNN）由两个方向相反的 RNN 构成，这两个 RNN 连接着同一个输出层。BRNN 不仅接受上一个时刻的隐层输出作为输入，也接受下一个时刻的隐层输出作为输入，这就达到了同时关注上下文的目的。BRNN 的简单结构如图 4-40 所示。

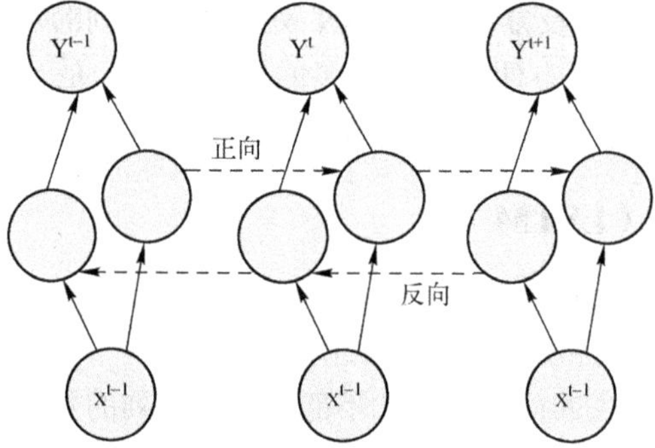

图 4-40　BRNN 的简单结构

RNN 和 LSTM 一般是依据之前时刻的时序信息来预测下一时刻的输出，但在某些情况下，当前时刻的输出不仅和之前的状态有关，还可能和未来的状态有关系。BRNN 中有两个 RNN 上下叠加在一起，由这两个 RNN 的状态共同决定输出。

深层循环神经网络（Deep Recurrent Neural Network，DRNN）可以增强模型的表达能力，主要是将每个时刻上的循环体重复多次，每一层循环体中参数是共享的，但不同层之间的参数可以不同，DRNN 的简单结构如图 4-41 所示。

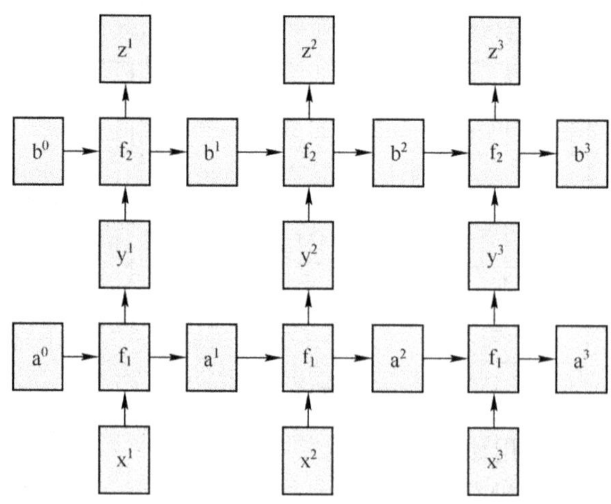

图 4-41　DRNN 的简单结构

其中函数 f1 的定义为“ $h', y = f1(h, x)$ ”，函数 f2 的定义为“ $b', z = f2(b, y)$ ”。

4.6.4　循环神经网络应用

循环神经网络（RNN）已经在众多自然语言处理（Natural Language Processing，NLP）中取得了巨大成功以及广泛应用，除此之外，RNN 还可用于许多不同的领域，下面是 RNN 一些典型的应用领域。

1．语言建模和文本生成

语言模型是 NLP 的基础，是语音识别、机器翻译等很多 NLP 任务的核心，它解决的问题之一就是给定一个字符串，用来判断这是一个“合理”句子的概率。

RNN 在很多 NLP 任务中都取得了很好的效果。利用 RNN 训练的模型，可以给定一个词语序列，预测给定所有词时当前词出现的概率。语言模型可以计算一个句子的可能性，这对于机器翻译是很重要的。

2．机器翻译

机器翻译和语言建模的相似之处是二者的输入都是源语言的一个词序列，输出目标都是一个词序列。不同之处在于，机器翻译在得到完整的输入之后才开始输出。

目前，Seq2Seq（Sequence-to-Sequence）被广泛应用于存在输入序列和输出序列的场景，比如机器翻译（一种语言序列到另一种语言序列）、Image Captioning（图片像素序列到语言序列）、对话机器人（问答）等。Seq2Seq 模型在 Encoder 端和 Decoder 端广泛使用 RNN 或 LSTM“记住”文本序列的历史信息，并推荐使用注意力机制（Attention Mechanism）和强化学习（Reinforcement Learning）。

3．语音识别

RNN 处理的数据是“序列化”数据。训练的样本前后是有关联的，即一个序列的当前的输出与前面的输出有关。比如语音识别，一段语音是有时间序列的，说的话前后是有关系的。

4．生成图像描述

RNN 与普通神经网络最大的不同就是建立了时序和状态的概念，即某个时刻的输出依赖于前一个状态和当前的输入，所以 RNN 可以用于处理序列数据。

RNN 的一个非常广泛应用是理解图像中内容是什么，从而做出文字的描述。

4.7　递归神经网络（RNN）

循环神经网络（Recurrent Neural Network）和递归神经网络（Recursive Neural Network）都简称 RNN。循环神经网络是时间上的展开，处理的是序列结构的信息；递归神经网络是空间上的展开，处理的是树状结构的信息，二者都是深度学习（Deep Learning）的典型算法。

递归神经网络是先进的顺序数据算法之一，在苹果 Siri 和 Google 语音搜索中都有所应用。这是因为它是第一个记忆输入的算法，由于具有内部存储器它非常适合涉及顺序数据的机器学习问题。

4.7.1 递归神经网络结构

循环神经网络可以处理包含序列结构的信息。但是对于包含诸如树结构、图结构等复杂的结构的信息，循环神经网络就无法处理了。递归神经网络可以处理诸如树、图这样的递归结构。

递归神经网络有两种：一种是时间递归神经网络，另一种是结构递归神经网络。时间递归神经网络的神经元间连接构成有向图，而结构递归神经网络利用相似的神经网络结构递归构造更为复杂的深度网络。两者训练的算法不同，但属于同一算法变体。递归神经网络都是由 BP 神经网络演化而来的。

递归神经网络可以把一棵树、图结构信息编码为一个向量，也就是把信息映射到一个语义向量空间中。这个语义向量空间满足某类性质，例如语义相似的向量具有更近的距离；反之，如果两句话的意思截然不同，那么编码后向量的距离则很远。

递归神经网络将相同的权重递归地应用在神经网络架构上，以拓扑排序的方式遍历给定结构，从而在大小可变的输入结构上做出结构化的预测。

递归神经网络的核心部分是呈阶层分布的节点，其中高层的节点为父节点，低层的节点被称为子节点，最末端的子节点通常为输出节点，节点的性质与树中的节点相同。在文献中，递归神经网络的输出节点通常位于树状图的最上方，此时其结构是自下而上绘制的，父节点位于子节点的上方。递归神经网络的每个节点都可以有数据输入，递归神经网络的基本结构如图 4-42 所示。

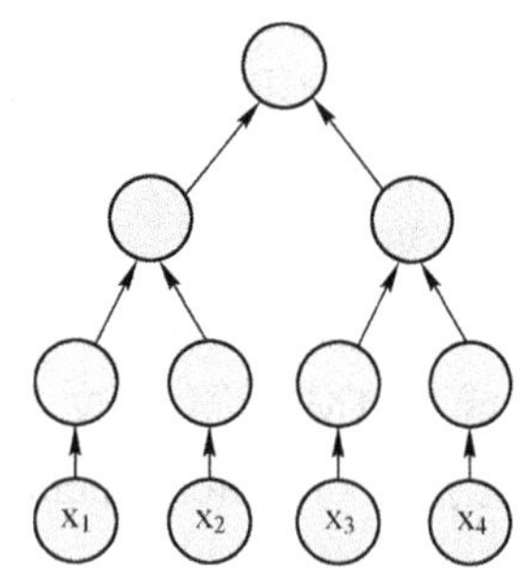

图 4-42 递归神经网络的基本结构

4.7.2 递归神经网络应用

递归神经网络具有灵活的拓扑结构且权重共享，适用于包含结构关系的机器学习任务，在自然语言处理（NLP）、机器翻译、语音识别、图像描述生成、文本相似度计算等领域有重要应用。

1．自然语言处理

递归神经网络能够完成句子的语法分析，并产生一个语法解析树，完成对自然语言的处理。另外递归神经网络也可处理自然场景，因为自然场景也具有可组合的性质，可以用相似的模型完成自然场景的解析（Parsing Natural Scene Images）。

2．机器翻译

递归神经网络可实现机器翻译的语言模型，这些模型通常用作机器翻译系统的主要部分，且语言模型允许生成新文本。语言模型允许评测句子的可能性，在语言模型中，输入通常是一系列单词，输出是预测单词的序列。

3．语音识别

近年来，不同种类的递归神经网络（例如 LSTM 和 TDNN-Time Delay Neural Network）已经广泛用于自动语音识别（Automatic Speech Recognition，ASR）的声学建模，并取得了更好的性能，这主要是由于递归神经网络的记忆能力能够覆盖整个语音序列。

4．图像描述生成

结合卷积神经网络，递归神经网络已经被用于无标记图像描述的生成模型，可以实现将生成的文字描述与图像中的特征对应。

5．文本相似度计算

词义相似度计算的研究是自然语言处理领域的重要分支，最典型的应用领域为信息检索、句法分析等。

4.8　生成对抗网络（GAN）

生成对抗网络（Generative Adversarial Networks，GAN）是一种深度学习模型，最早由 Ian Goodfellow 在 2014 年提出，是目前深度学习领域最新研究成果之一，也是近年来复杂分布上无监督学习最好的方法之一。模型通过框架中至少两个相互协作、同时又相互竞争的深度神经网络（一个称为生成器 Generator，另一个称为判别器 Discriminator）来处理无监督学习的相关问题，通过互相博弈学习，产生相当好的输出。

4.8.1　生成对抗网络原理

GAN 的原理其实很简单，来源于博弈论中零和博弈的思想，应用到深度学习中，就是通过生成网络 G（Generator）和判别网络 D（Discriminator）不断博弈，进而使 G 学习到数据的分布，例如对于图片生成，训练完成后，G 可以从一段随机数中生成逼真的图像。

这里以生成图片为例说明 GAN 的基本原理。

（1）G 是一个生成式的网络，它接收一个随机的噪声 z（随机数），通过这个噪声生成图像。

（2）D 是一个判别网络，判别一张图片是不是“真实的”。它的输入参数是 x，x 代表一张图片，输出 D（x）代表 x 为真实图片的概率，如果为 1，就代表 100%是真实的图片，而输出为 0，就代表不可能是真实的图片。

（3）生成网络 G 的目标就是尽量生成真实的图片去“欺骗”判别网络 D。而 D 的目标就是尽量把 G 生成的图片和真实的图片分别开来。这样，G 和 D 构成了一个动态的“博弈过程”，最终的平衡点即纳什均衡点。

（4）在理想的状态下，G 可以生成“以假乱真”的图片 G(z)。对于 D 来说，它难以判定 G 生成的图片究竟是不是真实的，因此 $D(G(z)) = 0.5$。

（5）最后得到了一个生成式的模型 G，可以用它来生成图片。

4.8.2 生成对抗网络架构

以下介绍生成对抗网络运行的步骤，如图 4-43 所示。

（1）生成器接收一系列随机数向量并生成一张图像。

（2）将生成的图像与真实图像的数据流一起送到鉴别器中。

（3）鉴别器接收真和假图像并返回概率值，这个预测值是介于 0 和 1 之间的数字，1 代表真，0 则代表假。

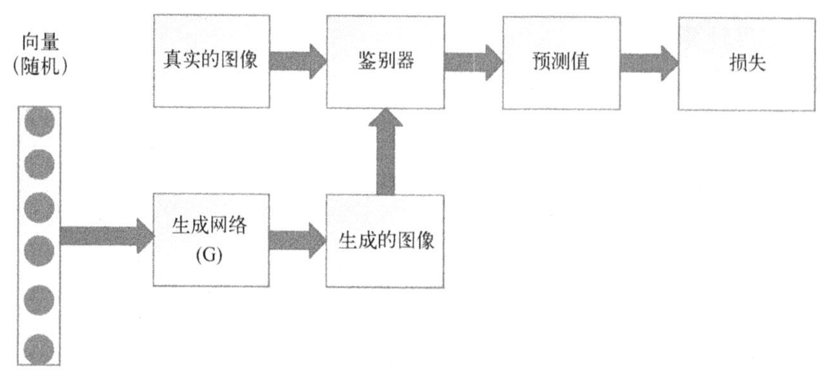

图 4-43 生成对抗网络运行的步骤

鉴别器网络是卷积网络，它可以将输入的图像分类，用二项式分类器标记图像是真的还是假的。生成网络是一个反向卷积网络，当标准卷积分类器获取图像并对其进行下采样以产生概率时，发生器获取随机噪声向量并将其上采样得到图像。

两个网络都试图在零和博弈中优化不同的且对立的目标函数，或者说损失函数。当鉴别器改变其行为时，生成器也随之改变，反之亦然。它们的损耗也相互抗衡。

GAN 所建立的学习框架，实际上就是生成模型和判别模型之间的一个模仿游戏。生成模型的目的，就是要尽量去模仿、建模和学习真实数据的分布规律。而判别模型则是要判别自己所得到的一个输入数据，究竟是来自于真实的数据分布还是来自于一个生成模型。通过这两个内部模型之间不断的竞争，提高两个模型的生成和判别能力。

当鉴别模型非常强的时候，生成模型所生成的数据依然能够使它产生混淆，无法正确判断，则认为这个生成模型已经学到了真实数据的分布。

4.8.3 生成对抗网络应用

GAN 是生成式模型，多用于数据生成方面，包括计算机视觉方面的图像生成和 NLP 方面的对话内容生成。

GAN 本身也是一种无监督学习的典范，因此广泛应用在无监督学习、半监督学习领域。

除了在生成领域，GAN 在分类领域也有应用，可以替换判别器为一个分类器，做多分类任务，而生成器仍然做生成任务，从而辅助分类器进行训练。

目前 GAN 在图像领域的典型应用有图像风格迁移、图像降噪修复、图像超分辨率、

GAN 生成以假乱真的人脸、改变照片中的面部表情和特征、GAN 创造出迷幻图像、改变图像/视频内容、通过轮廓生成逼真图像、GANs 完成模仿学习、好奇心驱动学习（curiosity driven learning）等。

GAN 证明了创造力不再是人类所独有的特质。

目前也有研究者将 GAN 用在对抗性攻击上，具体就是训练 GAN 生成对抗文本，有针对性或者无针对性地欺骗分类器或者检测系统等。

4.8.4　生成对抗网络变种

生成对抗网络变种主要有 DCGAN、WGAN、BEGAN 等。

深度卷积对抗生成网络（Deep Convolutional Generative Adversarial Networks，DCGAN）由 Alec Radford 在论文《Unsupervised Representation Learning with Deep Convolutional Generative Adversarial Networks》中提出，是 GAN 的基础上增加的深度卷积网。在 DCGAN 中，判别器 D 的结构是一个卷积神经网络，输入的图像经过若干层卷积后得到一个卷积特征，将得到的特征送入 Logistic()函数，输出可以看作是概率。

WGAN（Wasserstein GAN）就是把 EM（Earth-Mover）距离用到 GAN 中，EM 距离又称为 Wasserstein 距离。

BEGAN 是 Google 对 GAN 做出进一步的改进所提出的一种新的评价生成器生成质量的方式，将一个自编码器作为分类器，通过基于 Wasserstein 距离的损失来匹配自编码器的损失分布。采用神经网络结构，训练中添加额外的均衡过程来平衡生成器与分类器。BEGAN 采用 Wasserstein 距离计算 D 在真实数据与生成数据损失分布之间的距离。

4.9　本章小结

本章介绍了深度学习的发展历程、应用、基础理论，包括神经网络、卷积神经网络（CNN）、循环神经网络（RNN）、递归神经网络（RNN）、生成对抗网络（GAN）等类型网络的结构及应用。

第 5 章 深度学习数据准备——数据爬取和清洗

互联网中的数据是各个行业的价值信息，如果把整个互联网的数据比喻为一座宝藏，那么数据爬取和清洗就是高效挖掘这些宝藏的方法。

在深度学习的过程中，需要各种类型的训练数据集，例如手写数字数据库（MNIST）、图像数据集（Imagenet）、大型图像数据集（COCO）等。这些数据在爬取以后有时需要预处理。下面介绍数据爬取和数据清洗的常用方法。

5.1 爬虫框架

爬虫就是向网站发起请求，获取资源后分析并提取有用数据的程序，目前开源 Web 爬虫纷繁多样，下面介绍典型的、常用的爬虫框架。

5.1.1 Crawley 爬虫框架

Crawley 是一种 Python 爬取和采集框架，意在帮助开发人员从 Web 网页抽取数据到数据库等结构化存储中，从而高速爬取对应网站的内容。Crawley 支持关系和非关系数据库，数据可以导出为 JSON、XML 等。Crawley 主页：http://project.crawley-cloud.com，如图 5-1 所示。

Crawley 的安装命令为 pip install crawley，如图 5-2 所示。

5.1.2 Scrapy 爬虫框架

Scrapy 是 Python 开发得比较成熟的快速、高层次 Web 抓取框架，用于抓取 Web 站点并从页面中提取结构化的数据。Scrapy 是一个开源的框架，用途广泛，可以用于数据挖掘、监测和自动化测试。Scrapy 主页：https://scrapy.org/，如图 5-3 所示。

Welcome to the crawley project web site!

Star 162　Watch 22

Crawley is Pythonic Crawling / Scraping framework intented to change the way you think about extracting data from the internet.

Features:

- High Speed WebCrawler built on Eventlet.
- Store you data in relational databases like Postgres, Mysql, Oracle, Sqlite.
- Export your data into Json, XML formats. New
- Supports NoSQL databased like Mongodb and Couchdb. New
- Command line tools.

图 5-1　Crawley 主页

```
Anaconda Prompt
(base) C:\Users\hefug>pip install crawley
Collecting crawley
  Downloading https://files.pythonhosted.org/packages/4c/02/5fc35151842c449300f0ddf53dab6ed906809b0300f7c31022dd51b4f2b7
/crawley-0.2.4.tar.gz
Requirement already satisfied: lxml in c:\users\hefug\anaconda3\lib\site-packages (from crawley) (4.2.5)
Collecting eventlet (from crawley)
  Downloading https://files.pythonhosted.org/packages/b7/5a/8b667fcc2e21f988e1a50adc666d4e3e57f3bff7966a41605e60add6229d
/eventlet-0.25.0-py2.py3-none-any.whl (222kB)
    100% |████████████████████████████████| 225kB 41kB/s
Collecting elixir (from crawley)
  Downloading https://files.pythonhosted.org/packages/3d/8d/0009e2a623849894131f258529fe3a818c5734f7a9892f8721d99bd5cc31
/Elixir-0.7.1.tar.gz (47kB)
    100% |████████████████████████████████| 51kB 24kB/s
Collecting pyquery (from crawley)
  Downloading https://files.pythonhosted.org/packages/09/c7/ce8c9c37ab8ff8337faad3335c088d60bed4a35a4bed33a64f0e64fbcf29
/pyquery-1.4.0-py2.py3-none-any.whl
Requirement already satisfied: greenlet>=0.3 in c:\users\hefug\anaconda3\lib\site-packages (from eventlet->crawley) (0.4
.15)
Requirement already satisfied: six>=1.10.0 in c:\users\hefug\anaconda3\lib\site-packages (from eventlet->crawley) (1.12.
0)
Collecting monotonic>=1.4 (from eventlet->crawley)
  Downloading https://files.pythonhosted.org/packages/ac/aa/063eca6a416f397bd99552c534c6d11d57f58f2e94c14780f3bbf818c4cf
/monotonic-1.5-py2.py3-none-any.whl
Collecting dnspython>=1.15.0 (from eventlet->crawley)
  Downloading https://files.pythonhosted.org/packages/ec/d3/3aa0e7213ef72b8585747aa0e271a9523e713813b9a20177ebe1e939deb0
/dnspython-1.16.0-py2.py3-none-any.whl (188kB)
    100% |████████████████████████████████| 194kB 72kB/s
Requirement already satisfied: SQLAlchemy>=0.4.0 in c:\users\hefug\anaconda3\lib\site-packages (from elixir->crawley) (1
.2.15)
```

图 5-2　Crawley 的安装

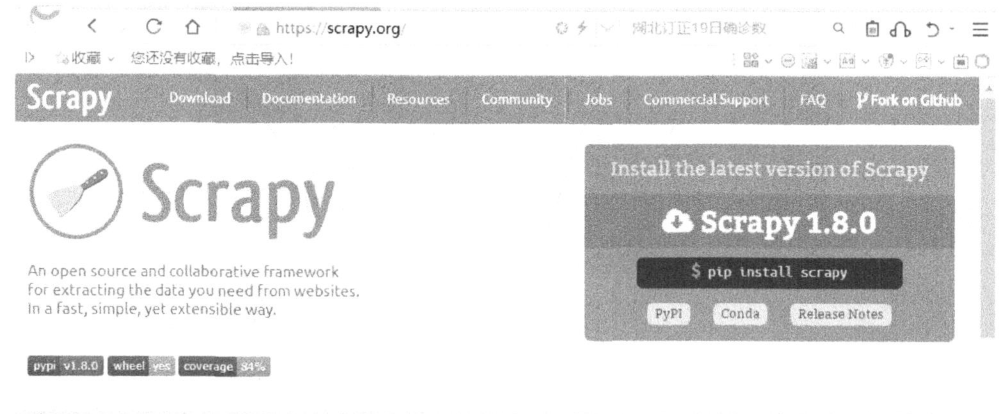

图 5-3　Scrapy 主页

Scrapy 使用了 Twisted 异步网络库来处理网络通信，整体架构如图 5-4 所示。

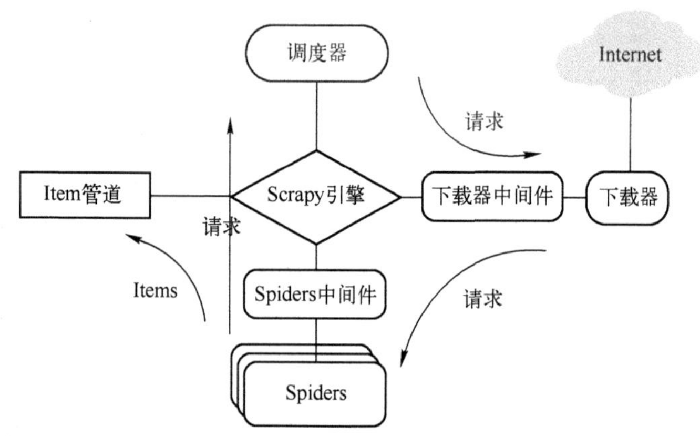

图 5-4　Scrapy 整体架构

Scrapy 主要包括了以下组件。

（1）Scrapy 引擎：用来控制处理整个系统的数据流，是框架核心。

（2）调度器：接受引擎发过来的请求，压入队列中，并在引擎再次请求的时候返回。可以是一个 URL 的队列，由它来决定下一个要处理的网址，同时去除重复的网址。

（3）下载器：Scrapy 下载器建立在 Twisted 这个高效的异步模型上，用于下载网页内容，并返回网页内容。

（4）Spiders：一个用于从特定网页中提取需要的信息项（Item）的爬虫，它也可以从中提取出链接，让 Scrapy 继续抓取链接的页面。

（5）Item 管道：负责处理爬虫从网页中抽取的实体，并持久化实体、验证实体的有效性、清除不需要的信息。当页面被爬虫解析后，将被发送到项目管道。

（6）下载器中间件：处理 Scrapy 引擎与下载器之间的请求及响应。

（7）Spider 中间件：处理 Spider 的响应输入和请求输出。

Scrapy 的安装命令为 pip install scrapy，如图 5-5 所示。

```
命令提示符
C:\Users\hefug>pip install scrapy
Collecting scrapy
  Downloading https://files.pythonhosted.org/packages/3e/45/414e87ac8209d537c91575538c5307c20217a6943f555e0ee39f6db4bb0f
/Scrapy-1.6.0-py2.py3-none-any.whl (231kB)
    100% |████████████████████████████████| 235kB 484kB/s
Collecting w3lib>=1.17.0 (from scrapy)
  Downloading https://files.pythonhosted.org/packages/81/43/9dcf92a77f5f0afe4f4df2407d7289eea01368a08b64bda00dd318ca62a6
/w3lib-1.20.0-py2.py3-none-any.whl
Collecting queuelib (from scrapy)
  Downloading https://files.pythonhosted.org/packages/4c/85/ae64e9145f39dd6d14f8af3fa809a270ef3729f3b90b3c0cf5aa242ab0d4
/queuelib-1.5.0-py2.py3-none-any.whl
Collecting pyOpenSSL (from scrapy)
  Downloading https://files.pythonhosted.org/packages/01/c8/ceb170d81bd3941cbeb9940fc6cc2ef2ca4288d0ca8929ea4db5905d904d
/pyOpenSSL-19.0.0-py2.py3-none-any.whl (53kB)
    100% |████████████████████████████████| 61kB 2.5MB/s
Collecting service-identity (from scrapy)
  Downloading https://files.pythonhosted.org/packages/e9/7c/2195b890023e098f9618d43ebc337d83c8b38d414326685339eb024db2f6
/service_identity-18.1.0-py2.py3-none-any.whl
Collecting lxml (from scrapy)
  Downloading https://files.pythonhosted.org/packages/12/9e/316022255a2b715b0efaa967aa89119544906b3ed4f5131c1c9b6962baca
/lxml-4.3.1-cp37-cp37m-win_amd64.whl (3.6MB)
    100% |████████████████████████████████| 3.6MB 832kB/s
Collecting cssselect>=0.9 (from scrapy)
  Downloading https://files.pythonhosted.org/packages/7b/44/25b7283e50585f0b4156960691d951b05d061abf4a714078393e51929b30
/cssselect-1.0.3-py2.py3-none-any.whl
Installing collected packages: Twisted, scrapy
  Running setup.py install for Twisted ... done
Successfully installed Twisted-18.9.0 scrapy-1.6.0
```

图 5-5 Scrapy 的安装

需要注意的是，安装 Scrapy 前要先安装 Microsoft Visual C++ Build Tools。

Scrapy 运行步骤如下。

（1）引擎从调度器中取出一个链接（URL）。

（2）引擎把 URL 封装成一个请求（Request）传给下载器。

（3）下载器把资源下载下来，并封装成应答包（Response）。

（4）爬虫解析 Response。

（5）解析出实体（Item），则交给实体管道进行进一步的处理。

（6）解析出的是链接（URL），则把 URL 交给调度器等待抓取。

5.1.3 PySpider 爬虫框架

PySpider 是国人编写的一款强大的网络爬虫系统，采用 Python 语言编写，分布式架构，支持多种数据库后端。它带有强大的 WebUI、脚本编辑器、任务监控器、项目管理以及结果处理器，支持多种数据库后端、多种消息队列、JavaScript 渲染页面的爬取，使用起来非常方便。其 GiHub 网址：https://github.com/binux/pyspider。官方文档网址：http://docs.pyspider.org/。

PySpider 的架构主要分为调度器（Scheduler）、抓取器（Fetcher）、处理器（Processer）三个部分。整个爬取过程受到监控器（Monitor）的监控，抓取的结果由结果处理器（Result Worker）处理。

PySpider 框架的特性如下。

（1）Python 脚本控制，可以使用任何的 HTML 解析包（内置 Pyquery）。

（2）Web 界面编写调试脚本、编写启停脚本、监控执行状态、查看活动内容和获取结果产出。

（3）队列服务支持 RabbitMQ、Beanstalk、Redis 和 Kombu。

（4）数据库存储支持 MySQl、MongoDB、Redis、SQLite、Elasticsearch、PostgreSQL 及 SQLAlchemy。

（5）组件可替换，支持单机/分布式部署，支持 Docker 的部署。

（6）支持抓取 JavaScript 的页面。

（7）强大的调度控制，支持超时重爬及优先级设置。

PySpider 的安装命令为 pip install pyspider，如图 5-6 所示。

```
Anaconda Prompt
(base) C:\Users\hefug>pip install pyspider
Collecting pyspider
  Downloading https://files.pythonhosted.org/packages/d0/97/d6062c928f53d899ff2a8538fed11d4d425ba3d27c96248a2c601c1c9fef
/pyspider-0.3.10.tar.gz (110kB)
    100% |████████████████████████████████| 112kB 50kB/s
Requirement already satisfied: Flask>=0.10 in c:\users\hefug\anaconda3\lib\site-packages (from pyspider) (1.0.2)
Requirement already satisfied: Jinja2>=2.7 in c:\users\hefug\anaconda3\lib\site-packages (from pyspider) (2.10)
Requirement already satisfied: chardet>=2.2 in c:\users\hefug\anaconda3\lib\site-packages (from pyspider) (3.0.4)
Requirement already satisfied: cssselect>=0.9 in c:\users\hefug\anaconda3\lib\site-packages (from pyspider) (1.0.3)
Requirement already satisfied: lxml in c:\users\hefug\anaconda3\lib\site-packages (from pyspider) (4.2.5)
Requirement already satisfied: pycurl in c:\users\hefug\anaconda3\lib\site-packages (from pyspider) (7.43.0.2)
Requirement already satisfied: requests>=2.2 in c:\users\hefug\anaconda3\lib\site-packages (from pyspider) (2.21.0)
Collecting Flask-Login>=0.2.11 (from pyspider)
  Downloading https://files.pythonhosted.org/packages/c1/ff/bd9a4d2d81bf0c07d9e53e8cd3d675c56553719bbefd372df69bf1b3c1e4
/Flask-Login-0.4.1.tar.gz
Collecting u-msgpack-python>=1.6 (from pyspider)
  Downloading https://files.pythonhosted.org/packages/f1/4c/3dcd00ea071dfe62513bc7e280802eb155e2fd93c3f5384a0caa6e3b4538
/u_msgpack_python-2.5.1-py2.py3-none-any.whl
Requirement already satisfied: click>=3.3 in c:\users\hefug\anaconda3\lib\site-packages (from pyspider) (7.0)
Requirement already satisfied: six>=1.5.0 in c:\users\hefug\anaconda3\lib\site-packages (from pyspider) (1.12.0)
Requirement already satisfied: tblib>=1.3.0 in c:\users\hefug\anaconda3\lib\site-packages (from pyspider) (1.3.2)
Collecting wsgidav>=2.0.0 (from pyspider)
  Downloading https://files.pythonhosted.org/packages/8a/02/4d04115189471e929a2f37a05fc8da061bd36c88105999aae51f4558a704
/WsgiDAV-3.0.0-py2.py3-none-any.whl (169kB)
    100% |████████████████████████████████| 174kB 43kB/s
Collecting tornado<=4.5.3,>=3.2 (from pyspider)
  Downloading https://files.pythonhosted.org/packages/e3/7b/e29ab3d51c8df66922fea216e2bddfcb6430fb29620e5165b16a216e0d3c
/tornado-4.5.3.tar.gz (484kB)
    100% |████████████████████████████████| 491kB 48kB/s
```

图 5-6　pyspider 的安装

5.1.4　Beautiful Soup 爬虫框架

Beautiful Soup 是一个可以从 HTML 或 XML 文件中提取数据的 Python 库，能够通过转换器实现惯用的文档导航、查找、修改文档的方式。

Beautiful Soup 安装命令为 pip install beautifulsoup4，如图 5-7 所示。

```
Anaconda Prompt
(base) C:\Users\hefug>pip install  beautifulsoup4
Collecting beautifulsoup4
  Downloading https://files.pythonhosted.org/packages/1d/5d/3260694a59df0ec52f8b4883f5d23b130bc237602a1411fa670eae12351e
/beautifulsoup4-4.7.1-py3-none-any.whl (94kB)
    100% |████████████████████████████████| 102kB 95kB/s
Collecting soupsieve>=1.2 (from beautifulsoup4)
  Downloading https://files.pythonhosted.org/packages/35/e3/25079e8911085ab76a6f2facae0771078260c930216ab0b0c44dc5c9bf31
/soupsieve-1.9.2-py2.py3-none-any.whl
Installing collected packages: soupsieve, beautifulsoup4
Successfully installed beautifulsoup4-4.7.1 soupsieve-1.9.2
```

图 5-7　Beautiful Soup 安装

Beautiful Soup 爬取网页的步骤如下。

（1）选择要爬的网址。

（2）使用 Python 访问这个网址（urlopen、requests 等）。

（3）读取网页信息。

（4）将读取的信息放入 BeautifulSoup。

（5）使用 BeautifulSoup 对数据进行筛选，提取需要的信息。

5.2　数据爬取

数据爬取一般是从网络爬取所需要的数据资源和格式，包括文本数据和图像数据，下面介绍典型的爬取库的使用方法。

5.2.1　Urllib3 爬取

Urllib 是一个功能强大用于操作 URL 的常用基础库，无须额外安装，默认已经安装到 Python 中。在 Python 2.x 中，Urllib 分为 Urllib 和 Urllib2，在 Python 3.x 中合并为 Urllib。两者使用方法有所不同。

Python 3.7 中 Urllib 模块包括以下四个子模块。

（1）urllib.request 用于访问和读取 URL，URL 就像在浏览器里输入网址一样，只需要给这个库方法 urlopen 传入 URL 和其他参数就可以实现这个过程。

（2）urllib.error 包含了所有 urllib.request 导致的异常，可以捕捉这些异常，然后进行重试或者其他操作以确保程序不会意外终止。

（3）urllib.parse 用于解析 URL，其提供了很多 URL 处理方法，例如拆分、解析、合并、编码。

（4）urllib.robotparser 用于解析 robots.txt 文件，判断哪些网站可以爬，哪些网站不可以爬。

例如下面的代码以 utf-8 编码格式显示百度网站 HTML 文件。

```
from urllib import request
if __name__=="__main__":
    response=request.urlopen("http://www.baidu.com")
    html=response.read()
    html = html.decode("utf-8")
    print(html)
```

5.2.2　Requests 爬取

相比于 Urllib 模块，Requests 模块要简单很多，但是需要单独安装。

Requests 库的主要方法如下。

（1）requests.get()：向 HTML 网页提交 get 请求的方法。

（2）requests.post()：向 HTML 网页提交 post 请求的方法。

（3）requests.head()：获取 HTML 头部信息的主要方法。

（4）requests.put()：向 HTML 网页提交 put 请求的方法。

（5）requests.options()：向 HTML 网页提交 options 请求的方法。

例如，使用 Requests 模块下载图片的代码如下。

```
import requests
url = "https://timgsa.baidu.com/timg?image&quality=80&size=b9999_10000&sec=1562944673599&di=392b99ac17e0edf376f15a84ccdd5e8f&imgtype=0&src=http%3A%2F%2Fb.zol-img.com.cn%2Fsoft%2F6%2F571%2FcepyVKtIjudo6.jpg"
root = "D:\\test\\1.jpg"
r = requests.get(url)
with open(root,"wb") as f:
    f.write(r.content)
    f.close()
    print("文本保存成功")
```

5.2.3 Scrapy 框架爬取

Scrapy 是一个为了爬取网站数据，提取结构性数据而编写的应用框架，可以应用在数据挖掘、信息处理或存储历史数据等一系列的程序中。

Scrapy 的使用步骤如下。

（1）创建一个 Scrapy 项目。在开始爬取之前，要创建一个新的 Scrapy 项目，也就是存储代码的目录。

（2）定义提取的 Item。Item 是容器，用于保存爬取到的数据，其功能和 Python 字典类似，并提供了额外保护机制来避免拼写错误导致的未定义字段错误。

（3）编写爬取网站的 Spider 并提取 Item。Spider 是用户编写用于从单个网站爬取数据的类。其包含了一个用于下载的初始 URL，以及跟进网页中的链接、分析页面中的内容、提取生成 Item 的方法。

若要创建一个 Spider，必须继承 scrapy.Spider 类，且定义以下三个属性。

① name：用于区别 Spider。该名字必须是唯一的，为不同的 Spider 设定不同的名字。

② start_urls：包含了 Spider 在启动时进行爬取的 Url 列表。第一个被获取到的页面为开始页面，后续的 URL 则从初始的 URL 获取到的数据中提取。

③ parse()：spider 的一个方法。被调用时，每个初始 URL 完成下载后生成的Response 对象将会作为唯一的参数传递给该函数。该方法负责解析返回的数据，提取数据（生成 Item）以及生成需要进一步处理的 URL 的 Request 对象。

（4）编写 Item Pipeline 来存储提取到的 Item（即数据）。

当 Item 在 Spider 中被收集之后，它将会被传递到 Item Pipeline，一些组件会按照一定的顺序执行对 Item 的处理。

Item Pipeline 组件是实现了简单方法的 Python 类。他们接收到 Item 并通过它执行一些行为，同时也决定此 Item 是否继续通过 Pipeline，或是被丢弃而不再进行处理。

Item Pipeline 的一些典型应用包括清理 HTML 数据、验证爬取的数据、查重（并丢弃）、将爬取结果保存到数据库中。

5.2.4　实例——爬取招聘网站职位信息

下面以“前程无忧”网站为例说明爬取网站职位数据信息的方法，前程无忧网站职位信息的格式：http://search.51job.com/list/000000,000000,0000,00,9,99,【关键字】,2,【页数】.html。

示例网页：https://search.51job.com/list/000000,000000,0000,00,9,99,python,2,1.html，如图 5-8 所示。

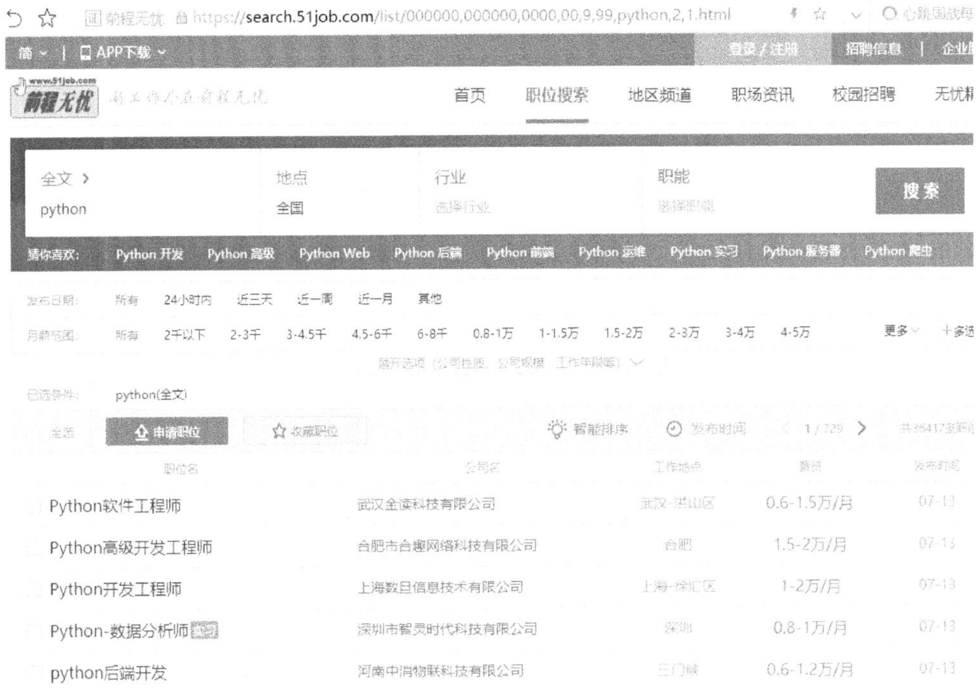

图 5-8　前程无忧职位信息

使用火狐浏览器打开网页：https://search.51job.com/list/000000,000000,0000,00,9,99,python,2,1.html。选择菜单命令“Web 开发者>查看器”，可以浏览网页的 HTML 代码，如图 5-9 所示。

登录同步服务

内容拦截

新建窗口 Ctrl+N
新建隐私窗口 Ctrl+Shift+P
恢复先前的浏览状态

缩放 — 100% + ⤢

编辑

我的足迹 ›
附加组件 Ctrl+Shift+A
选项
定制...

打开文件... Ctrl+O
另存页面为... Ctrl+S
打印...

在此页面中查找... Ctrl+F
更多 ›
Web 开发者 ›
帮助 ›

退出 Ctrl+Shift+Q

‹ Web 开发者

✓ 切换工具箱 Ctrl+Shift+I
查看器 Ctrl+Shift+C
Web 控制台 Ctrl+Shift+K
调试器 Ctrl+Shift+S
样式编辑器 Shift+F7
性能 Shift+F5
网络 Ctrl+Shift+E
存储探查器 Shift+F9
无障碍环境

WebIDE Shift+F8
浏览器控制台 Ctrl+Shift+J
响应式设计模式 Ctrl+Shift+M
取色器
代码草稿纸 Shift+F4
Service Worker
页面源代码 Ctrl+U

获取更多工具

脱机工作

图 5-9 选择“查看器”菜单命令

图 5-10 为源代码窗口。

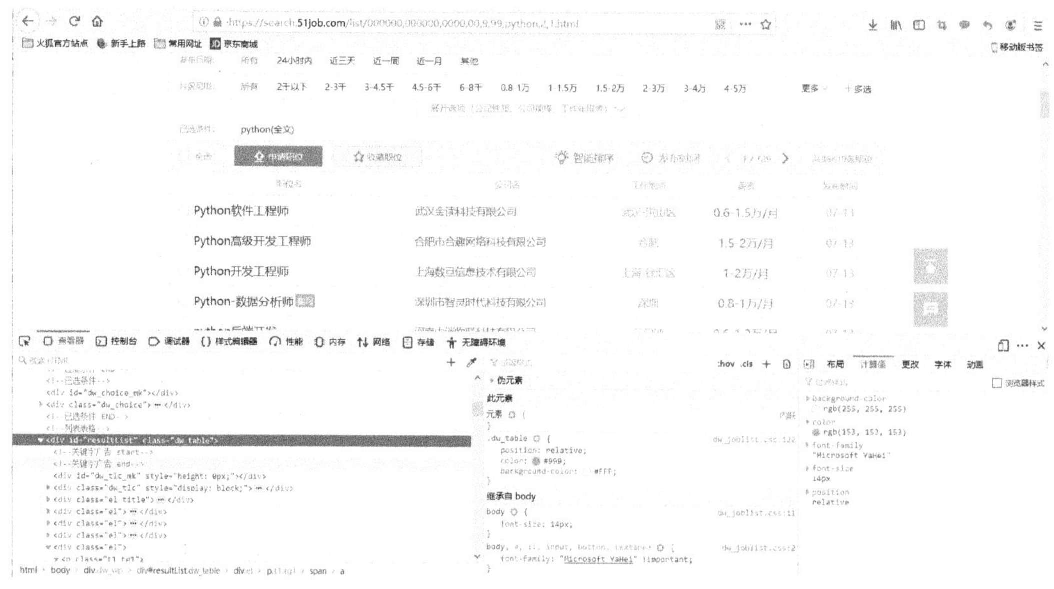

图 5-10 火狐浏览器查看源代码

在源代码中搜索的结果标签：<div id="resultlist" class="dw_table">，如图 5-11 所示。

图 5-11　代码中搜索的结果标签

在 resultlist 标签下，ul 类是每一项集合的列表，类 t1 为职位名；类 t2 为公司名；类 t3 为工作地点；类 t4 为薪资；类 t5 为发布时间，如图 5-12 所示。

图 5-12　结果中的项

Python 爬取代码如下。

```
from bs4 import BeautifulSoup
import chardet
import requests
import xlwt
url = 'https://search.51job.com/list/000000,000000,0000,00,9,99,python,2,1.html'
```

```
r = requests.get(url)
code = chardet.detect(r.content)['encoding']
r.encoding = code
soup = BeautifulSoup(r.text, 'html.parser')
total_list = soup.find('div', attrs={'id': 'resultList'})
total = total_list.find_all('div', attrs={'class': 'el'})
total.pop(0)
dataList = []
for i in total:
    data = []
    e1 = i.find('p').find('a')['title']
    data.append(e1)
    e2 = i.find('span', attrs={'class': 't2'}).find('a').string
    data.append(e2)
    e3 = i.find('span', attrs={'class': 't3'}).string
    data.append(e3)
    e4 = i.find('span', attrs={'class': 't4'}).string
    data.append(e4)
    e5 = i.find('span', attrs={'class': 't5'}).string
    data.append(e5)
    dataList.append(data)
wbk = xlwt.Workbook()
sheet = wbk.add_sheet('python')
for i, each in enumerate(dataList):
    for j, value in enumerate(each):
        sheet.write(i, j, value)
wbk.save('d://data//python.xls')
```

爬取结果如图 5-13 所示。

	A	B	C	D	E
1	Python软件工程师	武汉金读科技有限公司	武汉-洪山区	0.6-1.5万/月	07-13
2	Python高级开发工程师	合肥市合趣网络科技有限公司	合肥	1.5-2万/月	07-13
3	Python开发工程师	上海数旦信息技术有限公司	上海-徐汇区	1-2万/月	07-13
4	Python-数据分析师	深圳市智灵时代科技有限公司	深圳	0.8-1万/月	07-13
5	python后端开发	河南中消物联科技有限公司	三门峡	0.6-1.2万/月	07-13
6	软件工程师-python	上海凯来仪器有限公司	上海-浦东新区	1.5-2万/月	07-13
7	Python开发工程师	广州威尔森信息科技有限公司	广州-天河区	0.9-1.4万/月	07-13
8	Python开发实施工程师（贵州）	北京推想科技有限公司	贵阳	0.6-1.1万/月	07-13
9	Python开发工程师	浪潮通软公司	济南	0.8-1.5万/月	07-13
10	python开发（偏：数据分析）	上海海万信息科技股份有限公司	深圳	1-1.5万/月	07-13
11	Python开发工程师	上海颐为网络科技有限公司	南京	2.5-3万/月	07-13
12	Python中级工程师	上海汉得信息技术股份有限公司	西安-高新技术...	0.8-1.2万/月	07-13
13	Python开发工程师	深圳市星商电子商务有限公司	深圳-龙岗区	0.8-1.5万/月	07-13
14	Python开发工程师	上海阳祥实业有限公司	上海-虹口区	20-30万/年	07-13
15	Python开发工程师 RR	同方鼎欣科技股份有限公司	北京-海淀区	1.5-2万/月	07-13
16	Python开发工程师suk	上海华泛信息服务有限公司	昆山	1-1.5万/月	07-13
17	Python开发工程师	广州外宝电子商务有限公司	广州-荔湾区	0.8-1万/月	07-13
18	后台开发工程师（Python）	上海爱福窝云技术有限公司	上海-浦东新区	1.5-2万/月	07-13
19	python开发工程师	广州战英网络科技有限公司	广州-天河区	1.5-2.5万/月	07-13
20	Python开发工程师	上海天正信息科技有限公司	上海	1-1.5万/月	07-13
21	资深Python开发工程师	上海�闹谛畔12际跤邢蕖�司	上海-闵行区	2-2.5万/月	07-13
22	python后端开发工程师	北京科讯华通科技发展有限公司	北京	0.8-1.5万/月	07-13
23	Python游戏服务端高级开发	湖南纳米娱乐网络科技有限公司	长沙-岳麓区	1-2万/月	07-13
24	Python高级开发工程师	北京文泽智远信息技术有限公司	北京-海淀区	1.5-2万/月	07-13
25	Java/Python软件工程师.	南京拾柒信息科技有限公司	北京	0.8-2万/月	07-13
26	Python软件开发工程师	上海东软载波微电子有限公司	上海		07-13

图 5-13　爬取结果

5.2.5　实例——爬取网站指定的图片集合

爬取网站指定的图片集合的代码如下。

```
import urllib
import urllib.request
import re
url = "http://tieba.baidu.com/p/2460150866"
page = urllib.request.urlopen(url)
html = page.read()
#正则匹配
reg = r'src="(.+?\.jpg)" pic_ext'
imgre = re.compile(reg)
imglist = re.findall(imgre, html.decode('utf-8'))
x = 0
print("start dowload image")
for imgeurl in imglist:
    print(imgeurl)
    resp = urllib.request.urlopen(imgeurl)
    respHtml = resp.read()
    imageFile = open('%s.jpg' % x, "wb")
    imageFile.write(respHtml)
    imageFile.close()
    x = x+1
print("all over")
```

爬取结果如图 5-14 所示。

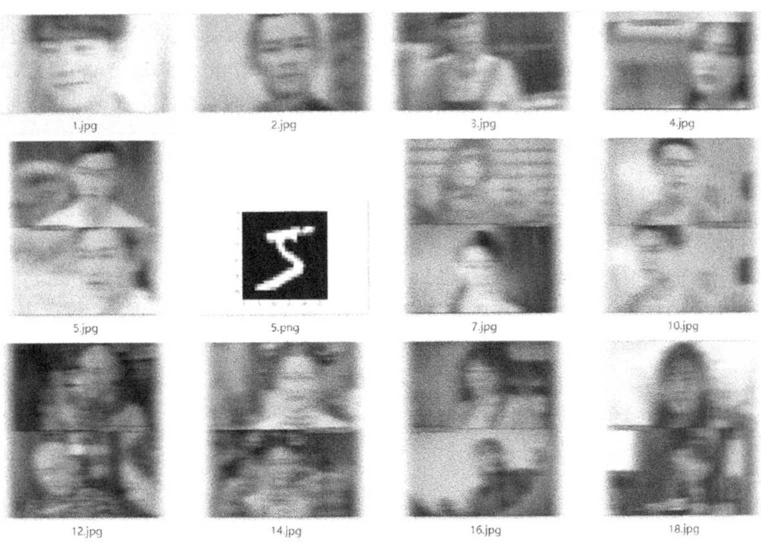

图 5-14　图片爬取结果

5.2.6 实例——爬取二手车市场数据

下面使用某二手车的网站爬取数据，因为该二手车网站是静态网页，所以不需要考虑ajax、JS 渲染的情况，爬取逻辑简单，步骤如下。

（1）发出请求，接受响应。

（2）获取网页源码，并解析出每辆车的详情页 URL。

（3）获取数据详情页，并解析数据。

（4）存储数据到 mongodb。

（5）翻页遍历，重复（2）、（3）、（4）步。

代码如下，详细参阅：https://blog.csdn.net/heibai22/article/details/85601490。

```
import requests
from requests import RequestException
from bs4 import BeautifulSoup as bs
import time
import re
import pymongo
class GuaZi:
    def __init__(self):
        self.link = 'https://www.guazi.com/cd/buy/o'
        self.headers = {
                'Cookie':  'uuid=8e189c5e-4b3c-4eca-9f69-50d11cd70f62;  ganji_uuid=
5614770255330340838852; lg=1; antipas=L693382z8954211H66291335Huw3; clueSourceCode=
10104346512%2300; sessionid=f340bcee-4390-4aab-e05d-4273c453d102; cainfo=%7B%22ca_ s%22
%3A%22dh_hao123llq%22%2C%22ca_n%22%3A%22hao123mzpc%22%2C%22ca_i%22%3A%22-%22%2C%22ca_
medium%22%3A%22-%22%2C%22ca_term%22%3A%22-%22%2C%22ca_content%22%3A%22-%22%2C%22ca_
campaign%22%3A%22-%22%2C%22ca_kw%22%3A%22-%22%2C%22keyword%22%3A%22-%22%2C%22ca_keywordid
%22%3A%22-%22%2C%22scode%22%3A%2210104346512%22%2C%22ca_transid%22%3Anull%2C%22platform
%22%3A%221%22%2C%22version%22%3A1%2C%22ca_b%22%3A%22-%22%2C%22ca_a%22%3A%22-%22%2C%22
display_finance_flag%22%3A%22-%22%2C%22client_ab%22%3A%22-%22%2C%22guid%22%3A%228e189c5e-
4b3c-4eca-9f69-50d11cd70f62%22%2C%22sessionid%22%3A%22f340bcee-4390-4aab-e05d-4273c453d102
%22%7D; cityDomain=cd; preTime=%7B%22last%22%3A1545284609%2C%22this%22%3A1544171667%2C
%22pre%22%3A1544171667%7D',
                'User-Agent':  'Mozilla/5.0  (Windows  NT  10.0;  WOW64)  AppleWebKit/
537.36 (KHTML, like Gecko) Chrome/70.0.3538.110 Safari/537.36'
                }
        self.client = pymongo.MongoClient(host='127.0.0.1', port=27017)
        self.db = self.client.spider
    def get_page(self, url):
        try:
            resp = requests.get(url, headers=self.headers)
            resp.raise_for_status
            resp.encoding = resp.apparent_encoding
```

```
            return resp.text
        except RequestException:
            print('Can not get the page')
            pass
    def get_link(self, html):
        soup = bs(html, 'lxml')
        result = soup.select('div.list-wrap.js-post > ul > li > a')
        detail_url = ['https://www.guazi.com'+i['href'] for i in result]
        return detail_url
    def get_detail(self, html):
        detail = bs(html, 'lxml')
        title = detail.select_one('div.infor-main.clearfix > div.product-textbox > h2').get_text()
        title = re.sub(r'[\r\n]', '', title)
        time = detail.select_one('div.product-textbox > ul > li.one > span').get_text()
        used_distance = detail.select_one('div.product-textbox > ul > li.two > span').get_text()
        city = detail.select('div.product-textbox > ul > li.three > span')[0].get_text()
        displacement = detail.select('div.product-textbox > ul > li.three > span')[1].get_text()
        transmission = detail.select_one('div.product-textbox > ul > li.last > span').get_text()
        price = detail.select_one('div.product-textbox > div.pricebox.js-disprice > span.pricestype').get_text()
        guiding_price = detail.select_one('div.product-textbox > div.pricebox.js-disprice > span.newcarprice').get_text()
        guiding_price = re.sub(r'[\r\n ]', '', guiding_price)

        result={
                'title': title.strip().replace('                    ', ' '),
                'time': time,
                'used_distance': used_distance,
                'city': city,
                'displacement':displacement,
                'transmission': transmission,
                'price': price.replace(' ', ''),
                'guiding_price':guiding_price
                }
        return result

    def save_to_mongo(self, content):
        if content:
```

```
            self.db.ershouche_cd.insert(content)
            print(content['title'], 'DONE')
    def main(self):
        for i in range(1, 101, 1):
            url = self.link+str(i)
            html = self.get_page(url)
            result  =self.get_link(html)
            for i in result:
                time.sleep(2)
                resp = self.get_page(i)
                content = self.get_detail(resp)
                if content:
                    self.save_to_mongo(content)
if __name__ == '__main__':
    ershouche = GuaZi()
    ershouche.main()
```

5.3 数据清洗

数据清洗（Data Cleaning）是将重复、多余的数据筛选清除，将缺失的数据补充完整，错误的数据纠正或者删除，提高数据的一致性，最后整理成为我们可以进一步加工、使用的数据。

数据清洗的一般步骤为分析数据、缺失值处理、异常值处理、去重处理、噪音数据处理。

Pandas 是 Python 中很流行且提供功能强大的类库，不管数据处于什么状态，都可以通过清洗数据、排序数据，最后得到清晰明了的数据。

Pandas 模块中有专门针对 Excel 文件和 CSV 文件的读取方法 read_excel 和 read_csv，当然用得最多的还是 read_csv 文件，因为 Excel 文件最多只能存储 100 多万行，但是 CSV 文件可以存储上亿行数据。

5.3.1 数据清洗库 Pandas

Pandas 是一个被 BSD 许可的开源的数据清洗的库，为 Python 编程语言提供高性能、易于使用的数据结构和数据分析工具，可以用于对 CSV 和文本文件、Microsoft Excel、SQL 数据库数据的读写。中文说明文档网页：https://www.pypandas.cn/。

使用 Pandas 之前，我们需要先对其进行安装，安装命令如下。

```
pip install pandas
```

Pandas 主要的数据结构有如下两种。

（1）序列（Series）：一维标记数组，能够保存任何数据类型，有索引，可以简单理解为一个向量，但是不同于向量的是，Series 会自动为这一维数据创建行索引。

实例代码如下。

```
import pandas as pd
a=pd.Series([1,2,3])#默认索引从 0 开始
b=pd.Series([1,2,3],index=['a','b','c'])#可设置索引
c=pd.Series({'i':1,'j':2,'k':3})#可结合字典
print(a)
print(b)
print(c)
```

运行结果如下。

```
0    1
1    2
2    3
dtype: int64
a    1
b    2
c    3
dtype: int64
i    1
j    2
k    3
dtype: int64
```

（2）Dataframe：Python 中 Pandas 库的另一种数据结构，它类似于 Excel，是一种二维表格型的数据结构，既有行索引 Index，也有列索引 Columns。

Pandas 中的 DataFrame 构建函数格式：pandas.DataFrame(data，index，columns，dtype，copy)。

参数说明如下。

① data：数据源。可以是 Ndarray、Series、Map、Lists、Dict、Constant 或另一个 DataFrame。

② index：行标签。如果没有指定索引值，选默认值"np.arrange(n)"。

③ columns：列标签。如果没有指定索引值，选默认值"np.arrange(n)"。

④ dtype：每列的数据类型。

⑤ copy：如果默认值为 False，则此命令用于复制数据。

列表生成数据实例代码如下。

```
import pandas as pd
d = pd.DataFrame([[1,2,3],[4,5,6]], columns=['a','b','c'])
print(d)
```

运行结果如下。

```
a b c
0 1 2 3
14 5 6
```

随机数生成数据实例代码如下。

```
import pandas as pd
import numpy as np
 df1=pd.DataFrame(np.random.randn(4,4),index=list('ABCD'),columns=list('ABCD'))
print(df1)
```

运行结果如下。

```
          A         B         C         D
A -1.732695 -1.241646  0.831575  2.043397
B -1.888712 -0.703586 -1.122534 -1.771586
C -1.380996  0.473875 -1.225316 -0.059580
D  0.590119  1.467366  0.328725 -0.764903
```

从 Excel 表创建数据格式：pd.DataFrame(pd.read_excel('loandata.xlsx'))。

从 CSV 文件创建数据格式：pd.DataFrame(pd.read_csv('job.csv'))。

使用 head 可以查看前几行的数据，默认的是前 5 行，不过也可以自己设置。使用 tail 可以查看后几行的数据，默认也是 5 行，参数可以自己设置。

比如，随意设置一个 6×6 的数据，只看前 3 行，代码如下。

```
df4=pd.DataFrame(np.random.randn(6,6))
print(df4.head(3))
```

若只看后 2 行，则代码为 df4.tail(2)。

使用 index 查看行名，columns 查看列名，例如，df1.index 用于查看行名；df1.columns 用于查看列名。

使用 values 可以查看 DataFrame 里的数据值，返回的是一个数组，例如 df1.values 用于查看所有的数据值。

还有另一种操作，使用 loc 或者 iloc 查看数据值，loc 是根据行名查看，iloc 是根据数字索引（也就是行号）查看。

使用 shape 查看行列数，参数为 0 表示查看行数，参数为 1 表示查看列数，例如 df1.shape[0] 用于查看行。

分析后的数据可以输出为 xlsx 格式和 csv 格式的文件，示例如下。

（1）写入到 Excel 文件

```
import pandas as pd
df=pd.DataFrame(np.random.randn(6,6))
```

```
df.to_excel('excel_to_python.xlsx', sheet_name='random')
```

运行结果如图 5-15。

A	B	C	D	E	F	G
	0	1	2	3	4	5
0	0.285765	-1.88962	0.206169	-0.45602	1.695112	1.110004
1	1.725045	1.907861	-0.13685	0.973626	-0.44191	-0.61613
2	2.032455	0.054799	-1.17384	1.030327	-0.74984	-0.65121
3	-0.33734	0.178964	-0.57267	-0.2634	-2.95365	0.964789
4	-1.63695	0.350473	0.844889	0.130172	-0.21293	-0.5287
5	-0.09141	-0.21736	-0.84699	1.781652	0.928713	-0.56349

图 5-15　输出数据到 Excel

（2）写入到 CSV 文件

```
import pandas as pd
df=pd.DataFrame(np.random.randn(6,6))
df.to_excel('excel_to_python1.xlsx', sheet_name='random')
df.to_csv('excel_to_python.csv')
```

5.3.2　缺失值处理

缺失数据是爬取时最常见的问题之一，产生这个问题可能有以下的原因：填写错误、数据不可用、计算错误。

无论什么原因，只要有缺失数据存在，就会引起数据分析的错误。典型的处理缺失数据的方法包括为缺失数据赋值默认值、去掉/删除缺失数据行、去掉/删除缺失数据列。

1. 默认值处理

在数据中，应该去掉那些容易报错的 NaN 值。

Pandas 缺失值判断函数：DataFrame.isna()。

该函数返回一个布尔值，如果值为 NA，则返回 True，否则返回 False。

示例如下。

```
import pandas as pd
import  numpy  as  np
from pandas import Series,DataFrame
from numpy import nan as NaN
data=DataFrame([[12,'man','1386562'],[19,'woman',NaN],[17,NaN,NaN],[NaN,NaN,NaN]],
columns=['age','sex','phone'])
print(data.isna())
```

运行结果如下。

```
age    sex  phone
0  False  False  False
```

```
1  False  False   True
2  False   True   True
3   True   True   True
```

2. 删除 NaN 所在的行

删除 NaN 所在行的示例代码如下。

```
import pandas as pd
import numpy as np
df = pd.DataFrame(np.random.randn(5, 3), index = list('abcde'), columns = ['one',
'two', 'three'])  # 随机产生 5 行 3 列的数据
df.ix[1, :-1] = np.nan          # 将指定数据定义为 NaN
df.ix[1:-1, 2] = np.nan
print('\ndf1')                  # 输出 df1，然后换行
print(df)
print('\ndrop row')
print(df.dropna(axis = 0))
```

运行结果如下。

```
df1
        one       two     three
a -0.284878  0.717356 -0.540627
b       NaN       NaN       NaN
c -0.297786  2.059727       NaN
d -0.056369  0.048889       NaN
e -0.198555 -0.927367  1.185885

drop row
        one       two     three
a -0.284878  0.717356 -0.540627
e -0.198555 -0.927367  1.185885
```

3. 删除 NaN 所在的列

删除表中全部为 NaN 的列：data.dropna(axis=1，how='all')。

删除表中任何含有 NaN 的列：data.dropna(axis=1，how='any')。

示例代码如下。

```
import pandas as pd
import numpy as np
df = pd.DataFrame(np.random.randn(5, 3), index = list('abcde'), columns = ['one',
'two', 'three'])  # 随机产生 5 行 3 列的数据
df.ix[1, :-1] = np.nan   # 将指定数据定义为缺失
df.ix[1:-1, 2] = np.nan
```

```
print('\ndf1')           # 输出 df1，然后换行
print(df)
print('\ndrop row')
print(df.dropna(axis = 1))
```

运行结果如下。

```
df1
        one       two     three
a -0.929684  0.464422  1.183360
b       NaN       NaN       NaN
c  0.096584  0.223523       NaN
d -0.414641  0.892137       NaN
e  0.473328 -0.266851 -0.949192
drop row
Empty DataFrame
Columns: []
Index: [a, b, c, d, e]
```

4. 填充 NA/NaN 值

如果不想去掉行或列，可以使用 fillna()方法填充 NA/NaN 值。函数形式：fillna(value=None，method=None，axis=None，inplace=False，limit=None，downcast=None，**kwargs)。参数 value 为用于填充的空值的值。

示例代码如下。

```
import pandas as pd
import numpy as np
df = pd.DataFrame(np.random.randn(5, 3), index = list('abcde'), columns = ['one',
'two', 'three'])                 # 随机产生 5 行 3 列的数据
df.ix[1, :-1] = np.nan           # 将指定数据定义为缺失
df.ix[1:-1, 2] = np.nan
print('\ndf1')                   # 输出 df1，然后换行
print(df)
print('\ndrop row')
print(df.fillna(0))
```

运行结果如下。

```
df1
        one       two     three
a -0.315637 -0.601997 -0.322942
b       NaN       NaN       NaN
c  0.555694 -2.436679       NaN
d  0.346332  0.362138       NaN
e -1.178966  1.528326  1.074440
```

```
drop row
        one       two     three
a -0.315637 -0.601997 -0.322942
b  0.000000  0.000000  0.000000
c  0.555694 -2.436679  0.000000
d  0.346332  0.362138  0.000000
e -1.178966  1.528326  1.074440
```

5. 为不同列填充不同值

还可以通过字典来填充，以实现为不同的列填充不同的值，代码如下。

```
import pandas as pd
import numpy as np

df = pd.DataFrame(np.random.randn(5, 3), index = list('abcde'), columns = ['one', 'two', 'three'])                          # 随机产生 5 行 3 列的数据
df.ix[1, :-1] = np.nan         # 将指定数据定义为缺失
df.ix[1:-1, 2] = np.nan
print('\ndf1')                 # 输出 df1，然后换行
print(df)
print('\ndrop row')
print(df.fillna({'two':333,'three':666}))
```

运行结果如下。

```
df1
        one       two     three
a -0.085983  1.780449 -0.381835
b       NaN       NaN       NaN
c  0.280589  0.188117       NaN
d -0.410453 -0.295719       NaN
e  0.506194 -1.952133 -0.107979

drop row
        one         two       three
a  -0.085983    1.780449   -0.381835
b       NaN  333.000000  666.000000
c   0.280589    0.188117  666.000000
d  -0.410453   -0.295719  666.000000
e   0.506194   -1.952133   -0.107979
```

5.3.3 去重处理

在很多情况下需要去掉数据中的重复值，Pandas 中有两个函数专门用来处理重复值，第

一个是 duplicated()函数。duplicated()函数用来查找并显示数据表中的重复值数据。第二个是 drop_duplicates()函数，用于去掉重复的数据，一般是保留第一次出现的数据，剔除掉后边出现的重复的数据。

（1）Pandas 的 duplicated()函数。数据表中两个条目间所有列的内容都相等时，duplicated()才会判断为重复值[Duplicated()也可以单独对某一列进行重复值判断]。duplicated()支持从前向后（first）和从后向前（last）两种重复值查找模式。默认是从前向后进行重复值的查找和判断，换句话说就是将后出现的相同条件判断为重复值。

示例代码如下。

```
import pandas as pd
s = pd.Series([1,1,1,1,2,2,2,3,4])
#duplicated() 得到重复值判断的布尔值，布尔值为 False 的即为非重复值
print(s[s.duplicated()==False])
```

运行结果如下。

```
0    1
4    2
7    3
8    4
```

（2）Pandas 的 drop_duplicates()函数。用来删除数据表中的重复值，判断标准和逻辑与 duplicated()函数一样。使用 drop_duplicates()函数后，Python 将返回一个只包含唯一值的数据表。

对于 DataFrame 数据，只需选择某列操作即可。格式：DataFrame.duplicated（subset = None，keep ='first'）。

参数说明如下。

① subset：列标签或标签序列，为可选参数，默认情况下使用所有列。

② keep：可选 first、last、False，first 将非第一次出现的重复数据标记为重复（True），last 将非最后一次出现的重复数据标记为重复（True），False 将所有重复项标记为重复（True）。

示例代码如下。

```
import pandas as pd
s = pd.Series([1,1,1,1,2,2,2,3,4])
#采用 drop_duplicates()去除重复值，返回唯一值
print(s.drop_duplicates())
```

运行结果如下。

```
0    1
4    2
7    3
8    4
```

```
dtype: int64
```

5.3.4 异常值处理

异常值指在数据集中存在的不合理值，一般表现为如下两种形式。

（1）值的类型错误。典型的错误的值的类型有 None、null、NaN。

Pandas 采用方法 isnull()和 notnull()判断缺失值为 null，生成所有数据的 true、false 矩阵，然后使用 dropna()过滤丢失数据，使用 fillna()填充丢失数据。

（2）异常值。又称离群点，在统计分析的数据中，偏离正常值较大的值称为离群点。例如对于正态分布，超过均值加减三倍标准差的数据为偏离点。

典型异常值的处理方法如下。

（1）删除含有异常值的记录。

（2）将异常值视为缺失值，交给缺失值处理方法来处理。

（3）用平均值来修正。

（4）不处理。

5.3.5 实例——清洗 CSV 文件

准备使用的数据集为 movie_metadata.csv。这个数据集包含了演员、导演、预算、总输入等很多信息，以及 IMDB 评分和上映时间。

代码如下。

```
import pandas as pd
data = pd.read_csv('movie_metadata.csv',engine='python',sep=',')
print(data.head())
print(data.genres.describe())
print(data['genres'])

#删除不完整的行
data.country=data.country.fillna('')       #用空字符串代替 NAN 值
print(data.dropna())                       #删除任何包含 NA 值的行
print(data.dropna(how='all'))              #删除一整行为 NA 的行
data.dropna(subset=['movie_title'])        #去掉上映时间这个数据

#删除不完整的列
data.dropna(axis=1,how='all')              #删除一整列为 NA 的列
data.dropna(axis=1,how='any')              #删除任何包含空值的列

#必要的变换
data['movie_title'].str.upper()  #将 title 大写
data['movie_title'].str.strip()  #去掉末尾空格
```

```
#重命名列名
data.rename(columns={'title_year':'release_dae','move_facebook_likes':'facebook_l
ikes'})

#保存结果
data.to_csv('cleanfile.csv',encoding='utf-8')
```

5.3.6 噪声数据处理

除了异常值和缺失值，还可能存在个别数据偏离群体数据的情况，这时需要删除掉这些噪声数据，以使数据集更合理，典型的判断方法是删除偏离均值三倍标准差的数据，代码如下。

```
import numpy as np
import pandas as pd
df = pd.read_csv(filename)  #filename表示数据集文件名
#去除噪声数据的函数
def drop_noisy_data(df):
    df_copy = df.copy()
    df_describe = df_copy.describe()
    for column in df.columns:
        mean = df_describe.loc['mean',column]
        std = df_describe.loc['std',column]
        minvalue = mean - 3*std
        maxvalue = mean + 3*std
        df_copy = df_copy[df_copy[column] >= minvalue]
        df_copy = df_copy[df_copy[column] <= maxvalue]
    return df_copy
```

5.3.7 实例——天气数据分析与处理

本例以意大利北部沿海地区气象数据作为天气数据选择分析的练习数据集，其中共包含 10 个城市的气象数据，5 个城市距离海 100 公里以内，另外 5 个城市距离海 100～400 公里距离。

假设天气数据已经下载到本地，首先加载数据集，代码如下。

```
# 导入模块
import numpy as np
import pandas as pd
import datetime

import matplotlib.pyplot as plt
import matplotlib.dates as mdates
```

```
from dateutil import parser

# 加载各个城市的数据集
df_ferrara = pd.read_csv('WeatherData/ferrara_270615.csv')
df_milano = pd.read_csv('WeatherData/milano_270615.csv')
df_mantova = pd.read_csv('WeatherData/mantova_270615.csv')
df_ravenna = pd.read_csv('WeatherData/ravenna_270615.csv')
df_torino = pd.read_csv('WeatherData/torino_270615.csv')
df_asti = pd.read_csv('WeatherData/asti_270615.csv')
df_bologna = pd.read_csv('WeatherData/bologna_270615.csv')
df_piacenza = pd.read_csv('WeatherData/piacenza_270615.csv')
df_cesena = pd.read_csv('WeatherData/cesena_270615.csv')
df_faenza = pd.read_csv('WeatherData/faenza_270615.csv')
```

CSV 天气文件的格式如图 5-16 所示。

A	B	C	D	E	F	G	H	I	J	K
	temp	humidity	pressure	description	dt	wind_speed	wind_deg	city	day	dist
0	22.68	60	1018	Sky is Clear	1.44E+09	2.1	80	Asti	2015/6/27 9.42	315
1	24.05	60	1018	Sky is Clear	1.44E+09	2.6	50	Asti	2015/6/27 10.37	315
2	26.56	57	1018	Sky is Clear	1.44E+09	2.1	100	Asti	2015/6/27 11.56	315
3	27.2	57	1017	Sky is Clear	1.44E+09	2.1	70	Asti	2015/6/27 12.53	315
4	28.56	29	1017	Sky is Clear	1.44E+09	2.06	154.505	Asti	2015/6/27 13.54	315
5	29.53	45	1016	Sky is Clear	1.44E+09	1.5	50	Asti	2015/6/27 14.55	315
6	30.51	48	1015	Sky is Clear	1.44E+09	1	0	Asti	2015/6/27 16.54	315
7	31.44	45	1015	Sky is Clear	1.44E+09	1.5	140	Asti	2015/6/27 17.55	315
8	30.46	48	1014	Sky is Clear	1.44E+09	2.1	50	Asti	2015/6/27 18.58	315
9	28.82	54	1014	Sky is Clear	1.44E+09	2.1	100	Asti	2015/6/27 19.58	315
10	22.81	73	1015	Sky is Clear	1.44E+09	2.6	10	Asti	2015/6/27 22.52	315
11	21.87	73	1016	Sky is Clear	1.44E+09	3.1	340	Asti	2015/6/27 23.57	315
12	21.59	73	1016	Sky is Clear	1.44E+09	2.6	320	Asti	2015/6/28 0.57	315
13	20.13	77	1017	broken cloud:	1.44E+09	2.1	340	Asti	2015/6/28 3.00	315
14	19.81	73	1017	broken cloud:	1.44E+09	1.5	360	Asti	2015/6/28 3.54	315
15	18.44	77	1018	few clouds	1.44E+09	2.6	30	Asti	2015/6/28 4.53	315
16	18.01	77	1018	Sky is Clear	1.44E+09	2.1	360	Asti	2015/6/28 5.57	315
17	18.58	84	1016	Sky is Clear	1.44E+09	0.88	321.501	Asti	2015/6/28 6.52	315
18	20.08	73	1018	Sky is Clear	1.44E+09	1	0	Asti	2015/6/28 7.54	315
19	20.98	68	1018	Sky is Clear	1.44E+09	1	0	Asti	2015/6/28 8.54	315

图 5-16　天气文件的格式

选取 3 个最靠近海的城市 ravenna、faenza、cesena，以及 3 个最不靠海的城市 milano、asti、torino。

下面读取 6 个城市的湿度和日期数据，代码如下。

```
y1 = df_ravenna['humidity']
x1 = df_ravenna['day']
y2 = df_faenza['humidity']
x2 = df_faenza['day']
y3 = df_cesena['humidity']
x3 = df_cesena['day']
y4 = df_milano['humidity']
x4 = df_milano['day']
```

```
y5 = df_asti['humidity']
x5 = df_asti['day']
y6 = df_torino['humidity']
x6 = df_torino['day']
# 把日期从 string 类型转化为标准的 datetime 类型
day_ravenna = [parser.parse(x) for x in x1]
day_faenza = [parser.parse(x) for x in x2]
day_cesena = [parser.parse(x) for x in x3]
day_milano = [parser.parse(x) for x in x4]
day_asti = [parser.parse(x) for x in x5]
day_torino = [parser.parse(x) for x in x6]
```

下面将天气数据绘图，代码如下。

```
# 调用 subplots() 函数，重新定义 fig、ax 变量
fig, ax = plt.subplots()
plt.xticks(rotation=70)

hours = mdates.DateFormatter('%H:%M')
ax.xaxis.set_major_formatter(hours)

#这里需要画出三根线，所以需要三组参数， 'g'代表'green'
plt.plot(day_ravenna,y1,'r',day_faenza,y2,'r',day_cesena,y3,'r')
plt.plot(day_milano,y4,'g',day_asti,y5,'g',day_torino,y6,'g')
plt.show()
```

运行结果如图 5-17 所示。

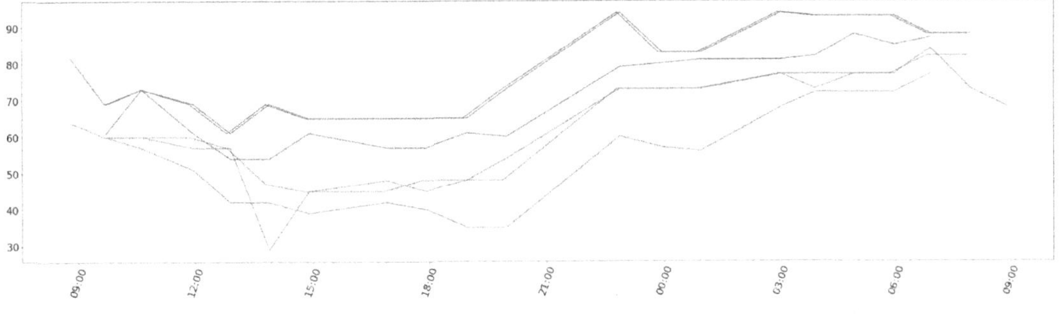

图 5-17　天气数据显示图

5.4　数据显示

在完成数据爬取、数据运算、机器学习以及数据清洗之后，可以对数据进行可视化显示，对显示结果进行预测，下面介绍典型的数据显示的方法。

5.4.1 Pandas 统计分析

Pandas 对象拥有一组常用的数学和统计方法，大部分都属于约简和汇总统计，Pandas 可以操作各种格式的文件，读写方法如表 5-1 所示。

表 5-1 Pandas 各种文件格式的读写方法

格式类型	数据描述	读	写
text	CSV	read_csv	to_csv
text	JSON	read_json	to_json
text	HTML	read_html	to_html
text	Local clipboard	read_clipboard	to_clipboard
binary	MS Excel	read_excel	to_excel
binary	OpenDocument	read_excel	
binary	HDF5 Format	read_hdf	to_hdf
binary	Feather Format	read_feather	to_feather
binary	Parquet Format	read_parquet	to_parquet
binary	Msgpack	read_msgpack	to_msgpack
binary	Stata	read_stata	to_stata
binary	SAS	read_sas	
binary	Python Pickle Format	read_pickle	to_pickle
SQL	SQL	read_sql	to_sql
SQL	Google Big Query	read_gbq	to_gbq

从 CSV 文件里面读取数据，选取某一列并以图形显示，代码如下。

```
df_ferrara=pd.read_csv('WeatherData/ferrara_270615.csv')
print(df_ferrara.describe())
df_ferrara['temp'].plot()
plt.show()
```

显示结果如图 5-18 所示。

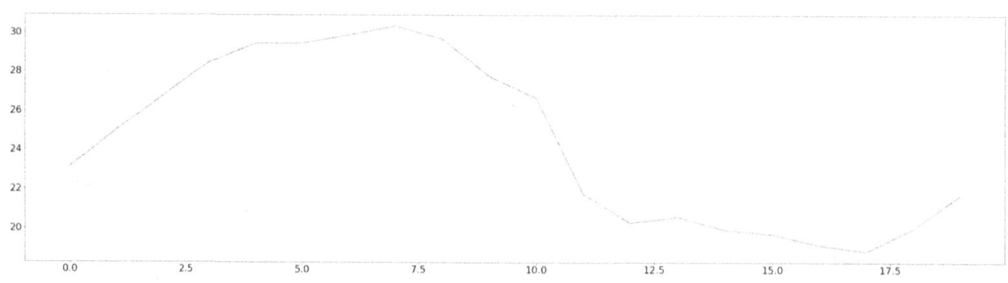

图 5-18 显示 CSV 文件中的某一列

Pandas 的 describe 方法可以根据列对数据进行描述性统计，例如 df_ferrara.describe()的显示结果如下。

```
Unnamed: 0      temp   humidity  ...  wind_speed   wind_deg  dist
count    20.00000  20.000000  20.000000  ...   20.000000  20.000000  20.0
mean      9.50000  24.419000  63.850000  ...    1.558500  103.501115  47.0
std       5.91608   4.297731  16.818771  ...    1.011863   84.950194   0.0
min       0.00000  18.810000  39.000000  ...    0.510000    5.500550  47.0
25%       4.75000  20.212500  47.750000  ...    1.030000   23.000000  47.0
50%       9.50000  24.075000  70.000000  ...    1.415000  101.500000  47.0
75%      14.25000  28.682500  78.750000  ...    1.592500  169.250000  47.0
max      19.00000  30.330000  84.000000  ...    5.140000  248.003000  47.0
```

sum 默认对每列求和，sum(1)为对每行求和。例如 print(df_ferrara.sum())的运行结果如下。

```
Unnamed: 0                                                190
temp                                                   488.38
humidity                                                 1277
pressure                                                20232
description    very heavy rainvery heavy rainvery heavy rainv...
dt                                                28708571170
wind_speed                                              31.17
wind_deg                                              2070.02
city          FerraraFerraraFerraraFerraraFerraraFerraraFerr...
day           2015-06-27 08:46:472015-06-27 09:39:502015-06-...
dist                                                      940
dtype: object
```

用 insert 方法可以指定把列插入到第几列，其他的列顺延。使用 join 可以将两个 DataFrame 合并，但只根据行列名合并，并且以作用的那个 DataFrame 为基准。例如，如下代码中新的 df7 是以 df2 的行号 index 为基准的。

```
df6=pd.DataFrame(['my','name','is','a'],index=list('ACDH'),columns=list('G'))
df7=df2.join(df6)
```

如果要合并多个 Dataframe，可以用 list 把几个 Dataframe 装起来，然后使用 concat 转化为一个新的 Dataframe，代码如下。

```
import pandas as pd
df1=pd.DataFrame([1,2,3,4],index=list('ABCD'),columns=['a'])
df2=pd.DataFrame([5,6,7,8],index=list('ABCD'),columns=['b'])
df3=pd.DataFrame([9,10,11,12],index=list('ABCD'),columns=['c'])
list1=[df1.T, df2.T, df3.T]
df4=pd.concat(list1)
print(df4)
```

运行结果如下。

```
   A   B   C   D
a  1   2   3   4
b  5   6   7   8
c  9  10  11  12
```

使用 Pandas 的 merge 方法可完成数据表合并，代码如下。

```
import pandas as pd
df1=pd.DataFrame([1,2,3,4],index=list('ABCD'),columns=['a'])
df2=pd.DataFrame([5,6,7,8],index=list('EFGK'),columns=['a'])
df_inner=pd.merge(df1,df2,how='inner')    # 交集
#print(df_inner)
df_left=pd.merge(df1,df2,how='left')      #取左边
print(df_left)
df_right=pd.merge(df1,df2,how='right')    #取右边
print(df_right)
df_outer=pd.merge(df1,df2,how='outer')    #并集
print(df_outer)
```

Pandas 数据表描述性统计：df.describe().round(2).T。其中，round 函数设置显示小数位，T 表示转置。

Pandas 计算列的标准差：df['temp'].std()。

Pandas 计算两个字段间的协方差：df['temp'].cov(df['humidity'])。

Pandas 计算数据表中所有字段间的协方差：df_inner.cov()。

Pandas 的两个字段的相关性分析：df['temp'].corr(df['humidity'])。相关系数在-1 到 1 之间，接近 1 为正相关，接近-1 为负相关，0 为不相关。

Pandas 数据表的相关性分析：df.corr()。

5.4.2 Matplotlib 绘图

Matplotlib 是一个 Python 的 2D 绘图库，它以各种硬拷贝（复制）格式和跨平台的交互式环境生成出版质量级别的图形，Matplotlib 可与 NumPy 一起使用，提供一种有效的 MatLab 开源替代方案，也可以和图形工具包一起使用，如 PyQt 和 wxPython。

可以先用 pip list 命令查看目前已安装有哪些包，如果没有安装 Matplotlib，则使用 pip install matplotlib 命令安装。

Matplotlib 默认情况下不支持中文，我们可以使用以下简单的方法来解决。

首先下载字体：https://www.fontpalace.com/font-details/SimHei/SimHei.ttf，将文件放在当前执行的代码文件中。

简单测试代码如下。

```
import numpy as np
from matplotlib import pyplot as plt
import matplotlib
# fname 为你下载的字体库路径，注意“SimHei.ttf”字体的路径
zhfont1 = matplotlib.font_manager.FontProperties(fname="SimHei.ttf")

x = np.arange(1,10)
y =  1/ x +  5
plt.title("绘图 - 测试", fontproperties=zhfont1)

# fontproperties 设置中文显示，fontsize 设置字体大小
plt.xlabel("x 轴", fontproperties=zhfont1)
plt.ylabel("y 轴", fontproperties=zhfont1)
plt.plot(x,y)
plt.show()
```

运行结果如图 5-19 所示。

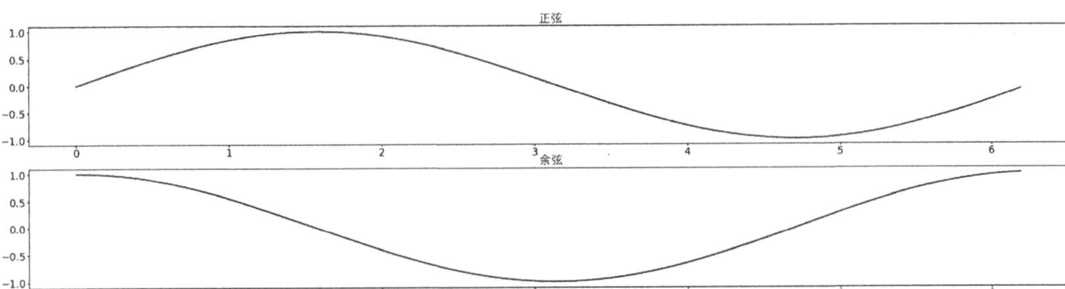

图 5-19　Matplotlib 显示中文

Matplotlib 的 subplot()函数允许在同一图中绘制不同的东西，实例代码如下。

```
import numpy as np
from matplotlib import pyplot as plt

# fname 为你下载的字体库路径，注意“SimHei.ttf”字体的路径
zhfont1 = matplotlib.font_manager.FontProperties(fname="SimHei.ttf")

# 计算正弦和余弦曲线上的点的 x 和 y 坐标
x = np.arange(0,  2  * np.pi,  0.1)
y_sin = np.sin(x)
y_cos = np.cos(x)
# 建立 subplot 网格，高为 2，宽为 1
# 激活第一个 subplot
plt.subplot(2,  1,  1)
```

```
# 绘制第一个图像
plt.plot(x, y_sin)
plt.title('正弦', fontproperties=zhfont1)
# 将第二个 subplot 激活，并绘制第二个图像
plt.subplot(2,  1,  2)
plt.plot(x, y_cos)
plt.title('余弦', fontproperties=zhfont1)
# 展示图像
plt.show()
```

运行结果如图 5-20 所示。

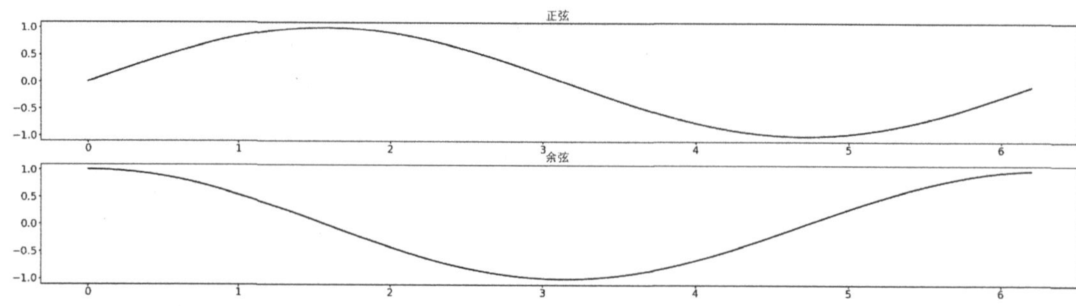

图 5-20　Matplotlib 绘制子图

Matplotlib 可以绘制多种形状的图形，包括折线图、子图、柱状图、饼图、散点图、直方图和箱线图等。

绘制饼图分裂及阴影的代码如下。

```
import numpy as np
import pandas as pd
#生成 1000 个 0-10 的样本数据
plt.figure(figsize=(6, 6))
p = np.array([0.4, 0.2, 0.15, 0.15, 0.1])
colors = ['red', 'yellow', 'green', 'blue', 'purple']
labels = ["dog", "cat", "bird", "cow", "sheep"]
plt.pie(p, labels=labels, autopct="%1.2f%%", colors=colors, labeldistance=1.2,
       pctdistance=0.5, explode=[0.1, 0.1, 0.1, 0.2, 0.1], shadow=True,
       startangle=90)
plt.axis("equal")
plt.title("Pie Chart")
plt.show()
```

运行结果如图 5-21 所示。

另外，Matplotlib 也可以依赖一些 3D 的工具包绘制三维的图形，如图 5-22 所示。

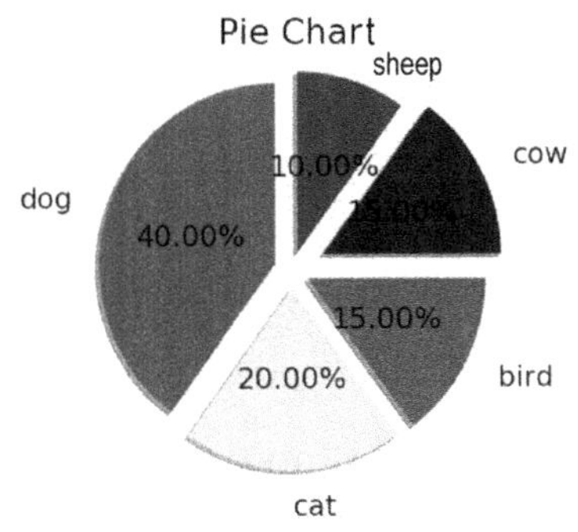

图 5-21　Matplotlib 绘制饼图分裂及阴影

Lib › site-packages › mpl_toolkits

名称	修改日期	类型
axes_grid	2019/5/23 18:34	文件夹
axes_grid1	2019/5/23 18:34	文件夹
axisartist	2019/5/23 18:34	文件夹
mplot3d	2019/5/23 18:34	文件夹

图 5-22　Matplotlib 的一些 3D 工具包

Matplotlib 绘制 3D 柱状图的代码如下。

```
from mpl_toolkits.mplot3d import Axes3D
import matplotlib.pyplot as plt
import numpy as np
fig = plt.figure()
ax = fig.add_subplot(111, projection='3d')
for c, z in zip(['r', 'g', 'b', 'y'], [30, 20, 10, 0]):
    xs = np.arange(20)
    ys = np.random.rand(20)
    # You can provide either a single color or an array. To demonstrate this,
    # the first bar of each set will be colored cyan.
    cs = [c] * len(xs)
    cs[0] = 'c'
    ax.bar(xs, ys, zs=z, zdir='y', color=cs, alpha=0.8)
ax.set_xlabel('X')
ax.set_ylabel('Y')
ax.set_zlabel('Z')
plt.show()
```

运行结果如图 5-23 所示。

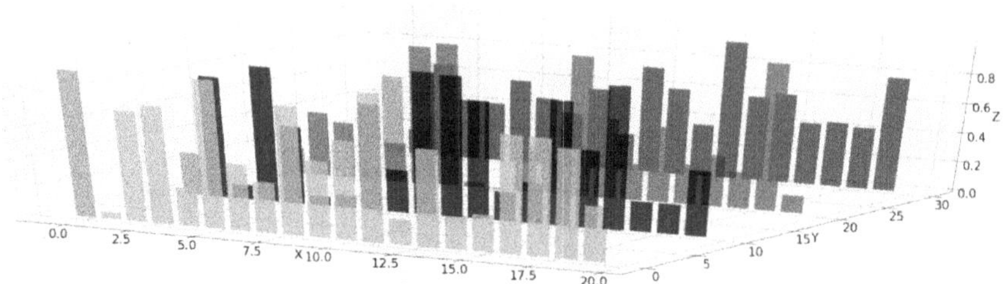

图 5-23　3D 柱状图

Matplotlib 绘制轮廓 3D 图的代码如下。

```
from mpl_toolkits.mplot3d import axes3d
import matplotlib.pyplot as plt
from matplotlib import cm

fig = plt.figure()
ax = fig.gca(projection='3d')
X, Y, Z = axes3d.get_test_data(0.05)
ax.plot_surface(X, Y, Z, rstride=8, cstride=8, alpha=0.3)
cset = ax.contour(X, Y, Z, zdir='z', offset=-100, cmap=cm.coolwarm)
cset = ax.contour(X, Y, Z, zdir='x', offset=-40, cmap=cm.coolwarm)
cset = ax.contour(X, Y, Z, zdir='y', offset=40, cmap=cm.coolwarm)

ax.set_xlabel('X')
ax.set_xlim(-40, 40)
ax.set_ylabel('Y')
ax.set_ylim(-40, 40)
ax.set_zlabel('Z')
ax.set_zlim(-100, 100)
plt.show()
```

运行结果如图 5-24 所示。

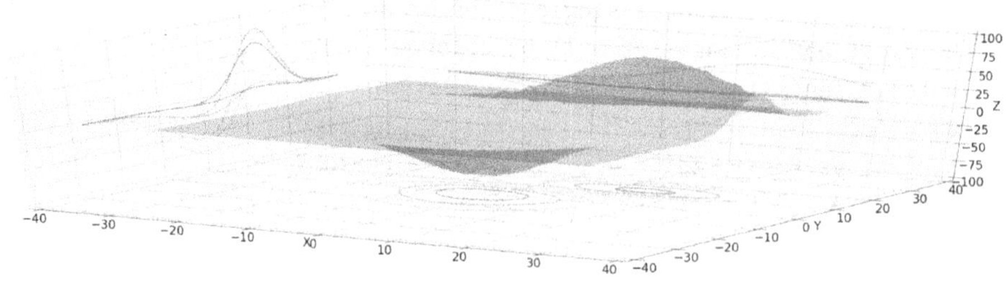

图 5-24　轮廓 3D 图

5.4.3　Bokeh 绘图

Bokeh 是基于 Web 端的 Python 数据可视化工具包，也是专门针对 Web 浏览器呈现功能的交互式可视化 Python 库，这是 Bokeh 与其他可视化库最核心的区别。

Bokeh 捆绑了多种语言（Python、R、lua 和 Julia），这些捆绑的语言产生一个 Json 文件，这个文件作为 BokehJS（一个 Javascript 库）的输入，之后会将数据展示到 Web 浏览器上。

Bokeh 可以像 D3.js 那样创建简洁漂亮的交互式可视化效果，即使是非常大型的数据集或是流数据集也可以进行高效互动。它可以帮助用户快速方便地创建互动式的图表、控制面板以及数据应用程序。

Bokeh 的特性如下。

（1）专门针对 Web 浏览器的交互式、可视化 Python 绘图库。

（2）可以做出像“D3.js”那样简洁漂亮的交互可视化效果，但是使用难度低于“D3.js”。

（3）独立的 HTML 文档或服务端程序。

（4）可以处理大量、动态数据或数据流。

（5）支持 Python（或 Scala、R、Julia 等）。

（6）不需要使用 Javascript。

Bokeh 接口分三层，如图 5-25 所示。

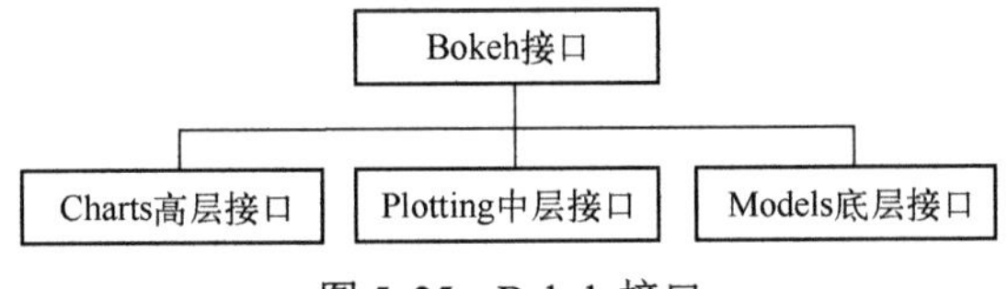

图 5-25　Bokeh 接口

三层接口说明如下。

（1）Charts：高层接口，以简单的方式绘制复杂的统计图。

（2）Plotting：中层接口，用于组装图形元素。

（3）Models：底层接口，为开发者提供最大的灵活性。

Bokeh 主页：https://bokeh.pydata.org/en/latest/，如图 5-26 所示。

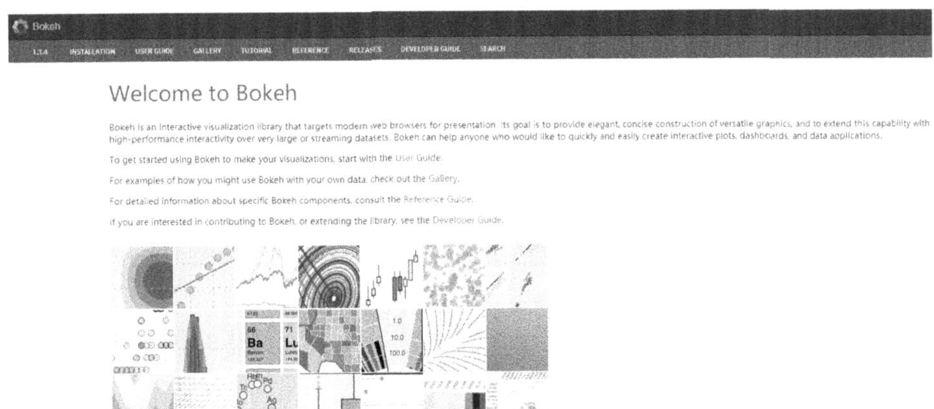

图 5-26　Bokeh 主页

Bokeh 的安装命令为 pip install bokeh，如图 5-27 所示。

```
Anaconda Prompt
(base) C:\Users\hefug>pip install  bokeh
Collecting bokeh
  Retrying (Retry(total=4, connect=None, read=None, redirect=None, status=None)) after connection broken by 'ConnectTimeoutError(<pip._vendor.urllib3.connection.VerifiedHTTPSConnection object at 0x00000207C2264668>, 'Connection to files.pythonhosted.org timed out. (connect timeout=15)')': /packages/89/25/a07183dd96ca22dafe429254985cbf8241ccd35730c5568d6502b3bc6bb7/bokeh-1.3.4.tar.gz
  Downloading https://files.pythonhosted.org/packages/89/25/a07183dd96ca22dafe429254985cbf8241ccd35730c5568d6502b3bc6bb7/bokeh-1.3.4.tar.gz (17.8MB)
    100% |████████████████████████████████| 17.8MB 26kB/s
Requirement already satisfied: six>=1.5.2 in c:\users\hefug\anaconda3\lib\site-packages (from bokeh) (1.12.0)
Requirement already satisfied: PyYAML>=3.10 in c:\users\hefug\anaconda3\lib\site-packages (from bokeh) (3.13)
Requirement already satisfied: python-dateutil>=2.1 in c:\users\hefug\anaconda3\lib\site-packages (from bokeh) (2.7.5)
Requirement already satisfied: Jinja2>=2.7 in c:\users\hefug\anaconda3\lib\site-packages (from bokeh) (2.10)
Requirement already satisfied: numpy>=1.7.1 in c:\users\hefug\anaconda3\lib\site-packages (from bokeh) (1.16.3)
Requirement already satisfied: pillow>=4.0 in c:\users\hefug\anaconda3\lib\site-packages (from bokeh) (5.3.0)
Requirement already satisfied: packaging>=16.8 in c:\users\hefug\anaconda3\lib\site-packages (from bokeh) (18.0)
Requirement already satisfied: tornado>=4.3 in c:\users\hefug\anaconda3\lib\site-packages (from bokeh) (4.5.3)
Requirement already satisfied: MarkupSafe>=0.23 in c:\users\hefug\anaconda3\lib\site-packages (from Jinja2>=2.7->bokeh) (1.1.0)
Requirement already satisfied: pyparsing>=2.0.2 in c:\users\hefug\anaconda3\lib\site-packages (from packaging>=16.8->bokeh) (2.3.0)
Building wheels for collected packages: bokeh
  Running setup.py bdist_wheel for bokeh ... done
  Stored in directory: C:\Users\hefug\AppData\Local\pip\Cache\wheels\a7\df\f1\80f108cd241803a5200576ac0eed112f0acea5582575cf08b6
Successfully built bokeh
Installing collected packages: bokeh
Successfully installed bokeh-1.3.4
```

图 5-27　Bokeh 安装

下面是通过 circle()函数绘制圆点图的示例，代码如下。

```
from bokeh.plotting import figure, output_file, show
# output to static HTML file
output_file("line.html")
p = figure(plot_width=400, plot_height=400)
# add a circle renderer with a size, color, and alpha
p.circle([1, 2, 3, 4, 5], [6, 7, 2, 4, 5], size=20, color="navy", alpha=0.5)
# show the results
show(p)
```

运行结果如图 5-28 所示。

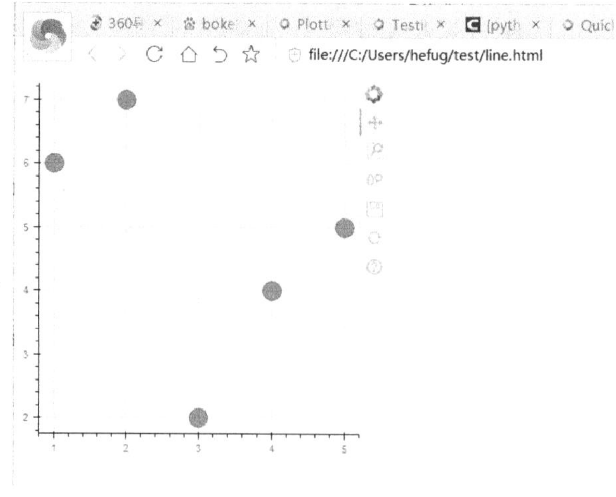

图 5-28　Bokeh 绘制圆点图实例

下面是通过 multi_polygons()函数绘制多边形的示例，代码如下。

```
from bokeh.plotting import figure, show, output_file
output_file('multipolygons.html')
p = figure(plot_width=400, plot_height=400)
p.multi_polygons(
    xs=[[[ [1, 1, 2, 2], [1.2, 1.6, 1.6], [1.8, 1.8, 1.6] ], [ [3, 3, 4] ]],
        [[ [1, 2, 2, 1], [1.3, 1.3, 1.7, 1.7] ]]],
    ys=[      [[ [4, 3, 3, 4], [3.2, 3.2, 3.6], [3.4, 3.8, 3.8] ], [ [1, 3, 1] ]],
        [[ [1, 1, 2, 2], [1.3, 1.7, 1.7, 1.3] ]]],
    color=['blue', 'red'])
show(p)
```

运行结果如图 5-29 所示。

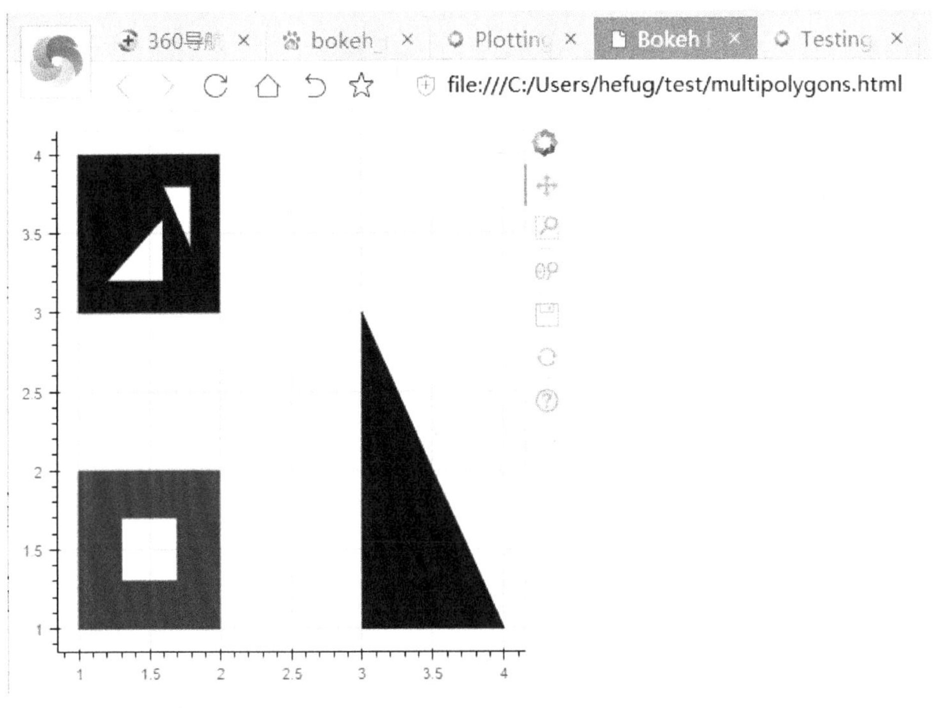

图 5-29　Bokeh 绘制多边形实例

5.4.4　Pyecharts 绘图

Pyecharts 是一个用于生成 Echarts 图表的类库。Echarts 是百度开源的一个数据可视化 JS 库。用 Echarts 生成的图可视化效果非常好，使用 Pyechart 库可以在 Python 中生成 Echarts 数据图。Pyecharts 主页：https://pyecharts.org。Github 主页：https://github.com/pyecharts/pyecharts/。

Pyecharts 的安装命令为 pip install pyecharts，如图 5-30 所示。

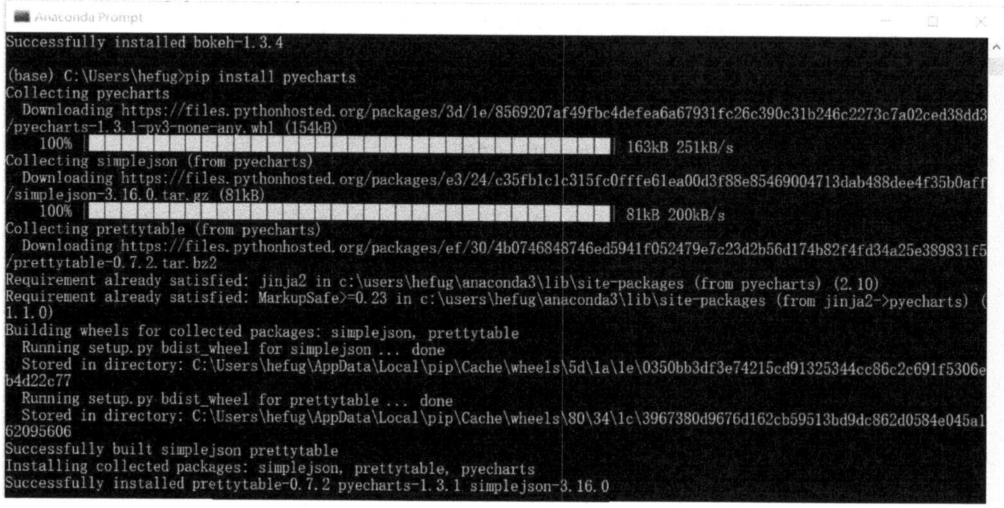

```
Successfully installed bokeh-1.3.4

(base) C:\Users\hefug>pip install pyecharts
Collecting pyecharts
  Downloading https://files.pythonhosted.org/packages/3d/1e/8569207af49fbc4defea6a67931fc26c390c31b246c2273c7a02ced38dd3
/pyecharts-1.3.1-py3-none-any.whl (154kB)
    100% |████████████████████████████████| 163kB 251kB/s
Collecting simplejson (from pyecharts)
  Downloading https://files.pythonhosted.org/packages/e3/24/c35fb1c1c315fc0fffe61ea00d3f88e85469004713dab488dee4f35b0aff
/simplejson-3.16.0.tar.gz (81kB)
    100% |████████████████████████████████| 81kB 200kB/s
Collecting prettytable (from pyecharts)
  Downloading https://files.pythonhosted.org/packages/ef/30/4b0746848746ed5941f052479e7c23d2b56d174b82f4fd34a25e389831f5
/prettytable-0.7.2.tar.bz2
Requirement already satisfied: jinja2 in c:\users\hefug\anaconda3\lib\site-packages (from pyecharts) (2.10)
Requirement already satisfied: MarkupSafe>=0.23 in c:\users\hefug\anaconda3\lib\site-packages (from jinja2->pyecharts) (
1.1.0)
Building wheels for collected packages: simplejson, prettytable
  Running setup.py bdist_wheel for simplejson ... done
  Stored in directory: C:\Users\hefug\AppData\Local\pip\Cache\wheels\5d\1a\1e\0350bb3df3e74215cd91325344cc86c2c691f5306e
b4d22c77
  Running setup.py bdist_wheel for prettytable ... done
  Stored in directory: C:\Users\hefug\AppData\Local\pip\Cache\wheels\80\34\1c\3967380d9676d162cb59513bd9dc862d0584e045a1
62095606
Successfully built simplejson prettytable
Installing collected packages: simplejson, prettytable, pyecharts
Successfully installed prettytable-0.7.2 pyecharts-1.3.1 simplejson-3.16.0
```

图 5-30　Pyecharts 的安装

Pyecharts 项目网址：https://github.com/pyecharts/pyecharts。在目录“pyecharts-master\example”下包含各种实例代码，如图 5-31 所示。

pyecharts-master › example

名称	修改日期	类型	大小
fixtures	2019/7/15 17:42	文件夹	
html	2019/7/15 17:42	文件夹	
images	2019/7/15 17:42	文件夹	
__init__.py	2019/7/15 17:42	Python File	0 KB
bar_example.py	2019/7/15 17:42	Python File	14 KB
bar3d_example.py	2019/7/15 17:42	Python File	1 KB
bmap_example.py	2019/7/15 17:42	Python File	5 KB
boxplot_example.py	2019/7/15 17:42	Python File	1 KB
calendar_example.py	2019/7/15 17:42	Python File	1 KB
commons.py	2019/7/15 17:42	Python File	10 KB
echarts_china_counties_js_example.py	2019/7/15 17:42	Python File	1 KB
echarts_countries_js_example.py	2019/7/15 17:42	Python File	1 KB
effectscatter_example.py	2019/7/15 17:42	Python File	2 KB
funnel_example.py	2019/7/15 17:42	Python File	2 KB
gauge_example.py	2019/7/15 17:42	Python File	2 KB
geo_example.py	2019/7/15 17:42	Python File	5 KB
graph_example.py	2019/7/15 17:42	Python File	4 KB
graphic_example.py	2019/7/15 17:42	Python File	8 KB
grid_example.py	2019/7/15 17:42	Python File	12 KB
heatmap_example.py	2019/7/15 17:42	Python File	1 KB
image_example.py	2019/7/15 17:42	Python File	1 KB
kline_example.py	2019/7/15 17:42	Python File	6 KB
line_example.py	2019/7/15 17:42	Python File	5 KB
line3d_example.py	2019/7/15 17:42	Python File	2 KB
liquid_example.py	2019/7/15 17:42	Python File	3 KB
map_example.py	2019/7/15 17:42	Python File	3 KB

图 5-31　Pyecharts 项目实例

5.5 实例——爬取并保存图片

爬取并保存图片的示例代码如下。

```
import requests
import os
from lxml import etree
# 解析库 XPath
# 在本地建立一个文件夹，命名为 image，用于存放下载的图片
folder = 'image'
if not os.path.exists(folder):
    os.makedirs(folder)
# 定义下载函数，用于下载图片
def download(url):
    response = requests.get(url, headers=header)
    name = url.split('/')[-1]
    f = open(folder + '/' + name + '.jpg', 'wb')
    f.write(response.content)
    f.close()
    return True
# 分析该网站的图片 url，给定 range，循环调用函数即可
for i in range(538000, 538947):
    url = 'https://product.360che.com/Pic/' + str(i) + '.html#pic'
    header = {
        'User-Agent': 'Mozilla/5.0 (Windows NT 6.1; WOW64) AppleWebKit/537.36
(KHTML, like Gecko) Chrome/55.0.2883.87 Safari/537.36'}
    # print(url)
    response = requests.get(url, headers=header)
    html = response.text
    xml = etree.HTML(html)
    src_list = xml.xpath('//div[@class="imgc1"]/img/@src') #默认路线，套路
    src_num = len(src_list)
    print(src_num)
    for i in range(src_num):
        print(src_list[i])
        download(src_list[i])
    print('Finish')
```

爬取的图片保存在 image 目录下，如图 5-32 所示。

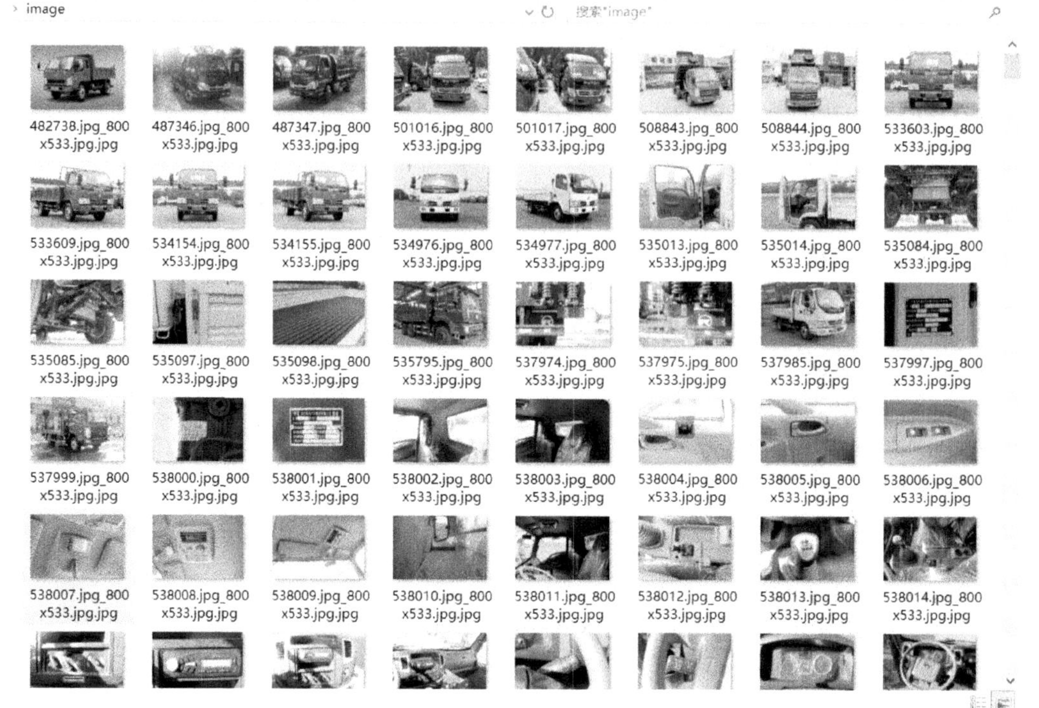

图 5-32　爬取的图片

5.6　本章小结

本章介绍了数据的爬取和清洗，包括典型的爬虫框架、数据的爬取方法、数据清洗的步骤（分析数据、缺失值处理、异常值处理、去重处理、噪音数据处理），以及数据显示的典型工具及实例。

第 6 章 图像识别分类

2012 年，深度学习在计算机视觉领域最具影响力的突破是欣顿的研究小组采用深度学习的图片分类赢得了 ImageNet 图像分类比赛的冠军。排名第 2 到第 4 位的小组采用的都是传统的计算机视觉方法，他们之间准确率的差别不超过 1%。欣顿研究小组的准确率超出第二名 10%以上，这个结果引发了深度学习的热潮。

计算机视觉领域另一个重要的挑战是人脸识别。有研究表明，如果只把不包括头发在内的人脸的中心区域给人看，人眼在户外脸部检测数据库（Labeled Faces in the Wild，LFW）中的识别率是 97.53%。如果把整张图像，包括背景和头发给人看，人眼的识别率是 99.15%。经典的人脸识别算法 Eigenface 在 LFW 测试集上只有 60%的识别率。在非深度学习算法中，最高的识别率是 96.33%，而目前深度学习可以达到 99.47%的识别率。

图像识别技术的很多应用就发生在我们身边，例如视频监控、自动驾驶、人脸考勤和智能医疗等，而这些图像识别的推动力是深度学习。深度学习的成功主要得益于三个方面：大规模数据集的产生、强有力的模型的发展以及可用的大量计算资源。对于各种各样的图像识别任务，精心设计的深度神经网络已经远远超越了以前那些基于人工设计的图像特征的方法。

相比于文字，图像能够提供更加生动、容易理解以及更具艺术感的信息，是信息的重要来源。本章主要聚焦于图像识别领域的一个重要问题，即图像分类。基于深度学习的图像识别分类一般分为图像分割、图像特征提取、分类器识别三个步骤。

6.1 图像识别分类简介

图像分类主要根据图像的语义信息将不同类别图像区分开来，是计算机视觉中重要的基础问题，也是高层视觉任务如图像检测、图像分割、物体跟踪、行为分析等的基础。图像分类有着广泛应用，包括安防领域的人脸识别和智能视频分析、交通领域的交通场景识别、互联网领域基于内容的图像检索和相册自动归类、医学领域的图像识别等。

图像分类通过特征学习方法对整个图像进行全部描述，然后使用分类器进行分类判别，其中最重要的是如何提取图像的特征。常用的图像特征有颜色特征、纹理特征、形状特征、空间关系特征。特征提取的主要目的是降维。特征抽取的主要思想是将原始样本投影到一个低维特征空间，得到样本本质或进行样本区分的低维样本特征。图像特征一般可以分为四类：直观性特征、灰度统计特征、变换系数特征与代数特征。

（1）直观性特征：主要指几何特征，几何特征比较稳定。

（2）灰度统计特征：Gotlieb 和 Kreyszig 等人在研究共生矩阵中各种统计特征基础上，通过实验得出灰度共生矩阵的四个关键特征：能量、惯量、熵和相关性。

（3）变换系数特征：指先对图像进行 Fourier 变换、小波变换等，得到的系数作为特征进行识别。

（4）代数特征：基于统计学习方法抽取的特征。代数特征具有较高的识别精度，代数特征抽取方法又可以分为两类：一种是线性投影特征抽取方法；另外一种是非线性特征抽取方法。

图像识别是指利用计算机对图像进行处理、分析和理解，以识别各种不同模式的目标和对象的技术，是深度学习算法的一种实践应用。现阶段图像识别技术一般分为人脸识别与商品识别，人脸识别主要运用在安全检查、身份核验与移动支付中；商品识别主要运用在商品流通过程，特别是无人货架、智能零售柜等无人零售领域。图像的传统识别流程分为四个步骤：图像采集、图像预处理、特征提取、图像识别。

基于深度学习的图像分类方法，可以通过有监督或无监督的方式学习层次化的特征描述，从而取代手工设计或选择图像特征的工作。深度学习模型中的卷积神经网络（CNN）近年来在图像领域取得了惊人的成绩，CNN 直接利用图像像素信息作为输入，最大程度上保留了输入图像的所有信息，通过卷积操作进行特征的提取和高层抽象，模型输出直接是图像识别的结果。这种基于“输入-输出”直接端到端的学习方法取得了非常好的效果，得到了广泛的应用。

6.2 经典图片数据集

机器学习领域有一句经典格言：“数据和特征决定了机器学习的上限，而模型和算法只是逼近这个上限而已”。但是，从哪里获得数据呢，下面介绍一些经典的图像数据集。

6.2.1 MNIST 数据集

MNIST 数据集是机器学习领域中非常经典的一个数据集，由约 60000 个训练样本和 10000 个测试样本组成，每个样本都是一张 28×28 像素的灰度手写数字图片，官方网站：http://yann.lecun.com/exdb/mnist/。

其包含了训练集、训练集标签、测试集、测试集标签四个部分。

（1）训练集（Training set images）：train-images-idx3-ubyte.gz（9.9MB，解压后 47MB，包含约 60000 个样本）。

（2）训练集标签（Training set labels）：train-labels-idx1-ubyte.gz（29KB，解压后 60KB，包含约 60000 个标签）。

（3）测试集（Test set images）：t10k-images-idx3-ubyte.gz（1.6MB，解压后 7.8MB，包含约 10000 个样本）。

（4）测试集标签（Test set labels）：t10k-labels-idx1-ubyte.gz（5KB，解压后 10KB，包含约 10000 个标签）。

将 MNIST 文件解压后，可以发现这些文件并不是标准的图像格式。这些图像数据都保存在二进制文件中，每个样本图像的宽高为 28×28。

Mnist 的数据的下载代码如下，将数据下载到"mnist/data"目录下。

```
from tensorflow.examples.tutorials.mnist import input_data
    #数据集下载，采用 0-1 编码
mnist = input_data.read_data_sets('mnist/data/',one_hot = True)
```

下载完成后，由于图片是以字节的形式进行存储，需要把它们读取到 NumPy array 中，代码如下。

```
import os
import struct
import numpy as np
def load_mnist(path, kind='train'):
    """Load MNIST data from `path`"""
    labels_path = os.path.join(path,'%s-labels-idx1-ubyte'  % kind)
    images_path = os.path.join(path, '%s-images-idx3-ubyte' % kind)
    with open(labels_path, 'rb') as lbpath:
        magic, n = struct.unpack('>II',lbpath.read(8))
        labels = np.fromfile(lbpath, dtype=np.uint8)
     with open(images_path, 'rb') as imgpath： magic, num, rows, cols = struct.
unpack('>IIII', imgpath.read(16))
        images = np.fromfile(imgpath, dtype=np.uint8).reshape(len(labels), 784)
     return images, labels
```

6.2.2 CIFAR-10 数据集

CIFAR-10 数据集由 10 个类别的约 60000 张 32×32 彩色图像组成，每个类别约有 6000 张图像。数据集中包含约 50000 个训练图像和 10000 个测试图像，测试图像单独构成一批。测试批的数据取自 10 类中的每一类，每一类随机取约 1000 张。剩下的图像随机排列组成训练批。各个训练批中的图像数量并不一定相同。数据集的类别涵盖航空、车辆、鸟类、猫类、狗类、狐狸类、马类、船类、卡车等日常生活类别。官网：http://www.cs.toronto.edu/～kriz/ cifar.html，如图 6-1 所示。

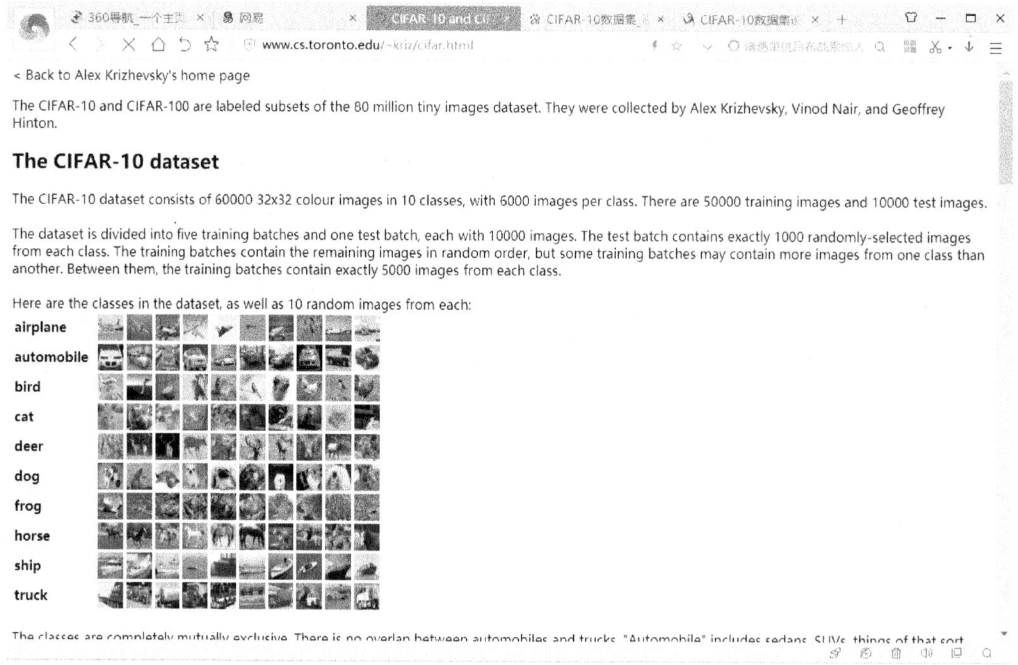

图 6-1　CIFAR-10 主页

图 6-2 中列举了 10 类，每一类展示了随机的 10 张图片。

图 6-2　CIFAR-10 数据集分类

数据共有三个版本：Python、Matlab、Binary。CIFAR-10 数据集的 Github 网址：https://github.com/tensorflow/models/tree/master/tutorials/image/cifar10，如图 6-3 所示。

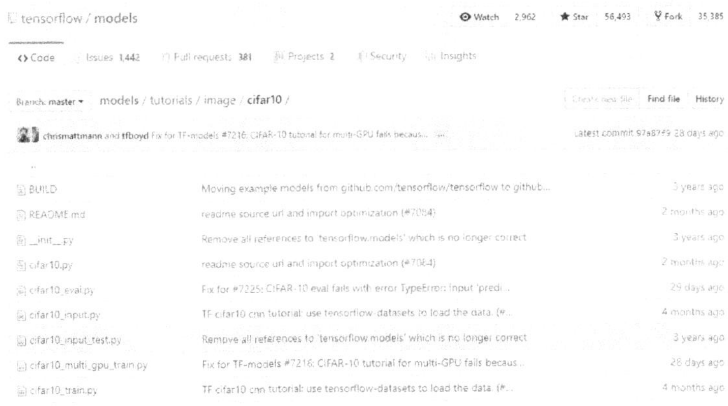

图 6-3　CIFAR-10 数据集的 Github 网址

6.2.3　ImageNet 数据集

ImageNet 项目是一个用于视觉对象识别软件研究的大型可视化数据库，ImageNet 数据集是深度学习图像领域应用非常多的数据集，包含 1400 多万幅图片，涵盖 20000 多个类别。其中，超过百万张图片有明确的类别标注和图像中物体位置的标注。

MNIST 将初学者领进了深度学习领域，而 ImageNet 数据集对深度学习的浪潮起到了巨大的推动作用。深度学习领域专家 Hinton 在 2012 年发表的论文《ImageNet Classification with Deep Convolutional Neural Networks》在计算机视觉领域带来了一场革命，此论文的研究工作正是基于 ImageNet 数据集开展的。

ImageNet 数据集文档详细，有专门的团队维护，在计算机视觉领域研究论文中应用非常广，几乎成了目前深度学习图像领域算法性能检验的标准数据集。很多大型科技公司都会参加 ImageNet 图像识别大赛，包括百度、Google、微软等。

在享誉全球的 ImageNet 国际计算机视觉挑战赛（ImageNet Large-Scale Visual Recognition Challenge，ILSVRC）中，以往一般是 Google、MSRA 等大公司夺得冠军，而 2016 年中国团队包揽全部项目的冠军。2012-2015 年期间，ImageNet 比赛中提出了一些经典网络，比如 AlexNet、ZFNet、OverFeat、VGG、Inception、ResNet，2016 年之后提出的经典网络有 WideResNet、FractalNet、DenseNet、ResNeXt、DPN、SENet 等。

由于计算资源等原因，CNN 在过去很长时间内处于被遗忘的状态。后来在 ImageNet 比赛中，基于 CNN 的 AlexNet 大放异彩，并引领了 CNN 的复兴，此后 CNN 的研究进入了高速发展期。目前卷积神经网络的发展有如下两个主要方向。

（1）提高模型的性能。这个方向的一大重点是如何训练更宽、更深的网络，代表性的模型有 GoogleNet、VGG、ResNet、ResNext 等。

（2）提高模型的速度。提高速度对 CNN 在移动端的部署至关重要。通过去掉 max pooling、改用 stride 卷积、使用 group 卷积、定点化等方法提高模型速度，推动了人脸检测、前后背景分割等 CNN 应用在手机上大规模部署。

Imagenet 数据集大小为 1TB，下载地址：http://www.image-net.org，如图 6-4 所示。

图 6-4　Imagenet 数据集主页

6.2.4　LFW 人脸数据库

LFW（Labeled Faces in the Wild）人脸数据库是由美国马萨诸塞州立大学阿默斯特分校计算机视觉实验室整理完成的数据库，主要用来研究非受限情况下的人脸识别问题。LFW 数据库主要从互联网上搜集图像，一共含有 13000 多张人脸图像，每张图像都被标识出对应的人的名字，其中有 1680 人对应不只一张图像，即大约 1680 个人在数据集中有两张或更多不同的图像。LFW 主页：http://vis-www.cs.umass.edu/lfw/，如图 6-5 所示。

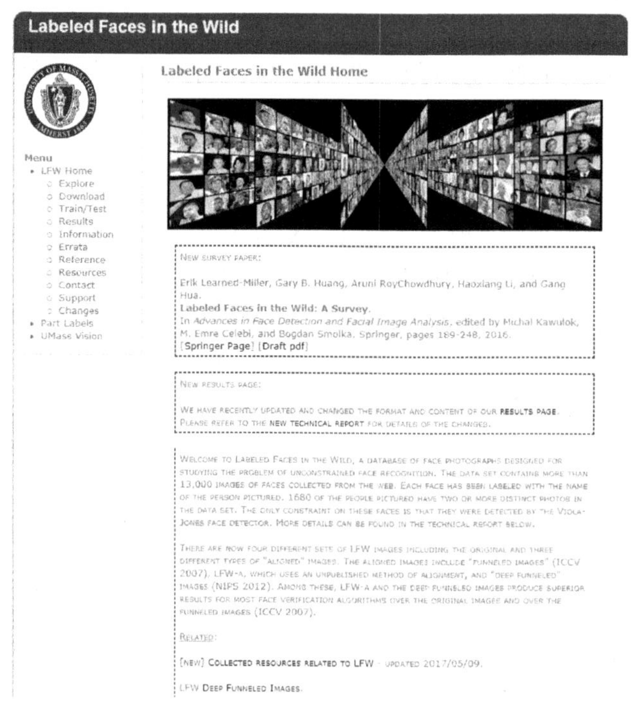

图 6-5　LFW 主页

下载数据库并解压，目录如图 6-6 所示。

Aaron Eckhart
Aaron Guiel
Aaron Patterson
Aaron Peirsol
Aaron Pena
Aaron Sorkin
Aaron Tippin
Abba Eban
Abbas Kiarostami
Abdel Aziz Al-Hakim
Abdel Madi Shabneh
Abdel Nasser Assidi
Abdoulaye Wade
Abdul Majeed Shobokshi
Abdul Rahman
Abdulaziz Kamilov
Abdullah
Abdullah Ahmad Badawi
Abdullah al-Attiyah
Abdullah Gul
Abdullah Nasseef
Abdullatif Sener
Abel Aguilar
Abel Pacheco
Abid Hamid Mahmud Al-Tikriti
Abner Martinez
Abraham Foxman
Aby Har-Even
Adam Ant
Adam Freier
Adam Herbert
Adam Kennedy
Adam Mair
Adam Rich
Adam Sandler
Adam Scott
Adel Al-Jubeir
Adelina Avila
Adisai Bodharamik
Adolfo Aguilar Zinser
Adolfo Rodriquez Saa
Adoor Gopalakarishnan
Adrian Annus
Adrian Fernandez
Adrian McPherson
Adrian Murrell
Adrian Nastase
Adriana Lima
Adriana Perez Navarro
Adrianna Zuzic
Adrien Brody
Afton Smith
Agbani Darego
Agnelo Queiroz
Agnes Bruckner
Ahmad Jbarah
Ahmad Masood
Ahmed Ahmed
Ahmed Chalabi
Ahmed Ghazi
Ahmed Ibrahim Bilal
Ahmed Lopez
Ahmed Qureia
Ahmet Demir
Ahmet Necdet Sezer
Ai Sugiyama
Aicha El Ouafi
Aidan Quinn
Aileen Riggin Soule
Ain Seppik
Ainsworth Dyer
Aishwarya Rai
Aitor Gonzalez
Aiysha Smith
AJ Cook
AJ Lamas
Ajit Agarkar
Akbar Al Baker
Akbar Hashemi Rafsanjani
Akhmed Zakayev
Akiko Morigami
Akmal Taher
Al Cardenas
Al Davis
Al Gore
Al Leiter
Al Pacino
Al Sharpton
Alain Cervantes
Alain Ducasse
Alan Ball
Alan Dershowitz
Alan Dreher
Alan Greenspan
Alan Greer
Alan Jackson
Alan Mulally
Alan Stonecipher
Alan Tang Kwong-wing
Alan Trammell
Alan Zemaitis
Alanis Morissette
Alanna Ubach
Alastair Campbell
Alastair Johnston
Albaro Recoba
Albert Brooks
Albert Costa
Albert Montanes
Albert Pujols
Alberta Lee
Alberto Acosta
Alberto Fujimori
Alberto Gonzales
Alberto Ruiz Gallardon
Alberto Sordi
Albrecht Mentz
Aldo Paredes
Alec Baldwin
Alecos Markides
Alejandro Atchugarry
Alejandro Avila
Alejandro Fernandez
Alejandro Gonzalez Inarritu
Alejandro Lembo
Alejandro Lerner
Alejandro Lopez
Alejandro Toledo
Alek Wek
Aleksander Kwasniewski
Aleksander Voloshin
Alessandra Cerna
Alessandro Nesta
Alex Barros
Alex Cabrera
Alex Cejka
Alex Corretja
Alex Ferguson
Alex Gonzalez
Alex Holmes
Alex King
Alex Penelas
Alex Popov
Alex Sink
Alex Wallau
Alex Zanardi
Alexa Loren
Alexa Vega
Alexander Downer
Alexander Losyukov
Alexander Lukashenko
Alexander Payne
Alexander Rumyantsev
Alexandra Jackson
Alexandra Pelosi
Alexandra Rozovskaya
Alexandra Spann
Alexandra Stevenson
Alexandra Vodjanikova
Alexandre Daigle
Alexandre Despatie
Alexandre Herchcovitch
Alexandre Vinokourov
Alexis Bledel
Alexis Dennisoff
Alfonso Cuaron
Alfonso Portillo
Alfonso Soriano

图 6-6　LFW 下载解压后的目录

文件“facedata.tar.gz”中包含一个 matlab 文件“facesinthewild.mat”，以及以“年/月/日/imgname.ppm”存储的人脸图像。“facesinthewild.mat”包含两个变量元数据，metadata i 给出面 i 的文件名及其标签 ID，lexicon i 给出标签 i 的实际名称。

6.2.5　Flowers-17 数据集

Flowers-17 是牛津大学 Visual Geometry Group 选取的在英国比较常见的 17 种花的图片，其中每种花约有 80 张图片，整个数据集约有 1360 张图片，可以在官网下载。Flowers-17 主页：http://www.robots.ox.ac.uk/～vgg/data/flowers/17/，如图 6-7 所示。

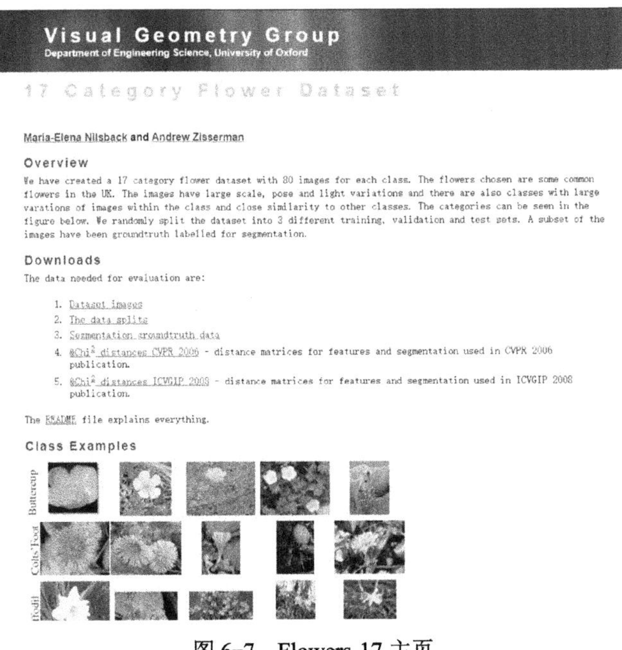

图 6-7　Flowers-17 主页

Flower-17 数据集下载后的结构如图 6-8 所示。

图 6-8　Flower-17 数据集

6.2.6　Pascal VOC 数据集

Pascal 是“Pattern Analysis，Statical Modeling and Computational Learning”的简称。Pascal VOC 挑战赛是视觉对象的分类识别和检测的一个基准测试，提供了检测算法和学习性能的标准图像注释数据集和标准的评估系统。从 2005 年至今，该组织每年都会提供一系列类别的、带标签的图片，挑战者通过设计各种精妙的算法，仅根据分析图片内容来将其分类，最终通过准确率、召回率、效率来一决高下。如今，挑战赛和其所使用的数据集已经成为对象检测领域普遍接受的一种标准。更多的信息可以参见官方提供的说明文件。Pascal VOC 主页：http://host.robots.ox.ac.uk/pascal/VOC/，如图 6-9 所示。

The PASCAL Visual Object Classes Homepage

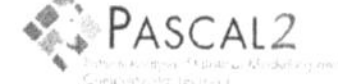

The PASCAL VOC project:

- Provides standardised image data sets for object class recognition
- Provides a common set of tools for accessing the data sets and annotations
- Enables evaluation and comparison of different methods
- Ran challenges evaluating performance on object class recognition (from 2005-2012, now finished)

Pascal VOC data sets

Data sets from the VOC challenges are available through the challenge links below, and evalution of new methods on these data sets can be achieved through the PASCAL VOC Evaluation Server. The evaluation server will remain active even though the challenges have now finished.

News

- **Nov-2014:** A new feature for the Leaderboards of the PASCAL VOC evaluation server has been added, indicating if the differences between a selected submission and others are statistically significant or not.
- **May-2014:** A new paper covering the 2008-12 years of the challenge, and lessons learnt, is now available:

  The PASCAL Visual Object Classes Challenge: A Retrospective
  Everingham, M., Eslami, S. M. A., Van Gool, L., Williams, C. K. I., Winn, J. and Zisserman, A.
  International Journal of Computer Vision, 111(1), 98-136, 2015
  Bibtex source | Abstract | PDF
- **Feb-2014:** Leaderboards are now available for the VOC 2010, 2011 and 2012 datasets.

  A submission to the Evaluation Server is by default private, but can optionally be "published" to the relevant leaderboard.

  The Evaluation Server can now generate an anonymized URL, suitable for inclusion in a conference submission, giving the performance summary for a submitted entry.
- **Nov-2013:** A leaderboard including significance tests will be soon be introduced for new submissions. See Assessing the Significance of Performance Differences on the PASCAL VOC Challenges via Bootstrapping for a description and

图 6-9　Pascal VOC 主页

Pascal VOC（2005-2012）竞赛的目标主要是进行图像的目标识别，其提供的数据集包含 20 类的物体。每张图片都有标注，标注的物体包括人、动物（如猫、狗等）、交通工具（如车、船、飞机等）、家具（如椅子、桌子、沙发等）在内的 20 个类别。平均每张图像有 2.4 个目标。

VOC 2012 数据集下载地址：http://host.robots.ox.ac.uk/pascal/VOC/voc2012/VOCtrainval_11-May-2012.tar。

6.2.7 MS COCO 数据集

MS COCO（Microsoft Common Objects in Context）是一个新的图像识别、分割和图像语义数据集，下载地址：http://mscoco.org/。

MS COCO 起源于微软在 2014 年出资标注的 Microsoft COCO 数据集，由微软赞助，图像中不仅有标注类别、位置信息，还有对图像的语义文本描述。与 ImageNet 竞赛一样，MS COCO 被视为计算机视觉领域最受关注和最权威的比赛之一。

COCO 数据集是一个大型的、丰富的物体检测、分割和字幕数据集。这个数据集以场景识别为目标，主要从复杂的日常场景中截取。图像包括约 91 类目标、328000 影像和 2500000 个标签。官网地址：http://cocodataset.org。

在 ImageNet 竞赛停办后，COCO 竞赛成了当前目标识别、检测等领域的最权威、最重要的标杆之一，也是目前该领域在国际上唯一能汇集 Google、微软、Facebook 以及国内外众多顶尖院校和优秀创新企业共同参与的大赛。COCO 数据集的开源促使了近两、三年图像分割语义理解取得巨大的进展，其几乎成了图像语义理解算法性能评价的“标准”数据集。

COCO 数据集有约 91 类，虽然比 ImageNet 和 SUN 类别少，但是每一类的图像较多，这有利于更多地获得每类中目标位于某种特定场景的能力。

COCO 2017 的数据集的下载地址如下。

（1）http://images.cocodataset.org/zips/train2017.zip。

（2）http://images.cocodataset.org/annotations/annotations_trainval2017.zip。

（3）http://images.cocodataset.org/zips/val2017.zip。

（4）http://images.cocodataset.org/annotations/stuff_annotations_trainval2017.zip。

（5）http://images.cocodataset.org/zips/test2017.zip。

（6）http://images.cocodataset.org/annotations/image_info_test2017.zip。

6.3 OpenCV 识别

OpenCV（Opensource Computer Vision Library）是一个基于 BSD 许可（开源）发行的跨平台计算机视觉库，可以运行在 Linux、Windows、Android 和 Mac OS 操作系统上。它由一系列 C 函数和少量 C++类构成，同时提供了 Python、Ruby、MATLAB 等语言的接口，实现了图像处理和计算机视觉方面的很多通用算法。

Open CV 主页：https://opencv.org，如图 6-10 所示。

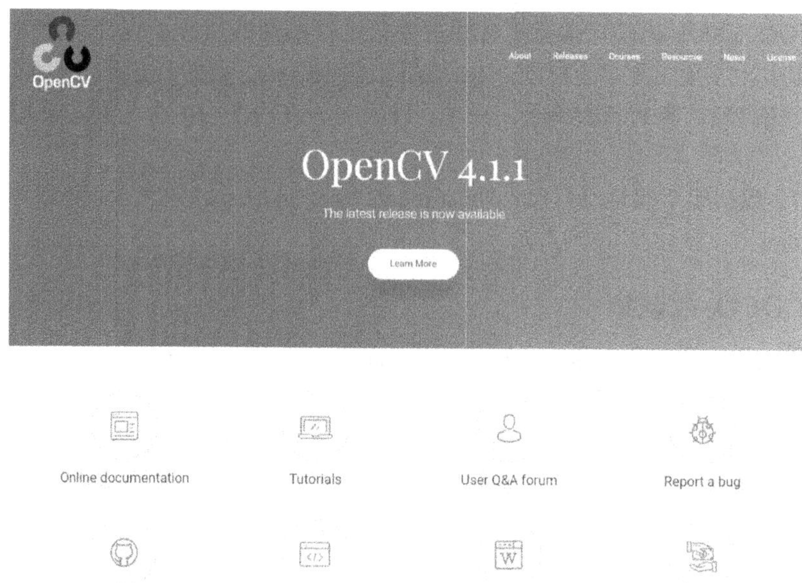

图 6-10　Open CV 主页

OpenCV 的典型应用领域包括人机互动、物体识别、图像分割、人脸识别、动作识别、运动跟踪、机器人、运动分析、机器视觉、结构分析、汽车安全驾驶等。

OpenCV Python 主页：https://pypi.org/project/opencv-python/，如图 6-11 所示。

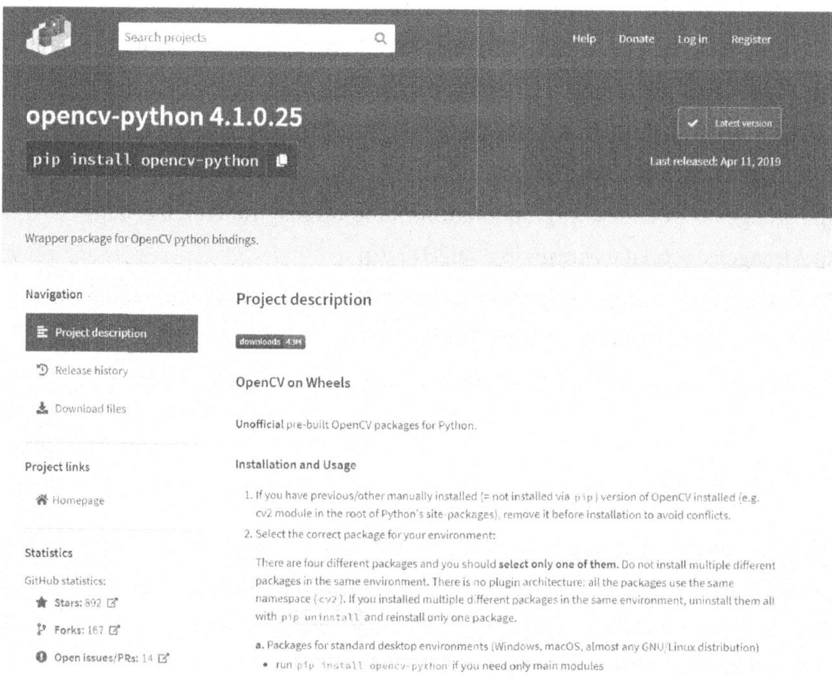

图 6-11　OpenCV Python 主页

OpenCV 安装命令为 pip install opencv-python，如图 6-12 所示。

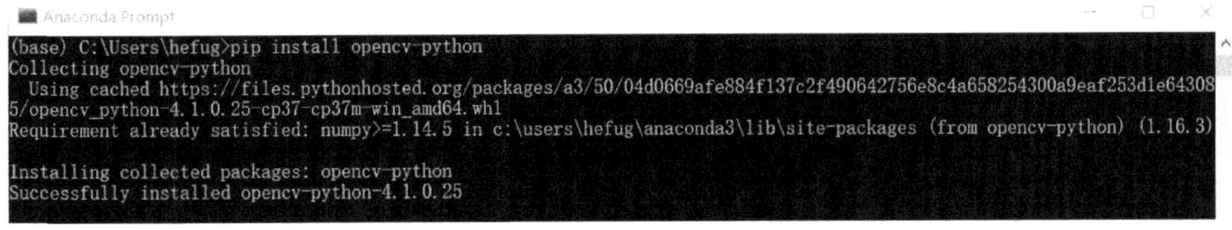

图 6-12　安装 OpenCV

OpenCV 的主要方法说明如下。

（1）Imread()方法：读入图片，共两个参数，第一个参数为要读入的图片文件名，第二个参数 Flags 为如何读取图片。参数 Flages 的值：cv2.IMREAD_COLOR 表示彩色图片，IMREAD_GRAYSCALE 表示以灰度模式读取；IMREAD_UNCHANGED 表示默认模式读取。

（2）Imshow()方法：窗口显示图片，含两个参数，第一个参数表示窗口名字，可创建多个窗口但不能重名，第二个参数是读入的图片。

（3）waitKey()方法：键盘绑定函数，含一个参数，表示等待毫秒数，参数为 0 表示无限期地等待键盘输入。

（4）destroyAllWindows()方法：删除建立的全部窗口。

OpenCV 安装完成以后，其中包含了 CascadeClassifier 级联分类器，cv2.CascadeClassifier()定义人脸识别分类器，参数为分类器 XML 文件的路径，路径为“Anaconda3\Lib\site-packages\cv2\data”，如图 6-13 所示。

Anaconda3 › Lib › site-packages › cv2 › data　　搜索"data"

名称	修改日期	类型
__pycache__	2019/8/19 16:59	文件夹
__init__.py	2019/8/19 16:59	Python File
haarcascade_eye.xml	2019/8/19 16:59	XML 文档
haarcascade_eye_tree_eyeglasses.xml	2019/8/19 16:59	XML 文档
haarcascade_frontalcatface.xml	2019/8/19 16:59	XML 文档
haarcascade_frontalcatface_extended.xml	2019/8/19 16:59	XML 文档
haarcascade_frontalface_alt.xml	2019/8/19 16:59	XML 文档
haarcascade_frontalface_alt_tree.xml	2019/8/19 16:59	XML 文档
haarcascade_frontalface_alt2.xml	2019/8/19 16:59	XML 文档
haarcascade_frontalface_default.xml	2019/8/19 16:59	XML 文档
haarcascade_fullbody.xml	2019/8/19 16:59	XML 文档
haarcascade_lefteye_2splits.xml	2019/8/19 16:59	XML 文档
haarcascade_licence_plate_rus_16stages.xml	2019/8/19 16:59	XML 文档
haarcascade_lowerbody.xml	2019/8/19 16:59	XML 文档
haarcascade_profileface.xml	2019/8/19 16:59	XML 文档
haarcascade_righteye_2splits.xml	2019/8/19 16:59	XML 文档
haarcascade_russian_plate_number.xml	2019/8/19 16:59	XML 文档
haarcascade_smile.xml	2019/8/19 16:59	XML 文档
haarcascade_upperbody.xml	2019/8/19 16:59	XML 文档

图 6-13　OpenCV 安装完成后的 CascadeClassifier 级联分类器

6.3.1 实例——人眼识别

应用 Open CV 进行人眼识别的代码如下。

```
import cv2
# 定义人脸检测的分类器
face_cascade=cv2.CascadeClassifier(r'C:\Anaconda3\Lib\site-ackages\cv2\data\
haarcascade_eye_tree_eyeglasses.xml')
# 读取图片
img = cv2.imread("D:\\head.jpg")
gray = cv2.cvtColor(img, cv2.COLOR_BGR2GRAY)
# 探测图片中的人脸
faces = face_cascade.detectMultiScale(gray)
print("发现{0}个人脸!".format(len(faces)))
for (x, y, w, h) in faces:
    #cv2.rectangle(img,(x,y),(x+w,y+w),(0,255,0),2)
    cv2.circle(img, (int((x + x + w) / 2), int((y + y + h) / 2)),int( w / 2), (0,
255, 0), 2)
cv2.imshow("Find Faces!", img)
cv2.imwrite("D:\\Q.JPG",img)
cv2.waitKey(0)
```

运行结果如图 6-14 所示。

图 6-14　Open CV 人眼识别

6.3.2 实例——两张相似图片识别

应用 Open CV 识别两张图片的相似度的代码如下。

```
#导入库
import cv2
```

```
import numpy as np
from matplotlib import pyplot as plt
# 定义函数，计算灰度直方图
def classify_gray_hist(image1,image2,size = (256,256)):
#重定义图像的大小
 image1 = cv2.resize(image1,size)
 image2 = cv2.resize(image2,size)
 #获得每个像素点的频数值
 hist1 = cv2.calcHist([image1],[0],None,[256],[0.0,255.0])
 hist2 = cv2.calcHist([image2],[0],None,[256],[0.0,255.0])
 # 画出直方图
 plt.plot(range(256),hist1,'r')
 plt.plot(range(256),hist2,'b')
 plt.show()
 # 计算直方图的重合度
 degree = 0
  for i in range(len(hist1)):
 if hist1[i] != hist2[i]:
   degree = degree + (1 - abs(hist1[i]-hist2[i])/max(hist1[i],hist2[i]))
 else:
   degree = degree + 1
  degree = degree/len(hist1)
 return degree
# 定义函数计算单通道的直方图的相似值
def calculate(image1,image2):
    hist1 = cv2.calcHist([image1],[0],None,[256],[0.0,255.0])
    hist2 = cv2.calcHist([image2],[0],None,[256],[0.0,255.0])
  # 计算直方图的重合度
  degree = 0
  for i in range(len(hist1)):
     if hist1[i] != hist2[i]:
        degree = degree + (1 - abs(hist1[i]-hist2[i])/max(hist1[i],hist2[i]))
     else:
       degree = degree + 1
   degree = degree/len(hist1)
  return degree
# 定义函数，通过直方图来计算相似度
 def classify_hist_with_split(image1,image2,size = (256,256)):
  # 将图像 resize 后，分离为三个通道，再计算每个通道的相似值
  image1 = cv2.resize(image1,size)
  image2 = cv2.resize(image2,size)
  sub_image1 = cv2.split(image1)
  sub_image2 = cv2.split(image2)
  sub_data = 0
  for im1,im2 in zip(sub_image1,sub_image2):
```

```
    sub_data += calculate(im1,im2)
  sub_data = sub_data/3
  return sub_data
# 定义函数平均哈希算法计算
 def classify_aHash(image1,image2):
  image1 = cv2.resize(image1,(8,8))
  image2 = cv2.resize(image2,(8,8))
  gray1 = cv2.cvtColor(image1,cv2.COLOR_BGR2GRAY)
  gray2 = cv2.cvtColor(image2,cv2.COLOR_BGR2GRAY)
  hash1 = getHash(gray1)
  hash2 = getHash(gray2)
  return Hamming_distance(hash1,hash2)
#定义函数
 def classify_pHash(image1,image2):
   image1 = cv2.resize(image1,(32,32))
   image2 = cv2.resize(image2,(32,32))
   gray1 = cv2.cvtColor(image1,cv2.COLOR_BGR2GRAY)
   gray2 = cv2.cvtColor(image2,cv2.COLOR_BGR2GRAY)
   # 将灰度图转为浮点型，再进行 dct 变换
   dct1 = cv2.dct(np.float32(gray1))
   dct2 = cv2.dct(np.float32(gray2))
  # 取左上角的 8×8，这些代表图片的最低频率
  # 这个操作等价于 C++中利用 OpenCV 实现的掩码操作
  # 在 Python 中进行掩码操作，可以直接这样取出图像矩阵的某一部分
  dct1_roi = dct1[0:8,0:8]
  dct2_roi = dct2[0:8,0:8]
  hash1 = getHash(dct1_roi)
  hash2 = getHash(dct2_roi)
  return Hamming_distance(hash1,hash2)
# 输入灰度图，返回 hash
 def getHash(image):
  avreage = np.mean(image)
  hash = []
 for i in range(image.shape[0]):
   for j in range(image.shape[1]):
     if image[i,j] > avreage:
       hash.append(1)
    else:
      hash.append(0)
  return hash
# 计算汉明距离
def Hamming_distance(hash1,hash2):
   num = 0
  for index in range(len(hash1)):
  if hash1[index] != hash2[index]:
```

```
        num += 1
    return num
if __name__ == '__main__':
    img1 = cv2.imread('10.jpg')
    cv2.imshow('img1',img1)
    img2 = cv2.imread('11.jpg')
    cv2.imshow('img2',img2)
    degree = classify_gray_hist(img1,img2)
    #degree = classify_hist_with_split(img1,img2)
    #degree = classify_aHash(img1,img2)
    #degree = classify_pHash(img1,img2)
    print( degree)
    cv2.waitKey(0)
```

输入的两张图像如图 6-15 所示。

图 6-15　输入的两张图像

运行结果如图 6-16 所示。

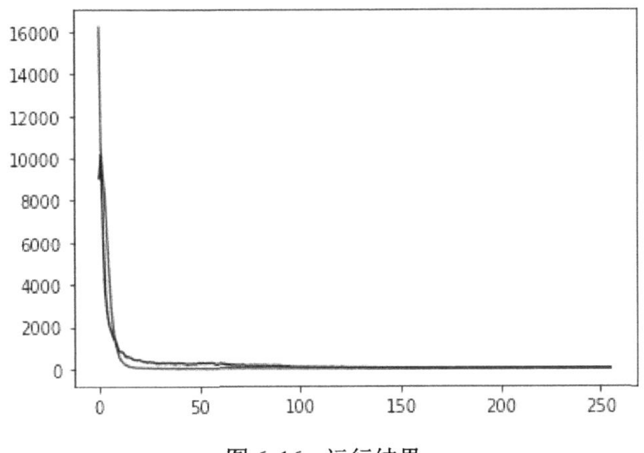

图 6-16　运行结果

相似程度为[0.27865088]。

6.3.3 实例——性别识别

性别识别就是判断检测出来的脸是男性还是女性，这是二元分类问题，识别的算法可以选择 SVM、BP 神经网络、LDA\PCA\PCA+LDA 等。OpenCV 官网给出的文档是基于 Fisherfaces 检测器（LDA）方法实现的。

人脸识别是机器学习和机器视觉领域非常重要的一个研究方向，而特征脸（Eigenfaces）算法是人脸识别中非常经典的一个算法。Eigenfaces 是计算机术语，指视觉中处理人脸识别时使用的特征向量。EigenFaces 是一种从主成分分析（Principal Component Analysis，PCA）中导出的人脸识别和描述技术。特征脸方法的主要思路就是将输入的人脸图像看作一个个矩阵，通过在人脸空间中添加一组正交向量，并选择最重要的正交向量作为“主成分”来描述原来的人脸空间。

在很多应用中，需要对大量数据进行分析计算并寻找其内在的规律，但是数据量巨大造成了分析的复杂性，降维是一种对高维度特征数据预处理方法，可以有效降低复杂性。降维是将高维度的数据保留下最重要的一些特征，去除噪声和不重要的特征，从而实现提升数据处理速度的目的。在实际的生产和应用中，降维在一定的信息损失范围内，可以为我们节省大量的时间和成本。降维的算法有很多，比如奇异值分解（SVD）、主成分分析（PCA）、因子分析（FA）、独立成分分析（ICA）。

PCA（主成分分析）方法是使用最广泛的数据降维算法。PCA 的主要思想是将 n 维特征映射到 k 维，k 维是正交特征也被称为主成分，是从原有 n 维的基础上重新构造出来的 k 维特征。PCA 的工作就是从原始的空间中顺序地找一组相互正交的坐标轴，新的坐标轴的选择与数据本身是密切相关的。其中，第一个坐标轴选择的是原始数据中方差最大的方向，第二个坐标轴选取的是与第一个坐标轴正交的平面中方差最大的方向，第三个轴是与第一、二个轴正交的平面中方差最大的方向。依次可以得到 n 个这样的坐标轴。通过这种方式获得的新的坐标轴，大部分方差都包含在前面 k 个坐标轴中，后面的坐标轴所含的方差几乎为 0。只保留前面 k 个含有绝大部分方差的坐标轴，实现对数据特征的降维处理。

LDA 特征提取方法对降维后的样本使用 Fisher 线性判别方法，确定一个最优的投影方向，构造一个一维的特征空间（称为 Fisherfaces），将多维的人脸图像投影到 Fisherfaces 特征空间，利用类内样本数据形成一组特征向量，这组特征向量就代表了人脸的特征。

Open CV 在 3.0 之后支持调用深度学习模型。OpenCV DNN 模块目前支持 Caffe、TensorFlow、Torch、PyTorch 等深度学习框架。另外，新版本中使用预训练深度学习。

基于 Open CV 的判断性别的代码如下。

```
import cv2 as cv
import time
# 函数：获得人脸并绘制人脸边界
def getFaceBox(net, frame, conf_threshold=0.7):
    frameOpencvDnn = frame.copy()
    frameHeight = frameOpencvDnn.shape[0]  # 高度
    frameWidth = frameOpencvDnn.shape[1]  # 宽度
```

```
        blob = cv.dnn.blobFromImage(frameOpencvDnn, 1.0, (300, 300), [104, 117, 123],
True, False)
        # blobFromImage(image[, scalefactor[, size[, mean[, swapRB[, crop[, ddepth]]]]]])
-> retval 返回值  # swapRB 是交换第一个和最后一个通道  返回按 NCHW 尺寸顺序排列的 4 Mat 值
        net.setInput(blob)
        detections = net.forward() # 网络进行前向传播，检测人脸
        bboxes = []
        for i in range(detections.shape[2]):
            confidence = detections[0, 0, i, 2]
            if confidence > conf_threshold:
                x1 = int(detections[0, 0, i, 3] * frameWidth)
                y1 = int(detections[0, 0, i, 4] * frameHeight)
                x2 = int(detections[0, 0, i, 5] * frameWidth)
                y2 = int(detections[0, 0, i, 6] * frameHeight)
                bboxes.append([x1, y1, x2, y2]) # bounding box 的坐标
                cv.rectangle(frameOpencvDnn, (x1, y1), (x2, y2), (0, 255, 0), int
(round(frameHeight / 150)),8)
    # rectangle(img, pt1, pt2, color[, thickness[, lineType[, shift]]]) -> img
        return frameOpencvDnn, bboxes

    # 网络模型
    faceProto = "cnn_age_gender_models/opencv_face_detector.pbtxt"
    faceModel = "cnn_age_gender_models/opencv_face_detector_uint8.pb"
    # 检测年龄的模型
    ageProto = "cnn_age_gender_models/age_deploy.prototxt"
    ageModel = "cnn_age_gender_models/age_net.caffemodel"
    # 检测性别的模型
    genderProto = "cnn_age_gender_models/gender_deploy.prototxt"
    genderModel = "cnn_age_gender_models/gender_net.caffemodel"

    # 模型均值
    MODEL_MEAN_VALUES = (78.4263377603, 87.7689143744, 114.895847746)
    ageList = ['(0-2)', '(4-6)', '(8-12)', '(15-20)', '(25-32)', '(38-43)', '(48-53)',
'(60-100)']
    genderList = ['Male', 'Female']

    # 加载网络
    ageNet = cv.dnn.readNet(ageModel, ageProto)
    genderNet = cv.dnn.readNet(genderModel, genderProto)
    # 人脸检测的网络和模型
    faceNet = cv.dnn.readNet(faceModel, faceProto)

    # 打开图像
    frame = cv.imread("2.jpg")
```

```
    padding = 20
    while cv.waitKey(1) < 0:
        # Read frame
        t = time.time()
        #获取边界
        frameFace, bboxes = getFaceBox(faceNet, frame)
        if not bboxes:
            print("No face Detected, Checking next frame")
            continue

        for bbox in bboxes:
            # print(bbox)   # 取出 box 框住的脸部进行检测，返回的是脸部图片
            face = frame[max(0, bbox[1] - padding):min(bbox[3] + padding, frame.shape
[0] - 1),
                    max(0, bbox[0] - padding):min(bbox[2] + padding, frame.shape[1] - 1)]
            print("=======", type(face), face.shape) # <class 'numpy.ndarray'> (166, 154, 3)
            #
            blob = cv.dnn.blobFromImage(face, 1.0, (227, 227), MODEL_MEAN_VALUES,
swapRB=False)
            print("======", type(blob), blob.shape)  # <class 'numpy.ndarray'> (1, 3,
227, 227)
            genderNet.setInput(blob)   #进行性别的检测
            genderPreds = genderNet.forward()  # 进行前向传播
            print("++++++",  type(genderPreds),  genderPreds.shape,  genderPreds)
# <class 'numpy.ndarray'> (1, 2)  [[9.9999917e-01 8.6268375e-07]]  变化的值
            gender = genderList[genderPreds[0].argmax()]   # 分类  返回性别类型
            # print("Gender Output : {}".format(genderPreds))
            print("Gender : {}, conf = {:.3f}".format(gender, genderPreds[0].max()))

            ageNet.setInput(blob)
            agePreds = ageNet.forward()
            age = ageList[agePreds[0].argmax()]
            print(agePreds[0].argmax())
            print("*********",  agePreds[0])      #    [4.5557402e-07  1.9009208e-06
2.8783199e-04 9.9841607e-01 1.5261240e-04 1.0924522e-03 1.3928890e-05 3.4708322e-05]
            print("Age Output : {}".format(agePreds))
            print("Age : {}, conf = {:.3f}".format(age, agePreds[0].max()))

            label = "{},{}".format(gender, age)
            #输出文字
            cv.putText(frameFace, label, (bbox[0], bbox[1] - 10), cv.FONT_HERSHEY_
SIMPLEX, 0.8, (0, 255, 255), 2,
            cv.LINE_AA)   # putText(img, text, org, fontFace, fontScale, color[,
```

```
thickness[, lineType[, bottomLeftOrigin]]]) -> img
            #显示图像
            cv.imshow("Age Gender Demo", frameFace)
        print("time : {:.3f} ms".format(time.time() - t))
```

运行结果如图 6-17 所示。

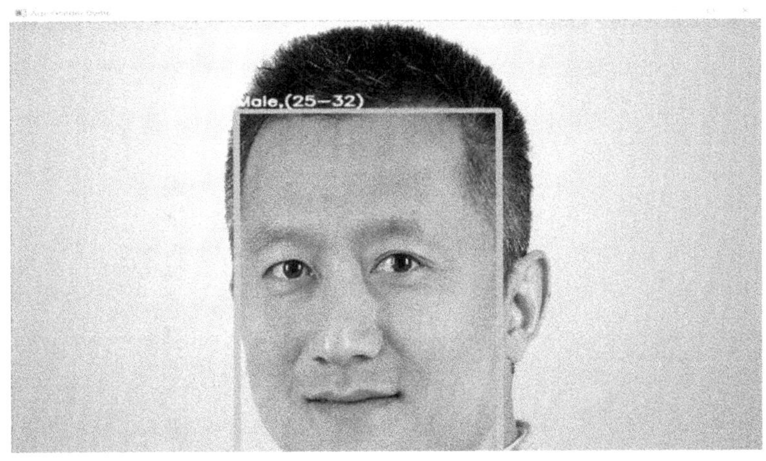

图 6-17　性别检测

6.4　VGGNet 花朵识别

VGGNet 花朵识别的具体介绍和相关内容如下。

6.4.1　VGGNet 介绍

VGGNet 是由牛津大学的视觉几何组（Visual Geometry Group）和 Google DeepMind 公司的研究员一起研发的深度卷积神经网络，在 ILSVRC 2014 中取得了第二名的成绩，将 Top-5 错误率降到 7.3%。它主要的贡献是展示出网络的深度（depth）是算法优良性能的关键部分。目前使用比较多的网络结构主要有 ResNet（152-1000 层）、GooleNet（22 层）、VGGNet（19 层）。到目前为止，VGGNet 依然经常被用来提取图像特征。

VGGNet 是一个包含很多级别的网络，深度从 11 层到 19 层不等，比较常用的是 VGGNet-16 和 VGGNet-19，VGG16 包含 16 层，VGG19 包含 19 层。VGGNet 把网络分成了 5 段，每段都把多个 3×3 的卷积网络串联在一起，每段卷积后面接一个最大池化层，最后面是 3 个全连接层和 1 个 softmax 层。

全连接层后是 Softmax，用来分类。所有隐藏层（每个 CONV 层中间）都使用 ReLU 作为激活函数。VGGNet 不使用局部响应标准化（Local Response Normalization，LRN），这种标准化并不能在 ILSVRC 数据集上提升性能，却会导致更多的内存消耗和计算时间。

6.4.2 花朵数据库

机器学习训练需要各种数据库，例如 UCI 机器学习仓库（http://archive.ics.uci.edu/ml/index.php）维护了约 394 个机器学习数据集，如图 6-18 所示。

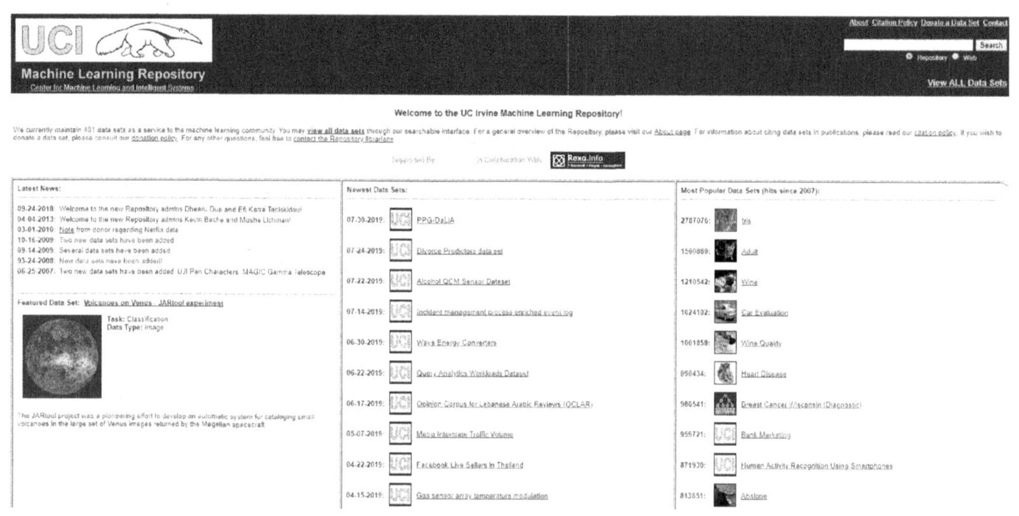

图 6-18　UCI 机器学习仓库

该网站统计了自 2007 年以来下载量最高的数据集，如图 6-19 所示，其中 Iris 数据集排在第一位。

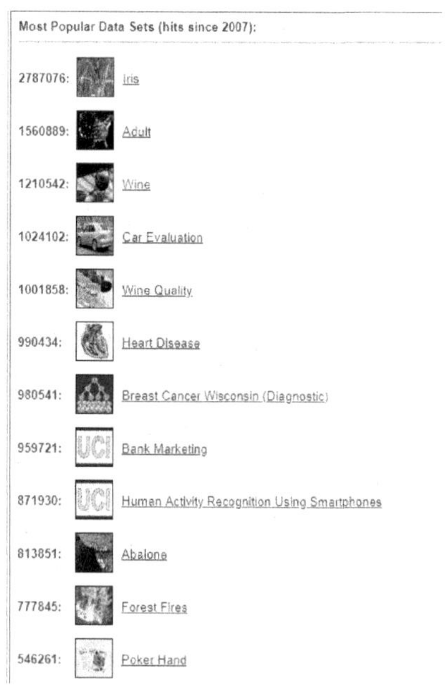

图 6-19　下载量多的数据库

例如排行第一的鸢尾属植物数据集：http://archive.ics.uci.edu/ml/datasets/Iris，如图 6-20 所示。

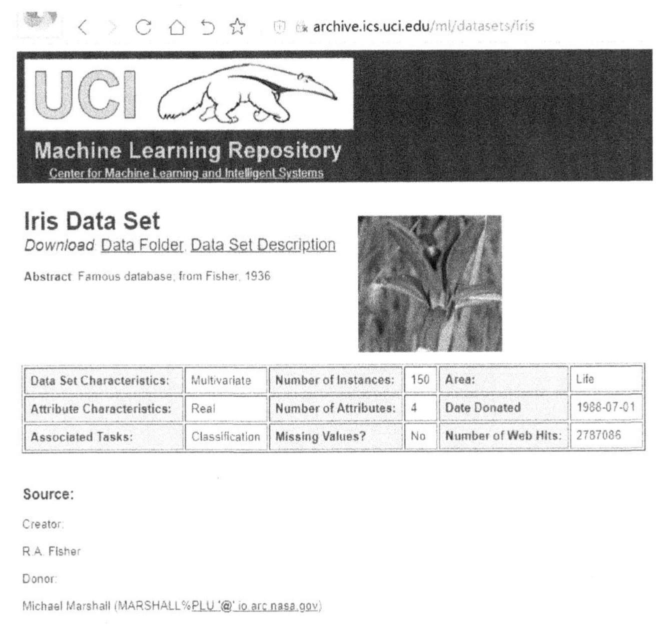

图 6-20　鸢尾属植物

6.4.3 实例——花朵识别

本例要训练花朵的识别模型，这是 Google 在 TensorFlow 里面提供的示例，其中包含了 5 类花朵的训练图片，下载地址：http://download.tensorflow.org/example_images/flower_photos.tgz。新建 flower_photos 文件夹，用于存放数据和训练的模型，将下载的图片解压到文件夹，共有 5 种类别的花：daisy（雏菊）、dandelion（蒲公英）、roses（玫瑰）、sunflowers（向日葵）、tulips（郁金香），总共约 3672 张图片，每个类别的大概有 600～900 张训练样本图片，如图 6-21 所示。

flower_photos › flower_photos

名称	修改日期	类型
daisy	2018/12/26 21:17	文件夹
dandelion	2018/12/26 21:17	文件夹
roses	2018/12/26 21:17	文件夹
sunflowers	2018/12/26 21:17	文件夹
tulips	2018/12/26 21:17	文件夹

图 6-21　训练的图像素材

下面继续下载训练文件，下载地址：https://github.com/tensorflow/tensorflow/blob/c565660e008cf666c582668cb0d0937ca86e71fb/tensorflow/examples/image_retraining/retrain.py。还需要下载 Google Inception V3 模型文件，下载地址：http://download.tensorflow.org/models/image/imagenet/

inception-2015-12-05.tgz，“retrain.py”是 Google 提供的以 ImageNet 图片分类模型为基础模型，利用 flower_photos 数据迁移训练花朵识别模型的脚本，在 Spyder 中打开“retrain.py”，选择菜单命令“Run >Configuration per file …”，如图 6-22 所示。

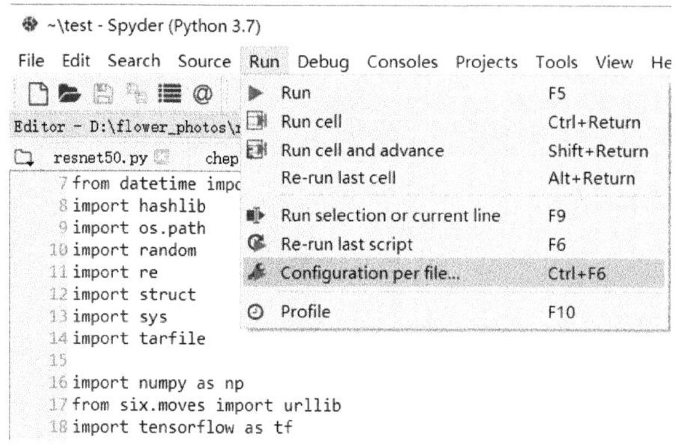

图 6-22　选择菜单命令

在弹出的窗口的 Command line option 后面的白色文本框中输入下列内容，如图 6-23 所示。

--bottleneck_dir=bottlenecks --how_many_training_steps=5000 --model_dir=inception --summaries_dir=training_summaries/basic --output_graph=retrained_graph.pb --output_labels=retrained_labels.txt --image_dir=flower_photos。

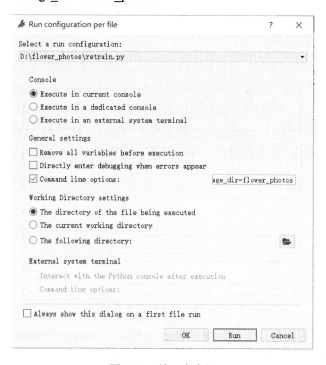

Run configuration per file
Select a run configuration:
D:\flower_photos\retrain.py
Console
Execute in current console
Execute in a dedicated console
Execute in an external system terminal
General settings
Remove all variables before execution
Directly enter debugging when errors appear
Command line options: age_dir=flower_photos
Working Directory settings
The directory of the file being executed
The current working directory
The following directory:
External system terminal
Interact with the Python console after execution
Command line options:
Always show this dialog on a first file run
OK Run Cancel

图 6-23　输入命令行

单击窗口中的 Run 按钮，开始运行程序，在控制台窗口可以看到运行过程，如图 6-24 所示。

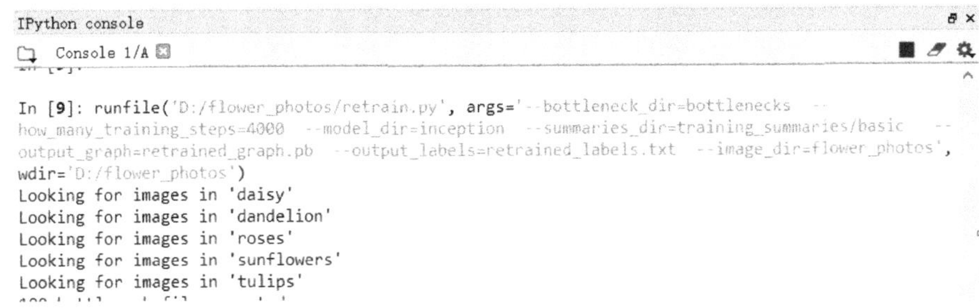

图 6-24　控制台的运行过程

模型训练结束后，可以看到“Final test accuracy = 91.1%”，也就是说我们训练的 5 类花朵识别模型，在测试集上已经有 91%的识别准确率了，如图 6-25 所示。同时生成了“retrained_labels.txt”和“retrained_graph.pb”两个模型相关文件。

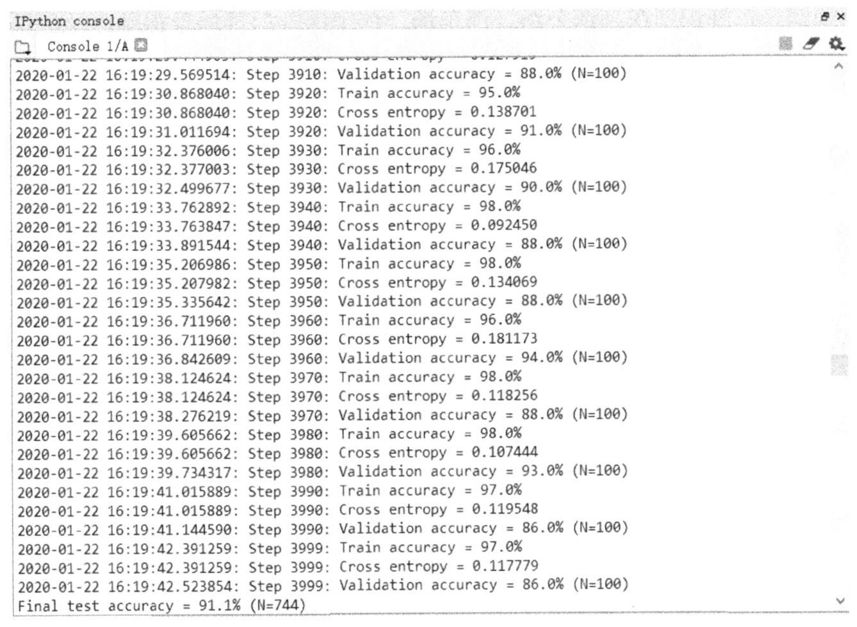

图 6-25　运行结果

下面进行测试，下载测试 Python 程序，下载地址：https://github.com/tensorflow/tensorflow/blob/r1.3/tensorflow/examples/image_retraining/label_image.py。然后从“flower_photos/daisy”目录中选择图片“5794835_d15905c7c8_n.jpg”来测试训练后的模型的识别准确率，当然也可以百度搜索这 5 类花朵的任意一张来测试识别效果，在 Spyder 中打开“label_image.py”，设置命令行参数：-image flower_photos\daisy\5794835_d15905c7c8_n.jpg --graph retrained_graph.pb --labels retrained_labels.txt。单击 Run 按钮，结果如图 6-26 所示，从图中可以看出，训练的算法模型认为这张图属于 daisy（雏菊）的概率高达 99.7%。

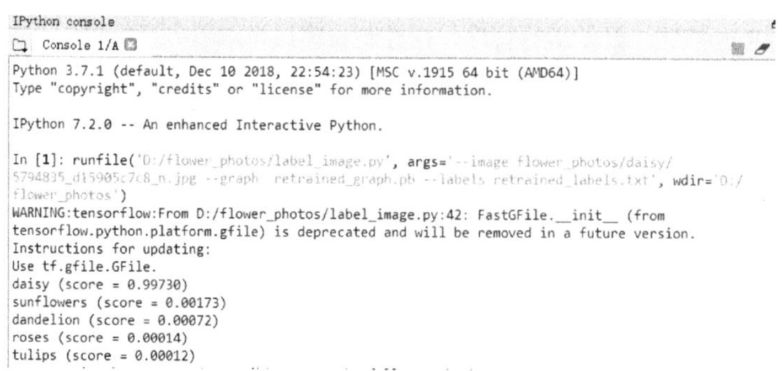

图 6-26　运行结果

6.5　车牌识别

车牌识别系统（Vehicle LicensePlate Recognition，VLPR）可利用计算机图像视频识别技术识别车辆牌照。车牌识别在高速公路、停车场、住宅区入口等场景得到广泛应用。

6.5.1　利用 OpenCV 实现车牌识别

OpenCV 是一个开源的跨平台计算机视觉库，主页：https://opencv.org。这些库可以运行在 Linux、Windows、Android 和 Mac OS 等不同的操作系统上。OpenCV 由一系列 C 函数和少量 C++类构成，同时提供了 Python、Ruby、MATLAB 等语言的接口，实现了图像处理和计算机视觉方面的很多通用算法。

一个典型的车辆牌照识别系统一般包括以下 4 个部分：车辆图像获取、车牌定位、车牌字符分割和车牌字符识别。处理流程如图 6-27 所示。

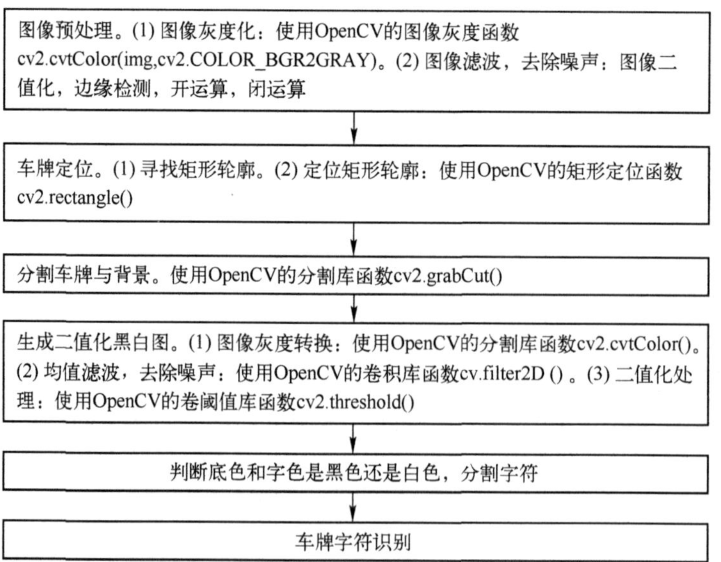

图 6-27　车牌识别流程

例如，下面程序可实现图像的二值化处理。

```
import cv2
img =cv2.imread("chepai.jpg");
cv2.imshow("原图", img);
imgGray = cv2.cvtColor(img, cv2.COLOR_BGR2GRAY)
ret,thresh=cv2.threshold(imgGray,127,255,cv2.THRESH_BINARY)
cv2.imshow("二值化图",thresh )
cv2.waitKey(0)
cv2.destroyAllWindows()
```

运行结果如图 6-28 所示。

图 6-28　图像的二值化处理

由于车牌的底色一般为蓝色，因此可根据颜色进行定位，Python 代码如下。

```
import cv2
import numpy as np
img = cv2.imread('chepai.jpg')
lower=[100,43,46]     #车牌颜色下限
upper=[124,254,254]  #车牌颜色上限
hsv = cv2.cvtColor(img, cv2.COLOR_BGR2HSV)
lower = np.array(lower, dtype="uint8") # 颜色下限
upper = np.array(upper, dtype="uint8") # 颜色上限
# 根据阈值找到对应的颜色
mask = cv2.inRange(hsv, lowerb=lower, upperb=upper)
output = cv2.bitwise_and(img, img, mask=mask)
# 显示图片
cv2.imshow("image", img)
cv2.imshow("image-location", output)
cv2.waitKey(0)
```

运行结果如图 6-29 所示。

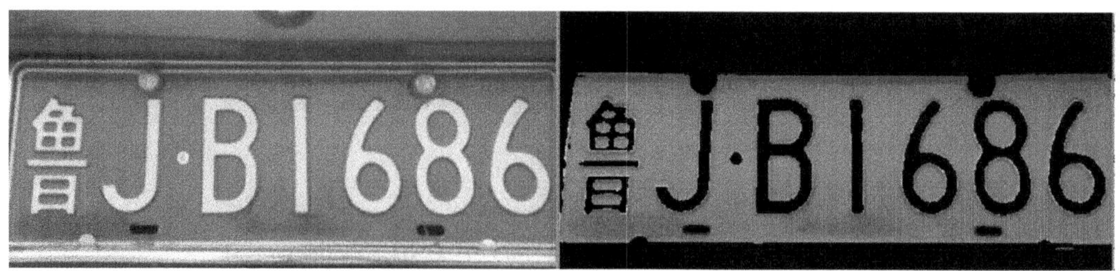

图 6-29　车牌定位

使用 OpenCV 的函数 cv2.findContours()和 cv2.drawContours 查找并绘制轮廓，功能是寻找一个二值图像的轮廓。注意黑色表示背景，白色表示物体，即在黑色背景里寻找白色物体的轮廓，代码如下。

```
import cv2
import numpy as np
import matplotlib.pyplot as plt
img=cv2.imread('chepai.jpg')
cv2.imshow('Original',img)
img_gray=cv2.cvtColor(img,cv2.COLOR_BGR2GRAY)
#求二值图像
retv,thresh=cv2.threshold(img_gray,125,255,1)
#寻找轮廓
contours,hierarchy=cv2.findContours(thresh,cv2.RETR_TREE,cv2.CHAIN_APPROX_SIMPLE)
#绘制轮廓
cv2.drawContours(img_original,contours,-1,(0,0,250),3,lineType=cv2.LINE_AA)
#显示图像
cv2.imshow('Contours',img_original)
cv2.waitKey()
cv2.destroyAllWindows()
```

运行结果如图 6-30 所示。

图 6-30　OpenCV 绘制轮廓

6.5.2　实例——EasyPR 车牌识别

EasyPR 是一个开源的中文车牌识别系统，其目标是成为一个简单、高效、准确的非限制场景下的车牌识别库。EasyPR 主页：https://gitee.com/easypr/EasyPR。相比其他的车牌识别系统，EasyPR 具有如下特点。

（1）基于 OpenCV 这个开源库。可以获取全部源代码，并且移植到 OpenCV 支持的所有平台。

（2）能够识别中文。例如车牌为“苏 EGT833”的图片，它可以准确地输出 std:string 类型的“苏 EGT833”的结果。

（3）识别率较高。在图片清晰的情况下，车牌检测与字符识别可以达到 80%以上的精度。

目前除了 Windows 平台以外，还有以下其他平台的 EasyPR 版本，如表 6-1 所示。

表 6-1 EasyPR 的平台

版本	开发者	版本	网址
C#	zhang-can	1.5	https://github.com/zhang-can/EasyPR-DLL-CSharp
android	goldriver	1.4	https://github.com/linuxxx/EasyPR_Android
linux	Micooz	1.6	已与 EasyPR 整合
ios	zhoushiwei	1.3	https://github.com/zhoushiwei/EasyPR-iOS
mac	zhoushiwei,Micooz	1.6	已与 EasyPR 整合
java	fan-wenjie	1.2	https://github.com/fan-wenjie/EasyPR-Java
懒人版	fan-wenjie	1.5	https://gitee.com/easypr/EasyPR/attach_files

EasyPR 把车牌识别划分为了两个过程：车牌检测（Plate Detection）和字符识别（Chars Recognition）。

（1）车牌检测（Plate Detection）：对车牌的图像进行分析，最终截取出只包含车牌的一个图块。在 EasyPR 中使用 SVM（支持向量机），判别截取的图块是否是真的“车牌”。

（2）字符识别（Chars Recognition）：这个步骤的主要目的是对上一步骤中获取到的车牌图像进行光学字符识别（OCR）。其中用到的机器学习算法是人工神经网络（ANN）中的多层感知机（MLP）模型。

EasyPR 的车牌识别处理流程如图 6-31 所示。

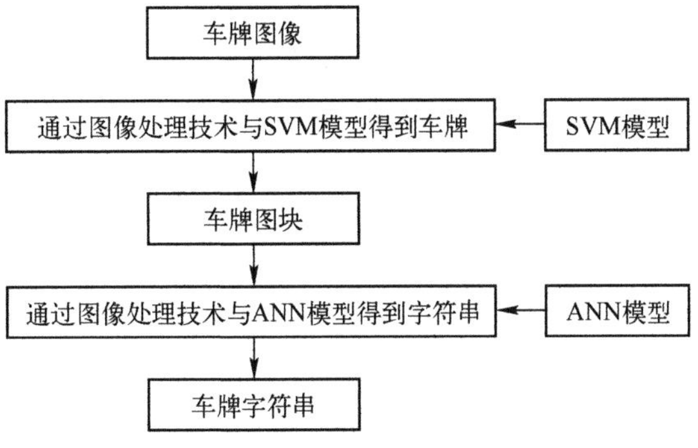

图 6-31 EasyPR 的车牌识别处理流程

详细的使用方法见网站 https://gitee.com/easypr/EasyPR。

6.6 Inception 图像分类处理

Inception 网络是 CNN（基卷神经网络）分类器发展史上的一个重要里程碑。在它出现之前，大部分 CNN 仅仅是把卷积层堆叠得越来越多，使网络越来越深，以此获得到更好的性能。Inception 是 GoogleNet 中的模块，为 Google 开源的 CNN 模型，它的目的是设计一种具有优良局部拓扑结构的网络，即对输入图像并行地执行多个卷积运算或池化操作，并将所有结果拼接为一个非常深的特征图。

Inception 网络很复杂，它使用大量 trick 来提升性能，包括速度和准确率两方面。它的不断进化带来了多种 Inception 网络版本。常见的版本有 Inception V1、Inception V2、Inception V3、Inception V4 和 Inception-ResNet。每一个版本都是基于大型图像数据库 ImageNet 中的数据训练而成，并且都是前一个版本的迭代进化。

6.6.1 Inception 模型简介

Inception 结构的主要思路是使用一个密集成分来近似或者代替最优的局部稀疏结构。Inception 历经了多个版本的发展，不断趋于完善。

1. Inception V1 模型

Inception V1 模型如图 6-32 所示。

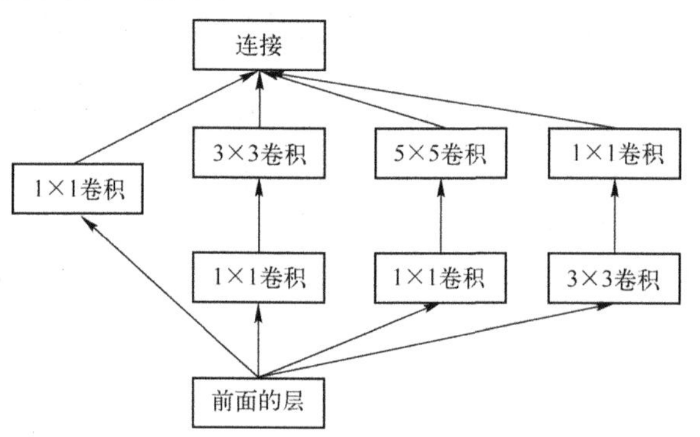

图 6-32 Inception V1 模型

2. Inception V2 模型

Inception V2 模型加入了 BN 层，减少了内部 neuron 的数据分布变化，使每一层的输出都规范化到一个 N(0,1)的高斯。另外一方面 Inception V2 学习 VGG 用 2 个 3×3 的卷积替代 Inception 模块中的 5×5 卷积，既降低了参数数量，也加速了计算。

3. Inception V3 模型

Inception V3 模型一个最重要的改进是分解，将 7×7 卷积分解成两个一维的卷积（1×7，7×1），3×3 分解为（1×3，3×1），这样既可以加速计算，又可以将 1 个卷积拆成 2 个卷积，使得网络深度进一步增加，增强了网络的非线性。另外，还把网络输入从 224×224 变为 299×299，更加精细设计了 35×35/17×17/8×8 的模块。

4．Inception V4 模型

Inception V4 模型结合了 Inception 模块和 ResNet 的结构，添加了残差单元，极大地加速了训练，同时性能也有所提升，得到一个 Inception-ResNet V2 网络，如图 6-33 所示。

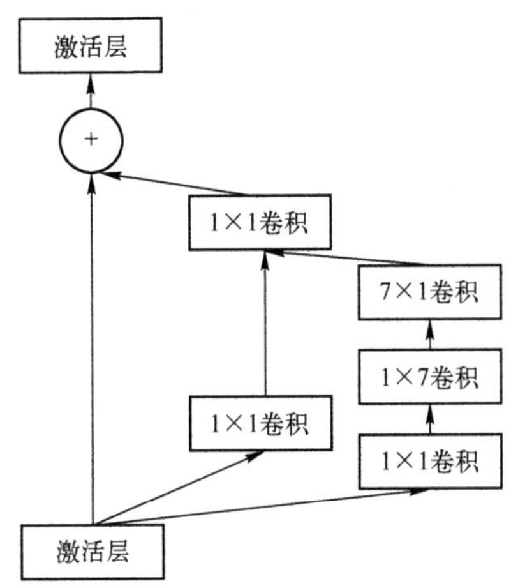

图 6-33　Inception V4 模型

6.6.2　实例——花朵和动物识别

Inception 已经具有训练好的实现花朵和动物识别模型，模型下载地址：http://download.tensorflow.org/models/image/imagenet/inception-2015-12-05.tgz。模型解压后，其中包括 5 个文件，如图 6-34 所示。

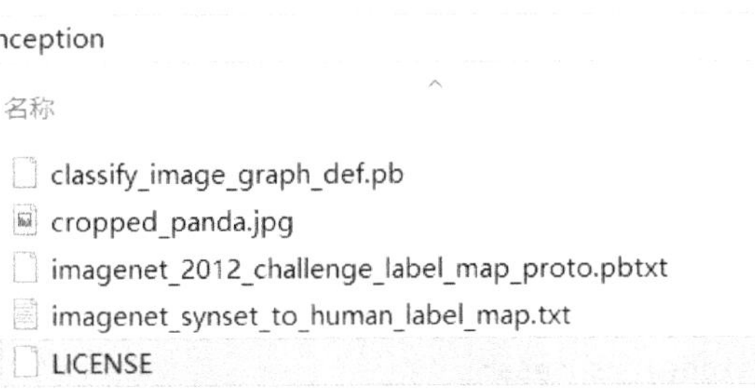

图 6-34　模型解压后文件

其中，“classify_image_graph_def.pb”文件为 Inception V3 的模型文件，“imagenet_2012_challenge_label_map_proto.pbtxt”文件为映射文件，表示分类号和对应的字符串编号，内容格式如下。

```
entry {
  target_class: 449
  target_class_string: "n01440764"
```

```
}
entry {
  target_class: 450
  target_class_string: "n01443537"
}
```

“magenet_synset_to_human_label_map.txt”文件也是映射文件，表示字符串编号和对应的字符串，内容格式如下。

```
n00004475    organism, being
n00005787    benthos
n00006024    heterotroph
n00006484    cell
```

下面使用 Inception V3 模型识别花朵和动物，代码参考网址：https://blog.csdn.net/weixin_44093765/article/details/94606467。

```
import tensorflow as tf
import numpy as np
import os
from PIL import Image
import matplotlib.pyplot as plt
class Inception_v3(object):
    def __init__(self,):
        #配置文件
        label_path = 'config/imagenet_2012_challenge_label_map_proto.pbtxt' #标签
文件
        id_path = 'config/imagenet_synset_to_human_label_map.txt'#编号 id
        model_path = 'config/classify_image_graph_def.pb'#模型文件

        self.__map = self.load_map(label_path, id_path)
        self.load_model(model_path)
    #魔法方法 call 可直接用类名加括号的方式调用该方法
    def __call__(self, images_path='images/'):
        with tf.Session() as sess:
            softmax_tensor = sess.graph.get_tensor_by_name('softmax:0')
            for root, dirs, files in os.walk(images_path):
                if files is None:
                    print("directory is null!")
                for file in files:
                    image_data = tf.gfile.FastGFile(os.path.join(root, file), 'rb').
read()
                    predictions = sess.run(softmax_tensor, {'DecodeJpeg/contents:
0': image_data}) # 图片格式是 jpg 格式
                    predictions = np.squeeze(predictions)
```

```
            # 打印图片路径及名称
            image_path = os.path.join(root, file)
            print(image_path)
            # 显示图片
            img = Image.open(image_path)
            plt.imshow(img)
            plt.axis('off')
            plt.show()

            # 排序
            #print(predictions)
            top_3 = predictions.argsort()[-3:][::-1]
            for node_id in top_3:
                # 获取分类名称
                human_string = self.look_up(node_id)
                # 获取该分类的置信度
                score = predictions[node_id]
                print('%s (score = %.5f)' % (human_string, score))
            print()
#加载模型方法
def load_model(self, model_path):
    try:
        with tf.gfile.GFile(model_path, 'rb') as f:
            self.graph_def = tf.GraphDef()
            self.graph_def.ParseFromString(f.read())
            tf.import_graph_def(self.graph_def, name='')
    except Exception as ret:
        print(ret)
#建立映射关系方法
def load_map(self, label_path, id_path):
    # 加载 target 对应的分类编号字符串
    try:
        lines = tf.gfile.GFile(label_path).readlines()
    except Exception as ret:
        print(ret)
    else:
        target_map_nid = dict()
        for line in lines:
            #print(line)
            if line.startswith("  target_class:"):
                # 分类编号
                target_class = int(line.split(':')[1])
            if line.startswith("  target_class_string:"):
```

```
                    # 提取分类编号字符串
                    #print(line.split(': ')[1])
                    target_map_nid[target_class] = line.split(': ')[1][1:-2]

        #加载字符串分类 ---对应分类名
        try:
            lines = tf.gfile.GFile(id_path).readlines()
        except Exception as ret:
            print(ret)
        else:
            label_map_proto = dict()
            for line in lines:
                #print(line)
                #去除换行符并按\t 切片
                line = line.strip('\n').split('\t')
                # 获取分类编号和分类名称
                label_map_proto[line[0]] = line[1]
        #建立 target 与名称的映射
        target_map_name = dict()
        for key, value in target_map_nid.items():
            target_map_name[key] = label_map_proto[value]
        return target_map_name

    #查询 id 对应标签
    def look_up(self, target):
        if target not in self.__map:
            return None
        return self.__map[target]
if __name__ == '__main__':
    x=Inception_v3()
    x.__call__()
```

运行结果如图 6-35 所示。

daisy (score = 0.96935)
speedboat (score = 0.00095)
bee (score = 0.00060)

giant panda, panda, panda bear, coon bear, Ailuropoda melanoleuca (score = 0.90006)
lesser panda, red panda, panda, bear cat, cat bear, Ailurus fulgens (score = 0.00125)
soccer ball (score = 0.00082)

图 6-35　Inception 实现花朵和动物识别

6.6.3　实例——自定义图像分类

前面介绍的花朵和动物分类实例直接使用了 Inception 训练好的模型，但有些图像分类未包含在这个模型中，这种情况下需要使用 Inception V3 模型训练自己的图片分类，步骤如下。

（1）准备数据，即要训练的图片样本，可参考网站：http://www.robots.ox.ac.uk/～vgg/data/，如图 6-36 所示，选择需要的图片类。

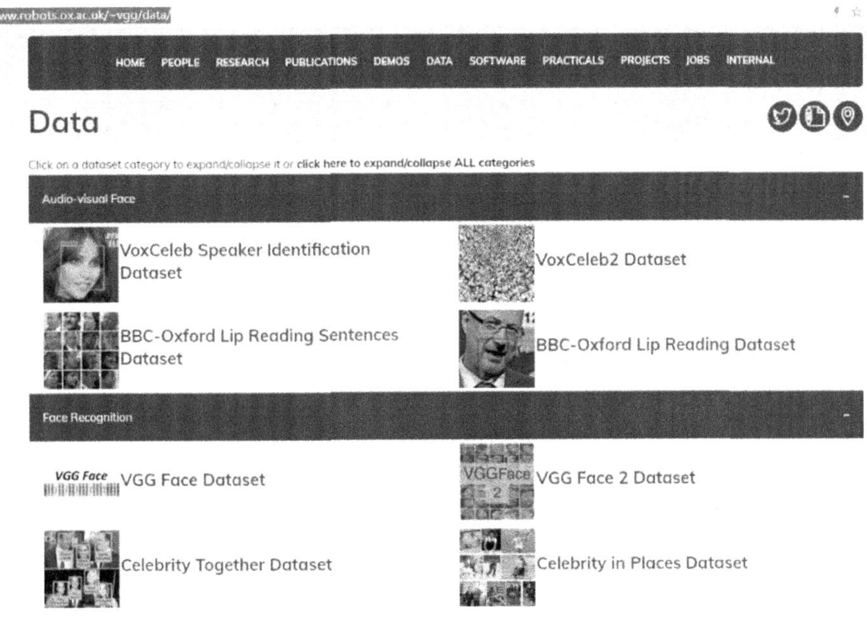

图 6-36　图片类网站

（2）下载训练程序“retrain.py”，下载网站：https://github.com/tensorflow/hub，这是一个关于机器学习资源的网站。

（3）下载 Inception V3 模型，下载网址：http://download.tensorflow.org/models/image/imagenet/inception-2015-12-05.tgz。

（4）执行训练文件“retrain.py”开始训练，在训练前设置训练参数，例如：

```
--bottleneck_dir bottleneck          # bottleneck 文件夹的路径
--how_many_training_steps 500        #训练步骤
--model_dir D:/Tensorflow/inception_model/  #训练模型目录
--output_graph output_Model.pb       #输出模型名字
--output_labels output_labels.txt    #输出的标签
--image_dir D:\TensorFlow\retrain\data\train  #训练数据的存放路径
```

（5）运行预测程序“prediction.py”，用于调用新生成的模型，预测新数据的结果。参考网站：https://blog.csdn.net/weixin_38663832/article/details/80555341，参考程序如下。

```
import tensorflow as tf
import os
import numpy as np
import re
from PIL import Image
import matplotlib.pyplot as plt
lines = tf.gfile.GFile('retrain/output_labels.txt').readlines()
uid_to_human = {}
#一行一行读取数据
for uid,line in enumerate(lines) :
    #去掉换行符
    line=line.strip('\n')
    uid_to_human[uid] = line
 def id_to_string(node_id):
    if node_id not in uid_to_human:
        return ''
    return uid_to_human[node_id]
 #创建一个图来存放Google训练好的模型
with tf.gfile.FastGFile('retrain/output_graph.pb', 'rb') as f:
    graph_def = tf.GraphDef()
    graph_def.ParseFromString(f.read())
    tf.import_graph_def(graph_def, name='')
 with tf.Session() as sess:
    softmax_tensor = sess.graph.get_tensor_by_name('final_result:0')
    #遍历目录
    for root,dirs,files in os.walk('retrain/images/'):  #测试图片存放位置
        for file in files:
            #载入图片
            image_data = tf.gfile.FastGFile(os.path.join(root,file), 'rb').read()
            predictions = sess.run(softmax_tensor,{'DecodeJpeg/contents:0': image_
data})#图片格式是jpg格式
            predictions = np.squeeze(predictions)#把结果转为一维数据
             #打印图片路径及名称
            image_path = os.path.join(root,file)
            print(image_path)
            #显示图片
            img=Image.open(image_path)
            plt.imshow(img)
            plt.axis('off')
            plt.show()
             #排序
            top_k = predictions.argsort()[::-1]
            print(top_k)
            for node_id in top_k:
```

```
        #获取分类名称
        human_string = id_to_string(node_id)
        #获取该分类的置信度
        score = predictions[node_id]
        print('%s (score = %.5f)' % (human_string, score))
    print()
```

6.7 本章小结

本章主要讲解深度学习中图像识别分类，包括一些经典的图像数据集，目前较流行的图像视觉库 OpenCV，典型的图像识别模型 VGGNet 网络并介绍了应用这个模型识别花朵、识别车牌等方法，最后介绍了广泛使用的图像识别模型 Inception 及其识别过程。

第 7 章 自然语言处理

自然语言处理为人工智能领域的一个重要研究方向，是计算机科学和语言学的综合应用，研究使用计算机处理人类语言的各种理论和方法，能够为自然语言处理提供传播应用的途径。

自然语言处理是对人类语言进行自动的计算处理。它包括两类算法：将人类产生的文本作为输入；产生看上去很自然的文本作为输出。由于人类产生的文本每年都在不停增加，同时人们期望使用人类的语言与计算机进行交流，因此人们对该类算法的需求在不断增加。

深度学习是机器学习中接近 AI 的领域之一，相比于传统的机器学习，深度学习试图模仿人的学习思路，通过计算机自动完成海量数据的特征提取。深度学习为自然语言处理的研究带来了两方面的变化：一是统一使用向量表示不同粒度的语言单元，如词、短语、句子和篇章等；二是使用循环、卷积、递归等神经网络模型对不同的语言单元向量进行处理，获得更多的信息。

7.1 自然语言处理的典型工具

自然语言处理的三项基本技术为单词切分（词素切分）、句法分析和语义理解，下面介绍一些典型的自然语言处理工具。

7.1.1 NLTK

NLTK（Natural Language Toolkit）是一个使用 Python 处理自然语言工具的领导平台，NLTK 主页：http://www.nltk.org/，如图 7-1 所示。

NLTK 的安装方法参考主页右边栏的 Installing NLTK，其支持 Mac、Uninx、Windows 平台的安装，Windows 平台的安装命令为 pip install nltk。

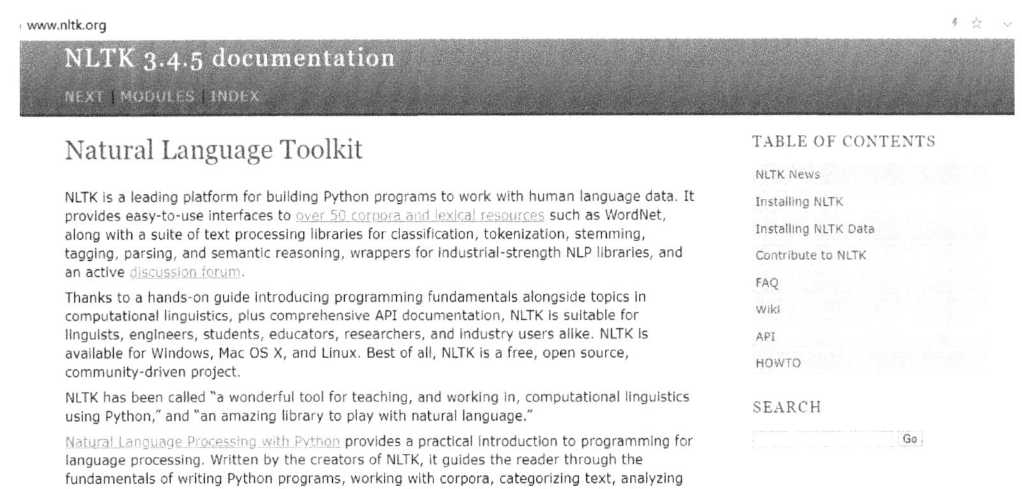

图 7-1　NLTK 主页

NLTK 安装完成以后，在主页中选择安装 Installing NLTK Data，其中包含 NLTK 的很多语料库、语法、受过训练的模型等。安装方法为运行下列代码。

```
import nltk
nltk.download()
```

运行程序，弹出如图 7-2 所示的界面，单击左下角的 DownLoad 按钮开始下载。

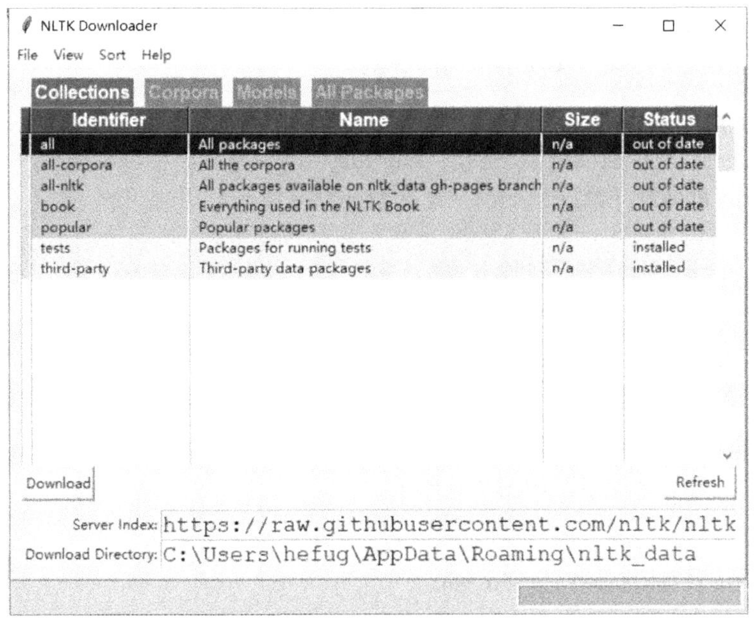

图 7-2　下载 NLTK Data

下载完成以后的目录如图 7-3 所示。

AppData > Roaming > nltk_data

名称	修改日期	类型
chunkers	2019/3/9 12:02	文件夹
corpora	2020/1/29 8:14	文件夹
grammars	2019/3/9 12:06	文件夹
grammers	2013/1/17 22:48	文件夹
help	2019/3/9 12:06	文件夹
misc	2019/3/9 15:28	文件夹
models	2019/3/9 15:27	文件夹
sentiment	2019/3/9 15:27	文件夹
stemmers	2019/3/9 15:27	文件夹
taggers	2019/3/9 15:26	文件夹
tokenizers	2019/3/9 12:02	文件夹

图 7-3　下载完成的 NLTK Data 目录

运行下面代码。

```
import nltk
sentence = "At eight o'clock on Thursday morning Arthur didn't feel very good."
tokens = nltk.word_tokenize(sentence)
print(tokens)
```

在控制台输出如下结果，实现了单词的分割。

```
runfile('D:/NTLK/untitled103.py', wdir='D:/NTLK')
['At', 'eight', "o'clock", 'on', 'Thursday', 'morning', 'Arthur', 'did', "n't",
'feel', 'very', 'good', '.']
```

7.1.2　TextBlob

TextBlob 也是一个自然语言处理的 Python 库。它为常见的自然语言处理任务提供了一个简单的 API，例如单词标注、名词短语提取、情感分析、分类、翻译等。它的 GitHub 链接：https://github.com/sloria/TextBlob。

TextBlob 的安装命令如下，如图 7-4 所示。

```
pip install -U textblob
python -m textblob.download_corpora
```

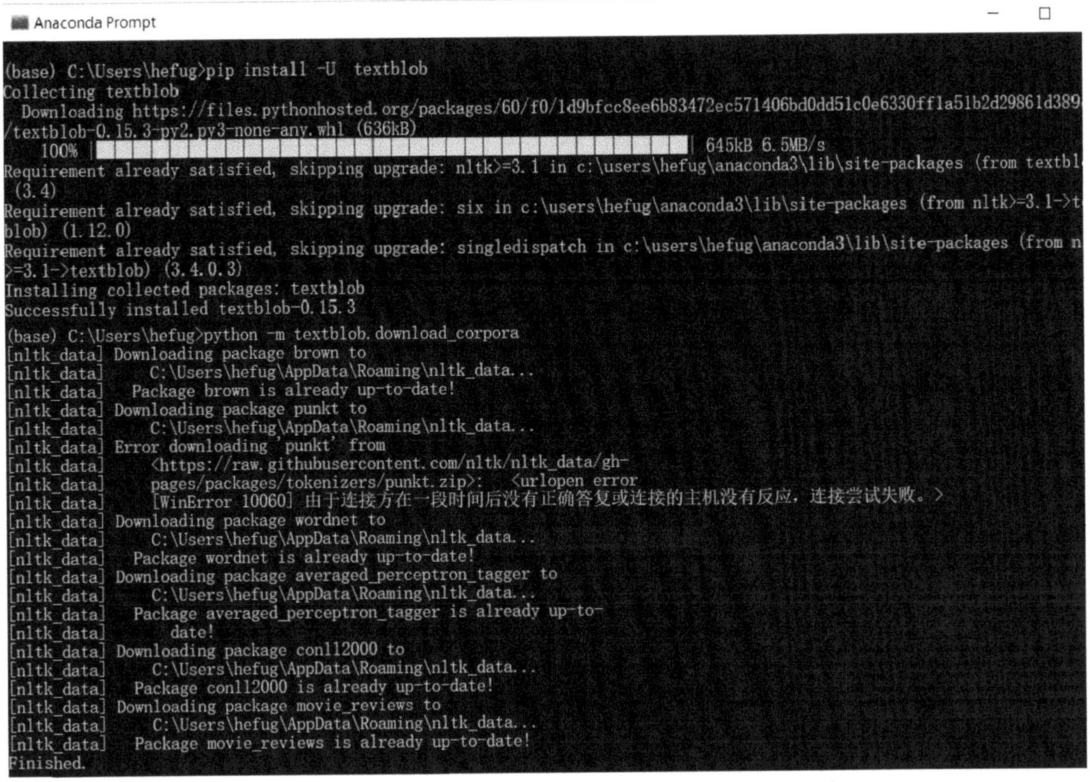

```
Anaconda Prompt
(base) C:\Users\hefug>pip install -U  textblob
Collecting textblob
  Downloading https://files.pythonhosted.org/packages/60/f0/1d9bfcc8ee6b83472ec571406bd0dd51c0e6330ff1a51b2d29861d389
/textblob-0.15.3-py2.py3-none-any.whl (636kB)
    100% |████████████████████████████████| 645kB 6.5MB/s
Requirement already satisfied, skipping upgrade: nltk>=3.1 in c:\users\hefug\anaconda3\lib\site-packages (from textbl
 (3.4)
Requirement already satisfied, skipping upgrade: six in c:\users\hefug\anaconda3\lib\site-packages (from nltk>=3.1->t
blob) (1.12.0)
Requirement already satisfied, skipping upgrade: singledispatch in c:\users\hefug\anaconda3\lib\site-packages (from n
>=3.1->textblob) (3.4.0.3)
Installing collected packages: textblob
Successfully installed textblob-0.15.3
(base) C:\Users\hefug>python -m textblob.download_corpora
[nltk_data] Downloading package brown to
[nltk_data]     C:\Users\hefug\AppData\Roaming\nltk_data...
[nltk_data]   Package brown is already up-to-date!
[nltk_data] Downloading package punkt to
[nltk_data]     C:\Users\hefug\AppData\Roaming\nltk_data...
[nltk_data] Error downloading 'punkt' from
[nltk_data]     <https://raw.githubusercontent.com/nltk/nltk_data/gh-
[nltk_data]     pages/packages/tokenizers/punkt.zip>:   <urlopen error
[nltk_data]     [WinError 10060] 由于连接方在一段时间后没有正确答复或连接的主机没有反应，连接尝试失败。>
[nltk_data] Downloading package wordnet to
[nltk_data]     C:\Users\hefug\AppData\Roaming\nltk_data...
[nltk_data]   Package wordnet is already up-to-date!
[nltk_data] Downloading package averaged_perceptron_tagger to
[nltk_data]     C:\Users\hefug\AppData\Roaming\nltk_data...
[nltk_data]   Package averaged_perceptron_tagger is already up-to-
[nltk_data]       date!
[nltk_data] Downloading package conll2000 to
[nltk_data]     C:\Users\hefug\AppData\Roaming\nltk_data...
[nltk_data]   Package conll2000 is already up-to-date!
[nltk_data] Downloading package movie_reviews to
[nltk_data]     C:\Users\hefug\AppData\Roaming\nltk_data...
[nltk_data]   Package movie_reviews is already up-to-date!
Finished.
```

图 7-4　TextBlob 安装

实例代码如下。

```
from textblob import TextBlob
text = I fell happy today. I feel sad.
blob = TextBlob(text)
#第一句的情感分析
first = blob.sentences[0].sentiment
print(first)
#第二句的情感分析
second = blob.sentences[1].sentiment
print(second)
#总的
all= blob.sentiment
print(all)
```

运行结果如下。

```
Sentiment(polarity=0.8, subjectivity=1.0)
Sentiment(polarity=-0.5, subjectivity=1.0)
Sentiment(polarity=0.15000000000000002, subjectivity=1.0)
```

情感极性为 0.8、-0.5、0.15，主观性为 1.0。情感极性的变化范围是[-1，1]，-1 代表完全负面，1 代表完全正面。

7.1.3 Gensim

Gensim 也是一个用于自然语言处理的 Python 库，主要功能是从文档中自动提取语义主题。Gensim 可以处理非结构化的数值化文本，是一个通过衡量词组（或更高级结构，如整句或文档）模式来挖掘文档语义结构的工具，其 GitHub 链接：https://github.com/RaRe-Technologies/gensim。

Gensim 的安装命令为 pip install genism，如图 7-5 所示。

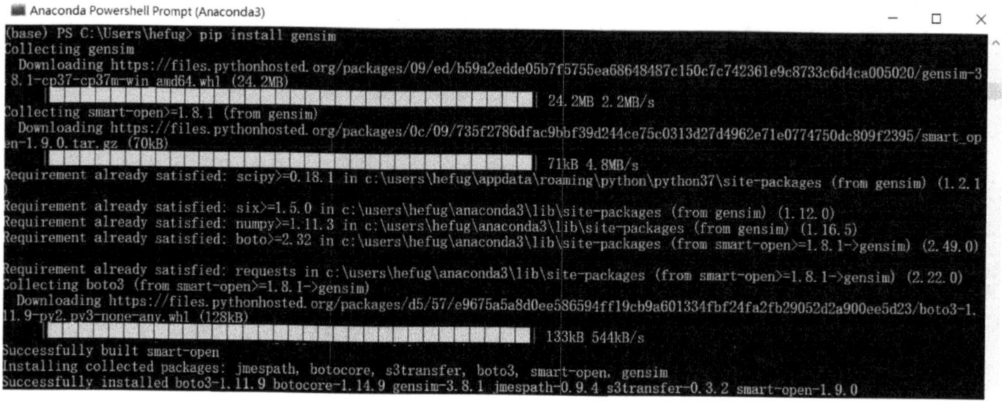

```
Anaconda Powershell Prompt (Anaconda3)
(base) PS C:\Users\hefug> pip install gensim
Collecting gensim
  Downloading https://files.pythonhosted.org/packages/09/ed/b59a2edde05b7f5755ea68648487c150c7c742361e9c8733c6d4ca005020/gensim-3.8.1-cp37-cp37m-win_amd64.whl (24.2MB)
     |████████████████████████████████| 24.2MB 2.2MB/s
Collecting smart-open>=1.8.1 (from gensim)
  Downloading https://files.pythonhosted.org/packages/0c/09/735f2786dfac9bbf39d244ce75c0313d27d4962e71e0774750dc809f2395/smart_open-1.9.0.tar.gz (70kB)
     |████████████████████████████████| 71kB 4.8MB/s
Requirement already satisfied: scipy>=0.18.1 in c:\users\hefug\appdata\roaming\python\python37\site-packages (from gensim) (1.2.1)
Requirement already satisfied: six>=1.5.0 in c:\users\hefug\anaconda3\lib\site-packages (from gensim) (1.12.0)
Requirement already satisfied: numpy>=1.11.3 in c:\users\hefug\anaconda3\lib\site-packages (from gensim) (1.16.5)
Requirement already satisfied: boto>=2.32 in c:\users\hefug\anaconda3\lib\site-packages (from smart-open>=1.8.1->gensim) (2.49.0)
Requirement already satisfied: requests in c:\users\hefug\anaconda3\lib\site-packages (from smart-open>=1.8.1->gensim) (2.22.0)
Collecting boto3 (from smart-open>=1.8.1->gensim)
  Downloading https://files.pythonhosted.org/packages/d5/57/e9675a5a8d0ee586594ff19cb9a601334fbf24fa2fb29052d2a900ee5d23/boto3-1.11.9-py2.py3-none-any.whl (128kB)
     |████████████████████████████████| 133kB 544kB/s
Successfully built smart-open
Installing collected packages: jmespath, botocore, s3transfer, boto3, smart-open, gensim
Successfully installed boto3-1.11.9 botocore-1.14.9 gensim-3.8.1 jmespath-0.9.4 s3transfer-0.3.2 smart-open-1.9.0
```

图 7-5 Gensim 的安装

实例代码如下。

```
import jieba
from gensim import corpora
documents = ['Gensim 也是一个用于关于自然语言处理的 Python 库']
def word_cuting(doc):
    seg = [jieba.lcut(w) for w in doc]
    return seg
texts= word_cuting(documents)
#为语料库中出现的所有单词分配了一个唯一的整数 id
dictionary = corpora.Dictionary(texts)
print(dictionary.token2id)
```

运行结果如下。

```
{'Gensim': 0, 'Python': 1, '一个': 2, '也': 3, '关于': 4, '处理': 5, '库': 6, '是': 7, '用于': 8, '的': 9, '自然语言': 10}
```

7.1.4 Polyglot

Polyglot 是功能强大且支持 Pipeline 方式的多语言处理 Python 工具包。它的 GitHub 链接：https://github.com/aboSamoor/polyglot。

Polyglot 安装命令为 pip install polyglot，如图 7-6 所示。

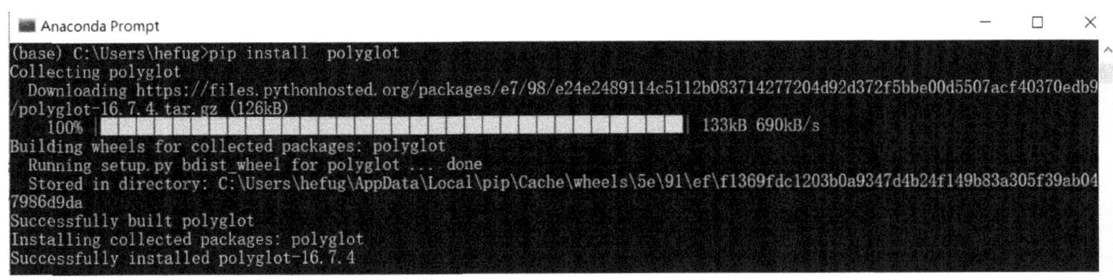

图 7-6　Polyglot 的安装

7.2　Jieba 实现关键词抽取

Jieba（结巴）是一个用于自然语言处理的 Python 分词库，完美支持中文分词，其 GitHub 链接：https://github.com/fxsjy/jieba。Jieba 的特点如下。

（1）支持三种分词模式。

① 精确模式：尝试将句子最精确地切开。

② 全模式：把句子中所有的可以成词的词语都扫描出来，速度非常快，但是不能解决歧义问题。

③ 搜索引擎模式：在精确模式的基础上，对长词再次切分，提高召回率，适合用于搜索引擎分词。

（2）支持繁体分词。

（3）支持自定义词典。

Jieba 的安装命令为 pip install jieba，如图 7-7 所示。

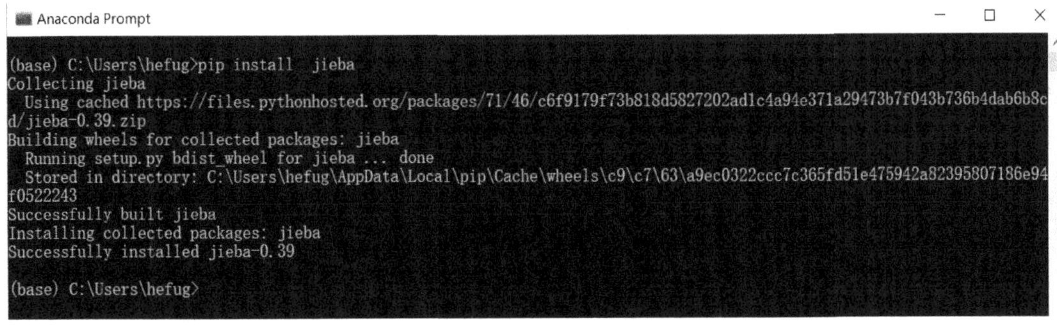

图 7-7　Jieba 的安装

7.2.1 Jieba 实现词性标注

要实现词性分析，首先要对句子中的词进行切割，Jieba 的 cut()方法可实现这个功能，示例如下。

```
import jieba
str = '我来到了北京清华大学'
seg_list = jieba.cut(str, cut_all=True)
print('Full Mode:', '/'.join(seg_list))
```

运行结果如下。

```
Full Mode: 我/来到/了/北京/清华/清华大学/华大/大学
```

下面使用 Jieba 的词性标注库 posseg 实现词的分割和标注。

```
import jieba
import jieba.analyse
import jieba.posseg
sentence_seged = jieba.posseg.cut('我来到了北京清华大学')
outstr = ''
for x in sentence_seged:
    outstr+="{}/{},".format(x.word,x.flag)
print(outstr)
```

运行结果如下。

```
我/r，来到/v，了/ul，北京/ns，清华大学/nt，其中 r-代词、ul-助词、ns-名词、nt-名词
```

常用的一些符号及词性的对应关系如下。

a 为形容词，c 为连词，d 为副词，e 为叹词，f 为方位词，i 为成语，m 为数词，n 为名词，nr 为人名，ns 为地名，nt 为机构团体，nz 为其他专有名词，p 为介词，r 为代词，t 为时间，u 为助词，v 为动词，vn 为名动词，w 为标点符号，un 为未知词语。

7.2.2 基于 TF-IDF 算法的关键词抽取

TF-IDF（Term Frequency - Inverse Document Frequency）算法是一种用于资讯检索与文本挖掘的常用加权技术。它是一种统计方法，能够评估字词对于一个文件集或一个语料库中的其中一份文件的重要程度。字词的重要性随着它在文件中出现的次数呈正比增加，但同时会随着它在语料库中出现的频率呈反比下降。

Jieba 的关键词抽取的方法：jieba.analyse.extract_tags()，函数的原型如下。

```
jieba.analyse.extract_tags(sentence, topK = 20,withWeight = False, allowPOS = ())
```

其中，sentence 为待提取文本；topK 为返回几个 TF-IDF 权重最大的关键词，默认值为 20；withWeight 为是否一并返回关键词权重值，默认值为 FALSE；allowPOS 仅包括指定词

性的词，默认值为空。

实例代码如下。

```
import jieba
import jieba.analyse
str= '我来到了北京清华大学'
tags = jieba.analyse.extract_tags(str, topK=10)
print('/'.join(tags))
```

运行结果如下。

```
清华大学/来到/北京
```

如果输入的是一个文本文件，则代码如下。

```
import jieba
import jieba.analyse
file_name= 'test.txt'
content = open(file_name, mode="r", encoding='UTF-8').read()
tags = jieba.analyse.extract_tags(content, topK=10)
print('/'.join(tags))
```

7.2.3　基于 TextRank 算法的关键词抽取

TextRank 算法是一种用于文本的基于图的排序算法，通过把文本分割成若干组成单元（句子），构建节点连接图，用句子之间的相似度作为边的权重，通过循环迭代计算句子的 TextRank 值，最后抽取排名高的句子组合成文本摘要。

Jieba 的关键词抽取的方法：jieba.analyse.textrank()，函数的原型如下。

```
jieba.analyse.textrank(sentence, topK = 20, withWeight = False, allowPOS = ('ns', 'n', 'vn', 'v'))
```

实例代码如下。

```
    import jieba
import jieba.analyse
text = "线程是程序执行时的最小单位，它是进程的一个执行流，在多 CPU 环境下就允许多个线程同时运行。
同样多线程也可以实现并发操作，每个请求分配一个线程来处理。"


tags = jieba.analyse.textrank(text, withWeight=True)
for x, w in tags:
    print('%s   %s'%(x, w))
```

运行结果如下。

```
线程	1.0
操作	0.6174979298762336
分配	0.6169869132378641
请求	0.6150294825657957
允许	0.5754017857185157
进程	0.5357151017749702
并发	0.4739203521546845
单位	0.4730437236292663
程序执行	0.41006124402029
运行	0.3708019296978289
处理	0.33480108226624467
实现	0.3285670222363986
执行	0.2908959635956896
环境	0.2255843975147267
```

7.3 Gensim 查找相似词

Gensim 是一个通过衡量词组模式来挖掘文档语义结构的工具，下面介绍其使用方法。

7.3.1 Gensim 的使用

Gensim 三大核心概念为文集（语料）、向量、模型。

1．将原始的文档处理后生成语料库

实例代码如下。

```
from gensim import corpora
import jieba
documents = ['物联网是新一代信息技术的重要组成部分', '也是信息化时代的重要发展阶段']
def word_cut(doc):
    seg_word = [jieba.lcut(w) for w in doc]
    return seg_word
texts= word_cut(documents)
##为语料库中出现的所有单词分配了一个唯一的整数 id
dictionary = corpora.Dictionary(texts)
print(dictionary.token2id)
```

运行结果如下。

```
{'信息技术': 0, '新一代': 1, '是': 2, '物': 3, '的': 4, '组成部分': 5, '联网': 6, '重要': 7, '也': 8, '信息化': 9, '发展': 10, '时代': 11, '阶段': 12}
```

2．把文档表示成向量

实例代码如下。

```
from gensim import corpora
import jieba
documents = ['物联网是新一代信息技术的重要组成部分', '也是信息化时代的重要发展阶段']
def word_cut(doc):
    seg_word = [jieba.lcut(w) for w in doc]
    return seg_word
texts= word_cut(documents)
##为语料库中出现的所有单词分配了一个唯一的整数 id
dictionary = corpora.Dictionary(texts)
print(dictionary.token2id)
bow_corpus = [dictionary.doc2bow(text) for text in texts]  #增加部分
print(bow_corpus)
```

运行结果如下。

```
    {'信息技术': 0, '新一代': 1, '是': 2, '物': 3, '的': 4, '组成部分': 5, '联网': 6, '重要': 7, '也': 8, '信息化': 9, '发展': 10, '时代': 11, '阶段': 12}
[[(0, 1), (1, 1), (2, 1), (3, 1), (4, 1), (5, 1), (6, 1), (7, 1)], [(2, 1), (4, 1), (7, 1), (8, 1), (9, 1), (10, 1), (11, 1), (12, 1)]]
```

每个元组的第一项对应词典中符号的 ID，第二项对应该符号出现的次数。

3．模型

实例代码如下。

```
from gensim import models
tfidf = models.TfidfModel(bow_corpus)
print(tfidf)
```

7.3.2　实例——Gensim 查找相似词

本例使用 Gensim 查找两句话的相似词，代码参考网址：https://www.cnblogs.com/yanzhi-1996/articles/11151480.html，代码如下。

```
import jieba
import gensim
from gensim import corpora
from gensim import models
from gensim import similarities

l1 = ["你的名字是什么", "你今年几岁了", "你有多高，你年龄多大", "你体重多少"]
a = "你今年多大了"

all_doc_list = []
for doc in l1:
    doc_list = [word for word in jieba.cut(doc)]
```

```
        all_doc_list.append(doc_list)

    print(all_doc_list)
    doc_test_list = [word for word in jieba.cut(a)]

    # 制作语料库
    dictionary = corpora.Dictionary(all_doc_list)  # 制作词袋
    # 词袋的理解
    # 词袋就是将很多很多的词排列形成一个词(key) 与一个标志位(value) 的字典
    # 例如: {'什么': 0, '你': 1, '名字': 2, '是': 3, '的': 4, '了': 5, '今年': 6, '几岁
': 7, '多': 8, '有': 9, '胸多大': 10, '高': 11}
    # 至于它是做什么用的，带着问题往下看

    print("token2id", dictionary.token2id)
    print("dictionary", dictionary, type(dictionary))

    corpus = [dictionary.doc2bow(doc) for doc in all_doc_list]
    # 语料库:
    # 这里是将 all_doc_list 中的每一个列表中的词语与 dictionary 中的 Key 进行匹配
    # 得到一个匹配后的结果，例如['你', '今年', '几岁', '了']
    # 就可以得到 [(1, 1), (5, 1), (6, 1), (7, 1)]
    # 1 代表的是“你”，1 代表出现一次；5 代表的是“了”，1 代表出现了一次；以此类推，6 代表“今
年”,7 代表“几岁”
    print("corpus", corpus, type(corpus))

    # 将需要寻找相似度的分词列表做成语料库 doc_test_vec
    doc_test_vec = dictionary.doc2bow(doc_test_list)
    print("doc_test_vec", doc_test_vec, type(doc_test_vec))

    # 对 corpus 语料库（初识语料库）使用 Lsi 模型进行训练
    lsi = models.LsiModel(corpus)
    # 这里只需了解 Lsi 模型，不做阐述
    print("lsi", lsi, type(lsi))
    # 语料库 corpus 的训练结果
    print("lsi[corpus]", lsi[corpus])
    # 获得语料库 doc_test_vec 在语料库 corpus 的训练结果中的向量表示
    print("lsi[doc_test_vec]", lsi[doc_test_vec])
    # 文本相似度
    # 稀疏矩阵相似度将主语料库 corpus 的训练结果作为初始值
    index = similarities.SparseMatrixSimilarity(lsi[corpus],num_features=len(dictionary.
keys()))
    print("index", index, type(index))
    # 将语料库 doc_test_vec 在语料库 corpus 的训练结果中的向量表示与语料库 corpus 的向量表示
做矩阵相似度计算
```

```
sim = index[lsi[doc_test_vec]]
print("sim", sim, type(sim))
# 对下标和相似度结果进行排序，拿出相似度最高的结果
# cc = sorted(enumerate(sim), key=lambda item: item[1],reverse=True)
cc = sorted(enumerate(sim), key=lambda item: -item[1])
print(cc)
text = l1[cc[0][0]]
print(a,text)
```

运行结果如图 7-8 所示。

```
[['你', '的', '名字', '是', '什么'], ['你', '今年', '几岁', '了'], ['你', '有', '多', '高', '你', '年龄', '多大'], ['你', '体重', '多少']]
token2id {'什么': 0, '你': 1, '名字': 2, '是': 3, '的': 4, '了': 5, '今年': 6, '几岁': 7, '多': 8, '多大': 9, '年龄': 10, '有': 11, '高': 12,
'体重': 13, '多少': 14}
dictionary Dictionary(15 unique tokens: ['什么', '你', '名字', '是', '的']...) <class 'gensim.corpora.dictionary.Dictionary'>
corpus [[(0, 1), (1, 1), (2, 1), (3, 1), (4, 1)], [(1, 1), (5, 1), (6, 1), (7, 1)], [(1, 2), (8, 1), (9, 1), (10, 1), (11, 1), (12, 1)], [(1,
1), (13, 1), (14, 1)]] <class 'list'>
doc_test_vec [(1, 1), (5, 1), (6, 1), (9, 1)] <class 'list'>
lsi LsiModel(num_terms=15, num_topics=200, decay=1.0, chunksize=20000) <class 'gensim.models.lsimodel.LsiModel'>
lsi[corpus] <gensim.interfaces.TransformedCorpus object at 0x0000026450C2CE10>
lsi[doc_test_vec] [(0, 1.2148323943500774), (1, 0.011070599436733333), (2, -0.9701156741221125), (3, 0.33871401181944194)]
index <gensim.similarities.docsim.SparseMatrixSimilarity object at 0x0000026450C2CC88> <class
'gensim.similarities.docsim.SparseMatrixSimilarity'>
sim [0.28106126 0.94270813 0.6284721  0.36284852] <class 'numpy.ndarray'>
[(1, 0.94270813), (2, 0.6284721), (3, 0.36284852), (0, 0.28106126)]
你今年多大了 你今年几岁了
```

图 7-8　Gensim 计算相似词

7.4 TextBlob

下面介绍 TextBlob 这个用于处理文本数据的 Python 库的使用方法。

7.4.1 词性标注

词性就是词的分类，TextBlob 中的属性 tags 表示词性，示例代码如下。

```
from textblob import TextBlob
str1 = TextBlob("Python is a high-level, general-purpose programming language.")
print(str1.tags)
```

运行结果如下。

```
[('Python', 'NNP'), ('is', 'VBZ'), ('a', 'DT'), ('high-level', 'JJ'), ('general-
purpose', 'JJ'), ('programming', 'NN'), ('language', 'NN')]
```

7.4.2 情感分析

使用 TextBlob 的属性 sentiment 进行情感分析（Sentiment Analysis），返回一个元组 Sentiment(polarity，subjectivity)。

参数介绍如下。

（1）polarity：范围为[-1.0，1.0]，-1.0 表示消极，1.0 表示积极。

（2）subjectivity：范围为[0.0，1.0]，0.0 表示客观，1.0 表示主观。

示例代码如下。

```
from textblob import TextBlob
str1 = TextBlob("I am glad")
print(str1.sentiment)
str2 = TextBlob("I am sad")
print(str2.sentiment)
```

运行结果如下。

```
Sentiment(polarity=0.5, subjectivity=1.0)
Sentiment(polarity=-0.5, subjectivity=1.0)
```

7.4.3 分句提取

使用 TextBlob 的属性 sentences 可以进行分句提取，从而返回一个句子列表。

示例代码如下。

```
     f rom textblob import TextBlob
zen = TextBlob("I am glad. " "I  am  sab. "  "I am complex.")
print(zen.sentences)
```

运行结果如下。

```
[Sentence("I am glad."), Sentence("I  am  sab."), Sentence("I am complex.")]
```

若使用 TextBlob 的属性 words 进行词提取，则返回一个词的列表。

7.4.4 中文情感分析

应用 TextBlob 进行中文情感分析，需要安装 Snownlp 库，安装命令为 pip install snownlp，如图 7-9 所示。

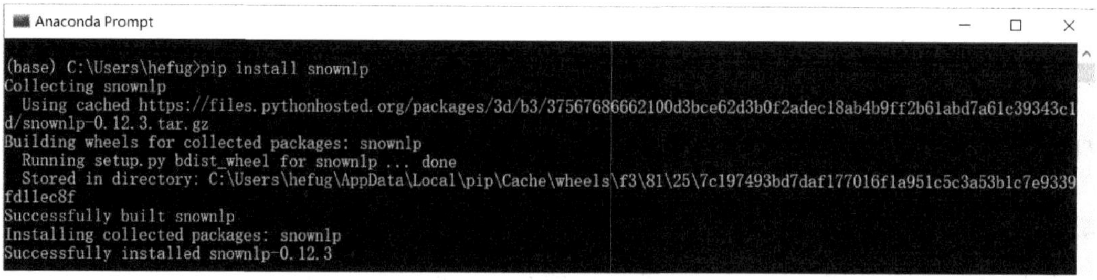

```
Anaconda Prompt
(base) C:\Users\hefug>pip install snownlp
Collecting snownlp
  Using cached https://files.pythonhosted.org/packages/3d/b3/37567686662100d3bce62d3b0f2adec18ab4b9ff2b61abd7a61c39343c1
d/snownlp-0.12.3.tar.gz
Building wheels for collected packages: snownlp
  Running setup.py bdist_wheel for snownlp ... done
  Stored in directory: C:\Users\hefug\AppData\Local\pip\Cache\wheels\f3\81\25\7c197493bd7daf177016f1a951c5c3a53b1c7e9339
fd11ec8f
Successfully built snownlp
Installing collected packages: snownlp
Successfully installed snownlp-0.12.3
```

图 7-9　Snownlp 库安装

实例代码如下。

```
from snownlp import SnowNLP
```

```
text = u"我今天很快乐。我今天很悲伤。"  # 使用 Unicode 编码
s = SnowNLP(text)
print(SnowNLP(s.sentences[0]).sentiments)
print(SnowNLP(s.sentences[1]).sentiments)
```

运行结果如下。

```
0.971889316039116
0.9893343126706141
```

7.5 CountVectorizer 与 TfidfVectorize

CountVectorizer 与 TfidfVectorize 都是关于自然语言处理的 Python 库，属于 Sklearn 库中包含的子库。

7.5.1 CountVectorizer 文本特征提取

CountVectorizer 属于常见的特征数值计算类，是一个文本特征提取方法。对于每一个训练文本，它只考虑每种词汇在该训练文本中出现的频率，属于词袋模型特征。

CountVectorizer 构造的原型如下。

```
CountVectorizer(input='content', encoding='utf-8',  decode_error='strict', strip_accents=None, lowercase=True, preprocessor=None, tokenizer=None, stop_words=None, token_pattern='(?u)\b\w\w+\b', ngram_range=(1, 1), analyzer='word', max_df=1.0, min_df=1, max_features=None, vocabulary=None, binary=False, dtype=<class 'numpy.int64'>)。
```

参数详解见 https://blog.csdn.net/weixin_38278334/article/details/82320307。

示例代码如下。

```
from sklearn.feature_extraction.text import CountVectorizer,TfidfVectorizer
texts=texts=["我 爱  北京","北京 是  首都"," 中国 北京"]
cv = CountVectorizer()
cv_fit=cv.fit_transform(texts)
print(cv.vocabulary_)
print(cv_fit)
```

print(cv_fit.toarray())运行结果如下。

```
{'北京': 1, '首都': 2, '中国': 0}
  (0, 1)        1
  (1, 2)        1
  (1, 1)        1
  (2, 0)        1
  (2, 1)        1
```

```
[[0 1 0]
 [0 1 1]
 [1 1 0]]
```

7.5.2 TfidfVectorizer 文本特征提取

TfidfVectorizer 类将 CountVectorizer 和 TfidfTransformer 类封装在一起。

```
TfidfVectorizer(analyzer='word', binary=False, decode_error='strict',
        dtype=<class 'numpy.int64'>, encoding='utf-8', input='content',
        lowercase=True, max_df=1.0, max_features=None, min_df=1,
        ngram_range=(1, 1), norm='l2', preprocessor=None, smooth_idf=True,
        stop_words=None, strip_accents=None, sublinear_tf=False,
        token_pattern='(?u)\\b\\w\\w+\\b', tokenizer=None, use_idf=True,
        vocabulary=None)
```

参数详解见 https://scikit-learn.org/stable/modules/generated/sklearn.feature_extraction.text.TfidfVectorizer.html。

示例代码如下。

```
from sklearn.feature_extraction.text import CountVectorizer,TfidfVectorizer
texts=["我 爱  北京","北京 是  首都"," 中国 北京"]
cv = TfidfVectorizer()
cv_fit=cv.fit_transform(texts)
print(cv.vocabulary_)
print(cv_fit)
print(cv_fit.toarray())
```

运行结果如下。

```
{'北京': 1, '首都': 2, '中国': 0}
  (0, 1)	1.0
  (1, 1)	0.5085423203783267
  (1, 2)	0.8610369959439764
  (2, 1)	0.5085423203783267
  (2, 0)	0.8610369959439764
[[0.         1.         0.        ]
 [0.         0.50854232 0.861037  ]
 [0.861037   0.50854232 0.        ]]
```

7.5.3 实例——新闻分类

下面的示例来自网站：https://github.com/linyi0604/MachineLearning，如图 7-10 所示。

打开目录“MachineLearing-master>01_监督学习_分类预测”，选择“03_（朴素贝叶斯分类器）新闻分类.py”文件，如图 7-11 所示。

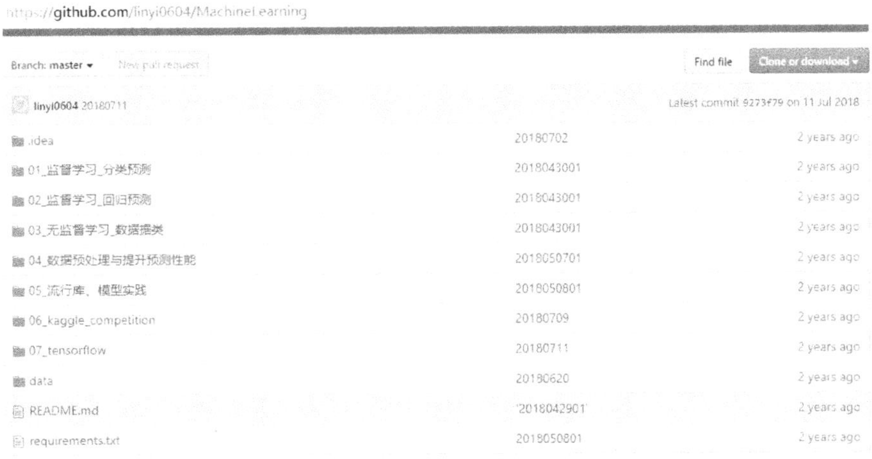

图 7-10　机器学习示例

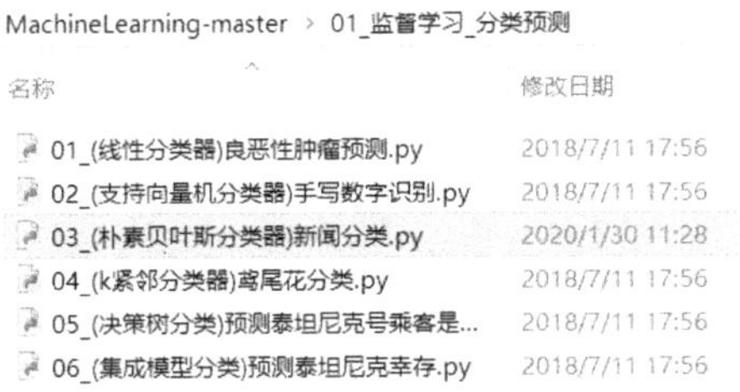

图 7-11　选择新闻分类文件

将代码中的“from sklearn.cross_validation import train_test_split”换为“from sklearn.model_selection import train_test_split”，代码如下。

```
from sklearn.datasets import fetch_20newsgroups
from sklearn.model_selection import train_test_split
# 导入文本特征向量转化模块
from sklearn.feature_extraction.text import CountVectorizer
# 导入朴素贝叶斯模型
from sklearn.naive_bayes import MultinomialNB
# 模型评估模块
from sklearn.metrics import classification_report
'''
```

1. 读取数据部分

```
# 该 API 会即时联网下载数据
news = fetch_20newsgroups(subset="all")
```

2. 分割数据部分

```
x_train, x_test, y_train, y_test = train_test_split(news.data, news.target,
```

```
test_size=0.25, random_state=33)
```

3. 贝叶斯分类器对新闻进行预测

```
# 将文本转化为特征
vec = CountVectorizer()
x_train = vec.fit_transform(x_train)
x_test = vec.transform(x_test)
# 初始化朴素贝叶斯模型
mnb = MultinomialNB()
# 训练集合上进行训练，估计参数
mnb.fit(x_train, y_train)
# 对测试集合进行预测，保存预测结果
y_predict = mnb.predict(x_test)
```

4. 模型评估

```
print("准确率:", mnb.score(x_test, y_test))
print("其他指标：\n",classification_report(y_test, y_predict, target_names=news.
target_names))
```

运行结果如下。

```
准确率: 0.8397707979626485
其他指标:
                          precision    recall  f1-score   support

             alt.atheism       0.86      0.86      0.86       201
           comp.graphics       0.59      0.86      0.70       250
 comp.os.ms-windows.misc       0.89      0.10      0.17       248
comp.sys.ibm.pc.hardware       0.60      0.88      0.72       240
   comp.sys.mac.hardware       0.93      0.78      0.85       242
          comp.windows.x       0.82      0.84      0.83       263
            misc.forsale       0.91      0.70      0.79       257
               rec.autos       0.89      0.89      0.89       238
         rec.motorcycles       0.98      0.92      0.95       276
      rec.sport.baseball       0.98      0.91      0.95       251
        rec.sport.hockey       0.93      0.99      0.96       233
               sci.crypt       0.86      0.98      0.91       238
         sci.electronics       0.85      0.88      0.86       249
                 sci.med       0.92      0.94      0.93       245
               sci.space       0.89      0.96      0.92       221
  soc.religion.christian       0.78      0.96      0.86       232
      talk.politics.guns       0.88      0.96      0.92       251
   talk.politics.mideast       0.90      0.98      0.94       231
      talk.politics.misc       0.93      0.44      0.60       158
```

```
    accuracy                           0.84      4712
   macro avg       0.86      0.84      0.82      4712
weighted avg       0.86      0.84      0.82      4712
```

7.6 语法分析和语义分析

语法是语言学的一个分支，研究按确定用法来运用的“词类”“词”的屈折变化或表示相互关系的其他手段以及词在句中的功能和关系。

语言所蕴含的意义就是语义（Semantic）。简单来说，符号是语言的载体。符号本身没有任何意义，只有被赋予含义的符号才能够被使用，这时候语言就转化为了信息，而语言的含义就是语义。

语义分析是根据上下文环境，通过对比“引申含义”的概率，来给出大概率下的表述映射。简单说是“环境识别＋统计＋指引”的复合操作。

语法分析和语义分析不同。语法分析增加了规则实例化的过程。和词法分析一样，语法分析主要是用形式文法和待分析数据进行匹配。正则表达式只是形式文法的一种，各种程序语言的编译器都包含语法分析。

7.6.1 SpaCy 介绍及安装

自然语言处理（NLP）在很多智能应用中扮演着非常重要的角色，SpaCy 是一个高级的自然语言处理库。

SpaCy 的安装分如下两步。

（1）在控制台执行命令 pip install spacy，安装 Spacy，如图 7-12 所示。

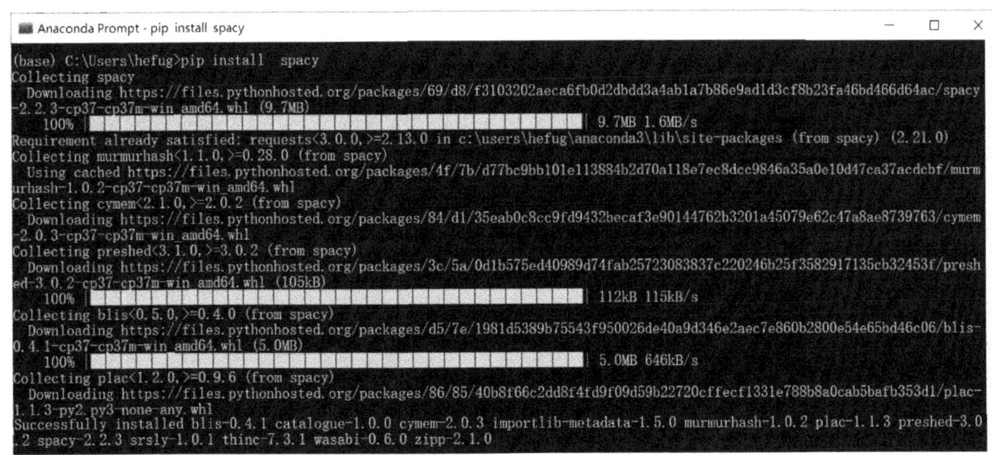

图 7-12　安装 SpaCy

（2）在控制台执行命令：python　-m spacy download en。

如果运行有错误，可从 https://github.com/explosion/spacy-models/releases/download/en_core_web_md-1.2.0/en_core_web_md-1.2.0.tar.gz 离线下载并安装。

7.6.2 SpaCy 流水线和属性

若要使用 Spacy 和访问其不同的属性，需要先创建 pipelines。通过加载模型来创建一个 pipeline。Spacy 提供了许多不同的模型，模型中包含了语言的信息、词汇表、预训练的词向量、语法和实体。

下面将加载默认的模型 english-core-web。

```
import en_core_web_sm
parser = en_core_web_sm.load()
```

使用 Spacy 属性的代码如下，参考网址：https://cloud.tencent.com/developer/article/1339759。

```
import spacy
from spacy.lang.en import English
import en_core_web_sm
parser = en_core_web_sm.load()
sentences = "There is an art, it says, or rather, a knack to flying." \
 "The knack lies in learning how to throw yourself at the ground and miss." \
 "In the beginning the Universe was created. This has made a lot of people " \
 "very angry and been widely regarded as a bad move."
print("解析文本中包含的句子：")
sents = [sent for sent in parser(sentences).sents]
for x in sents:
 print(x)
"""
There is an art, it says, or rather, a knack to flying.
The knack lies in learning how to throw yourself at the ground and miss.
In the beginning the Universe was created.
This has made a lot of people very angry and been widely regarded as a bad move.
"""
print("- * -"*20)
# 分词
print()
tokens = [token for token in sents[0] if len(token) > 1]
print(tokens)
print("- * -"*20)
# 词性还原
lemma_tokens = [token.lemma_ for token in sents[0] if len(token) > 1]
print(lemma_tokens)
print("- * -"*20)
# 简化版的词性标注
```

```
pos_tokens = [token.pos_ for token in sents[0] if len(token) > 1]
print(pos_tokens)
print("- * -"*20)
# 词性标注的细节版
tag_tokens = [token.tag_ for token in sents[0] if len(token) > 1]
print(tag_tokens)
print("- * -"*20)
# 依存分析
dep_tokens = [token.dep_ for token in sents[0] if len(token) > 1]
print(dep_tokens)
print("- * -"*20)
print("名词块分析")
doc = parser(u"Autonomous cars shift insurance liability toward manufacturers")
# 获取名词块文本
chunk_text = [chunk.text for chunk in doc.noun_chunks]
print(chunk_text)
print("- * -"*20)
# 获取名词块根结点的文本
chunk_root_text = [chunk.root.text for chunk in doc.noun_chunks]
print(chunk_root_text)
print("- * -"*20)
# 依存分析
chunk_root_dep_ = [chunk.root.dep_ for chunk in doc.noun_chunks]
print(chunk_root_dep_)
print("- * -"*20)
#
chunk_root_head_text = [chunk.root.head.text for chunk in doc.noun_chunks]
print(chunk_root_head_text)
print("- * -"*20)
```

运行结果如下。

```
解析文本中包含的句子：
There is an art, it says, or rather, a knack to flying.
The knack lies in learning how to throw yourself at the ground and miss.
In the beginning the Universe was created.
This has made a lot of people very angry and been widely regarded as a bad move.
- * -- * -- * -- * -- * -- * -- * -- * -- * -- * -- * -- * -- * -- * -- * -- * -- * -- * -- * -- * -


[There, is, an, art, it, says, or, rather, knack, to, flying]
- * -- * -- * -- * -- * -- * -- * -- * -- * -- * -- * -- * -- * -- * -- * -- * -- * -- * -- * -- * -
['there', 'be', 'an', 'art', '-PRON-', 'say', 'or', 'rather', 'knack', 'to', 'fly']
- * -- * -- * -- * -- * -- * -- * -- * -- * -- * -- * -- * -- * -- * -- * -- * -- * -- * -- * -- * -
['PRON', 'AUX', 'DET', 'NOUN', 'PRON', 'VERB', 'CCONJ', 'ADV', 'NOUN', 'ADP', 'VERB']
- * -- * -- * -- * -- * -- * -- * -- * -- * -- * -- * -- * -- * -- * -- * -- * -- * -- * -- * -- * -
```

```
['EX', 'VBZ', 'DT', 'NN', 'PRP', 'VBZ', 'CC', 'RB', 'NN', 'IN', 'VBG']
-*--*--*--*--*--*--*--*--*--*--*--*--*--*--*--*--*--*--*--*-
['expl', 'ROOT', 'det', 'attr', 'nsubj', 'parataxis', 'cc', 'advmod', 'attr',
'prep', 'pcomp']
-*--*--*--*--*--*--*--*--*--*--*--*--*--*--*--*--*--*--*--*-
名词块分析
['Autonomous cars', 'insurance liability', 'manufacturers']
-*--*--*--*--*--*--*--*--*--*--*--*--*--*--*--*--*--*--*--*-
['cars', 'liability', 'manufacturers']
-*--*--*--*--*--*--*--*--*--*--*--*--*--*--*--*--*--*--*--*-
['nsubj', 'dobj', 'pobj']
-*--*--*--*--*--*--*--*--*--*--*--*--*--*--*--*--*--*--*--*-
['shift', 'shift', 'toward']
-*--*--*--*--*--*--*--*--*--*--*--*--*--*--*--*--*--*--*--*-
```

7.6.3 Bosonnlp 介绍及安装

Bosonnlp 是一个基于 Python 的中文语义分析系统。Bosonnlp 的主要功能如下：（1）情感分析（Sentiment Analysis）；（2）信息分类（Classification）；（3）实体识别（Named Entity Recognition）；（4）典型意见（Opinion Extraction）；（5）文本聚类（Clustering）；（6）关键词提取（Keyword Extraction）。

Bosonnlp 的官方主页：https://bosonnlp.com，如图 7-13 所示。

图 7-13　Bosonnlp 官方主页

Bosonnlp 的安装命令为 pip install -U bosonnlp，如图 7-14 所示。

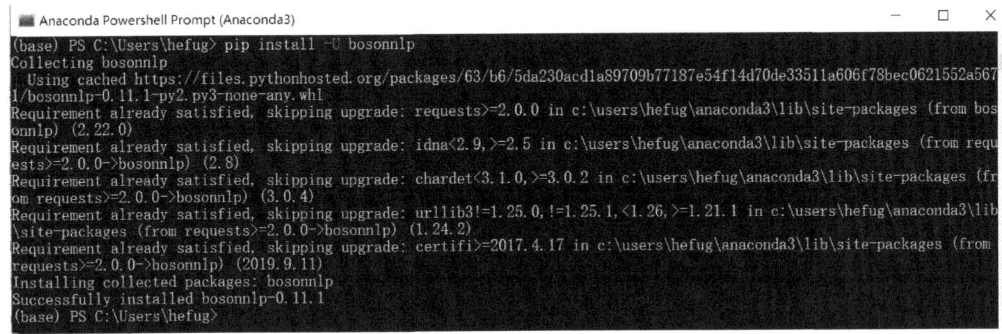

图 7-14　Bosonnlp 的安装

7.6.4　Bosonnlp 语义分析

Bosonnlp 的语义分析应用参见网页：http://docs.bosonnlp.com/index.html，如图 7-15 所示。

Docs » BosonNLP HTTP API 文档

BosonNLP HTTP API 文档

为了提供更加稳定可靠的服务，我们需要对每一个 API 请求进行鉴权验证。所有接口在调用时，需要在 HTTP 请求的头部（header）里设置一个名为 X-Token 的字段。在本文档中，我们将使用 YOUR_API_TOKEN 作为 X-Token 的值进行说明。

Note
如果您不知道您的 Token 是什么，请和我们联系。

- 快速上手指南
  - 使用入门
- 单文本分析
  - 情感分析
  - 命名实体识别
  - 依存文法分析
  - 关键词提取
  - 新闻分类
  - 语义联想
  - 分词与词性标注
  - 时间转换
  - 新闻摘要
- 多文本分析
  - 文本聚类引擎
  - 典型意见引擎
- 应用场景示例
  - 找出最负面的消费者评价
  - 在MH370的微博中发现不同话题
  - 汽车消费者典型意见
- 其他
  - API 频率限制
  - HTTP 状态码列表

图 7-15　Bosonnlp 的语义分析应用网页

例如，新闻分类的代码如下。

```
from __future__ import print_function, unicode_literals
import json
import requests
CLASSIFY_URL = 'http://api.bosonnlp.com/classify/analysis'
s = ['俄否决安理会谴责叙军战机空袭阿勒颇平民',
    '邓紫棋谈男友林宥嘉：我觉得我比他唱得好',
    'Facebook 收购印度初创公司',]
data = json.dumps(s)
headers = {
    'X-Token': 'YOUR_API_TOKEN',
    'Content-Type': 'application/json'
}
resp = requests.post(CLASSIFY_URL, headers=headers, data=data.encode('utf-8'))
print(resp.text)
```

下面在天猫上随机抽取 100 条关于某化妆品的评论作为分析数据，利用情感分析引擎来分析这 100 条数据，并且根据负面概率从大到小排序。负面概率结果为 0 到 1 之间的数值，通常负面概率大于 0.6 时，可以认定这条数据为负面。0.4～0.6 之间的数据为模糊地带，由用户对这个区间的结果做出判断，取一个相对的值，大于这个值的数据为负面。

```
from __future__ import print_function, unicode_literals
import json
import requests
HEADERS = {
    'X-Token': 'YOUR_API_TOKEN',
    'Content-Type': 'application/json'
}
SENTIMENT_URL = 'http://api.bosonnlp.com/sentiment/analysis'
def main():
    print('读入数据...')
    with open('text_sentiment.txt', 'rb') as f:
        docs = [line.decode('utf-8') for line in f if line]
    print('正在上传数据...')
    for i in xrange(0, len(docs), 100):
        data = docs[i:i + 100]
        all_proba = requests.post(SENTIMENT_URL, headers=HEADERS,
                                  data=json.dumps(data).encode('utf-8')).json()
        text_with_proba = zip(data, all_proba)
        sort_text = sorted(text_with_proba, key=lambda x: x[1][1], reverse=True)
        for text, sentiment in sort_text:
            print(sentiment, text)
if __name__ == '__main__':
```

```
main()
```

7.7　实例——小说文学数据挖掘

本实例来源于网站：https://github.com/gudianxiaoshuo/myPython，如图 7-16 所示。

9 commits　1 branch　0 packages　0 releases　1 contributor

Branch: master　New pull request　Find file　Clone or download

shuilan0066 小说词云、数据挖掘　Latest commit b1885e0 on 22 Jan 2018

小说数据挖掘	小说词云、数据挖掘	2 years ago
爬图片网站	read	2 years ago
.gitignore	png	2 years ago
1.png	png	2 years ago
readme.md	read	2 years ago
wordcloud-1.3.3-cp36-cp36m-win32.whl	小说词云、数据挖掘	2 years ago
wordcloud-1.3.3-cp36-cp36m-win_amd64.whl	小说词云、数据挖掘	2 years ago

图 7-16　实例来源网站

“小说数据挖掘”目录中的文件即是代码和其他资源，如图 7-17 所示。

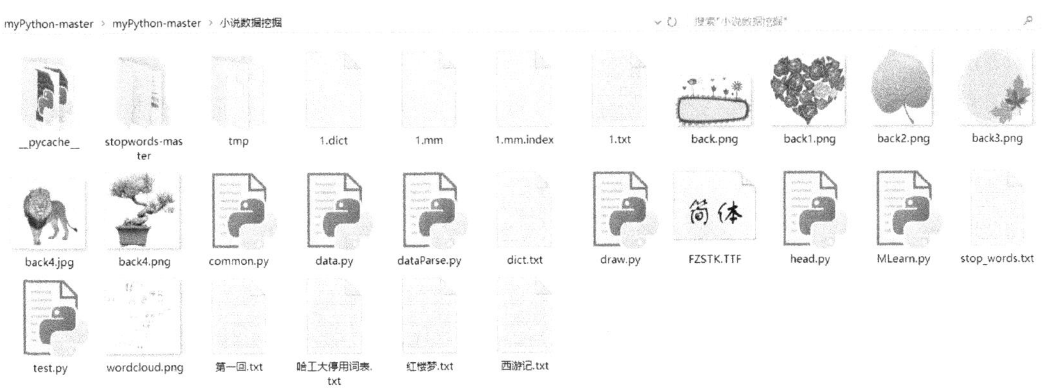

图 7-17　数据挖掘资源

这里将使用 WordCloud（词云）库，对于书籍、小说、电影剧本等文档，若想快速了解其主要内容是什么，可以采用绘制 WordCloud（词云）、显示主要的关键词（高频词）等方式，快速查看内容。

例如，其中的“data.py”生成的词云如图 7-18 所示。

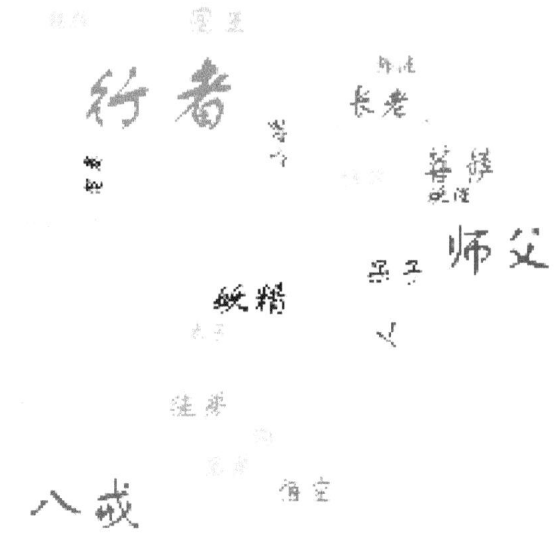

图 7-18　词云实例

目录中共有 7 个 Python 源代码文件，说明如下。

（1）Comman.py：公共文件，完成读文件、写文件、获取停止词等功能。

（2）head.py：公共文件，保存一些公共变量。

（3）DataParse.py：完成基本功能，主要包括提取关键字、统计字符串、变为向量获取分词、去除停用词等。

（4）Data.py：调用“DataParse.py”实现数据分析。

（5）Mlearn.py：主要功能文件，包括预处理、生成字典、将语料词袋转换为向量空间、初始语料转换为 tfidf 语料、转换为向量空间、查询相近性等。

（6）Test.py：独立文件，完成关键字提取。

（7）Draw.py：公共文件，完成绘制词云。

它们之间的关系如图 7-19 所示。

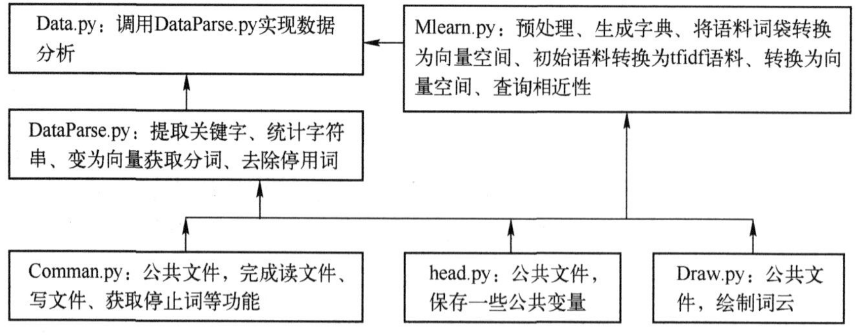

图 7-19　文件关系

7.8 本章小结

本章主要介绍了自然语言处理的相关内容，包括各种典型的自然语言处理工具，展示了使用 Jieba 实现关键词抽取的方法，Gensim、TextBlob 应用方法，使用 CountVectorizer 和 TfidfVectorize 进行文本特征提取的步骤，语法分析和语义分析的两个工具 SpaCy 和 Bossonnlp，最后演示了相关综合应用的实例。

第 8 章 情感分析

情感分析（Sentiment Analysis）是挖掘人们的观点、情绪，评估对诸如产品、服务、组织等实体态度的过程。近年来，随着人工智能的快速发展，情感分析已经成为研究的热点之一。

8.1 情感分析简介

人类具有很强的情感感知和表达的能力，但是由于情感的复杂性和抽象性，很难将情感从概念上实现具体化和清晰化，与情感有关的典型词汇有 emotion、sentiment、mood、emotional、glad、sad、happy 等，维基百科上的情感定义为“情感是对一系列主观认知经验的通称，是多种感觉、思想和行为综合产生的心理和生理状态”。

情感分析（Sentiment Analysis）无处不在，可以分为对文本、图像和视频的情感分析。文本情感分析是指利用自然语言处理和文本挖掘技术，对带有情感色彩的主观性文本进行分析、处理和抽取的过程，依据文本的粒度不同，情感分析大致可分为词语级、句子级、篇章级三个研究层次。

文本情感分析是自然语言处理（NLP）领域的研究热点，包括意见挖掘（Opinion Mining）、情感挖掘（Sentiment Mining）、主观分析（Subjectivity Analysis）、倾向性分析等，简而言之，是对带有情感色彩的主观性文本进行分析、处理、归纳和推理的过程。目前互联网上产生了海量对于人物、事件、产品等有价值的评论信息，这些评论信息表达了人们的各种情感色彩和情感倾向性，如喜、怒、哀、乐和批评、赞扬等。通过分析这些信息可以了解大众舆论对于某一事件或产品的看法。

图像情感分析又叫图像情感计算，是指计算机从图像中分析并提取情感特征，使用模式识别和机器学习的方法对其进行计算，进而理解其情感。

8.1.1 词集、词袋、TF-IDF 和词汇表

典型的文本特征提取模型说明如下。

1．词集模型（Set of Words，SoW）

词集即是单词构成的集合，每个单词只出现一次，即词集中的每个单词都只有一个。

下面的代码将生成一个词集。

```
import jieba
import jieba.analyse
import jieba.posseg
 def dosegment_all(sentence):
    sentence_seged = jieba.posseg.cut(sentence.strip())
    outstr = ''
    for x in sentence_seged:
        outstr+=x.word+'  '
    return outstr
print(dosegment_all('我来到了北京清华大学'))
```

运行结果如下：

```
我  来到  了  北京  清华大学
```

2．词袋模型（Bag of Words，BoW）

词袋模型不考虑文本中词与词之间的上下文关系，仅仅只考虑所有词的权重，而权重与词在文本中出现的频率有关。

词集与词袋的区别在于词袋是在词集的基础上增加了频率数据，词集只关注词语有和没有，词袋还要关注词语频率。

词袋的示例代码如下。

```
from sklearn.feature_extraction.text import CountVectorizer
corpus = ['happy  happy  glad  glad.',
       'you look like your mother.',
       'I just come back from beijing.']
# 实例化分词对象
vec = CountVectorizer(min_df=1)
# 对文本进行词袋处理
X = vec.fit_transform(corpus)
print(X)
fnames = vec.get_feature_names()
print(fnames)
arr = X.toarray()
print(arr)
```

运行结果如下。

```
  (0, 4)        2
  (0, 5)        2
  (1, 9)        1
```

```
  (1, 11)      1
  (1, 7)       1
  (1, 8)       1
  (1, 10)      1
  (2, 1)       1
  (2, 3)       1
  (2, 0)       1
  (2, 2)       1
  (2, 6)       1
['back', 'beijing', 'come', 'from', 'glad', 'happy', 'just', 'like', 'look',
'mother', 'you', 'your']
[[0 0 0 0 2 2 0 0 0 0 0 0]
 [0 0 0 0 0 0 0 1 1 1 1 1]
 [1 1 1 1 0 0 1 0 0 0 0 0]]
```

3．TF-IDF 模型

TF-IDF 是一种用于信息检索与数据挖掘的常用加权技术。TF 是词频（Term Frequency），IDF 是逆文本频率指数（Inverse Document Frequency）。TF-IDF 模型的主要思想：如果词 W 在一篇文档 D 中出现的频率高，并且在其他文档中很少出现，则认为词 W 具有很好的区分能力，适合用来把文章 D 和其他文章区分开来。

示例代码如下。

```
from sklearn.feature_extraction.text import TfidfTransformer
from sklearn.feature_extraction.text import CountVectorizer
 corpus = ['happy  happy  glad  glad.', 'you look like your mother.',
        'I just come back from beijing.']
 # 词袋化
vectorizer = CountVectorizer()
X = vectorizer.fit_transform(corpus)
# TF-IDF
transformer = TfidfTransformer()
tfidf = transformer.fit_transform(X)
print(tfidf)
```

运行结果如下。

```
(0, 5)      0.7071067811865476
(0, 4)      0.7071067811865476
(1, 11)     0.4472135954999579
(1, 10)     0.4472135954999579
(1, 9)      0.4472135954999579
(1, 8)      0.4472135954999579
(1, 7)      0.4472135954999579
(2, 6)      0.4472135954999579
(2, 3)      0.4472135954999579
```

```
(2, 2)        0.4472135954999579
(2, 1)        0.4472135954999579
(2, 0)        0.4472135954999579
```

使用 TfidfVectorizer 可以得到相同的效果，代码如下。

```
from sklearn.feature_extraction.text import TfidfVectorizer
tfidf = TfidfVectorizer()
corpus = ['happy  happy  glad  glad.','you look like your mother.', 'I just come back from beijing.']
result = tfidf.fit_transform(corpus)
print(result)
```

4．词汇表模型

词袋模型可以很好地表现文本由哪些单词组成，但是无法表达出单词之间的前后关系，于是人们借鉴了词袋模型的思想，使用生成的词汇表对原有句子按照单词逐个进行编码。TensorFlow 默认支持这种模型。

构造模型的格式如下。

```
tf.contrib.learn.preprocessing.VocabularyProcessor (max_document_length, min_frequency=0, vocabulary=None, tokenizer_fn=None)
```

其中各个参数的含义如下。

（1）max_document_length：文档的最大长度。如果文本的长度大于最大长度，那么它会被剪切，反之则用 0 填充。

（2）min_frequency：词频的最小值，出现次数小于最小词频的词语不会被收录到词表中。

（3）vocabulary：CategoricalVocabulary 对象。

（4）tokenizer_fn：分词函数。

8.1.2　深度学习的情感分析

传统机器学习算法在自然语言处理领域已经有了非常多的研究成果，例如应用很广泛的基于规则特征的 SVM 分类器，以及朴素贝叶斯方法的 SVM 分类器，当然还有最大熵分类器、基于条件随机场来构建依赖树的分类方法。但在传统的文本分类词袋模型中，将文本转换成文本向量时，往往会造成文本向量维度过大的问题。从 2013 年的 Word2Vec 开始，自然语言处理领域深度学习成为热点，目前取得的重要成果大多集中在文本理解范畴，如文本分类、机器翻译、文档摘要、阅读理解等。

目前情感分析方法主要有如下两类。

1．基于词典的方法

基于词典的方法主要通过情感词典和规则，对文本段落进行拆解，对句法进行分析，进而计算情感值，最后通过情感值进行文本的情感分析。

2．基于机器学习的方法

基于机器学习的方法分为基于传统机器学习的方法和基于深度学习的方法。

深度学习方法的情感分析主要基于各种算法，这些算法包括决策树、贝叶斯、KNN、SVM、MLP、CNN、LSTM 等。

图片深度学习的情感分析主要工作是训练模型，其步骤如下。

（1）准备带 Label 图片数据集。一种方法是利用公开的数据集，图像情感方面数据集可以参考 IAPS。另外一种是自己建立数据集，通过人工的标注完成。

（2）进行一些预处理操作。把图片的尺寸更变一致并且进行裁剪，最好保持图片的长宽比，以免图片失真。

（3）进行特征提取。根据相应的文献提取出最有用的特征，组合成最后的特征，这一步决定了后面分类器分类的质量。

① 颜色特征：比如色调亮度、冷暖色等相关的一些特征。

② 纹理特征：比如小波特征、Tamura 特征等。

③ 内容特征：如果有人脸则提取人脸特征。

（4）对提取的特征进行选择。前面提取的特征当中可能会有冗余的特征，并且如果特征过多容易造成维数灾难，常用的方法是进行主成分分析（PCA），或者直接利用现有特征，采用启发式、完全搜索式等方法抽取特征子集。

（5）选择分类器。对不同的分类器进行测试，比如 SVM、RF、GBDT 等，测试效果，得到最终的分类模型。

（6）得到模型之后，就可以使用模型进行预测了。

8.2 情感分析过程

情感分析的典型流程如图 8-1 所示。

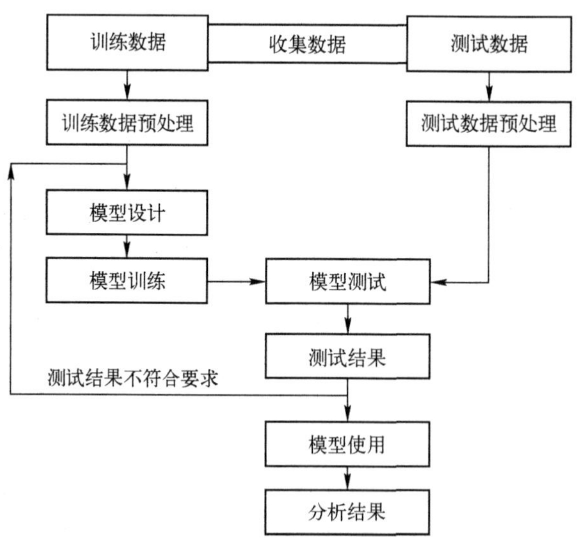

图 8-1　情感分析的典型流程

8.2.1　获取情感数据

情感分析的第一步是收集和获取情感数据，情感数据可从网络和专门的网站获取，下面介绍一些典型的情感数据来源。

1．Reddit 新闻数据

Reddit 是美国社交新闻网站，中文主页：http://redditcn.com，如图 8-2 所示。

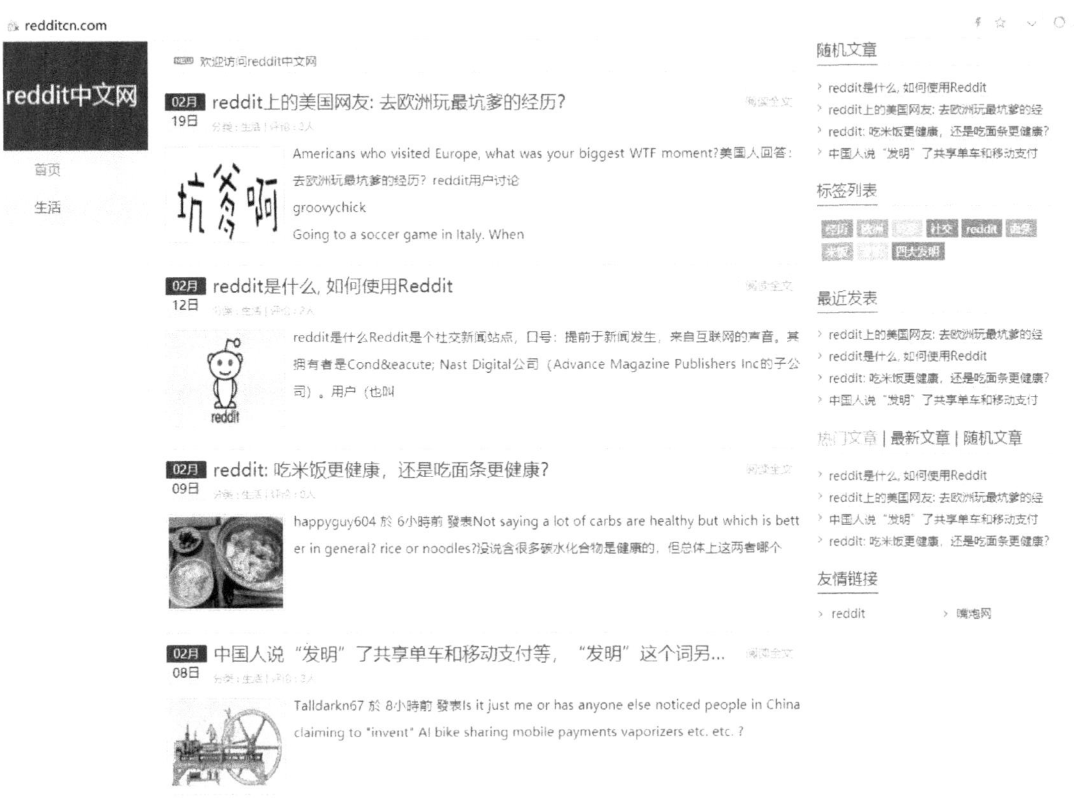

图 8-2　Reddit 中文主页

Reddit 是个社交新闻站点，其拥有者是 Condé Nast Digital 公司。用户能够浏览并且可以提交网络内容的链接，或发布自己的原创内容。其网站数据可从网络搜索下载。

2．SemEval 数据集

SemEval 数据集完成的基本任务是推特的情感分析。基于 SemEval 数据集对推特进行文本情感分析始于 2013 年，之后任务和数据不断发展得更为复杂。详细介绍参考网页：http://alt.qcri.org/semeval2019/，如图 8-3 所示。

3．Sentiment140 数据集

Sentiment140 是一个可用于情感分析的数据集，其主页：http://help.sentiment140.com/，可从网站下载情感数据，如图 8-4 所示。

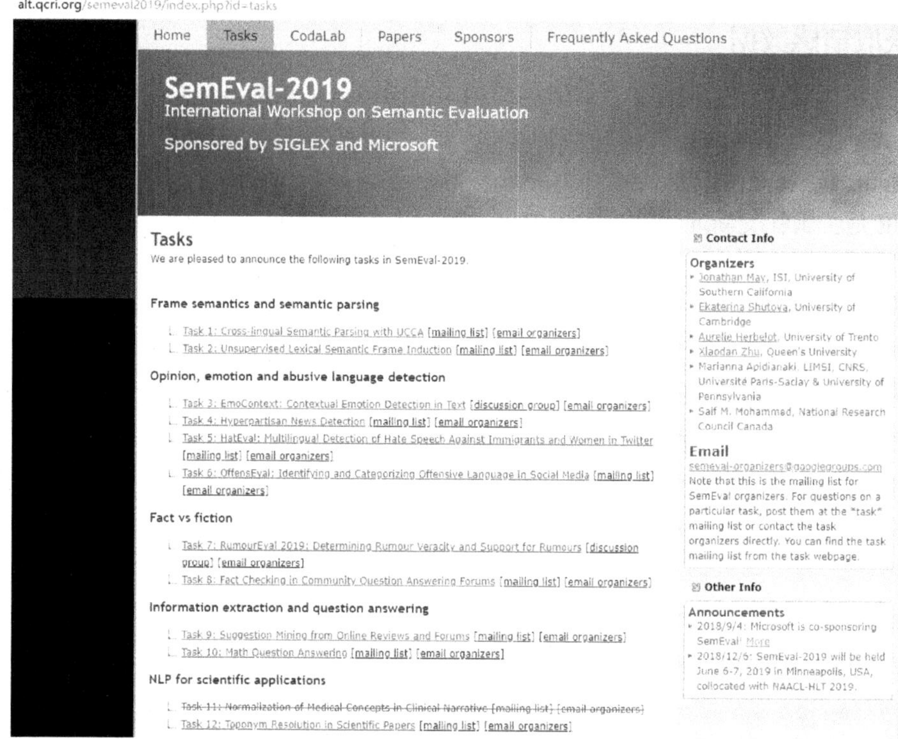

图 8-3　SemEval 主页

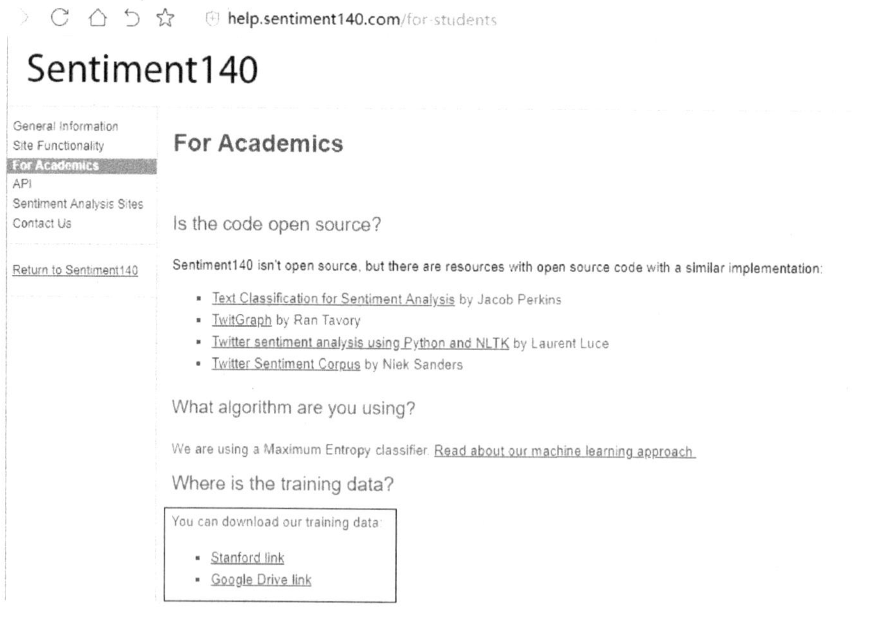

图 8-4　Sentiment140 主页

4．THUCNews 数据集

THUCNews 是根据新浪新闻 RSS 订阅频道 2005 至 2011 年间的历史数据筛选过滤生成的数据集，其中包含约 74 万篇新闻文档，均为 UTF-8 纯文本格式。该数据集在原始新浪新闻分类体系的基础上，重新整合划分出 14 个候选分类类别：财经、彩票、房产、股票、家居、教育、科技、社会、时尚、时政、体育、星座、游戏、娱乐。网页地址：http://thuctc.thunlp.org/。可从网站下载情感数据，如图 8-5 所示。

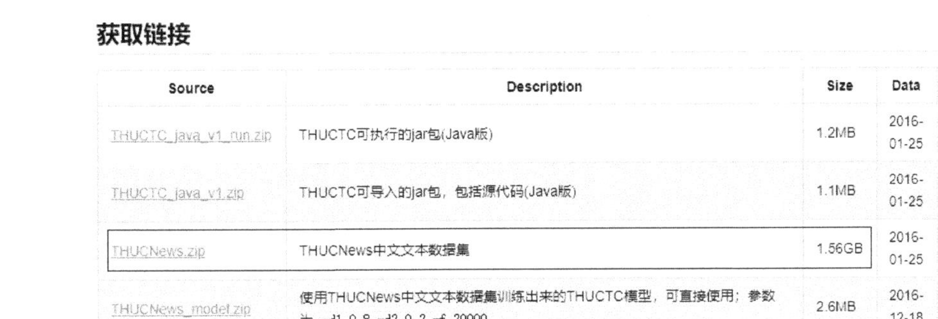
thuctc.thunlp.org/#中文文本分类数据集THUCNews

宏平均	0.886	0.829	0.856
微平均	0.875		

获取链接

Source	Description	Size	Data
THUCTC_java_v1_run.zip	THUCTC可执行的jar包(Java版)	1.2MB	2016-01-25
THUCTC_java_v1.zip	THUCTC可导入的jar包，包括源代码(Java版)	1.1MB	2016-01-25
THUCNews.zip	THUCNews中文文本数据集	1.56GB	2016-01-25
THUCNews_model.zip	使用THUCNews中文文本数据集训练出来的THUCTC模型，可直接使用；参数为 -d1 0.8 -d2 0.2 -f 20000	2.6MB	2016-12-18

图 8-5　THUCNews 数据集

5．复旦中文文本分类语料库

数据下载地址：https://pan.baidu.com/s/1833mT2rhL6gBMlM0KnmyKg。

8.2.2　将单词转换为特征向量

词袋模型将文本以数值特征向量的形式来表示。CountVectorizer 库是一个文本特征提取方法，对于每一个训练文本，它只考虑每种词汇在该训练文本中出现的频率，属于词袋模型特征。

CountVectorizer 可以将文本中的词语转换为词频矩阵，通过 fit_transform()函数计算各个词语出现的次数。矩阵元素 a[i][j] 表示 j 词在第 i 个文本下的词频，即各个词语出现的次数。CountVectorizer 的参数 ngram_range 表示词组切分的长度范围，通过 get_feature_names()可看到所有文本的关键字，通过 toarray()可看到词频矩阵的结果。

CountVectorizer 的示例代码如下。

```
import numpy as np
from sklearn.feature_extraction.text import CountVectorizer
count=CountVectorizer(ngram_range=(1,1))
text=np.array(["I come to beijing","beijing is capital","I like beijing"])
bag=count.fit_transform(text)
print(count.vocabulary_)
```

```
print(bag.toarray())
```

运行结果如下。

```
{'come': 2, 'to': 5, 'beijing': 0, 'is': 3, 'capital': 1, 'like': 4}
[[1 0 1 0 0 1]
 [1 1 0 1 0 0]
 [1 0 0 0 1 0]]
```

CountVectorizer 的另一示例代码如下。

```
from sklearn.feature_extraction.text import CountVectorizer
texts=["dog cat fish","fox pig tiger","fish bird", 'bird'] # "dog cat fish" 为输入列表元素，即代表一个文章的字符串
cvt = CountVectorizer()#创建词袋数据结构
cvt_fit=cvt.fit_transform(texts)
#上述代码等价于下面两行
#cvt.fit(texts)
#cvt_fit=cv.transform(texts)
print(cvt.get_feature_names())                #列表形式呈现文章生成的词典
print(cvt.vocabulary_    )                    #字典形式呈现，key 表示词，value 表示词频
print(cvt_fit)
print(cvt_fit.toarray()) #toarray() 将结果转化为稀疏矩阵的表示方式
print(cvt_fit.toarray().sum(axis=0))          #每个词在所有文档中的词频
```

运行结果如下。

```
['bird', 'cat', 'dog', 'fish', 'fox', 'pig', 'tiger']
 {'dog': 2, 'cat': 1, 'fish': 3, 'fox': 4, 'pig': 5, 'tiger': 6, 'bird': 0}
   (0, 2)       1
   (0, 1)       1
   (0, 3)       1
   (1, 4)       1
   (1, 5)       1
   (1, 6)       1
   (2, 3)       1
   (2, 0)       1
   (3, 0)       1
  [[0 1 1 1 0 0 0]
  [0 0 0 0 1 1 1]
  [1 0 0 1 0 0 0]
  [1 0 0 0 0 0 0]]
  [2 1 1 2 1 1 1]
```

对于图像，可使用 OpenCV 库将图像变为矩阵，实例代码如下。

```
import cv2
import numpy as np
```

```
#读入图片：默认为彩色图，"cv2.IMREAD_GRAYSCALE"为灰度图，"cv2.IMREAD_UNCHANGED"为包含Alpha通道的图片
img = cv2.imread('1.jpg')
cv2.imshow('src',img)
print(img.shape) # (h,w,c)
print(img.size) # 像素总数目
print(img.dtype)
print(img)
cv2.waitKey()
```

运行结果如下。

```
(1000, 1000, 3)
3000000
uint8
[[[248 250 250]
  [248 250 250]
  [248 250 250]
  ...
  [229 233 234]
  [229 233 234]
  [229 233 234]]

 [[248 250 250]
  [248 250 250]
  [248 250 250]
  ...
  [229 233 234]
  [229 233 234]
  [229 233 234]]

 [[248 250 250]
  [248 250 250]
  [248 250 250]
  ...
  [229 233 234]
  [229 233 234]
  [229 233 234]]

 ...
```

使用 OpenCV 读出的矩阵数值为 0～255，有时需要归一化为 0～1，代码如下。

```
import cv2
img = cv2.imread('1.jpg')
img = img3.astype("float") / 255.0 #注意需要先转化数据类型为float
```

```
print(img.dtype)
print(img)
```

运行结果如下。

```
float64
[[[0.97 0.98 0.98]
  [0.97 0.98 0.98]
  [0.97 0.98 0.98]
  ...
  [0.9  0.91 0.92]
  [0.9  0.91 0.92]
  [0.9  0.91 0.92]]

 [[0.97 0.98 0.98]
  [0.97 0.98 0.98]
  [0.97 0.98 0.98]
  ...
  [0.9  0.91 0.92]
  [0.9  0.91 0.92]
  [0.9  0.91 0.92]]
```

如果使用 PIL 读取图像，需要将图像转换为矩阵，代码如下。

```
from PIL import Image
img = Image.open('1.jpg')
#pillow读进来的图片不是矩阵，将图片转矩阵，channel last
arr = np.array(img3)
print(arr)
```

在转换为矩阵后，可以使用一些变换（例如 K-L 变换）将图像矩阵变为特征值和特征向量。

8.2.3 TF-IDF 计算单词关联度

采用前文的方法构建词向量时存在一个问题，那就是一个同样的单词可能会在不同的文档出现，而上述方法不具备文档类型区分的能力，使用 TF-IDF 算法构建可以解决这个问题。

TF-IDF 计算单词关联度实例代码如下。

```
import numpy as np
from sklearn.feature_extraction.text import TfidfTransformer
text=np.array(["I come to beijing","beijing is capital","I like beijing"])
bag=count.fit_transform(text)
tfidf=TfidfTransformer()
np.set_printoptions(2)
```

```
print(tfidf.fit_transform(bag).toarray())
```

运行结果如下。

```
[[0.39 0.   0.65 0.   0.   0.65]
 [0.39 0.65 0.   0.65 0.   0.  ]
 [0.51 0.   0.   0.   0.86 0.  ]]
```

下面的代码引用自 https://blog.csdn.net/qq_42564846/article/details/81380758。

```
import jieba
import math
import numpy as np
filename = '句子相似度/title.txt'#语料库
filename2 = '句子相似度/stopwords.txt'#停用词表，使用哈工大停用词表
 def stopwordslist():#获取停用词表
    stopwords = [line.strip() for line in open(filename2, encoding='UTF-8').
readlines()]
    return stopwords
stop_list = stopwordslist()
def get_dic_input(str):
    dic = {}
    cut = jieba.cut(str)
    list_word = (','.join(cut)).split(',')
    for key in list_word:#去除输入停用词
        if key in stop_list:
            list_word.remove(key)
    length_input = len(list_word)
    for key in list_word:
         dic[key] = 0
    return dic, length_input

def get_tf_idf(filename):
    s = input("请输入要检索的关键词句：")
    dic_input_idf, length_input = get_dic_input(s)
    f = open(filename, 'r', encoding='utf-8')
    list_tf = []
    list_idf = []
    word_vector1 = np.zeros(length_input)
    word_vector2 = np.zeros(length_input)
    lines = f.readlines()
    length_essay = len(lines)
    f.close()
    for key in dic_input_idf:#计算出每个词的 idf 值依次存储在 list_idf 中
        for line in lines:
            if key in line.split():
```

```
                dic_input_idf[key] += 1
            list_idf.append(math.log(length_essay / (dic_input_idf[key]+1)))
        for i in range(length_input):#将 idf 值存储在矩阵向量中
            word_vector1[i] = list_idf.pop()
        for line in lines:#依次计算每个词在每行的 tf 值依次存储在 list_tf 中
            length = len(line.split())
            dic_input_tf, length_input= get_dic_input(s)
            for key in line.split():
                if key in stop_list:#去除文章中停用词
                    length -= 1
                if key in dic_input_tf:
                    dic_input_tf[key] += 1
            for key in dic_input_tf:
                tf = dic_input_tf[key] / length
                list_tf.append(tf)

            for i in range(length_input):#将每行 tf 值存储在矩阵向量中
                word_vector2[i] = list_tf.pop()

            #print(word_vector2)
            #print(word_vector1)
            tf_idf = float(np.sum(word_vector2 * word_vector1))
            if tf_idf > 0.3:#筛选出相似度高的文章
                print("tf_idf 值：", tf_idf)
                print("文章：", line)
get_tf_idf(filename)
```

运行代码，输入“物联网”，结果如图 8-6 所示。

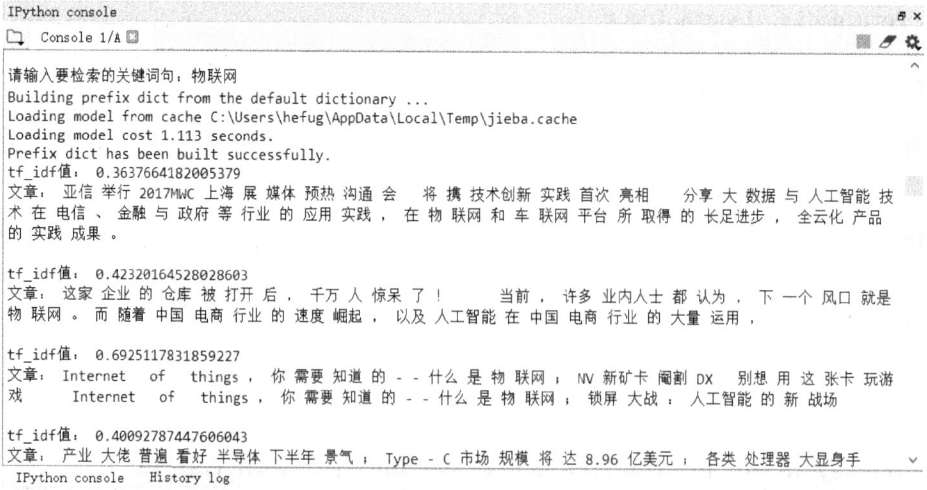

```
IPython console
Console 1/A
请输入要检索的关键词句：物联网
Building prefix dict from the default dictionary ...
Loading model from cache C:\Users\hefug\AppData\Local\Temp\jieba.cache
Loading model cost 1.113 seconds.
Prefix dict has been built successfully.
tf_idf值： 0.3637664182005379
文章： 亚信 举行 2017MWC 上海 展 媒体 预热 沟通 会   将 携 技术创新 实践 首次 亮相   分享 大 数据 与 人工智能 技术 在 电信 、 金融 与 政府 等 行业 的 应用 实践 ， 在 物 联网 和 车 联网 平台 所 取得 的 长足进步 ， 全云化 产品 的 实践 成果 。

tf_idf值： 0.42320164528028603
文章： 这家 企业 的 仓库 被 打开 后 ， 千万 人 惊呆 了 !     当前 ， 许多 业内人士 都 认为 ， 下 一个 风口 就是 物 联网 。 而 随着 中国 电商 行业 的 速度 崛起 ， 以及 人工智能 在 中国 电商 行业 的 大量 运用 ，

tf_idf值： 0.6925117831859227
文章： Internet  of  things ， 你 需要 知道 的 - - 什么 是 物 联网 ； NV 新矿卡 阉割 DX  别想 用 这 张卡 玩游戏   Internet  of  things ， 你 需要 知道 的 - - 什么 是 物 联网 ； 锁屏 大战 ： 人工智能 的 新 战场

tf_idf值： 0.40092787447606043
文章： 产业 大佬 普遍 看好 半导体 下半年 景气 ； Type - C 市场 规模 将 达 8.96 亿美元 ； 各类 处理器 大显身手
IPython console  History log
```

图 8-6　运行结果

8.2.4　构建模型

获得情感数据以后，要对数据进行情感信息挖掘，挖掘情感信息要依靠情感分析的模型，模型的好坏直接影响分析的准确性和效率，构建模型一般使用现有库进行构建，下面使用目前流行的 Keras 模型进行构造。

Keras 提供的模型分为两类：Sequential 和 Model。

1．Sequential 顺序模型

使用“from keras.models import Sequential”命令来导入对应的模型，使用说明参考网页：https://keras.io/models/sequential/。序列模型各层之间是依次顺序的线性关系，通过一个列表来制定模型结构。下面是使用 Sequential 构造模型的实例。

```
from keras.models import Sequential
from keras.layers import Dense, Activation
model = Sequential()
model.add(Dense(64, input_shape = (784,)))
model.add(Activation('relu'))
model.add(Dense(16))
model.add(Activation('softmax'))
```

2．Model 类模型

使用“from keras.models import Model”命令来导入对应的模型。使用说明参考网页：https://keras. io/models/model/。通用模型可以设计非常复杂、任意拓扑结构的神经网络，例如有向无环网络、共享层网络等。相比于序列模型只能依次线性逐层添加，通用模型能够比较灵活地构造网络结构，设定各层级的关系。下面是使用 Model 构建模型的实例。

```
from keras.layers import Input, Dense
from keras.models import Model
# 定义输入层，确定输入维度
input = input(shape = (1024, ))
# 2 个隐含层，每个都有 128 个神经元，使用 ReLU 激活函数，且由上一层作为参数
x = Dense(128, activation='relu')(input)
x = Dense(128, activation='relu')(x)
# 输出层
y = Dense(16, activation='softmax')(x)
# 定义模型，指定输入输出
model = Model(input=input, output=y)
# 编译模型，指定优化器、损失函数、度量
model.compile(optimizer='rmsprop', loss='categorical_crossentropy', metrics=['accuracy'])
# 模型拟合，即训练
model.fit(data, labels)
```

Keras 构造模型的典型函数说明见表 8-1。

表 8-1　Keras 构造模型的典型函数

序号	层函数	说明	序号	层函数	说明
1	Dense()	全连接层	11	Summary()	输出模型结构
2	Activation()	激活层	12	Inputs()	模型输入
3	Flatten()	把多维变成一维化，用在卷积层到全连接层的过渡	13	AveragePooling1D()	一维平均值池化层
4	Conv1D()	一维卷积层	14	Add()	模型层添加
5	Conv2D()	二维卷积层	15	Save()	保存模型
6	Conv3D()	三维卷积层	16	Compile()	模型编译
7	MaxPooling1D()	一维最大值池化层	17	Fit()	模型训练
8	MaxPooling2D()	二维最大值池化层	18	load_model()	模型加载
9	MaxPooling3D()	三维最大值池化层	19	model.predict()	模型预测
10	Output()	模型输出	20	Layers()	模型的层信息

下面是构建模型的实例代码。

```
from keras.models import Sequential
from keras.layers.core import Dense, Dropout, Activation
model = Sequential() # 顺序模型
# 输入层
model.add(Dense(10, input_shape=(4,)))  # Dense 就是常用的全连接层
model.add(Activation('sigmoid')) # 激活函数
# 隐层
model.add(Dense(13))  # Dense 就是常用的全连接层
model.add(Activation('relu')) # 激活函数
model.add(Activation('tanh')) # 激活函数
# 输出层
model.add(Dense(9))
model.add(Activation('softmax'))
model.compile(optimizer='adam', loss='categorical_crossentropy', metrics=["accuracy"])
model.summary()
```

代码运行结果如下。

```
    Model: "sequential_7"
_________________________________________________________________
Layer (type)                 Output Shape              Param #
=================================================================
dense_17 (Dense)             (None, 10)                50
_________________________________________________________________
activation_16 (Activation)   (None, 10)                0
_________________________________________________________________
dense_18 (Dense)             (None, 13)                143
_________________________________________________________________
```

```
activation_17 (Activation)   (None, 13)            0
_________________________________________________________________
activation_18 (Activation)   (None, 13)            0
_________________________________________________________________
dense_19 (Dense)            (None, 9)             126
_________________________________________________________________
activation_19 (Activation)   (None, 9)             0
=================================================================
Total params: 319
Trainable params: 319
Non-trainable params: 0
```

8.2.5 情感分析

关于情感分析的介绍，可参考网站“http://52opencourse.com/235/斯坦福大学自然语言处理第七课-情感分析（sentiment-analysis）”，如图 8-7 所示。

图 8-7　斯坦福大学“自然语言处理-情感分析”课程网页

从上图可以看到情感分析的定义：情感分析（Sentiment Analysis），又称倾向性分析、意见抽取（Opinion Extraction）、意见挖掘（OpinionMining）、情感挖掘（Sentiment Mining）、主观分析（Subjectivity Analysis），它是对带有情感色彩的主观性文本进行分析、处理、归纳和推理的过程，如从评论文本中分析用户对“数码相机”的“变焦、价格、大小、重量、闪光、易用性”等属性的情感倾向。

情感分析 PPT 也可从网页下载，如图 8-8 所示。

图 8-8　下载课程 PPT

情感分析可以使得无结构的信息，例如关于产品、服务、品牌、政治等话题的意见，自动转变为结构化的数据。这些数据可以为市场分析、公共关系、产品意见、净推荐值、产品反馈和顾客服务等商业应用提供价值。

百度也提供了情感分析的应用，网页链接：https://ai.baidu.com/tech/nlp_apply/sentiment_

classify?track=cp:ainsem|pf:pc|pp:chanpin-NLP|pu:NLP-qingganqingxiangfenxi|ci:|kw:10001451，如图 8-9 所示。

功能介绍

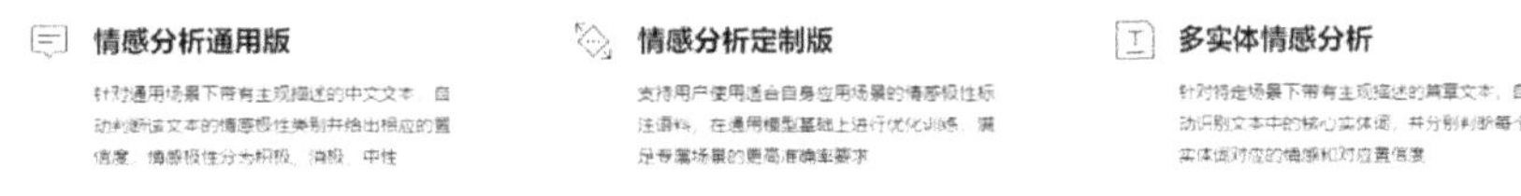

图 8-9　百度情感分析

在页面下方是功能演示，如图 8-10 所示。

功能演示

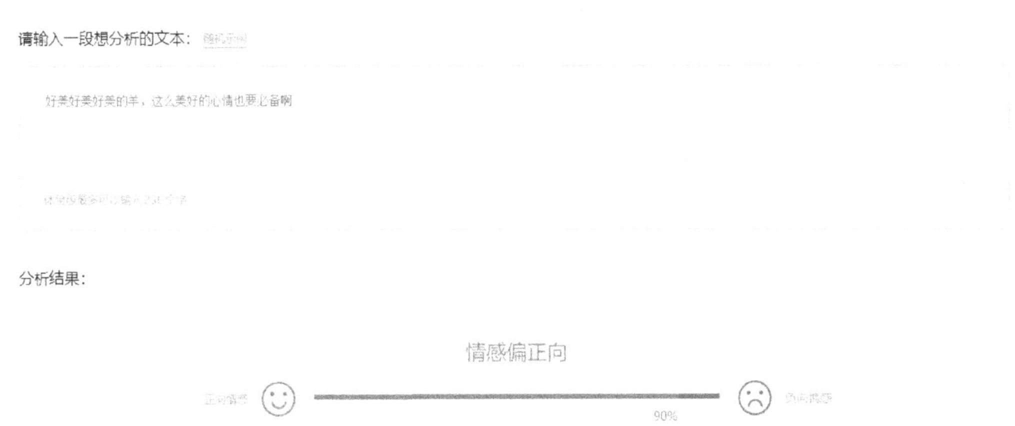

图 8-10　功能演示

情感分析综合应用项目参考网页：https://github.com/HqWei/Sentiment-Analysis，如图 8-11 所示。

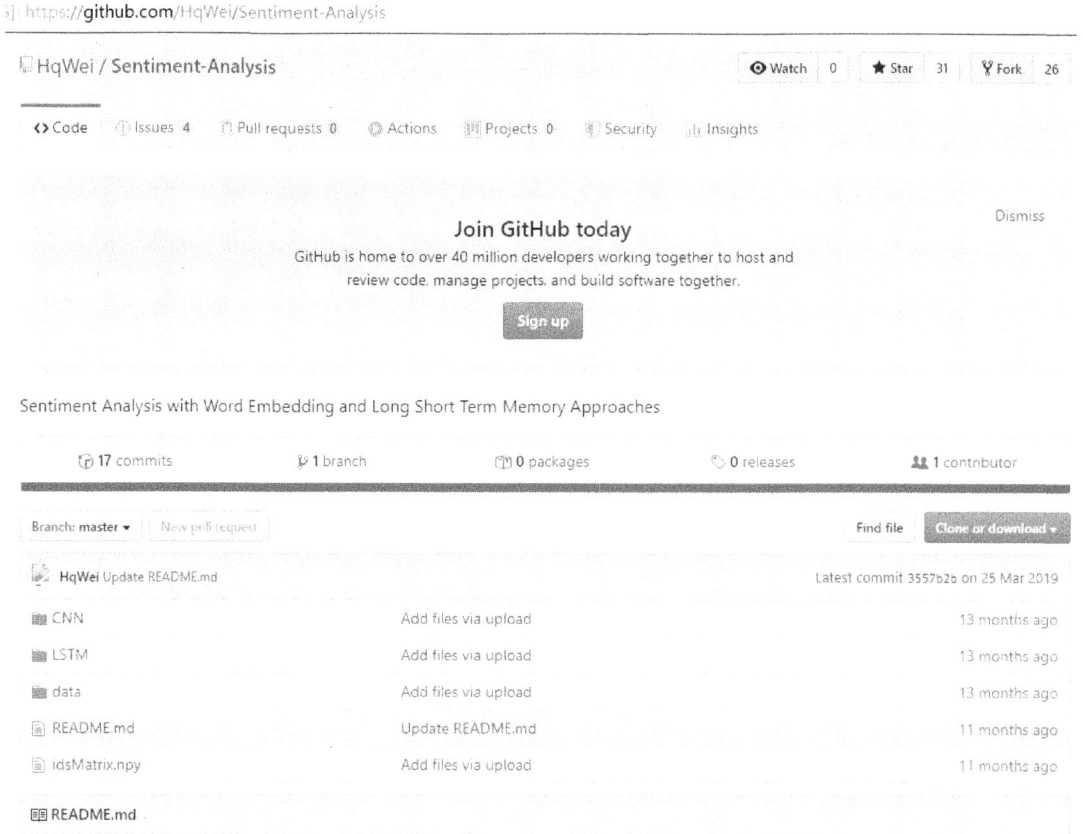

图 8-11　情感分析的综合应用项目

其中使用的语料下载地址: https://pan.baidu.com/s/1NgaZrA-XyA7HKHDdowHFDw，其使用方法参考其中的“README.md”文件。

8.3　典型情感数据库

下面介绍一些典型的情感数据库。

8.3.1　Bosonnlp 情感平台

Bosonnlp 是 Python 中很实用的中文语义分析系统，能解决情感分析（Sentiment Analysis）、信息分类（Classification）、实体识别（Named Entity Recognition）、典型意见（Opinion Extraction）、文本聚类（Clustering）、关键词提取（Keyword Extraction）等问题，

如图 8-12 所示。

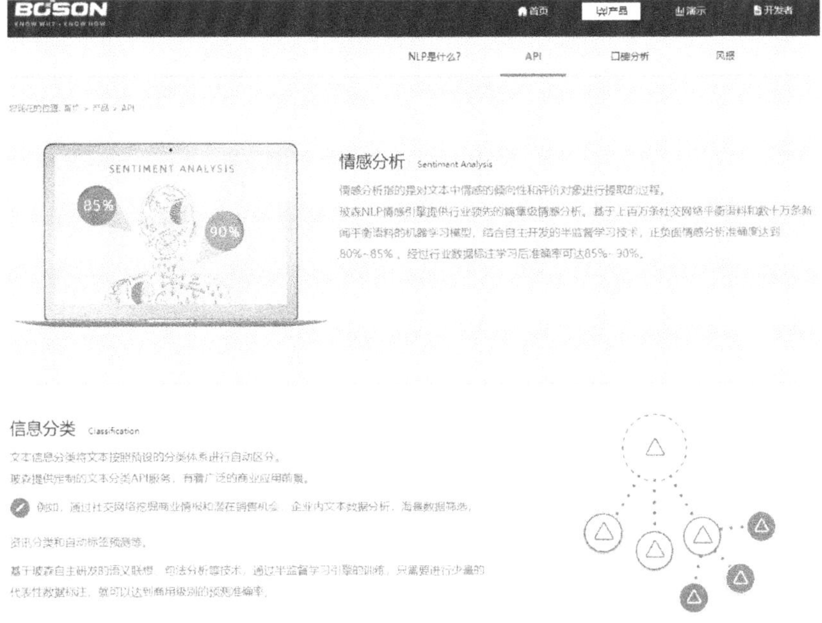

图 8-12　Bosonnlp 主页

Bosonnlp 提供了第三方使用的 SDK，如图 8-13 所示。

图 8-13　Bosonnlp 提供的第三方使用的 SDK

Bosonnlp 主页还提供了功能演示，如图 8-14 所示。

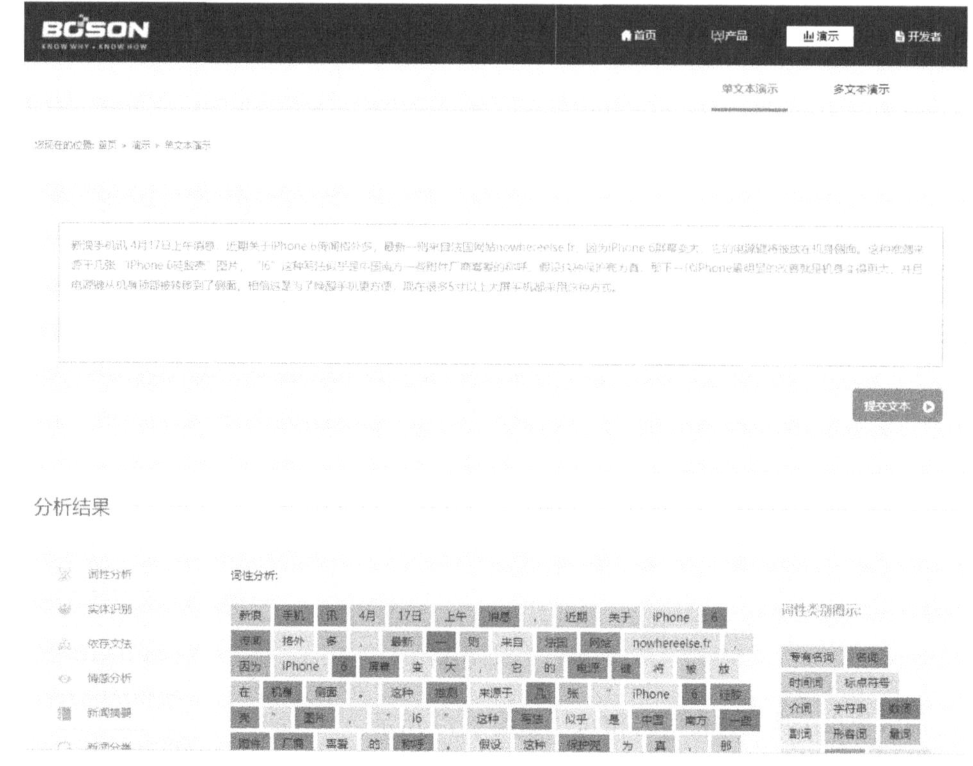

图 8-14　功能演示

简单的实例代码如下。

```
from bosonnlp import BosonNLP
nlp = BosonNLP('YOUR_API_TOKEN')
nlp.sentiment('这家味道还不错')
```

输出结果如下。

```
[[0.8758192096636473，0.12418079033635264]]
```

Bosonnlp的情感分析函数：sentiment(contents，model='general')。

其中，contents (string or sequence of string)为需要做情感分析的文本；model (string)为使用不同语料训练的模型，默认使用通用模型。

示例代码如下。

```
from bosonnlp import BosonNLP
import os
nlp = BosonNLP(os.environ['BOSON_API_TOKEN'])
nlp.sentiment('这家味道还不错', model='food')
```

输出结果如下。

```
[[0.9991856, 0.00082629879]]
nlp.sentiment(['这家味道还不错', '菜品太少了而且还不新鲜'], model='food')
```

输出结果如下。

```
[[0.9991737, 0.000826298],
 [9.940036427e-08, 0.9999999]]
```

8.3.2　CASIA 汉语情感语料库

目前中文语料库比较少，CASIA 汉语情感语料库是由中国科学院自动化所录制的，共包含 4 个专业发音人的 6 种情绪（生气、高兴、害怕、悲伤、惊讶和中性）共 9600 句不同发音。

8.3.3　Pickle 读取存储的情感词典数据

在机器学习中，经常需要把训练好的模型存储起来，在使用时直接将模型读出，而不需要重新训练模型，这样可以大大节约时间。Python 提供的 Pickle 模块可以解决这个问题，它可以序列化对象并保存到磁盘中，并在需要的时候读取出来。任何对象都可以执行序列化操作，Pickle 模块实现了用于序列化和反序列化 Python 对象结构的二进制协议。

Pickle 数据格式是特定于 Python 的，它的优点是没有外部标准强加的限制。Pickle 是 Python 语言的一个标准模块，安装 Python 后即已安装 Pickle 库，而不需要单独再安装。Pickle 模块中最常用的函数说明如下。

（1）pickle.dump(obj,file,[,protocol])：将 obj 对象序列化存入已经打开的 file 中，protocol 为序列化使用的协议，如果该项省略，则默认为 0。

（2）pickle.load(file)：将 file 中的对象序列化读出到 file 中。

（3）pickle.dumps(obj[,protocol])：将 obj 对象序列化为 string 形式，而不是将对象存入文件中。

（4）pickle.loads(string)：从 string 中读出序列化前的 obj 对象。

dump()函数能一个接着一个地将几个对象序列化存储到同一个文件中，随后调用 load()来以同样的顺序反序列化读出这些对象。

Pickle 写文件的代码如下。

```
import pickle
# 写入一个文件，用二进制的形式
f = open('data.pkl', 'wb')
# 等待写入的数据
datas = {'name': 'li', 'age': 30, 'high': 170}
# dump 函数将 obj 数据 datas 导入到 file 中
```

```
data_one = pickle.dump(datas, f, -1)
# f 文件结束操作句柄
f.close()
```

Pickle 读文件的代码如下。

```
 import pickle
f = open('data.pkl', 'rb')
# 使用 load 方法将数据从 pkl 文件中读取出来
print(pickle.load(f))
f.close()
```

输出结果如下。

```
{'name': 'li', 'age': 30, 'high': 170}
```

使用 Pickle 读写情感数据文件的代码函数实例如下。

```
def Picklesave(obj,file):
    ff = open(file,'wb')
    pickle.dump(obj,ff)
    ff.close()

def Pickleload(file):
    ff = open(file,'rb')
    obj = pickle.load(ff)
    ff.close()
    return obj
```

情感分析项目的 Github 地址：https://github.com/dsmiley/Twitter-Sentiment-Classifier。该项目完成 Twitter 社交媒体的语义分类，Twitter 社交媒体提供的文本数据源源不断，很多文本都有自己的观点，可以使用情绪分析工具进行分析。

项目代码是用 Python 编写的，使用 Scikit 学习库（http://scikit learn.org/stable/），使用的算法为支持向量机（SVM）。

8.4 基于 LSTM 的情感分析

长短时记忆神经网络（Long Short Memory Network，LSTM）是一种时间循环神经网络，属于 RNN 的一个变种，可以说是为了克服 RNN 无法很好处理远距离依赖问题而产生的。

下面介绍一个基于 LSTM 的文本情感分类的深度学习项目实例，参考链接：https://spaces.ac.cn/archives/3414，其结构如图 8-15 所示。

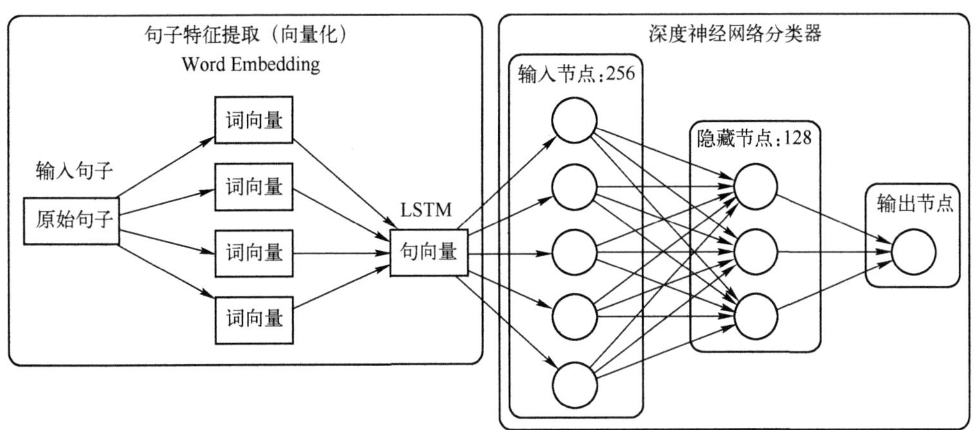

图 8-15　基于 LSTM 文本情感分类的深度学习结构

实现代码如下。

```
from __future__ import absolute_import
from __future__ import print_function
import pandas as pd #导入 Pandas
import numpy as np #导入 Numpy
import jieba #导入结巴分词

from keras.preprocessing import sequence
from keras.optimizers import SGD, RMSprop, Adagrad
from keras.utils import np_utils
from keras.models import Sequential
from keras.layers.core import Dense, Dropout, Activation
from keras.layers.embeddings import Embedding
from keras.layers.recurrent import LSTM, GRU

neg=pd.read_excel('neg.xls',header=None,index=None)
pos=pd.read_excel('pos.xls',header=None,index=None) #读取训练语料完毕
pos['mark']=1
neg['mark']=0 #给训练语料贴上标签
pn=pd.concat([pos,neg],ignore_index=True) #合并语料
neglen=len(neg)
poslen=len(pos) #计算语料数目

cw = lambda x: list(jieba.cut(x)) #定义分词函数
pn['words'] = pn[0].apply(cw)

comment = pd.read_excel('sum.xls') #读入评论内容
```

```
#comment = pd.read_csv('a.csv', encoding='utf-8')
comment = comment[comment['rateContent'].notnull()] #仅读取非空评论
comment['words'] = comment['rateContent'].apply(cw) #评论分词

d2v_train = pd.concat([pn['words'], comment['words']], ignore_index = True)

w = [] #将所有词语整合在一起
for i in d2v_train:
    w.extend(i)
dict = pd.DataFrame(pd.Series(w).value_counts()) #统计词的出现次数
del w,d2v_train
dict['id']=list(range(1,len(dict)+1))
get_sent = lambda x: list(dict['id'][x])
pn['sent'] = pn['words'].apply(get_sent) #速度太慢
maxlen = 50
print("Pad sequences (samples x time)")
pn['sent'] = list(sequence.pad_sequences(pn['sent'], maxlen=maxlen))
x = np.array(list(pn['sent']))[::2] #训练集
y = np.array(list(pn['mark']))[::2]
xt = np.array(list(pn['sent']))[1::2] #测试集
yt = np.array(list(pn['mark']))[1::2]
xa = np.array(list(pn['sent'])) #全集
ya = np.array(list(pn['mark']))

print('Build model...')
model = Sequential()
model.add(Embedding(len(dict)+1, 256))
model.add(LSTM(128)) # try using a GRU instead, for fun
model.add(Dropout(0.5))
model.add(Dense(1))
model.add(Activation('sigmoid'))

model.compile(loss='binary_crossentropy', optimizer='adam', metrics=['accuracy'])

model.fit(x, y, batch_size=16, nb_epoch=10) #训练时间为若干个小时

classes = model.predict_classes(xt)
acc = np_utils.accuracy(classes, yt)
print('Test accuracy:', acc)
```

运行结果如图 8-16 所示。

```
IPython console
Console 1/A
10553/10553 [==============================] - 223s 21ms/step - loss: 0.0487 -
accuracy: 0.9846
Epoch 5/10
10553/10553 [==============================] - 228s 22ms/step - loss: 0.0346 -
accuracy: 0.9886
Epoch 6/10
10553/10553 [==============================] - 228s 22ms/step - loss: 0.0223 -
accuracy: 0.9920
Epoch 7/10
10553/10553 [==============================] - 211s 20ms/step - loss: 0.0198 -
accuracy: 0.9938
Epoch 8/10
10553/10553 [==============================] - 205s 19ms/step - loss: 0.0089 -
accuracy: 0.9978
Epoch 9/10
10553/10553 [==============================] - 202s 19ms/step - loss: 0.0065 -
accuracy: 0.9982
Epoch 10/10
10553/10553 [==============================] - 201s 19ms/step - loss: 0.0065 -
accuracy: 0.9982
```

图 8-16　运行结果

8.5　基于 SnowNLP 的新闻评论数据分析

SnowNLP 是一个基于 Python 的类库，可以方便地处理中文文本内容。SnowNLP 是受到了 TextBlob 的启发而写的，现在大部分的自然语言处理库基本都是针对英文的，而 SnowNLP 是一个方便处理中文的类库，和 TextBlob 不同的是，这里没有采用 NLTK，所有的算法都是自己实现的，并且自带了一些训练好的字典。

SnowNLP 的安装命令为 pip install snownlp，如图 8-17 所示。

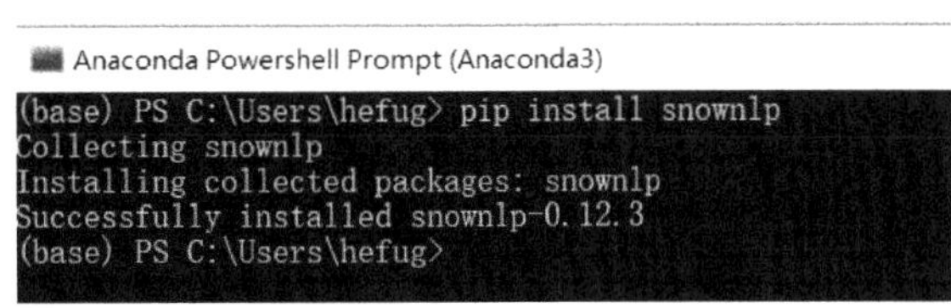

图 8-17　SnowNLP 的安装

SnowNLP 的主要功能如下。

（1）中文分词。

（2）词性标注。

（3）情感分析。

（4）文本分类。

（5）转换成拼音。

（6）繁体转简体。

（7）提取文本关键词（TextRank算法）。

（8）提取文本摘要（TextRank算法）。

（9）tf、idf（信息衡量）。

（10）Tokenization（分割成句子）。

（11）文本相似。

SnowNLP 的简单使用实例代码如下。

```
from snownlp import SnowNLP
```

```
#处理的文本
text = '北京故宫是中国明清两代的皇家宫殿,旧称为紫禁城, 位于北京中轴线的中心,是中国古代宫廷建筑之精华 '
s = SnowNLP(text)
# 分词
print(s.words)
print(s.sentences)
```

输出结果如下。

```
['北京', '故宫', '是', '中国', '明清', '两', '代', '的', '皇家', '宫殿', ',', '旧', '称为', '紫禁城', ',', '位于', '北京', '中轴线', '的', '中心', ',', '是', '中国', '古代', '宫廷', '建筑', '之', '精华']
['北京故宫是中国明清两代的皇家宫殿,旧称为紫禁城, 位于北京中轴线的中心,是中国古代宫廷建筑之精华']
```

使用 SnowNLP 进行情感分析的简单代码如下。

```
from snownlp import SnowNLP
s = SnowNLP(u'这个东西真心很赞')
print(s.words)
print(s.sentiments)
```

输出结果如下。

```
['这个', '东西', '真心', '很', '赞']
0.9769551298267365
```

SnowNLP 的项目参考链接：https://github.com/isnowfy/snownlp，如图 8-18 所示。具体使用方法参考网页说明。

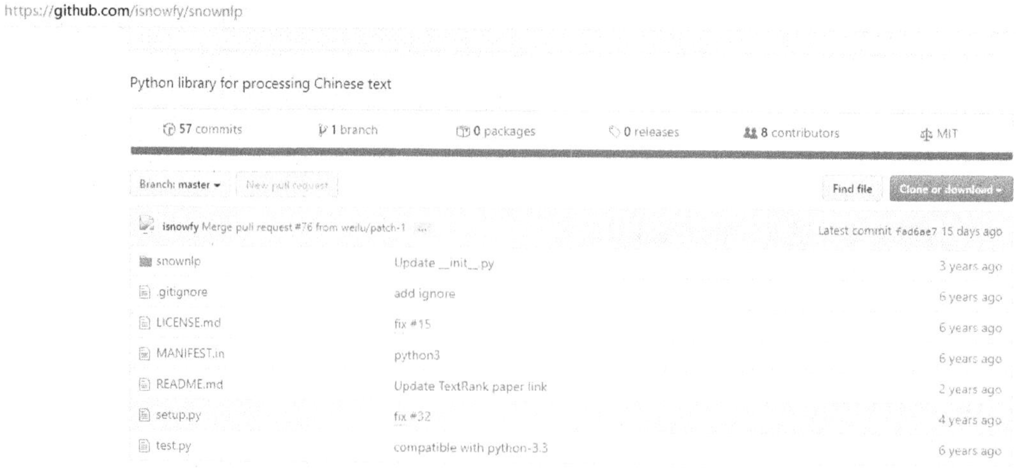

图 8-18　SnowNLP 的项目

8.6　Dlib 实现人脸颜值预测

Dlib 是一个现代化的 C++工具箱，其中包含用于在 C++中创建复杂软件以解决实际问题的机器学习算法和工具。它广泛应用于工业界和学术界，包括机器人、嵌入式设备、移动电话和大型高性能计算环境。Dlib 的开源许可证允许用户在任何应用程序中对其免费使用。中文主页：https://dlib.net.cn，英文主页：http://dlib.net。

Dlib 的安装命令如下，如图 8-19 所示。

```
pip install cmake
pip install scikit-image
pip install dlib
```

```
Anaconda Powershell Prompt (Anaconda3)
(base) PS C:\Users\hefug> pip install cmake
Collecting cmake
  Downloading https://files.pythonhosted.org/packages/53/7c/8d8202d24f7aadd4c8c25e4656a060381ae5a314b3697003fe32191366f6
/cmake-3.15.3-py3-none-win_amd64.whl (31.9MB)
     |████████████████████████████████| 31.9MB 93kB/s
Installing collected packages: cmake
Successfully installed cmake-3.15.3
(base) PS C:\Users\hefug> pip install scikit-image
Requirement already satisfied: scikit-image in c:\users\hefug\appdata\roaming\python\python37\site-packages (0.15.0)
Requirement already satisfied: pillow>=4.3.0 in c:\anaconda3\lib\site-packages (from scikit-image) (6.1.0)
Requirement already satisfied: PyWavelets>=0.4.0 in c:\anaconda3\lib\site-packages (from scikit-image) (1.0.3)
Requirement already satisfied: networkx>=2.0 in c:\anaconda3\lib\site-packages (from scikit-image) (2.3)
Requirement already satisfied: imageio>=2.0.1 in c:\users\hefug\appdata\roaming\python\python37\site-packages (from scik
it-image) (2.5.0)
Requirement already satisfied: numpy>=1.9.1 in c:\anaconda3\lib\site-packages (from PyWavelets>=0.4.0->scikit-image) (1.
16.4)
Requirement already satisfied: decorator>=4.3.0 in c:\anaconda3\lib\site-packages (from networkx>=2.0->scikit-image) (4.
4.0)
(base) PS C:\Users\hefug> pip install dlib
Collecting dlib
  Using cached https://files.pythonhosted.org/packages/63/92/05c3b98636661cb80d190a5a777dd94effcc14c0f6893222e5ca81e74fb
c/dlib-19.19.0.tar.gz
Building wheels for collected packages: dlib
  Building wheel for dlib (setup.py) ... done
  Stored in directory: C:\Users\hefug\AppData\Local\pip\Cache\wheels\96\ac\11\8aadec62cb4fb5b264a9b1b042caf415de9a75f5e1
55d79a51
Successfully built dlib
Installing collected packages: dlib
Successfully installed dlib-19.19.0
(base) PS C:\Users\hefug>
```

图 8-19　Dlib 的安装

Dlib 支持的机器学习算法如下。

（1）深度学习。

（2）传统的基于 SMO 的支持向量机用于分类和回归。

（3）用于大规模分类和回归的。

（4）用于分类和回归的推荐相关向量机。

（5）通用多类分类工具。

（6）一个多类 SVM。

（7）解决与结构支持向量机相关的优化问题的工具。

（8）用于序列标记的结构 SVM 工具。

（9）用于解决分配问题的结构 SVM 工具。

（10）用于图像中物体检测的结构 SVM 工具以及用于物体检测的更强大（但更慢）的深度学习工具。

（11）用于标记图中节点的结构 SVM 工具。

（12）一个大规模的 SVM-Rank 实现。

（13）在线核 RLS 回归算法。

（14）在线 SVM 分类算法。

（15）半确定度量学习。

（16）在线核化的质心估计器/新颖检测器和离线支持矢量一类分类器。

（17）聚类算法：线性或核 k-means、Chinese Whispers 聚类和 Newman 聚类。

（18）径向基函数网络。

（19）多层感知器。

下面是 Dlib 识别人脸的示例，用到的主要函数说明如下。

（1）get_frontal_face_detector()：获取人脸框。

（2）detector(img_gray，0)：对图像画人脸框。

（3）shape_predictor(‘face_landmarks.dat’)：标记人脸关键点。

（4）predictor(img，box): 定位人脸关键点，返回人脸关键点的位置。

下面是实例代码。

```
import cv2
import dlib
from skimage import io
# 使用特征提取器 get_frontal_face_detector
detector = dlib.get_frontal_face_detector()
# dlib 的点模型，特征预测器
predictor = dlib.shape_predictor("shape_predictor_face_landmarks.dat")
# 加载图片
img = io.imread("rl.jpg")
# 生成 dlib 的图像窗口
win = dlib.image_window()
win.clear_overlay()
win.set_image(img)
# 特征提取器的实例化
dets = detector(img, 1)
print("人脸数：", len(dets))
for k, d in enumerate(dets):
        print("第", k+1, "个人脸 d 的坐标：",
              "left:", d.left(),
              "right:", d.right(),
              "top:", d.top(),
              "bottom:", d.bottom())
```

```
    width = d.right() - d.left()
    heigth = d.bottom() - d.top()
    print('人脸面积为：',(width*heigth))
```

使用的人脸图片如图 8-20 所示。

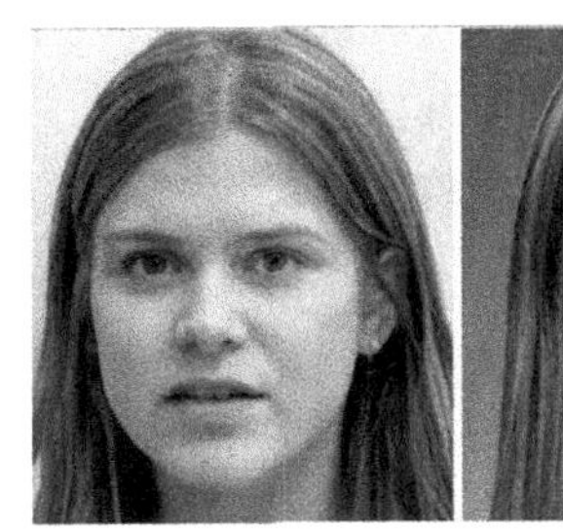

图 8-20　识别的人脸图片

运行结果如下。

```
人脸数：2
第 1 个人脸 d 的坐标：left: 63 right: 384 top: 170 bottom: 491
人脸面积为：103041
第 2 个人脸 d 的坐标：left: 633 right: 954 top: 170 bottom: 491
人脸面积为：103041
```

下面是基于 OpenCV 和 Dlib 的人脸颜值识别实例，项目网页：https://github.com/LiuXiaolong19920720/predict-facial-attractiveness，如图 8-21 所示。

https://github.com/LiuXiaolong19920720/predict-facial-attractiveness
Using OpenCV and Dlib to predict facial attractiveness.
README.md
predict-facial-attractiveness
Using OpenCV and Dlib to predict facial attractiveness.

图 8-21　项目网页

项目的使用方法如下，可参考项目网页说明。

（1）下载人脸预测模型，地址：http://dlib.net/files/shape_predictor_68_face_landmarks.dat.

bz2。替换文件“data/shape_predictor_68_face_landmarks.dat”。

（2）使用当前路径替换 Python 源代码文件的 root 值。

（3）在路径的结束位置增加“/”，而不是“\”。

（4）下面是执行步骤。

① 运行“source/trainModel.py”生成模型。

② 运行“source/getLandmarks.py”生成脸部探测的标记。

③ 运行“source/generateFeatures.py”生成特征。

④ 运行“source/myPredict.py”预测脸部。

运行结果如图 8-22 所示。

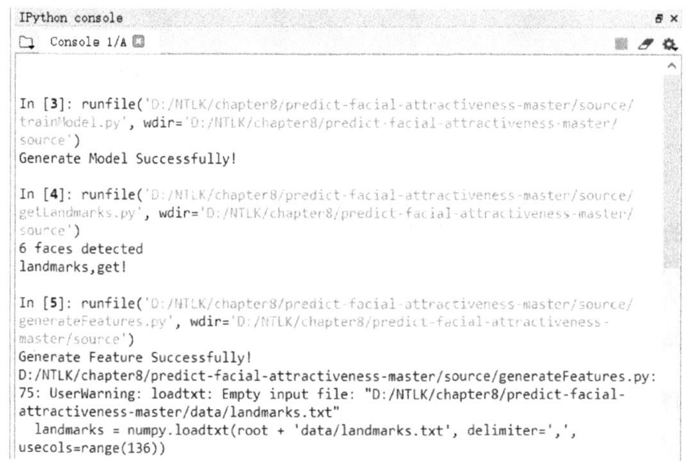

图 8-22　运行结果

8.7　实例——表情识别

表情识别（Facial Expression Recognition，FER）是计算机理解人类情感的一个重要研究方向，表情识别是指从静态照片或视频序列中选择出表情状态，从而确定人物的情绪与心理变化。20 世纪 70 年代的美国心理学家 Ekman 和 Friesen 通过大量实验，定义了人类六种基本表情：快乐、气愤、惊讶、害怕、厌恶和悲伤。

近年来，前馈神经网络（FNN）和卷积神经网络（CNN）也被广泛地用来提取表情特征。基于卷积神经网络（CNN）的新的识别框架在 FER 中已经取得了显著的效果，CNN 中的多个卷积和汇集层能够提取整个面部或局部区域的更高和多层次的特征，且具有良好的面部表情图像特征的分类性能。经验证明，在图像识别方面 CNN 比其他类型的神经网络更为优秀。

下面是基于 OpenCV 和 Dlib 的人脸颜值识别实例，项目网页：https://codeload.github.com/JostineHo/real-time_emotion_analyzer/zip/master，如图 8-23 所示。

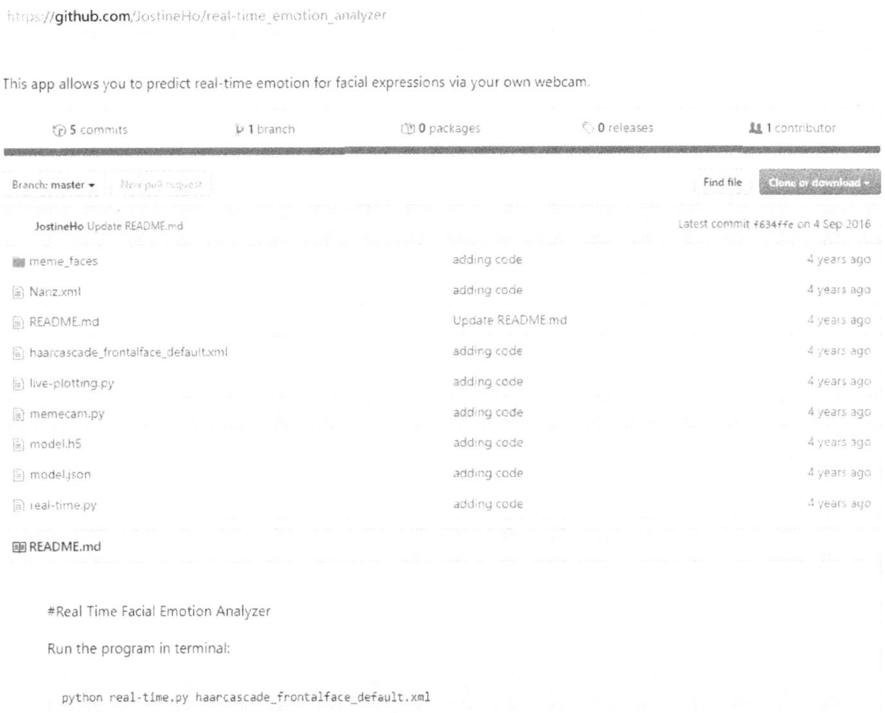

https://github.com/JostineHo/real-time_emotion_analyzer

This app allows you to predict real-time emotion for facial expressions via your own webcam.

5 commits　1 branch　0 packages　0 releases　1 contributor

Branch: master　New pull request　Find file　Clone or download

JostineHo Update README.md　Latest commit f634ffe on 4 Sep 2016

meme_faces	adding code	4 years ago
Nanz.xml	adding code	4 years ago
README.md	Update README.md	4 years ago
haarcascade_frontalface_default.xml	adding code	4 years ago
live-plotting.py	adding code	4 years ago
memecam.py	adding code	4 years ago
model.h5	adding code	4 years ago
model.json	adding code	4 years ago
real-time.py	adding code	4 years ago

README.md

#Real Time Facial Emotion Analyzer

Run the program in terminal:

```
python real-time.py haarcascade_frontalface_default.xml
```

图 8-23　项目网页

运行方法为“real-time.py haarcascade_frontalface_default.xml”，其中“haarcascade_frontalface_default.xml”为运行参数，文件位于“C:\Anaconda3\Lib\site-packages\cv2\data”目录中，如图 8-24 所示。

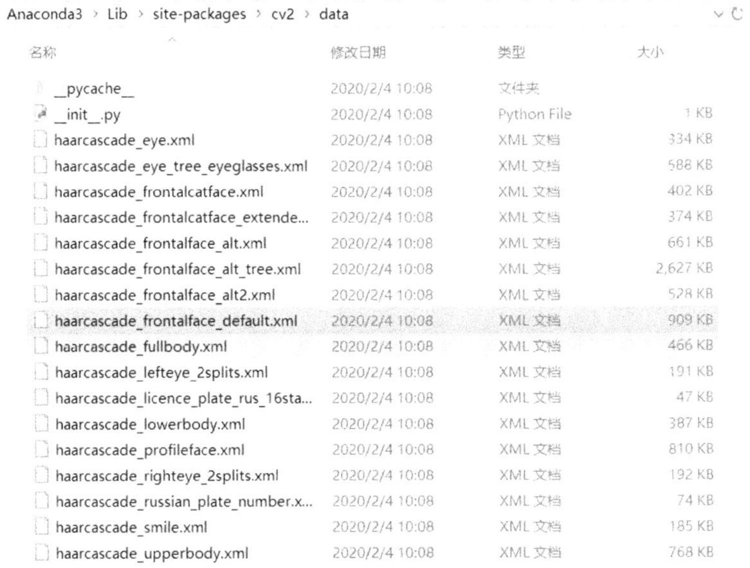

Anaconda3 › Lib › site-packages › cv2 › data

名称	修改日期	类型	大小
__pycache__	2020/2/4 10:08	文件夹	
__init__.py	2020/2/4 10:08	Python File	1 KB
haarcascade_eye.xml	2020/2/4 10:08	XML 文档	334 KB
haarcascade_eye_tree_eyeglasses.xml	2020/2/4 10:08	XML 文档	588 KB
haarcascade_frontalcatface.xml	2020/2/4 10:08	XML 文档	402 KB
haarcascade_frontalcatface_extende...	2020/2/4 10:08	XML 文档	374 KB
haarcascade_frontalface_alt.xml	2020/2/4 10:08	XML 文档	661 KB
haarcascade_frontalface_alt_tree.xml	2020/2/4 10:08	XML 文档	2,627 KB
haarcascade_frontalface_alt2.xml	2020/2/4 10:08	XML 文档	528 KB
haarcascade_frontalface_default.xml	2020/2/4 10:08	XML 文档	909 KB
haarcascade_fullbody.xml	2020/2/4 10:08	XML 文档	466 KB
haarcascade_lefteye_2splits.xml	2020/2/4 10:08	XML 文档	191 KB
haarcascade_licence_plate_rus_16sta...	2020/2/4 10:08	XML 文档	47 KB
haarcascade_lowerbody.xml	2020/2/4 10:08	XML 文档	387 KB
haarcascade_profileface.xml	2020/2/4 10:08	XML 文档	810 KB
haarcascade_righteye_2splits.xml	2020/2/4 10:08	XML 文档	192 KB
haarcascade_russian_plate_number.x...	2020/2/4 10:08	XML 文档	74 KB
haarcascade_smile.xml	2020/2/4 10:08	XML 文档	185 KB
haarcascade_upperbody.xml	2020/2/4 10:08	XML 文档	768 KB

图 8-24　OpenCV 识别模型

“real-time.py”的代码如下。

```
import cv2
import sys
import json
import time
import numpy as np
from keras.models import model_from_json
emotion_labels = ['angry', 'fear', 'happy', 'sad', 'surprise', 'neutral']
cascPath = sys.argv[1]
faceCascade = cv2.CascadeClassifier(cascPath)
# load json and create model arch
json_file = open('model.json','r')
loaded_model_json = json_file.read()
json_file.close()
model = model_from_json(loaded_model_json)
# load weights into new model
model.load_weights('model.h5')
def predict_emotion(face_image_gray): # a single cropped face
    resized_img  =  cv2.resize(face_image_gray,  (48,48),  interpolation  =
cv2.INTER_AREA)
    # cv2.imwrite(str(index)+'.png', resized_img)
    image = resized_img.reshape(1, 1, 48, 48)
    list_of_list = model.predict(image, batch_size=1, verbose=1)
    angry, fear, happy, sad, surprise, neutral = [prob for lst in list_of_list
for prob in lst]
    return [angry, fear, happy, sad, surprise, neutral]
video_capture = cv2.VideoCapture(0)
while True:
    # Capture frame-by-frame
    ret, frame = video_capture.read()
    img_gray = cv2.cvtColor(frame, cv2.COLOR_BGR2GRAY,1)
    faces = faceCascade.detectMultiScale(
        img_gray,
        scaleFactor=1.1,
        minNeighbors=5,
        minSize=(30, 30),
         )
    emotions = []
    # Draw a rectangle around the faces
    for (x, y, w, h) in faces:
        face_image_gray = img_gray[y:y+h, x:x+w]
        cv2.rectangle(frame, (x, y), (x+w, y+h), (0, 255, 0), 2)
        angry, fear, happy, sad, surprise, neutral = predict_emotion(face_image_
```

```
gray)
            with open('emotion.txt', 'a') as f:
                f.write('{},{},{},{},{},{},{}\n'.format(time.time(), angry, fear, happy,
sad, surprise, neutral))
        # Display the resulting frame
        cv2.imshow('Video', frame)
        if cv2.waitKey(1) & 0xFF == ord('q'):
            break
    # When everything is done, release the capture
    video_capture.release()
    cv2.destroyAllWindows()
```

表情结果写入了“emotion.txt”文件中，共有 6 种表情，即 angry、fear、happy、sad、surprise、neutral 的值。

8.8 本章小结

本章主要介绍了深度学习中的情感分析内容，包括情感分析的词集、词袋、TF-IDF、词汇表等，以及情感分析过程、典型情感数据库，最后展示几个典型的实例。

第 9 章 机器翻译

机器翻译的目标是利用计算机实现自然语言之间的自动翻译。机器翻译经历了规则机器翻译、统计机器翻译、神经机器翻译等发展历程，神经机器翻译通过神经网络直接实现自然语言的相互映射。

9.1 机器翻译简介

机器翻译，又称为自动翻译，是利用计算机将一种自然语言（源语言）转换为另一种自然语言（目标语言）的过程。它是计算语言学的一个分支，是人工智能的终极目标之一，具有重要的科学研究价值。

机器翻译的研究历史可以追溯到 20 世纪 30 年代。20 世纪 30 年代初，法国科学家 G.B. 阿尔楚尼提出了用机器来进行翻译的想法。1933 年，苏联发明家 П.П.特罗扬斯基设计了把一种语言翻译成另一种语言的机器，并在同年 9 月 5 日登记了他的发明。但是，由于 20 世纪 30 年代技术水平还很低，他的翻译机没有研制成功。1946 年，第一台现代电子计算机 ENIAC 诞生。1947 年，信息论的先驱、美国科学家 W. Weaver 和英国工程师 A. D. Booth 在讨论电子计算机的应用范围时，提出了利用计算机进行语言自动翻译的想法。1949 年，W. Weaver 发表《翻译备忘录》，正式提出机器翻译的思想。

我国机器翻译研究始于 1957 年，是世界上第 4 个开始研究机器翻译的国家。中国社会科学院语言研究所、中国科学技术情报研究所、中国科学院计算技术研究所、黑龙江大学、哈尔滨工业大学等单位都在进行机器翻译的研究。翻译的语种和类型有英汉、俄汉、法汉、日汉、德汉等一对一的系统，也有汉译英、法、日、俄、德的一对多系统。此外，还建立了一个汉语语料库和一个科技英语语料库。中国机器翻译系统的规模正在不断地扩大，内容正在不断地完善。

鉴于机器翻译的市场需求，国内市场上提供了许多翻译软件产品，可以划分为四大类：全文翻译（专业翻译）、在线翻译、汉化软件和电子词典。

其中在线翻译主要依赖于互联网，例如百度翻译、有道翻译等。

百度翻译的主页：https://fanyi.baidu.com，能提供目前主流语种之间的翻译，如图 9-1 所示。

图 9-1　百度在线翻译

有道在线翻译的主页：http://fanyi.youdao.com，也提供目前主流语种之间的翻译，如图 9-2 所示。

图 9-2　有道在线翻译

随着深度学习方面的研究取得重大进展，基于神经网络的机器翻译（Neural Machine Translation NMT）取得了较快的发展，可自动从语料库学习翻译知识，经过多层的复杂运算，生成另一种语言的译文。目前广泛使用的神经网络类型有长短期记忆（LSTM）网络、循环神经网络（RNN）。

9.2 Encoder-Decoder 模型

经典的 NMT 模型是 Encoder-Decoder（编码-解码）模型，主要依赖于 RNN 网络。Encoder-Decoder 是深度学习中经常使用的一个模型框架，例如无监督算法的 Auto-Encoding 就是用“编码-解码”的结构设计并训练的，再比如神经网络机器翻译 NMT 模型，一般是 LSTM-LSTM 的“编码-解码”框架。因此，准确地说，Encoder-Decoder 并不是一个具体的模型，而是一类框架。Encoder 和 Decoder 部分可以是任意的文字、语音、图像、视频数据，模型可以采用 CNN、RNN、BiRNN、LSTM、GRU 等。所以基于 Encoder-Decoder，可以设计出各种不同的应用算法。Encode-Decode 模型如图 9-3 所示。

图 9-3　Encoder-Decoder 模型

其中，输入序列：X={$x_1,\cdots,x_n$}；输出序列：Y={$y_1,\cdots,y_m$}；中间语义变量：C=F($x_1,\cdots,x_n$)。

基本的 Encoder-Decoder 模型非常经典，但缺陷在于中间的语义编码是固定长度的，无法表示可变长度的语义信息。为了克服上述 Encoder-Decoder 模型的局限性，近两年 NLP 领域提出 Attention Model（注意力模型），就是在机器翻译的时候，让生成词不只关注全局的语义编码向量 C，并将语义编码 C 拆分，变成不同的语义子部分，相当于增加了一个“注意力范围”，如图 9-4 所示。

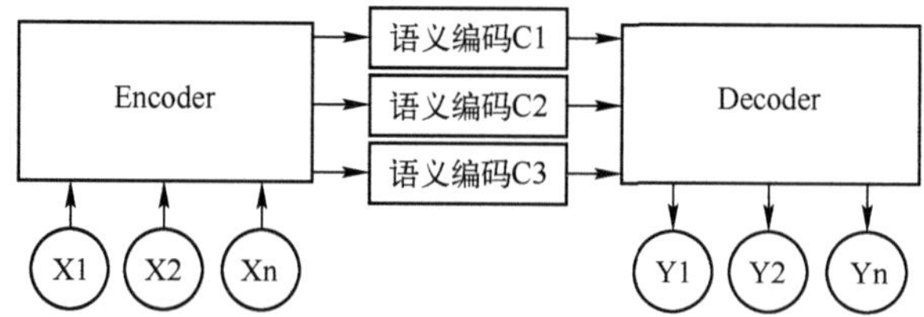

图 9-4　改进的 Encoder-Decoder 模型

9.3 TensorFlow 机器翻译

Seq2Seq 是一类特殊的 RNN，在机器翻译、文本自动摘要和语音识别中有着成功的应用，TensorFlow 在 1.1 版本中就已经对 seq2seq 模块进行了完整的构建，在“tensorflow/contrib/

seq2seq/python/ops/”目录下有 6 个重要的代码文件。项目网页：https://github.com/Thumar/Seq2Seq_NMT，如图 9-5 所示。

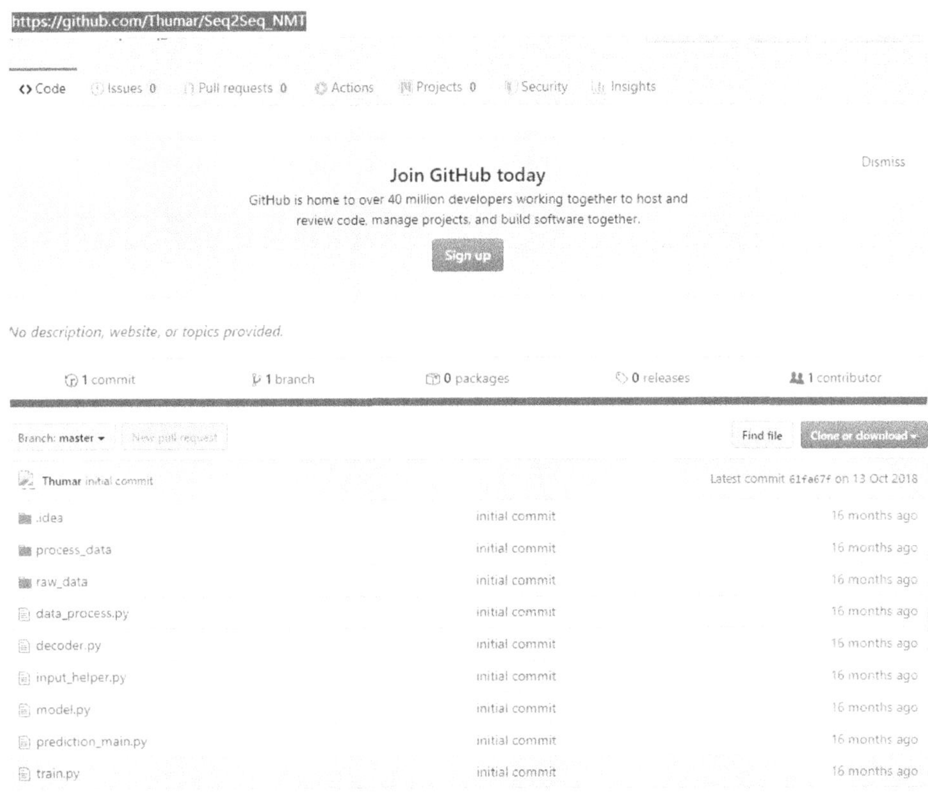

图 9-5　项目主页

项目的目录结构如图 9-6 所示。

Seq2Seq_NMT-master ›

名称	修改日期	类型
.idea	2018/10/13 18:06	文件夹
__pycache__	2020/2/4 16:01	文件夹
model	2020/2/4 16:01	文件夹
process_data	2018/10/13 18:06	文件夹
raw_data	2020/2/4 16:17	文件夹
data_process.py	2020/2/4 16:00	Python File
decoder.py	2018/10/13 18:06	Python File
input_helper.py	2018/10/13 18:06	Python File
model.py	2018/10/13 18:06	Python File
prediction_main.py	2018/10/13 18:06	Python File
train.py	2018/10/13 18:06	Python File

图 9-6　项目的目录结构

项目的使用说明如下。

（1）在 raw_data 目录下的文件“deu.txt”是英语到德语短语对，每行一对，使用 tab 分隔符分割两种语言，例如：

I see.　Aha.

I try.　Ich probiere es.

I won!　Ich hab gewonnen!

（2）在项目目录下的“data_process.py”用于完成数据预处理，处理过程如图 9-7 所示。

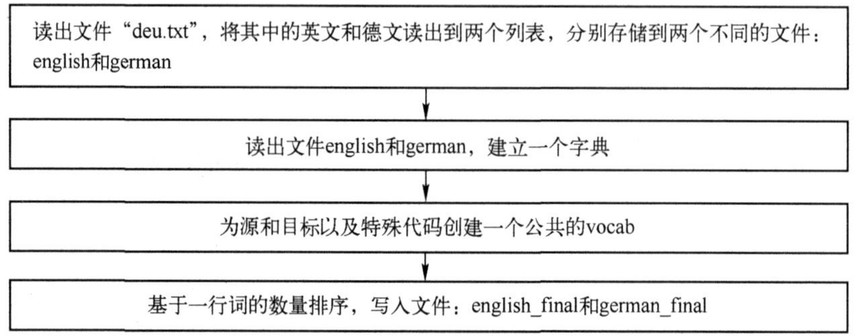

图 9-7　数据预处理流程

“data_process.py”的运行结果如图 9-8 所示。

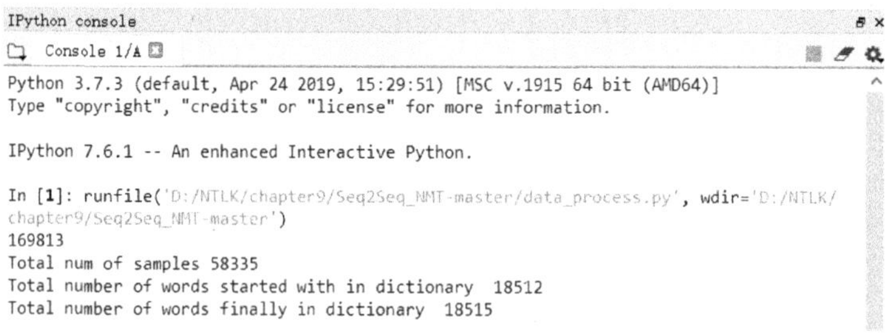

图 9-8　“data_process.py”的运行结果

（3）在项目目录下的“train.py”用于完成模型的训练，训练使用模型文件“model.py”，处理过程如图 9-9 所示。

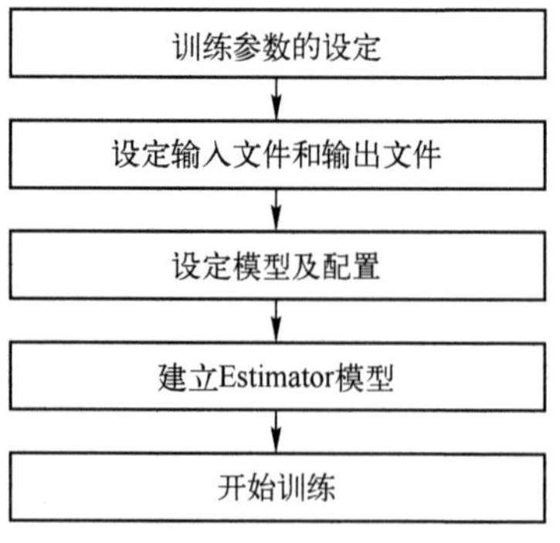

图 9-9　“train.py”的处理过程

“train.py”的运行结果如图 9-10 所示。

```
IPython console
Console 1/A
INFO:tensorflow:Done running local_init_op.
INFO:tensorflow:Saving checkpoints for 200 into model/seq2seq\model.ckpt.
INFO:tensorflow:loss = 3.5329568, step = 201
INFO:tensorflow:global_step/sec: 1.11643
INFO:tensorflow:loss = 1.7928389, step = 211 (8.957 sec)
INFO:tensorflow:global_step/sec: 1.37258
INFO:tensorflow:loss = 2.8789673, step = 221 (7.289 sec)
INFO:tensorflow:global_step/sec: 1.44133
INFO:tensorflow:loss = 2.623634, step = 231 (6.935 sec)
INFO:tensorflow:global_step/sec: 1.25249
INFO:tensorflow:loss = 2.4571111, step = 241 (7.999 sec)
INFO:tensorflow:global_step/sec: 1.34357
INFO:tensorflow:loss = 2.9148643, step = 251 (7.428 sec)
INFO:tensorflow:global_step/sec: 1.40868
INFO:tensorflow:loss = 2.2315478, step = 261 (7.099 sec)
INFO:tensorflow:global_step/sec: 1.42457
INFO:tensorflow:loss = 3.218744, step = 271 (7.020 sec)
INFO:tensorflow:global_step/sec: 1.34544
INFO:tensorflow:loss = 2.0336657, step = 281 (7.433 sec)
INFO:tensorflow:global_step/sec: 1.15098
INFO:tensorflow:loss = 3.229195, step = 291 (8.688 sec)
INFO:tensorflow:Saving checkpoints for 300 into model/seq2seq\model.ckpt.
INFO:tensorflow:Loss for final step: 1.9824255.
IPython console    History log
```

图 9-10 “train.py”的运行结果

（4）在项目目录下的“prediction_main.py”用于完成语言的翻译，处理过程如图 9-11 所示。

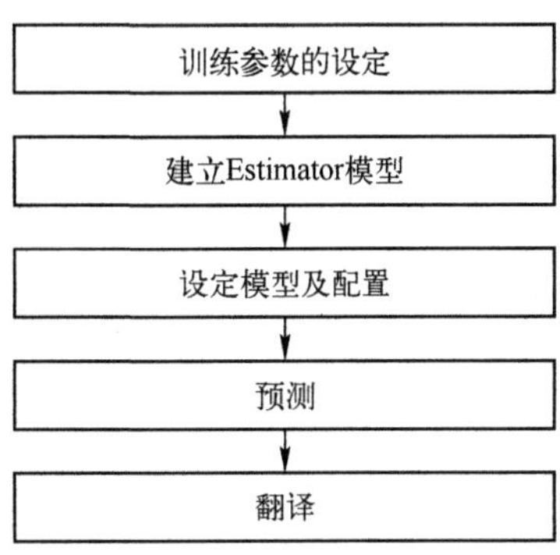

图 9-11 “prediction_main.py”的处理过程

机器翻译的另外两个项目参考链接：https://github.com/zhaocq-nlp/NJUNMT-tf 和 https://github.com/tensorflow/nmt。

9.4 看图说话

看图说话也是深度学习涉及的领域之一，其基本思想是利用卷积神经网络来做图像的特征提取，利用 LSTM 来生成描述，这是深度学习中热门的两大模型为数不多的联合应用。

9.4.1 实例——Google 的 im2txt 模型实现看图说话

本项目的参考链接：https://github.com/tensorflow/models/tree/master/research/im2txt，如

图 9-12 所示。

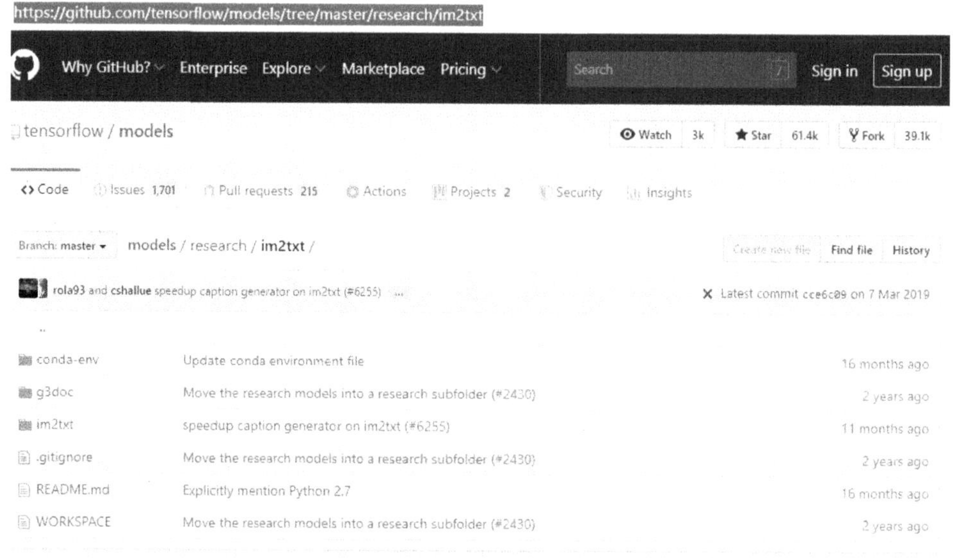

图 9-12　项目参考主页

这是一个 Show and Tell 模型，是一个基于 TensorFlow 实现描述图像内容的深度神经网络，识别效果如图 9-13 所示。

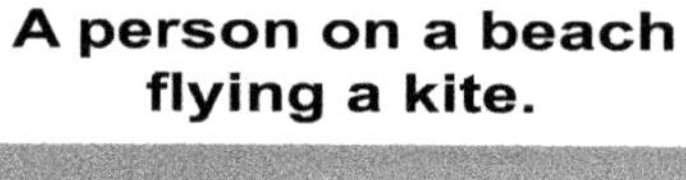

图 9-13　识别效果

Show and Tell 模型首先将图像编码成一固定长度的矢量表示，然后将该矢量表示解码成一个自然语言描述。图像编码器是一种深度卷积神经网络，解码器是一个长-短期存储器（LSTM）网络。在 Show and Tell 模型中，LSTM 网络被训练成一种基于图像编码的语言模型。标题中的单词用嵌入模型表示。词汇表中的每个单词都与在训练期间学习的固定长度向量表示相关联。

项目的主要内容为 imtxt 目录，如图 9-14 所示。

下面介绍项目使用方法。

1. 训练模型

（1）准备数据。可以使用 MSCOCO 图像数据集，下载数据集并预处理为 TFRecord 格式。预处理文件为项目的“im2txt/data”目录下的“build_mscoco_data.py”文件。

（2）下载 Inception V3 检查点。下载链接：https://github.com/tensorflow/models/tree/master/research/slim#pre-trained-models，如图 9-15 所示。

（3）训练模型。训练文件为项目的 im2txt 目录下的“train.py”文件。

im2txt › im2txt

名称	修改日期
data	2020/2/5 7:46
inference_utils	2020/2/5 7:46
ops	2020/2/5 7:46
BUILD	2020/2/5 2:21
configuration.py	2020/2/5 2:21
evaluate.py	2020/2/5 2:21
inference_wrapper.py	2020/2/5 2:21
run_inference.py	2020/2/5 2:21
show_and_tell_model.py	2020/2/5 2:21
show_and_tell_model_test.py	2020/2/5 2:21
train.py	2020/2/5 2:21

图 9-14　imtxt 目录

Pre-trained Models

Neural nets work best when they have many parameters, making them powerful function approximators. However, this means they must be trained on very large datasets. Because training models from scratch can be a very computationally intensive process requiring days or even weeks, we provide various pre-trained models, as listed below. These CNNs have been trained on the ILSVRC-2012-CLS image classification dataset.

In the table below, we list each model, the corresponding TensorFlow model file, the link to the model checkpoint, and the top 1 and top 5 accuracy (on the imagenet test set). Note that the VGG and ResNet V1 parameters have been converted from their original caffe formats (here and here), whereas the Inception and ResNet V2 parameters have been trained internally at Google. Also be aware that these accuracies were computed by evaluating using a single image crop. Some academic papers report higher accuracy by using multiple crops at multiple scales.

Model	TF-Slim File	Checkpoint	Top-1 Accuracy	Top-5 Accuracy
Inception V1	Code	inception_v1_2016_08_28.tar.gz	69.8	89.6
Inception V2	Code	inception_v2_2016_08_28.tar.gz	73.9	91.8
Inception V3	Code	inception_v3_2016_08_28.tar.gz	78.0	93.9
Inception V4	Code	inception_v4_2016_09_09.tar.gz	80.2	95.2
Inception-ResNet-v2	Code	inception_resnet_v2_2016_08_30.tar.gz	80.4	95.3
ResNet V1 50	Code	resnet_v1_50_2016_08_28.tar.gz	75.2	92.2
ResNet V1 101	Code	resnet_v1_101_2016_08_28.tar.gz	76.4	92.9
ResNet V1 152	Code	resnet_v1_152_2016_08_28.tar.gz	76.8	93.2
ResNet V2 50^	Code	resnet_v2_50_2017_04_14.tar.gz	75.6	92.8
ResNet V2 101^	Code	resnet_v2_101_2017_04_14.tar.gz	77.0	93.7
ResNet V2 152^	Code	resnet_v2_152_2017_04_14.tar.gz	77.8	94.1
ResNet V2 200	Code	TBA	79.9*	95.2*
VGG 16	Code	vgg_16_2016_08_28.tar.gz	71.5	89.8
VGG 19	Code	vgg_19_2016_08_28.tar.gz	71.1	89.8
MobileNet_v1_1.0_224	Code	mobilenet_v1_1.0_224.tgz	70.9	89.9

图 9-15　Inception V3 检查点下载页面

2．使用训练好的模型分析图像

分析文件为项目的 im2txt 目录下的“run_inference.py”文件，分析的图像存放在项目的 imges 目录下，如图 9-16 所示。

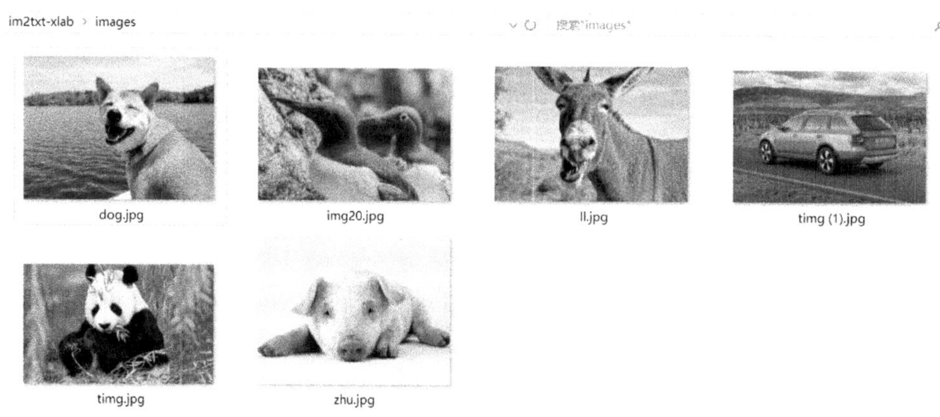

图 9-16　待分析的图像

运行结果如下。

```
./images/dog.jpg
0) a dog is sitting on a boat in the water . (p=0.001723)
  1) a dog sitting on a boat in the water . (p=0.001215)
  2) a dog sitting on a boat in the water (p=0.000579)
./images/img20.jpg
  0) a couple of birds that are standing in the water . (p=0.000533)
  1) a couple of birds that are standing in some water (p=0.000393)
  2) a couple of birds that are standing in the grass . (p=0.000318)
./images/ll.jpg
  0) a brown and white cow standing on top of a grass covered field . (p=0.000430)
  1) a brown and white cow standing on top of a dry grass field . (p=0.000430)
  2) a brown and white cow standing on top of a lush green field . (p=0.000211)
./images/timg (1).jpg
  0) a car parked next to a parking meter . (p=0.001085)
  1) a car parked in a parking lot next to a car . (p=0.000290)
  2) a car parked next to a parking meter (p=0.000236)
./images/timg.jpg
  0) a panda bear sitting on a tree branch . (p=0.000328)
  1) a panda bear sitting in a field of grass . (p=0.000187)
  2) a panda bear sitting in a field of green grass . (p=0.000176)
./images/zhu.jpg
  0) a white dog laying on top of a bed . (p=0.002548)
  1) a white and white dog laying on top of a bed . (p=0.001120)
  2) a white and white dog laying on a bed . (p=0.000823)
```

9.4.2　实例——Show-Attend-And-Tell 实现看图说话

Show-Attend-And-Tell 的项目参考链接：https://github.com/yunjey/show-attend-and-tell，如图 9-17 所示。

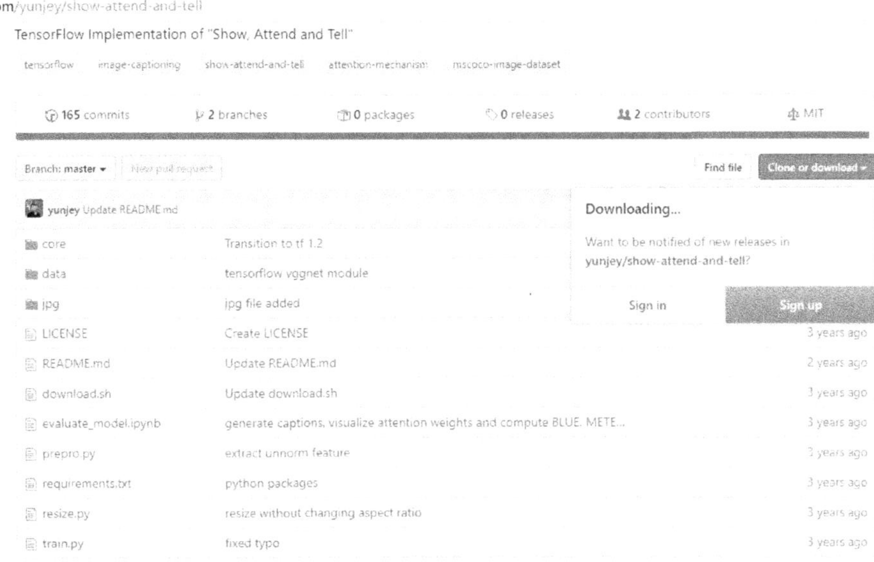

图 9-17　Show-Attend-And-Tell 项目主页

项目目录如图 9-18 所示。

show-attend-and-tell-master

名称	修改日期	类型
core	2018/2/9 15:13	文件夹
data	2018/2/9 15:13	文件夹
jpg	2018/2/9 15:13	文件夹
download.sh	2018/2/9 15:13	Shell Script
evaluate_model.ipynb	2018/2/9 15:13	IPYNB 文件
LICENSE	2018/2/9 15:13	文件
prepro.py	2018/2/9 15:13	Python File
README.md	2018/2/9 15:13	MD 文件
requirements.txt	2018/2/9 15:13	文本文档
resize.py	2018/2/9 15:13	Python File
train.py	2018/2/9 15:13	Python File

图 9-18　项目目录

基于 TensorFlow 的 Show-Attend-And-Tell 是增加了 Attention 机制的看图说话功能项目，另一个实现项目的参考链接：https://github.com/jazzsaxmafia/show_attend_and_tell.tensorflow。

下面介绍项目使用方法。

（1）准备数据。可以使用 MSCOCO 图像数据集，下载到项目的 image 目录下。

（2）下载 VGGNet19 模型。下载链接：https://www.vlfeat.org/matconvnet/pretrained，存放到 data 目录下。

（3）运行项目的“resize.py”文件，预处理图片。

（4）运行“prepo.py”文件，预处理 MSCOCO caption 数据集。

（5）训练模型。训练文件为项目目录下的“train.py”文件。

（6）若要生成标题、可视化注意权重并评估模型，可参见“evaluate_model.ipynb”。

9.5 PaddlePaddle 机器翻译

飞桨（PaddlePaddle）以百度多年的深度学习技术研究和业务应用为基础，集深度学习核心框架、基础模型库、端到端开发套件、工具组件和服务平台于一体，2016 年正式开源，是全面开源开放、技术领先、功能完备的产业级深度学习平台。飞桨源于产业实践，始终致力于与产业深入融合，目前飞桨已广泛应用于工业、农业、服务业等领域，服务 150 多万开发者。飞桨主页：https://www.paddlepaddle.org.cn，如图 9-19 所示。

图 9-19　PaddlePaddle 主页

Github 主页：https://github.com/paddlepaddle/paddle，如图 9-20 所示。

PaddlePaddle 的安装命令为“pip install paddlepaddle -i https://mirror.baidu.com/pypi/simple”，如图 9-21 所示。

https://github.com/paddlepaddle/paddle

26,259 commits | 22 branches | 0 packages | 36 releases | 272 contributors | Apache-2.0

Branch: develop ▾ New pull request | Find file | Clone or download ▾

baiyfbupt fix deformable_conv small cases. test=develop (#22441) | Latest commit c8b90d8 1 hour ago

.github/ISSUE_TEMPLATE	Update issue templates	15 months ago
cmake	remove anakin from code. test=develop (#22420)	21 hours ago
doc	remove unused doc folder	13 months ago
paddle	fix sigmoid cudnn bug (#22439)	1 hour ago
patches/eigen	remove patch command and file of warpctc to Improved quality of Paddl...	last month
python	fix deformable_conv small cases. test=develop (#22441)	1 hour ago
tools	add no_grad_set value check in op_test. test=develop (#22370)	15 days ago
.clang-format	fix develop build issue (#10978)	2 years ago
.dockerignore	Polish code	15 months ago
.gitignore	polish grad op check (#22290)	21 days ago
.pre-commit-config.yaml	fix API doc, solve conflict, test=develop, test=document_fix (#20196)	4 months ago
.style.yapf	change python code style to pep8	3 years ago
.travis.yml	GradMaker for dygraph (#19706)	3 months ago
AUTHORS.md	Updated AUTHORS from PP Poland (#20010)	4 months ago
CMakeLists.txt	remove anakin from code. test=develop (#22420)	21 hours ago
CODE_OF_CONDUCT.md	Adding a Code of Conduct for Paddle open source project (#7579)	2 years ago
CODE_OF_CONDUCT_cn.md	change CODE_OF_CONDUCT_cn.md from Traditional Chinese to Simplified C...	2 years ago
CONTRIBUTING.md	Update CONTRIBUTING.md	2 months ago
Dockerfile	add GeneralRoleMaker (#22295)	3 days ago
ISSUE_TEMPLATE.md	Revise one word in ISSUE_TEMPLATE.md (#371)	3 years ago
LICENSE	Fix the grammar in copyright. (#8403)	2 years ago
README.md	Update README.md and README_cn.md to latest version 1.6.3. test=devel...	17 days ago
README_cn.md	Update README.md and README_cn.md to latest version 1.6.3. test=devel...	17 days ago
RELEASE.md	update release 1.4	10 months ago

图 9-20 PaddlePaddle 的 Github 主页

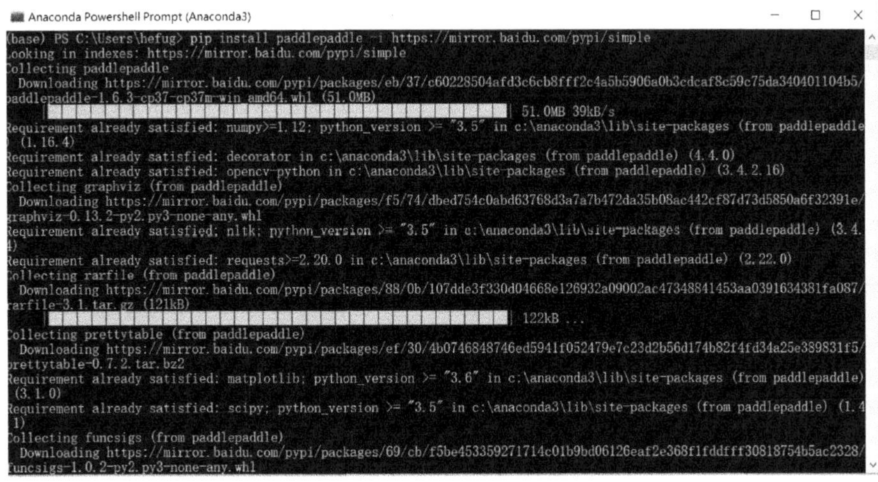

图 9-21 PaddlePaddle 的安装

PaddlePaddle 的学习参考链接：https://github.com/PaddlePaddle/book，如图 9-22 所示，图中“08.machine_translation”为机器翻译。

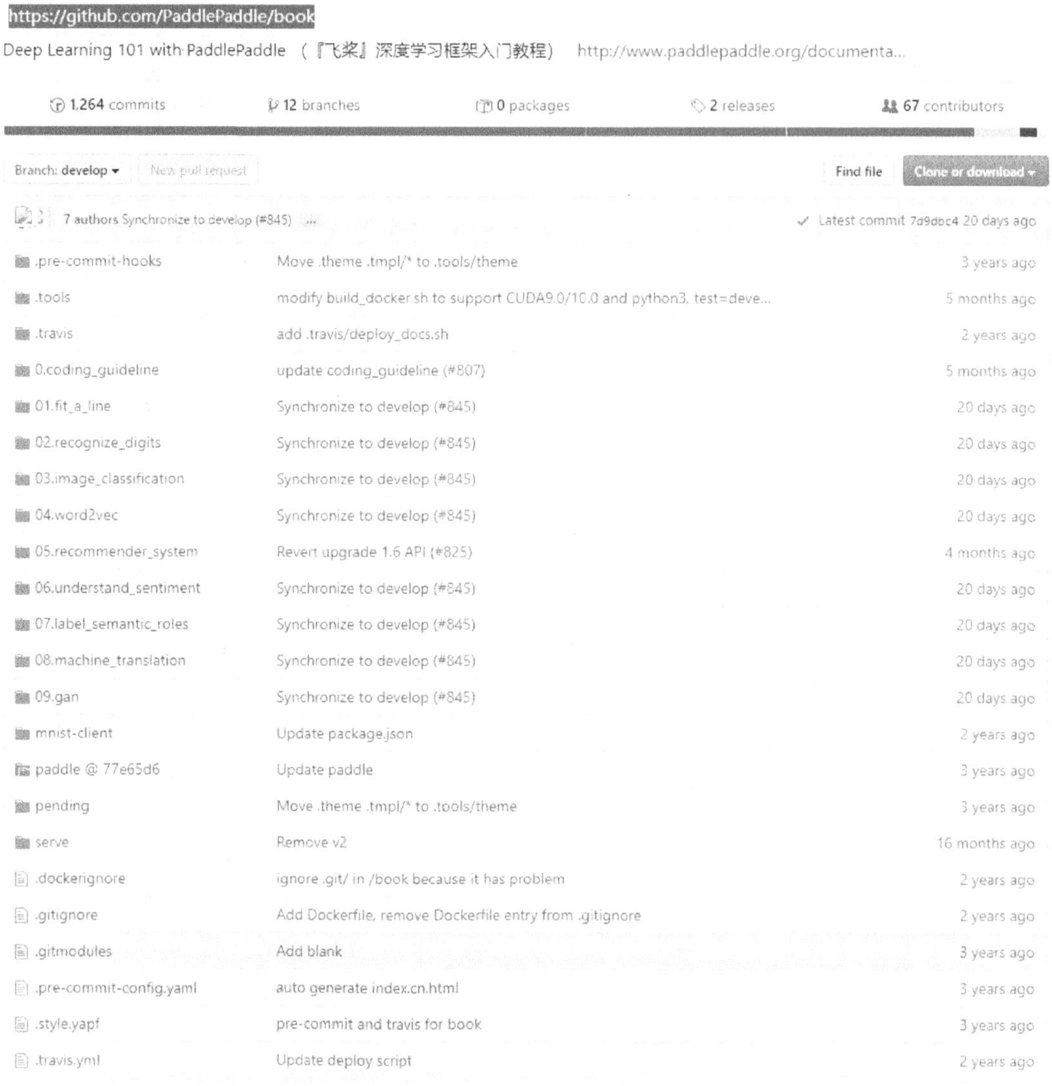

https://github.com/PaddlePaddle/book

Deep Learning 101 with PaddlePaddle （『飞桨』深度学习框架入门教程） http://www.paddlepaddle.org/documenta...

1,264 commits 12 branches 0 packages 2 releases 67 contributors

Branch: develop ▾ New pull request Find file Clone or download ▾

7 authors Synchronize to develop (#845) ... ✓ Latest commit 7d9dbc4 20 days ago

.pre-commit-hooks	Move .theme .tmpl/* to .tools/theme	3 years ago
.tools	modify build_docker.sh to support CUDA9.0/10.0 and python3, test=deve...	5 months ago
.travis	add .travis/deploy_docs.sh	2 years ago
0.coding_guideline	update coding_guideline (#807)	5 months ago
01.fit_a_line	Synchronize to develop (#845)	20 days ago
02.recognize_digits	Synchronize to develop (#845)	20 days ago
03.image_classification	Synchronize to develop (#845)	20 days ago
04.word2vec	Synchronize to develop (#845)	20 days ago
05.recommender_system	Revert upgrade 1.6 API (#825)	4 months ago
06.understand_sentiment	Synchronize to develop (#845)	20 days ago
07.label_semantic_roles	Synchronize to develop (#845)	20 days ago
08.machine_translation	Synchronize to develop (#845)	20 days ago
09.gan	Synchronize to develop (#845)	20 days ago
mnist-client	Update package.json	2 years ago
paddle @ 77e65d6	Update paddle	3 years ago
pending	Move .theme .tmpl/* to .tools/theme	3 years ago
serve	Remove v2	16 months ago
.dockerignore	ignore .git/ in /book because it has problem	2 years ago
.gitignore	Add Dockerfile, remove Dockerfile entry from .gitignore	2 years ago
.gitmodules	Add blank	3 years ago
.pre-commit-config.yaml	auto generate index.cn.html	3 years ago
.style.yapf	pre-commit and travis for book	3 years ago
.travis.yml	Update deploy script	2 years ago

图 9-22　PaddlePaddle 的学习网页

下载后，打开其中的“index_cn.html”，如图 9-23 所示。可以看到其中分为 8 项内容，分别是线性回归、识别数字、图像分类、词向量、个性化推荐、情感分析、语义角色标注和机器翻译。

机器翻译的内容在“08.machine_translation”目录下，如图 9-24 所示。

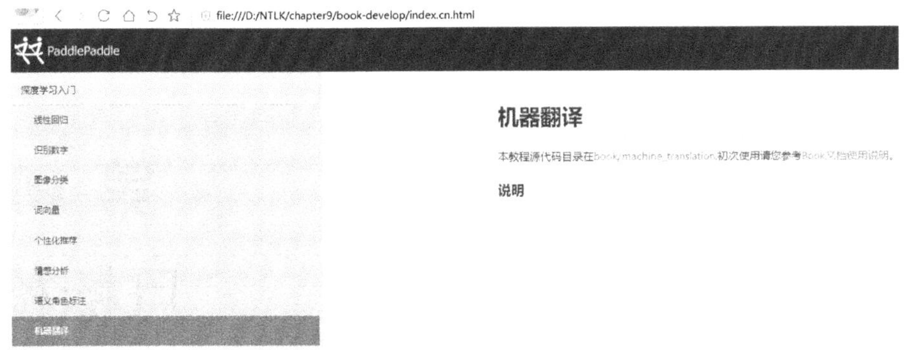

图 9-23　PaddlePaddle 内容

图 9-24　机器翻译的内容

可以看到，机器翻译的 Python 代码文件是“seq2seq.py”文件，说明如下。

（1）PaddlePaddle 接口“paddle.dataset.wmt16”中提供了对该数据集预处理后的版本，调用该接口即可直接使用，因为数据规模限制，这里只作为实例使用，下载链接：http://paddlemodels.bj.bcebos.com/wmt/wmt16.tar.gz。

（2）“seq2seq.py”的两个主要函数为 train()和 infer()，train()是训练模型函数，infer()是翻译函数。

（3）“seq2seq.py”的其他函数说明如下。inputs_generator():输入生成。optimizer_func():优化器。loss_func():损失。model_func():模型。decoder():解码器。encoder():编码器。data_func():数据输入。DecoderCell():解码单元。

（4）详细的使用方法可参考网页中的使用指南。

9.6　本章小结

本章主要介绍了深度学习中机器翻译的内容，包括机器翻译常用的 Encoder-Decoder 模型、TensorFlow 机器翻译实例、图片翻译（看图说话）实例，以及 PaddlePaddle 机器翻译的使用方法。

第 10 章 目标检测

如何从图像中解析出可供计算机理解的信息，是机器视觉（Machine Vision）的核心问题。深度学习模型由于其强大的表现能力，加之数据量的积累和计算力的进步，成为机器视觉的热点研究方向。

目标检测是机器视觉的重要方向，目前应用广泛，例如识别图片中的内容、位置及类别。在深度学习应用之前，目标检测的精度较差，而 ImageNet 分类大赛出现的卷积神经网络（CNN）——AlexNet 展现出了强大性能。近年来出现了很多目标检测的方法，例如 YOLO、SSD、RetinaNet、Faster RCNN、Mask RCNN 等，Github 上含有 YOLOV3、SSD、Faster RCNN、RetinaNet、Mask RCNN 这 5 种网络的 MxNet 版源码。

10.1 目标检测的过程

目标检测（Object Detection）就是将图片中的物体用一个个矩形框框出来，并且识别出每个框中的物体。

基于深度学习的目标检测与识别已经成为目标检测的主流方法，典型过程为图像的深度特征提取、基于深度神经网络的目标识别与定位。目前基于深度学习的目标检测与识别算法可分为以下三大类。

（1）基于区域建议的目标检测与识别算法，如 RCNN、Fast RCNN、Faster RCNN。

（2）基于回归的目标检测与识别算法，如 YOLO、SSD。

（3）基于搜索的目标检测与识别算法，如基于视觉注意的 AttentionNet、基于强化学习的算法。

RCNN 图像识别过程如图 10-1 所示。

YOLO（You Only Look Once）是一种基于深度神经网络的对象识别和定位算法，其最大的特点是运行速度很快，可以用于实时系统，现在 YOLO 已经发展到 V3 版本。其核心思想是利用整张图作为网络的输入，直接在输出层回归 Bounding Box（边界框）的位置及其所属的类别。

YOLO 主页：http://www.yolocosmetics.com，如图 10-2 所示。

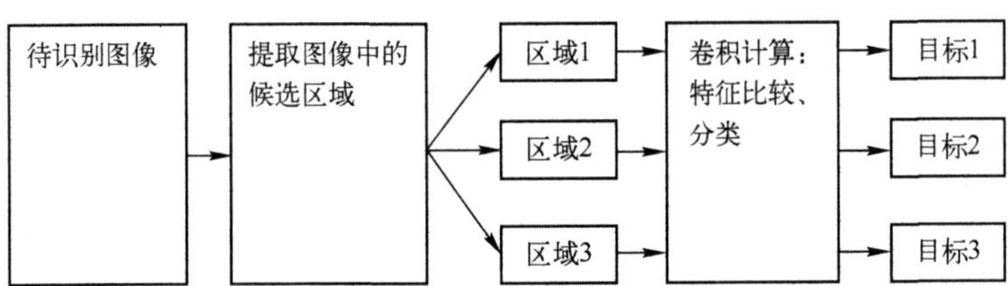

图 10-1　RCNN 图像识别过程

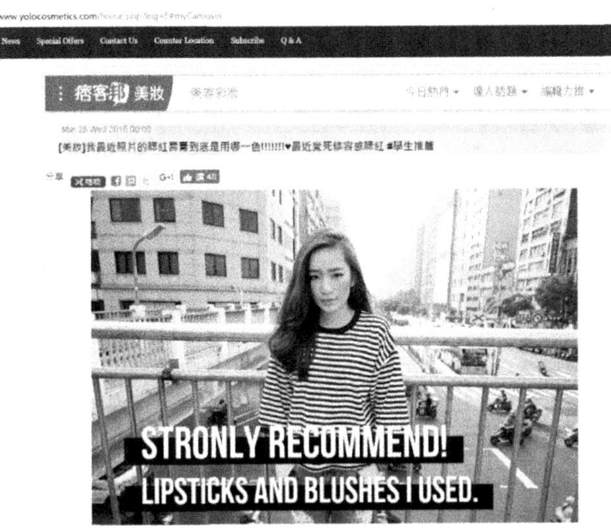

图 10-2　YOLO 主页

YOLO 发展经历了从 V1 到 V2，再到 V3 的过程，YOLO V3 的结构如图 10-3 所示。

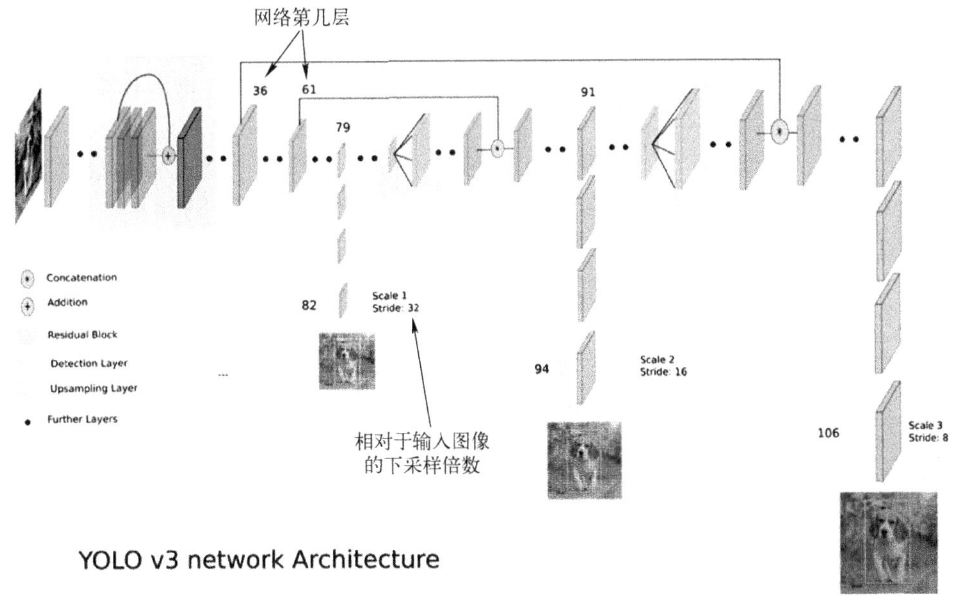

图 10-3　YOLO V3 的结构

图 10-4 为 YOLO V3 的识别结果。

图 10-4　YOLO V3 的识别结果

10.2　典型的目标检测算法

典型的目标检测算法有 Fast RCNN、Faster RCNN、RFCN、SSD、YOLO、YOLO V2、YOLO V3 和 RetinaNet 等，其中 Fast RCNN、Faster RCNN 和 RFCN 是基于候选区域的传统目标检测，SSD、YOLO、YOLO V2、YOLO V3 和 RetinaNet 是单次检测的目标检测。

传统目标检测流程如下。

（1）区域选择。区域策略：采用滑动窗口，且设置不同的大小、不同的长宽比，对图像进行遍历，复杂度较高。

（2）特征提取。形态多样性、光照变化多样性、背景多样性使得特征提取复杂性较高。

（3）分类器分类。主要依靠支持向量机（Support Vector Machine，SVM）。

检测流程分为目标检测和定位两个过程，检测包含物体的最小矩形，该物体应该在最小矩形内部，对一个目标的多个标定框使用极大值抑制算法滤掉多余的标定框，如图 10-5 所示。

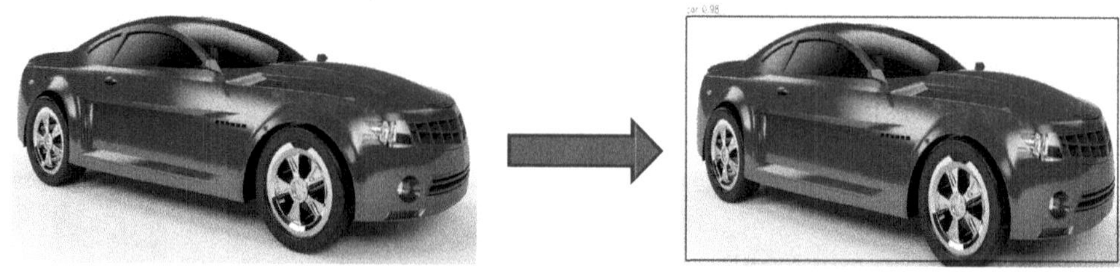

图 10-5　目标检测和定位

检测还可以针对多目标，如图 10-6 所示。

图 10-6　多目标检测和定位

1．R-CNN

R-CNN 的全称是 Region-CNN，是第一个成功将深度学习应用到目标检测上的算法。它基于卷积神经网络（CNN），采用线性回归和支持向量机（SVM）等算法，实现目标检测技术。RCNN 分为如下四步。

（1）获取输入图像。

（2）提取约 2000 个候选区域。

（3）将候选区域分别输入 CNN 网络（需要将候选图片缩放）。

（4）将 CNN 的输出输入 SVM 中进行类别的判定。

2．Fast R-CNN

Fast R-CNN 解决了 R-CNN 存在的三个问题：测试速度慢、训练速度慢、训练所需空间大。Fast R-CNN 网络结构如图 10-7 所示。

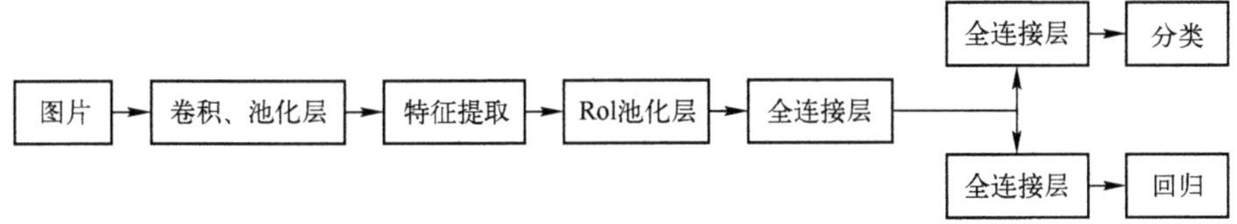

图 10-7　Fast R-CNN 网络结构

3．Faster R-CNN

Faster R-CNN 中有一个专用的候选区域网络 RPN，Faster R-CNN 的 Github 链接：https://github.com/rbgirshick/py-faster-rcnn。

10.3　Faster R-CNN 模型目标检测

继 2014 年推出 R-CNN，2015 年推出 Fast R-CNN 之后，目标检测界的领军人物 Ross Girshick 团队在 2015 年推出了 Faster R-CNN，使简单网络目标检测速度达到 17fps，在 PASCAL VOC 上准确率为 59.9%，复杂网络达到 5fps，准确率为 78.8%。

Fast R-CNN 存在着 Selective Search（选择性搜索）瓶颈问题，要找出所有的候选框是非常耗时的。Faster R-CNN 可以简单地看成是“区域生成网络+Fast R-CNN”的模型，用区域生成网络（Region Proposal Network，RPN）来代替 Fast R-CNN 中的 Selective Search（选择性搜索）方法，以解决这一问题。

10.3.1 Faster R-CNN 模型简介

Faster R-CNN 与 R-CNN、Fast R-CNN 相比，最大的优点在于定位目标区域的方法更有效，然后按区域在特征图上进行特征索引，大大降低了卷积计算的时间消耗，因此提升了识别速度。

Faster R-CNN 具体执行步骤如下。

（1）特征提取。Faster R-CNN 首先使用一组基础的卷积和池化层提取候选图像的特征图，特征图被用于后续 RPN（Region Proposal Network）层和全连接（Fully Connection）层。

（2）区域候选网络。RPN 网络用于生成区域候选图像块。该层通过 Softmax 判断锚点属于前景或者背景，再利用边界框回归（Bounding Box Regression）修正锚点获得精确的区域。

（3）目标区池化。该层收集输入的特征图和候选的目标区域，综合这些信息后提取目标区域的特征图，送入后续全连接层判定目标类别。

（4）目标分类。利用目标区域特征图计算目标区域的类别，同时再次边界框回归获得检测框最终的精确位置。

Faster R-CNN 的网络结构如图 10-8 所示。

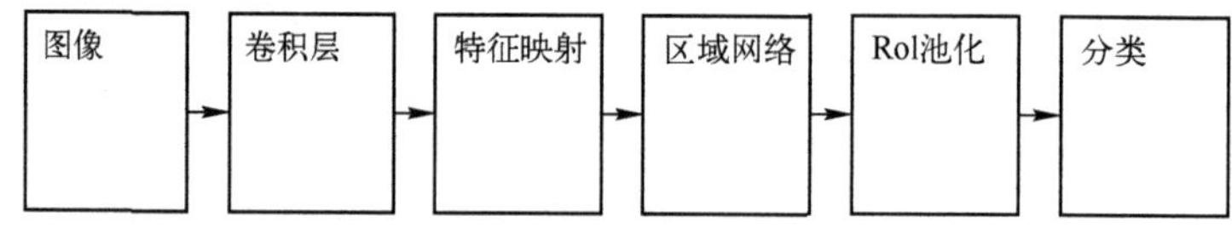

图 10-8　Faster R-CNN 的网络结构

10.3.2 实例——Faster R-CNN 实现目标检测

Faster R-CNN 实现目标检测的实现代码如下，参考链接：https://cloud.tencent.com/developer/article/1546886。

```
import torchvision  # 0.3.0  version  这里指的是所使用包的版本
from torchvision import transforms as T
import cv2  # 4.1.1  version
import matplotlib.pyplot as plt  # 3.0.0  version
from PIL import Image  # 5.3.0  version
import random
import os
import torch
device = torch.device("cuda" if torch.cuda.is_available() else "cpu")
model  =  torchvision.models.detection.fasterrcnn_resnet50_fpn(pretrained=True).
```

```
to(device)  #  加载模型
    model.eval()  # 设置成评估模式

    # 定义 Pytorch 官方给的类别名称，有些是 'N/A'， 是已经去掉的类别
    COCO_INSTANCE_CATEGORY_NAMES = [
        '__background__', 'person', 'bicycle', 'car', 'motorcycle', 'airplane', 'bus',
        'train', 'truck', 'boat', 'traffic light', 'fire hydrant', 'N/A', 'stop sign',
        'parking meter', 'bench', 'bird', 'cat', 'dog', 'horse', 'sheep', 'cow',
        'elephant', 'bear', 'zebra', 'giraffe', 'N/A', 'backpack', 'umbrella', 'N/A', 'N/A',
        'handbag', 'tie', 'suitcase', 'frisbee', 'skis', 'snowboard', 'sports ball',
        'kite', 'baseball bat', 'baseball glove', 'skateboard', 'surfboard', 'tennis racket',
        'bottle', 'N/A', 'wine glass', 'cup', 'fork', 'knife', 'spoon', 'bowl',
        'banana', 'apple', 'sandwich', 'orange', 'broccoli', 'carrot', 'hot dog', 'pizza',
        'donut', 'cake', 'chair', 'couch', 'potted plant', 'bed', 'N/A', 'dining table',
        'N/A', 'N/A', 'toilet', 'N/A', 'tv', 'laptop', 'mouse', 'remote', 'keyboard',
'cell phone',
        'microwave', 'oven', 'toaster', 'sink', 'refrigerator', 'N/A', 'book',
        'clock', 'vase', 'scissors', 'teddy bear', 'hair drier', 'toothbrush']
    # 获取单张图片的预测结果
    def get_prediction(img_path, threshold):
        img = Image.open(img_path)  # Load the image 加载图片
        transform = T.Compose([T.ToTensor()]) # Defing PyTorch Transform
        img = transform(img)  # Apply the transform to the image 转换成 torch 形式
        pred = model([img.to(device)])  # Pass the image to the model 开始推理
        pred_class  =  [COCO_INSTANCE_CATEGORY_NAMES[i]  for  i  in  list(pred[0]
['labels'].cpu().numpy())]  # Get the Prediction Score 获取预测的类别
        pred_boxes  =  [[(i[0],  i[1]),  (i[2],  i[3])]  for  i  in  list(pred[0]['boxes'].
detach().cpu().numpy())]  # Bounding boxes 获取各个类别的边框
        pred_score = list(pred[0]['scores'].cpu().detach().numpy())  # 获取各个类别的
分数
        # Get list of index with score greater than threshold.
        pred_t = [pred_score.index(x) for x in pred_score if x > threshold][-1]  # 判
断分数大于阈值的最大索引
        # 因为预测后的分数是从大到小排序的，只要找到大于阈值最后一个的索引值即可
        pred_boxes = pred_boxes[:pred_t+1]
        pred_class = pred_class[:pred_t+1]
        return pred_boxes, pred_class
    # 根据预测的结果绘制边框及类别
    def object_detection_api(img_path, threshold=0.5, rect_th=3, text_size=3, text_ th=3):
        boxes, pred_cls = get_prediction(img_path, threshold)  # Get predictions
        img = cv2.imread(img_path)  # Read image with cv2
        img = cv2.cvtColor(img, cv2.COLOR_BGR2RGB)  # Convert to RGB
        result_dict = {}  # 用来保存每个类别的名称及数量
        for i in range(len(boxes)):
```

```
        color = tuple(random.randint(0, 255) for i in range(3))
        cv2.rectangle(img,
                      boxes[i][0],
                      boxes[i][1],
                      color=color,
                      thickness=rect_th)  # Draw Rectangle with the coordinates

        cv2.putText(img,
                    pred_cls[i],
                    boxes[i][0],
                    cv2.FONT_HERSHEY_SIMPLEX,
                    text_size,
                    color,
                    thickness=text_th)  # Write the prediction class
        # 将各个预测的结果保存到一个字典里
        if pred_cls[i] not in result_dict:
            result_dict[pred_cls[i]] = 1
        else:
            result_dict[pred_cls[i]] += 1
        print(result_dict)
    plt.figure(figsize=(20, 30))  # display the output image
    plt.imshow(img)
    plt.xticks([])
    plt.yticks([])
    plt.show()
if __name__ == "__main__":
object_detection_api('people.jpg', threshold=0.5)
```

运行代码，识别的源图像如图 10-9 所示，识别结果如图 10-10 所示。

图 10-9　识别源图像

Faster R-CNN 实现目标检测的另外一个项目参考链接：https://github.com/rbgirshick/py-faster-rcnn，如图 10-11 所示，请参考其中的说明文件。

图 10-10　识别结果

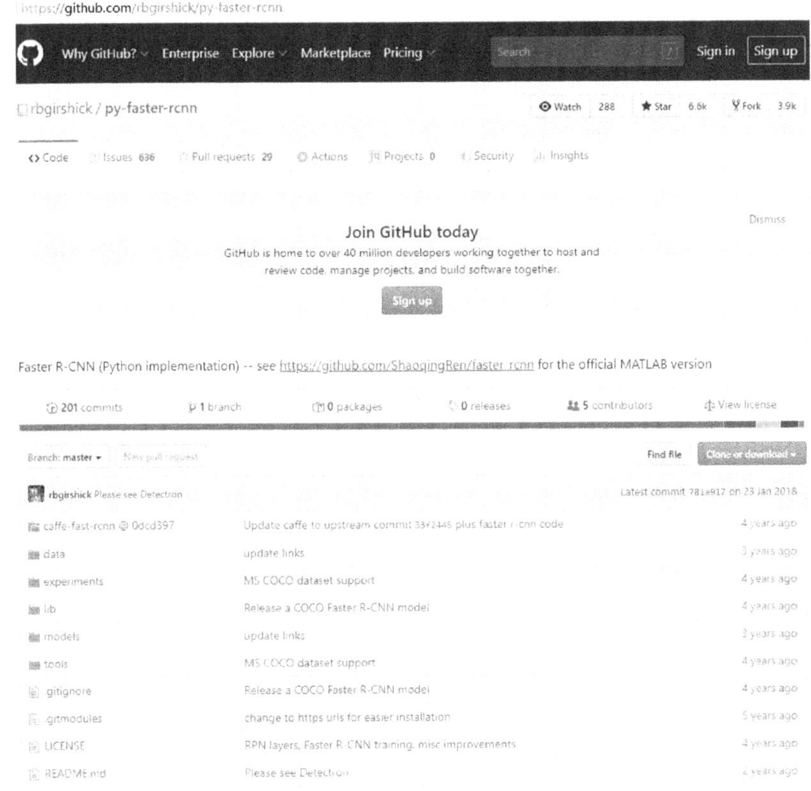

图 10-11　项目主页

10.4　YOLO 模型目标检测

目前，典型的基于深度学习的目标检测可分为两类：（1）一阶段算法，对图像直接输出分类和定位，如 YOLO；（2）两阶段算法，先对图像选择区域再进行分类，如 R-CNN。

10.4.1 YOLO模型简介

在YOLO出现之前，需要使用分类器来完成物体检测任务，为了检测一个物体，这些物体检测系统要在一张测试图的不同位置和不同尺寸的Bounding Box（包含某个对象的矩形框）上使用该物体的分类器去评估是否有该物体。例如DPM系统，使用一个滑窗（Sliding Window）在整张图像上均匀滑动，用分类器评估是否有物体。

从R-CNN到Fast R-CNN采用的思路都是“位置+分类”，精度逐渐提高，但是速度比较慢。YOLO提供了另一种思路：直接在输出层回归Bounding Box（包含某个对象的矩形框）的位置和Bounding Box所属的类别，把物体检测问题转化为回归问题。

YOLO并不是不使用候选区，而是采用了预定义的候选区（或者说预测区），将图片划分为7×7=49个网格（Grid），每个网格允许预测出2个边框Bounding Box，总共49×2=98个Bounding Box。可以理解为98个候选区，它们很粗略地覆盖了图片的整个区域。

YOLO的主要特点如下。

（1）速度快，能够达到实时的要求。

（2）使用全图作为上下文信息，把背景错认为物体的情况比较少。

（3）泛化能力强。

YOLO检测物体的流程如下。

（1）将图像重新设置大小为448×448作为输入。

（2）运算神经网络，得到一些Bounding Box坐标。

（3）进行非极大值抑制，筛选出Boxes。

YOLO的检测思想不同于RCNN系列的思想，它将目标检测作为回归任务来解决，YOLO的结构如图10-12所示。

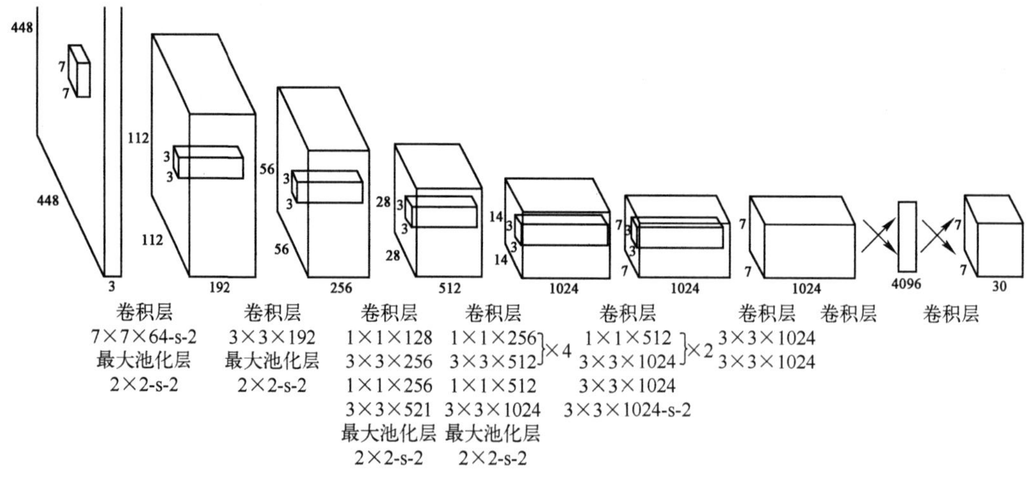

图10-12 YOLO的结构

10.4.2 实例——静态目标检测和动态目标检测

本实例将用到COCO数据集，这是一个提供了大型、丰富的物体检测、分割和字幕数据的数据集。这个数据集主要从复杂的日常场景中截取，图像中的目标已进行了精确位置标定，是目前有语义分割的最大数据集。数据集官网：http://cocodataset.org，可从官方网页下载数据集，下面提供一些主要使用的数据集的下载链接。

（1）http://images.cocodataset.org/zips/train2017.zip。

（2）http://images.cocodataset.org/zips/val2017.zip。。

（3）http://images.cocodataset.org/zips/test2017.zip。

（4）http://images.cocodataset.org/zips/val2014.zip。

（5）http://images.cocodataset.org/zips/train2014.zip。

（6）http://images.cocodataset.org/zips/test2014.zip。

（7）http://images.cocodataset.org/annotations/annotations_trainval2014.zip。

（8）http://images.cocodataset.org/annotations/image_info_val2014.zip。

（9）http://images.cocodataset.org/annotations/image_info_test2014.zip。

其中，Train2014 的数据集如图 10-13 所示。

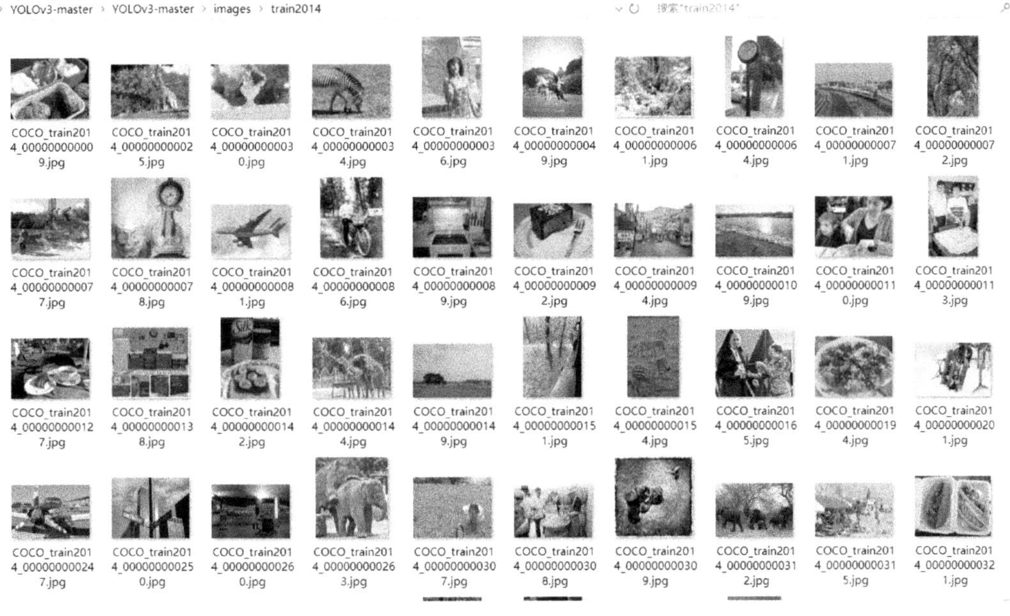

图 10-13　Train2014 数据集

COCO 数据集包含的类型如下。

（1）person（人）。

（2）car（汽车）、bicycle（自行车）、motorbike（摩托车）、train（火车）、truck（卡车）、boat（船）、aeroplane（飞机）、bus（公共汽车）。

（3）traffic light（信号灯）、stop sign（停车标志）、fire hydrant（消防栓）、parking meter（停车计费器）、bench（长凳）。

（4）bird（鸟）、dog（狗）、cat（猫）、horse（马）、cow（牛）、sheep（羊）、elephant

（大象）、bear（熊）、zebra（斑马）、giraffe（长颈鹿）。

（5）backpack（背包）、umbrella（雨伞）、handbag（手提包）、tie（领带）、suitcase（手提箱）。

（6）frisbee（飞盘）、skis（滑雪板双脚）、snowboard（滑雪板）、sports ball（运动球）、kite（风筝）、baseball bat（棒球棒）、baseball glove（棒球手套）、skateboard（滑板）、surfboard（冲浪板）、tennis racket（网球拍）。

（7）bottle（瓶子）、wine glass（高脚杯）、cup（茶杯）、fork（叉子）、knife（刀）、spoon（勺子）、bowl（碗）。

（8）banana（香蕉）、apple（苹果）、sandwich（三明治）、orange（橘子）、broccoli（西兰花）、carrot（胡萝卜）、hot dog（热狗）、pizza（比萨）、donut（甜甜圈）、cake（蛋糕）。

（9）chair（椅子）、sofa（沙发）、pottedplant（盆栽植物）、bed（床）、diningtable（餐桌）、toilet（厕所）、tvmonitor（电视机）。

（10）laptop（笔记本）、mouse（鼠标）、remote（遥控器）、keyboard（键盘）、cell phone（电话）。

（11）microwave（微波炉）、oven（烤箱）、toaster（烤面包器）、sink（水槽）、refrigerator（冰箱）。

（12）book（书）、clock（闹钟）、vase（花瓶）、scissors（剪刀）、teddy bear（泰迪熊）、hair drier（吹风机）、toothbrush（牙刷）。

YOLO V3 的项目链接：https://github.com/ZhangChuann/go_elife/tree/master/AI_Demo/yolo_v3，如图 10-14 所示。

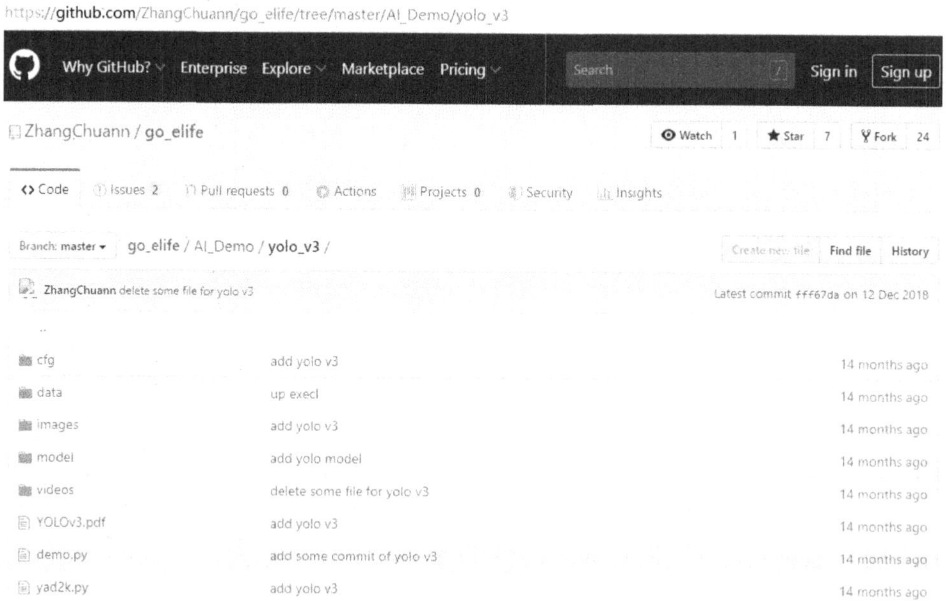

图 10-14　YOLO V3 项目主页

将下载的 COCO 图像集复制到 images 目录，然后下载权值文件“yolov3.weights”，下载链接：https://pjreddie.com/media/files/yolov3.weights。

打开链接：https://github.com/qqwweee/keras-yolo3，如图 10-15 所示，下载其中的“convert.py”、“yolov3.cfg”文件。

https://github.com/qqwweee/keras-yolo3

A Keras implementation of YOLOv3 (Tensorflow backend)

24 commits　2 branches　0 packages　0 releases　7 contributors　MIT

Branch: master　New pull request　Find file　Clone or download

philtrade and tanakataiki Added command line option parsing　Latest commit e6598d1 on 31 Jul 2018

font	first commit	2 years ago
model_data	lots of changes are added	2 years ago
yolo3	bottleneck training added (#95)	2 years ago
.gitignore	check yolo_body fix #12 and add yolo_loss	2 years ago
LICENSE	initial commit	2 years ago
README.md	Added command line option parsing	2 years ago
coco_annotation.py	Add two scripts. (#109)	2 years ago
convert.py	convert darknet53 weights, close #49	2 years ago
darknet53.cfg	convert darknet53 weights, close #49	2 years ago
kmeans.py	Update kmeans.py	2 years ago
train.py	change learning rate	2 years ago
train_bottleneck.py	bottleneck training added (#95)	2 years ago
voc_annotation.py	add training support, close #6	2 years ago
yolo.py	Added command line option parsing	2 years ago
yolo_video.py	Added command line option parsing	2 years ago
yolov3-tiny.cfg	lots of changes are added	2 years ago
yolov3.cfg	first commit	2 years ago

图 10-15　下载“convert.py”和“yolov3.cfg”文件

执行如下命令将 darknet 下的 yolov3 配置文件转换成 keras 适用的 h5 文件。

```
python convert.py yolov3.cfg yolov3.weights  yolo.h5
```

将转换好的“yolo.h5”复制到项目的 data 目录，如图 10-16 所示。

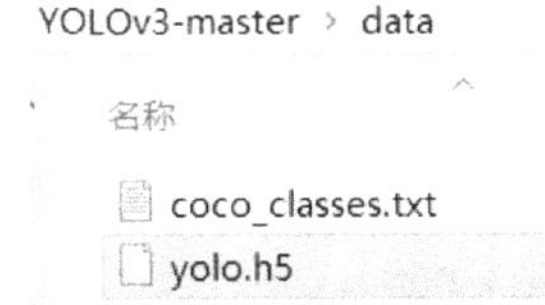

图 10-16　拷贝“yolo.h5”文件

其中的“demo.py”文件用于实现静态目标和动态目标的检测，“detect_image(image，yolo，all_classes)”用于静态目标检测，“detect_video(video，yolo，all_classes)”用于动态目标检测，代码如下。

```
import os
import time
import cv2
import numpy as np
from model.yolo_model import YOLO
def process_image(img):
    """Resize, reduce and expand image.
    # Argument:
        img: original image.
    # Returns
        image: ndarray(64, 64, 3), processed image.
    """
    image = cv2.resize(img, (416, 416),
                       interpolation=cv2.INTER_CUBIC)
    image = np.array(image, dtype='float32')
    image /= 255.
    image = np.expand_dims(image, axis=0)
    return image
def get_classes(file):
    """Get classes name.
    # Argument:
        file: classes name for database.
    # Returns
        class_names: List, classes name.
    """
    with open(file) as f:
        class_names = f.readlines()
    class_names = [c.strip() for c in class_names]
    return class_names
def draw(image, boxes, scores, classes, all_classes):
    """Draw the boxes on the image.
    # Argument:
        image: original image.
        boxes: ndarray, boxes of objects.
        classes: ndarray, classes of objects.
        scores: ndarray, scores of objects.
        all_classes: all classes name.
    """
    for box, score, cl in zip(boxes, scores, classes):
        x, y, w, h = box
        top = max(0, np.floor(x + 0.5).astype(int))
        left = max(0, np.floor(y + 0.5).astype(int))
        right = min(image.shape[1], np.floor(x + w + 0.5).astype(int))
```

```
        bottom = min(image.shape[0], np.floor(y + h + 0.5).astype(int))
        cv2.rectangle(image, (top, left), (right, bottom), (255, 0, 0), 2)
        cv2.putText(image, '{0} {1:.2f}'.format(all_classes[cl], score),
                    (top, left - 6),
                    cv2.FONT_HERSHEY_SIMPLEX,
                    0.6, (0, 0, 255), 1,
                    cv2.LINE_AA)
        print('class: {0}, score: {1:.2f}'.format(all_classes[cl], score))
        print('box coordinate x,y,w,h: {0}'.format(box))
    print()
def detect_image(image, yolo, all_classes):
    """Use yolo v3 to detect images.
    # Argument:
        image: original image.
        yolo: YOLO, yolo model.
        all_classes: all classes name.
    # Returns:
        image: processed image.
    """
    pimage = process_image(image)
    start = time.time()
    boxes, classes, scores = yolo.predict(pimage, image.shape)
    end = time.time()
    print('time: {0:.2f}s'.format(end - start))
    if boxes is not None:
        draw(image, boxes, scores, classes, all_classes)
    return image
def detect_video(video, yolo, all_classes):
    """Use yolo v3 to detect video.
    # Argument:
        video: video file.
        yolo: YOLO, yolo model.
        all_classes: all classes name.
    """
    video_path = os.path.join("videos", "test", video)
    camera = cv2.VideoCapture(video_path)
    cv2.namedWindow("detection", cv2.WINDOW_AUTOSIZE)
    # Prepare for saving the detected video
    sz = (int(camera.get(cv2.CAP_PROP_FRAME_WIDTH)),
        int(camera.get(cv2.CAP_PROP_FRAME_HEIGHT)))
    fourcc = cv2.VideoWriter_fourcc(*'mpeg')
    vout = cv2.VideoWriter()
    vout.open(os.path.join("videos", "res", video), fourcc, 20, sz, True)
```

```
    while True:
        res, frame = camera.read()
        if not res:
            break
        image = detect_image(frame, yolo, all_classes)
        cv2.imshow("detection", image)
        # Save the video frame by frame
        vout.write(image)
        if cv2.waitKey(110) & 0xff == 27:
                break
    vout.release()
    camera.release()

if __name__ == '__main__':
    yolo = YOLO(0.6, 0.5)
    file = 'data/coco_classes.txt'
    all_classes = get_classes(file)
    # detect images in test floder.
    for (root, dirs, files) in os.walk('images/test'):
        if files:
            for f in files:
                print(f)
                path = os.path.join(root, f)
                image = cv2.imread(path)
                image = detect_image(image, yolo, all_classes)
                cv2.imwrite('images/result/' + f, image)
    # detect videos one at a time in videos/test folder
    #video = 'library1.mp4'
#detect_video(video, yolo, all_classes)
```

运行程序，静态目标识别效果如图 10-17 所示。

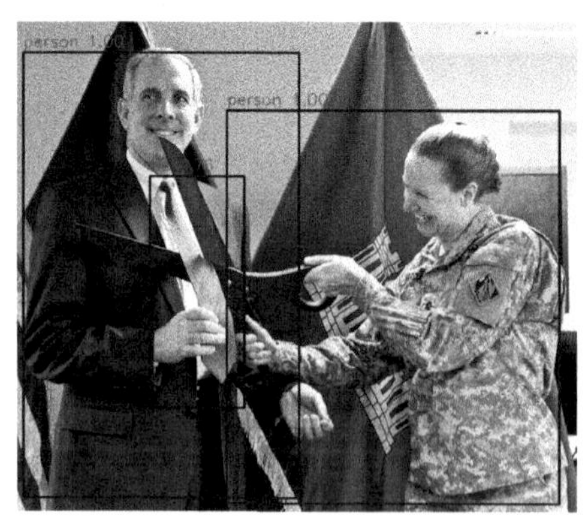

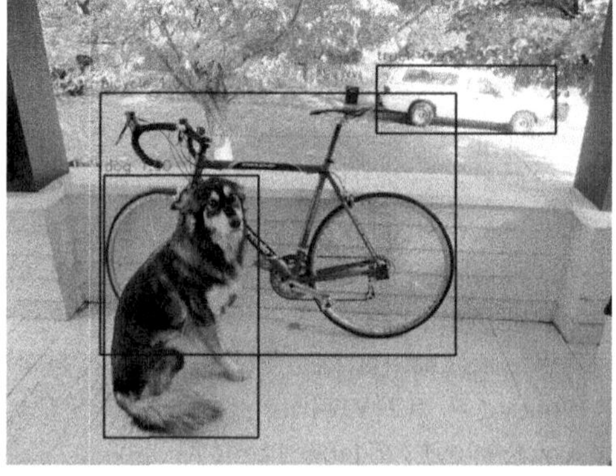

图 10-17　静态目标识别

运行程序中的动态识别部分，动态目标识别效果如图 10-18 所示。

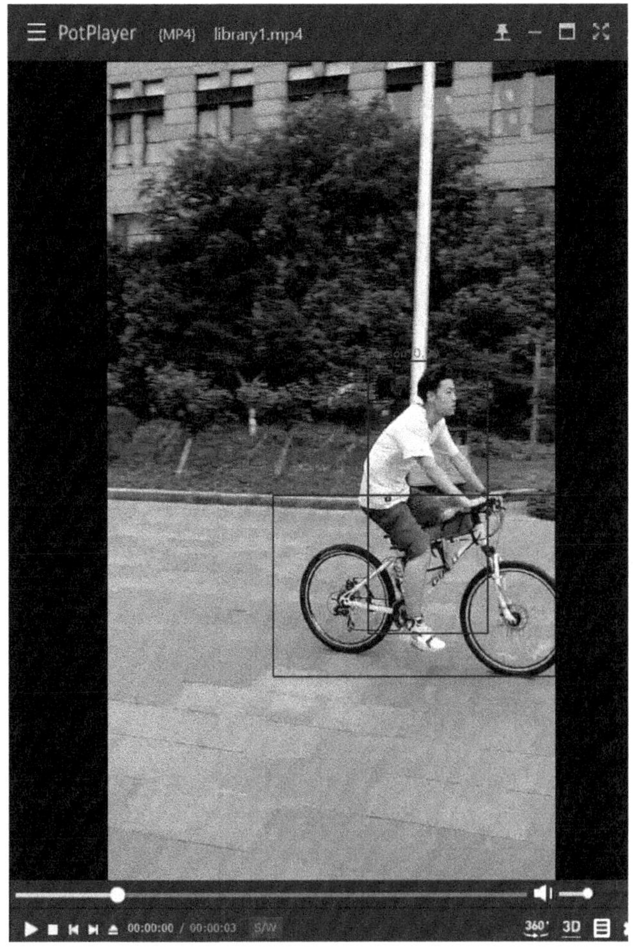

图 10-18　动态目标识别

10.5　SSD 模型目标检测

SSD（Single Shot MultiBox Detector）是在 ECCV（European Conference on Computer Vision）2016 上出现的一种目标检测算法，比 Faster RCNN 具有明显的速度优势，相比于 YOLO 也有明显的优势，是目前主要的检测框架之一。

SSD 具有如下主要特点。

（1）从 YOLO 中继承了将 Detection 转化为 Regression 的思路，一次完成目标定位与分类。

（2）基于 Faster RCNN 中的 Anchor，提出了相似的 Prior box。

（3）加入基于特征金字塔（Pyramidal Feature Hierarchy）的检测方式，即在不同感受野（又译受纳野）的 feature map 上预测目标。

10.5.1 SSD 模型简介

SSD（Single Shot MultiBox Detector）中的 Single Shot 表示单阶段，MultiBox 指明了 SSD 是多框预测，SSD 算法在准确度和速度上都比 YOLO 要好很多。SSD 识别系统是一种单步物体识别系统，它将提取物体位置和判断物体类别融合在一起进行，其最主要的特点是识别器用于判断物体的特征不仅仅来自于神经网络的输出，还来自于神经网络的中间结果。该系统分为以下几个典型部分，如图 10-19 所示。

（1）神经网络：用作特征提取器，提取图像特征。

（2）识别器：根据神经网络提取的特征，生成包含物品位置和类别信息的候选框（使用卷积实现）。

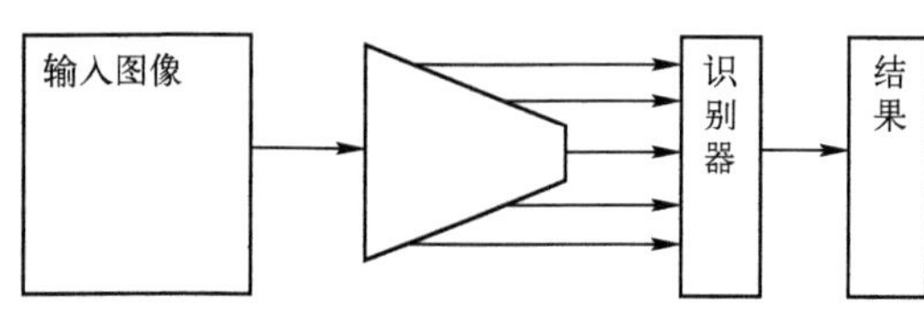

图 10-19　SSD 结构

（3）后处理：对识别器提取出的候选框进行解码和筛选（NMS），输出最终的候选框。

SSD 和 YOLO 一样都是采用一个 CNN 网络来进行检测，但 SSD 采用了多尺度的特征图，具有以下特点。

（1）采用多尺度特征图用于检测。

（2）采用卷积进行检测。

（3）设置先验框。

10.5.2 实例——SSD 实现目标检测

下面介绍 3 个 SSD 实现目标检测的项目，使用方法可参阅其中的说明文档。

（1）基于 keras 的 SSD 实现，项目参考链接：https://github.com/RussellCloud/SSD_keras，如图 10-20 所示。

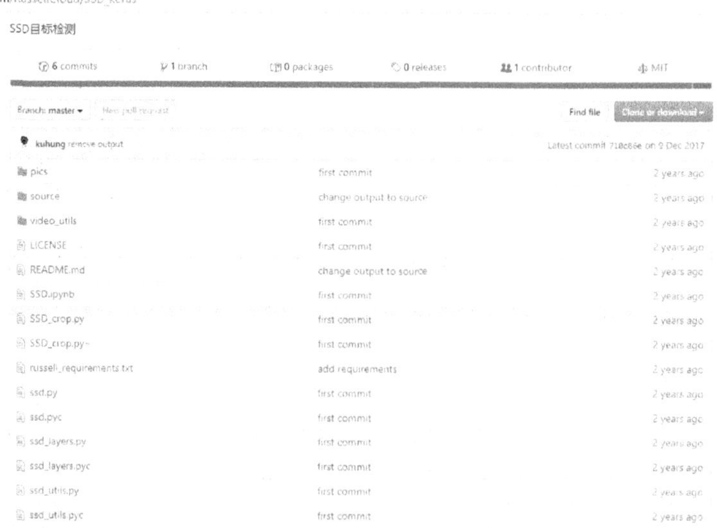

图 10-20　基于 keras 的 SSD 实现项目主页

（2）基于 MXNet 实现的 SSD 目标检测，项目参考链接：https://github.com/Hellcatzm/SSD_Realization_MXNet，如图 10-21 所示。

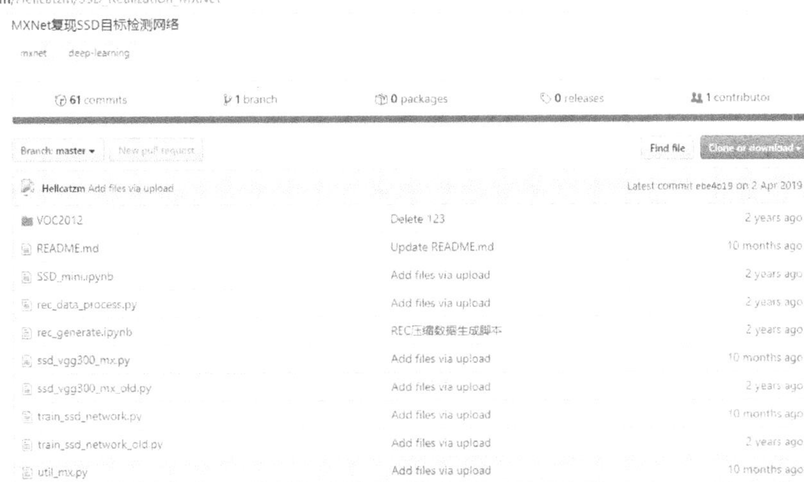

图 10-21　基于 MXNet 实现的 SSD 目标检测项目主页

（3）基于 SSD300 的 SSD 目标检测，项目参考链接 https://github.com/ttzhub/SSD300_Train，如图 10-22 所示。

图 10-22　基于 SSD300 的 SSD 目标检测项目主页

下面以基于 SSD300 的 SSD 目标检测为例，说明使用过程，详细信息参考链接：https://blog.csdn.net/ttz_csdn/article/details/89503115。

（1）下载权值文件“weights_SSD300.hdf5”，复制到 weights 目录下，下载方法在“downloadWeights.txt”文件中，如图 10-23 所示。

（2）运行环境：cv2==3.3.0、keras==1.2.2、matplotlib==2.1.0、tensorflow==1.3.0、numpy==1.13.3。如果想运行视频模块，则要安装 scikit-video，安装命令：pip install scikit-video。

› SSD300_Train-master › weights
名称 修改日期
downloadWeights.txt 2019/5/1 14:33
weights_SSD300.hdf5 2020/2/8 9:20

图 10-23 权值文件

（3）开始训练，分如下两步。

① 运行文件“TransData.py”，将训练集内的图片生成标记数据文件。

② 运行文件“TrainSSD.py”，配置训练参数开始训练。每训练一个回合后，权值文件会自动保存。

（4）运行文件“SSD_test.py”进行测试。

（5）视频测试方法为在 video_utils 目录执行“python videotest_example.py hy.mp4”。

测试结果如图 10-24 所示。

图 10-24 测试结果

10.6 本章小结

本章介绍了深度学习中最常用的内容，即目标检测，包括目标检测的过程和典型的目标检测算法，以及 Faster R-CNN、YOLO、SSD 三种模型的使用方法。

第 11 章 语音处理

语音处理（Speech Processing）是用于研究语音发声过程、语音信号的统计特性、语音的自动识别、机器合成以及语音感知等各种处理技术的总称。由于现代语音处理技术都以数字计算为基础，并借助微处理器、信号处理器或通用计算机加以实现，因此也称为数字语音信号处理。

语音理解（Speech Understanding）是利用知识表达和组织等人工智能技术进行语句自动识别和语意理解的过程。

语音识别（Speech Recognition）是利用计算机自动对语音信号的音素、音节或词进行识别的技术总称。语音识别是实现语音自动控制的基础。语音识别现在已经有了广泛的应用，图 11-1 为百度和京东的语音输入搜索功能。

图 11-1　百度和京东的语音输入搜索功能

各种基于语音处理的产品层出不穷，如语音机器人，如图 11-2 所示。

图 11-2　语音机器人

11.1　语音处理概述

吴恩达教授曾经预言，当语音识别的准确度从 95%提升到 99%的时候，它将成为人机交互的首要方式。语言是人们最重要的交流工具，语音信号处理是语音学和数字信号处理相结合的交叉学科，同时又与心理声学、语言学、模式识别和人工智能等学科相联系，既依赖这些学科的发展，又可以促进这些学科的进步。

语音处理的三个典型方向如下。

（1）语音合成：语音合成是通过计算机产生高质量、高自然度的连续语音的技术。计算机语音合成系统又称文语转换系统（TTS），主要是将文本输出语音。

（2）语音编码：在语音信号传输之前，先对语音信号进行语音编码压缩。

（3）语音识别：语音识别技术综合应用语言学、计算机科学、信号处理、生理学等相关学科，是模式识别的分支，其主要目的是通过计算机识别和理解将语音翻译成可执行的命令或文本。

11.2　语音识别过程

近年来，语音识别技术取得显著进步，得到了广泛应用，语音识别技术已进入工业、家电、通信、汽车电子、医疗、家庭服务、消费电子产品等各个领域。语音识别技术所涉及的领域包括信号处理、模式识别、概率论和信息论、发声机理和听觉机理、人工智能等。

语音识别系统结构如图 11-3 所示。

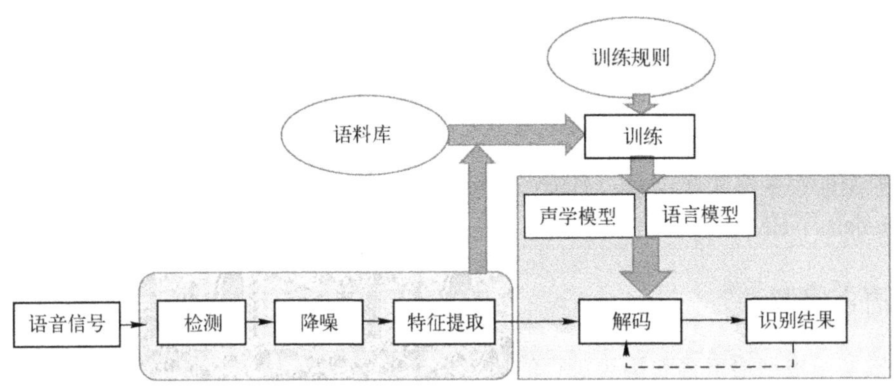

图 11-3　语音识别系统结构

11.2.1　声学模型

语音识别系统的模型通常由声学模型（Acoustic Mode）和语言模型（Language Model）两部分组成，声学模型是语音识别系统中最重要的部分之一，系统一般多采用隐马尔可夫模型（Hidden Markov Model，HMM）进行建模。该模型的概念是一个离散时域有限状态自动机，其内部状态外界不可见，外界只能看到各个时刻的输出值。

对于语音识别系统，输出值通常就是从各个帧计算而得出的声学特征。用 HMM 刻画语音信号需要进行两种假设，一种是内部状态的转移只与上一状态有关，另一种是输出值只与当前状态（或当前的状态转移）有关，这两种假设大大降低了模型的复杂度。

HMM 最早在 20 世纪六七十年代由美国数学家鲍姆（Leonard E. Baum）在发表的一系列论文中提出。隐马尔可夫模型是马尔可夫链的一个扩展，即任一时刻 t 的状态 St 是不可见的，但是在每个时刻 t 会输出一个观察值 Ot，而且 Ot 和 St 相关且仅和 St 相关，如图 11-4 所示。

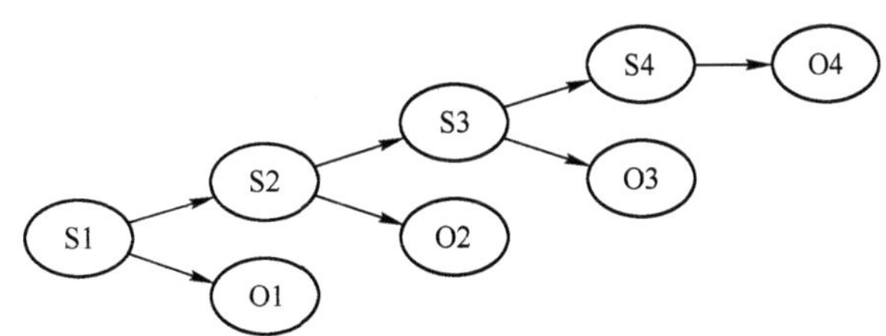

图 11-4　HMM 结构

隐马尔可夫模型是最早应用到语音识别的模型，例如机器翻译中的翻译模型（Translation Model）和语音识别中的声学模型。

机器翻译的应用如下。

（1）语音识别，声学模型。

（2）机器翻译，翻译模型。

（3）中文断词/分词或光学字符识别。

（4）拼写纠错，纠错模型（Correction Model）。

（5）手写体识别。

目前典型的声学模型有 DNN（Deep Neural Network）-HMM 声学模型、GMM（Gaussian Mixture Models）-HMM 声学模型。

11.2.2 语言模型

语言模型是根据语言客观事实进行的语言抽象数学建模，为一种对应关系。语言模型与语言客观事实之间的关系，如同数学上的抽象直线与具体直线之间的关系。

语言模型主要分为规则模型和统计模型两种，统计语言模型是用概率统计的方法来揭示语言单位内在的统计规律，其中 N-Gram 简单有效，被广泛使用。

N-Gram 语言模型（也称为“N 元模型”）为了解决自由参数数目过多的问题，引入了马尔可夫假设：随意一个词出现的概率只与它前面出现的有限的 n 个词有关，各个词的概率可以通过语料中统计计算得到。通常 N-Gram 取自文本或语料库。N=1 时，称为 unigram，N=2 时，称为 bigram，N=3 时，称为 trigram，常用的是二元的 Bi-Gram 和三元的 Tri-Gram。

构建 N-Gram 语言模型通过计算最大似然估计（Maximum Likelihood Estimate）构造语言模型。

N-Gram 语言模型的电性能用途包括词性标注、垃圾短信分类、分词器、机器翻译包括语音识别。

语言模型的性能通常用交叉熵和复杂度来衡量。交叉熵的意义是用该模型表示对文本识别的难度，或者从压缩的角度来看，每个词平均要用几个位来编码。复杂度的意义是用该模型表示这一文本平均的分支数，其倒数可视为每个词的平均概率。平滑是指对没观察到的 N 元组合赋予一个概率值，以保证词序列总能通过语言模型得到一个概率值。通常使用的平滑技术有图灵估计、删除插值平滑、Katz 平滑和 Kneser-Ney 平滑。

11.2.3 语音数据集

下面介绍典型的语音数据集。

1．海天瑞声

海天瑞声的网页链接：http://www.speechocean.com/datacenter/recognition.html，如图 11-5 所示。

2．欧洲语言机器翻译数据集

欧洲语言机器翻译数据集的网页链接：http://statmt.org/wmt18/index.html。该数据集包含四种欧洲语言的训练数据，旨在改进当前的翻译方法，可以使用以下任意语言对。

图 11-5　海天瑞声主页

（1）法语-英语。

（2）西班牙语-英语。

（3）德语-英语。

（4）捷克语-英语。

3．Mozilla 开源语音识别模型和世界第二大语音数据集

Mozilla 对语音识别的潜能很大，并启动了 DeepSpeech 项目和 Common Voice 项目。之前还发布了开源语音识别模型，其拥有很高的识别准确率。与此同时，这家公司还发布了世界上第二大的公开语音数据集，该数据集由全球将近 20000 人共同贡献完成。

开源语音识别模型网页链接：https://hacks.mozilla.org/2017/11/a-journey-to-10-word-error-rate/。公开语音数据集网页链接：https://medium.com/mozilla-open-innovation/sharing-our-common-。

4．IMDB 电影评论数据集

IMDB 电影评论数据集的网页链接：http://ai.stanford.edu/～amaas/data/sentiment/。该数据集可用于二元情感分类，目前所含数据已超过该领域其他数据集。除了训练集评论样本和测试集评论样本之外，其中还有一些未标注数据可供使用。此外，该数据集还包括原始文本和预处理词袋格式。

11.3　语音识别实例

下面是两个语音识别的项目。

（1）项目 1 主页：https://github.com/shixing/xing_nlp/tree/master/LM，如图 11-6 所示。

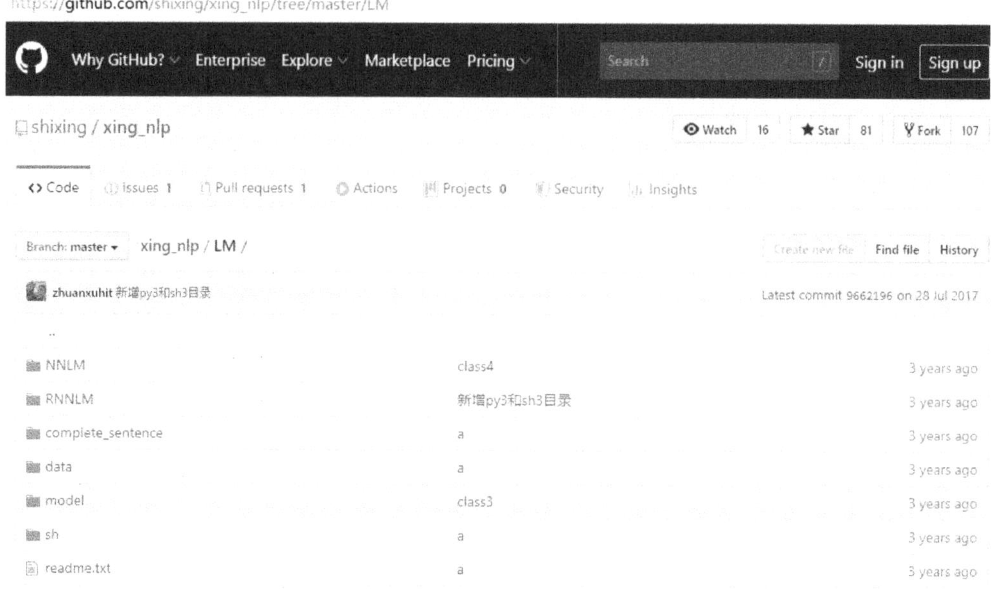

图 11-6　语音识别项目 1 主页

（2）项目 2 主页：https://github.com/BenShuai/kerasTfPoj/tree/master/kerasTfPoj/ASR，如图 11-7 所示。

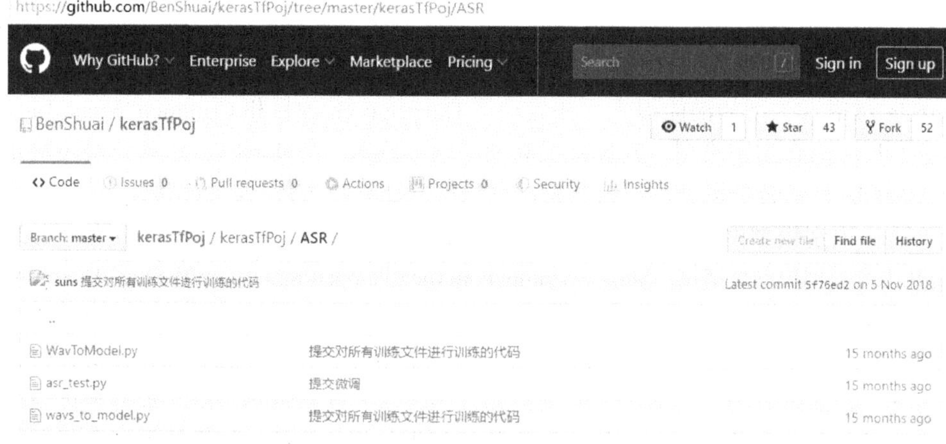

图 11-7　语音识别项目 2 主页

下面以项目 2 为例进行说明，详细信息参考网页：https://blog.csdn.net/sunshuai_coder/article/details/83658625。

（1）下载一个语音训练文件，例如：https://pan.baidu.com/s/1Au85kI_oeDjode2hWumUvQ。

（2）语音文件需要先转为 mfcc，文件“WavToModel.py”“WaveToModel.py”和“asr_test.py”中函数 get_wav_mfcc(wav_path)可完成这个功能。把每个音频的 mfcc 值当作对应的

特征向量，然后进行训练，每个大约 2700 个文件。分别从两个文件夹中剪切出 100 个当作测试集，分别拿出 5 个当作后面的试验集。

（3）训练之前需要先读取数据创建数据集和标签集，文件“WavToModel.py”中函数 create_datasets()可完成这个功能。

（4）拿到数据集之后即可开始进行神经网络的训练，keras 提供了很多封装好的可以直接使用的神经网络，文件“WavToModel.py”中代码如下。

```
# 构建模型
    model = Sequential()
    model.add(Dense(1024, activation='relu',input_shape=(16000,)))
    model.add(Dense(512, activation='relu'))
    model.add(Dense(256, activation='relu'))
    model.add(Dense(128, activation='relu'))
    model.add(Dense(num_class, activation='softmax'))
    # [编译模型] 配置模型，损失函数采用交叉熵，优化采用 Adadelta，将识别准确率作为模型评估
    model.compile(loss=keras.losses.categorical_crossentropy,
optimizer=keras.optimizers.Adadelta(), metrics=['accuracy'])
    #  validation_data 为验证集
    model.fit(wavs, labels, batch_size=124, epochs=10, verbose=1, validation_
data=(testwavs, testlabels))
    # 开始评估模型效果 # verbose=0 为不输出日志信息
    score = model.evaluate(testwavs, testlabels, verbose=0)
    print('Test loss:', score[0])
    print('Test accuracy:', score[1]) # 准确度
    #最后保存模型到文件
    model.save('asr_all_model_weights.h5') # 保存训练模型
```

运行结果如下。

```
  ['seven', 'stop']   ['seven', 'stop']
[1. 0.]
[1. 0.]
(100, 16000)    (100, 2)
(10, 16000)    (10, 2)
Train on 100 samples, validate on 10 samples
Epoch 1/5
100/100 [==============================] - 0s 3ms/step - loss: 0.6952 - accuracy:
0.5000 - val_loss: 0.7776 - val_accuracy: 0.6000
Epoch 2/5
100/100 [==============================] - 0s 2ms/step - loss: 0.5883 - accuracy:
0.7900 - val_loss: 0.9202 - val_accuracy: 0.5000
Epoch 3/5
100/100 [==============================] - 0s 2ms/step - loss: 0.7717 - accuracy:
0.5500 - val_loss: 2.5103 - val_accuracy: 0.5000
```

```
Epoch 4/5
100/100 [==============================] - 0s 2ms/step - loss: 1.7402 - accuracy: 0.5000 - val_loss: 0.7613 - val_accuracy: 0.5000
Epoch 5/5
100/100 [==============================] - 0s 2ms/step - loss: 0.7170 - accuracy: 0.5000 - val_loss: 1.1059 - val_accuracy: 0.5000
Test loss: 1.105924367904663
Test accuracy: 0.5
```

（5）运行“asr_test.py”文件，进行测试，代码如下。

```
model = load_model('asr_model_weights.h5') # 加载训练模型
wavs=[]
wavs.append(get_wav_mfcc("1.wav"))
X=np.array(wavs)
print(X.shape)
result=model.predict(X[0:1])[0] # 识别出第一张图的结果，若有多张图，则把后面的[0]去掉，返回的就是多张图结果
print("识别结果",result)
#  因为在训练的时候，标签集的名字为： 0：seven   1：stop   0 和 1 是下标
name = ["seven","stop"] # 创建一个跟训练时一样的标签集
ind=0 # 结果中最大的一个数
for i in range(len(result)):
    if result[i] > result[ind]:
        ind=1
print("识别的语音结果是：",name[ind])
```

例如试验文件“1.wav”，结果输出如下。

```
(1, 16000)
识别结果 [0.0992637  0.90073633]
```

识别的语音结果是 stop。

11.4 树莓派语音应用

第 1 章简单介绍过，树莓派（Raspberry Pi，RPI）是为学生学习计算机编程教育而设计的，只有信用卡大小的微型电脑，其系统基于 Linux。在人工智能快速发展的今天，语音识别开始成为很多设备的标配，树莓派已经实现了许多应用，例如语音天气闹钟、语音聊天机器人、语音智能音乐小管家等，本节介绍树莓派语音处理的相关内容。

11.4.1 文字转语音

树莓派有两种音频输出模式，即 HDMI 和耳机接口，如图 11-8 所示，可以在任何时候切换这两种模式。

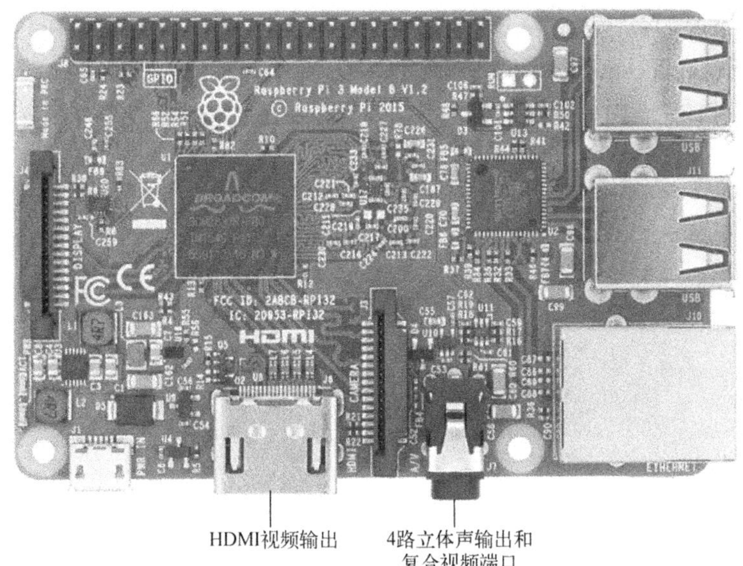

图 11-8　树莓派两种音频输出模式

在树莓派上实现文字转语音服务有如下三种方法。

（1）Festival Text to Speech。

（2）eSpeak Text to Speech。

（3）Google Text to Speech。

这里选择 eSpeak。eSpeak 是一个英语的 TTS 引擎，但同时也支持其他语言。

安装 eSpeak 的命令如下。

```
sudo apt-get install espeak
sudo apt-get install pacman
pacman  -S espeak alsa-utils
```

这样安装完成后，是无法直接使用的，还要输入下列命令。

```
espeak "hello"
```

意为让 espeak 朗读 hello，通常情况下会直接报错，这是因为需要让系统在启动的时候加载和音频相关的模块，因此要修改“/boot/config.txt”，在里面添加如下语句。

```
dtparam=audio=on
```

重启之后，再执行上面的 espeak 命令就可以听到声音了。如果要让 espeak 朗读中文，可以用如下方法带参数执行。

```
espeak -vzh "编程"
```

11.4.2　语音转文字

百度语音为开发者提供了业界领先、永久免费的语音技术服务，包括语音识别、语义解析、语音合成，支持 Java、C/C++等语言及 Windows、Linux、Android、iOS 等平台。主页网址：http://yuyin.baidu.com/，如图 11-9 所示。

图 11-9　百度语音

百度语音包括语音识别服务、语音合成服务和语音唤醒服务等，具体说明如下。

1．语音识别

（1）完全永久免费。

（2）全平台 REST API。

（3）行业率先推出语音识别 REST API，采用 Http 方式请求，可适用于任何平台的语音识别，给人们提供了最大的自由度。

（4）离线在线融合模式。

（5）SDK 可以根据当前网络状况及指令的类型，自动判断使用本地引擎还是云端引擎进行语音识别，极速识别、流量节省两不误。

（6）深度语义解析。

（7）支持多达 35 个垂类领域的语义理解定制，以及自定义指令集和问答对设置，使应用能够理解用户的意图。

（8）场景识别定制。

（9）开发者可根据使用场景，自定义设置识别垂类模型，包含音乐、视频、地图、游戏、电商共 17 个垂类可供选择。一步设置，精准到位。

（10）自定义上传语料、训练模型。

（11）开发者可以自行上传词库，训练专属识别模型。提交的语料越多、越全，语音识别的效果提升也越明显。

2．语音合成

（1）完全永久免费。

（2）离线在线融合模式。

（3）SDK 可以根据当前网络状况，自动判断使用本地引擎还是云端引擎进行语音合成，不用担心流量消耗。

（4）多语言、多音色可选。

（5）中文普通话、中英文混读，以及男声、女声任选，支持语速、音调、音量、音频码率设置，使应用拥有最甜美和最磁性的声音。

（6）流畅自然的合成效果。

（7）语音合成技术在业界领先，合成效果接近真人发声，流畅自然，且极具表现力，提供舒适的听觉体验。

使用百度语音需要先在百度语音网站注册，然后创建新应用，如图 11-10 所示。

图 11-10　创建新应用

在创建的新应用的应用管理中，获得 API ID、API Key、Secret Key，如图 11-11 所示。

图 11-11　获得 API ID、API Key、Secret Key

在树莓派系统安装 Python 第三方库，命令如下。

```
sudo apt-get install python-dev
sudo apt-get install libssl-dev
```

```
apt-get install libcurl4-openssl-dev
pip install pycurl
sudo apt-get install python-pyaudio
```

下面是一个测试程序，测试百度语音转文字的功能。在树莓派打开 Python 2 的 IDLE 窗口，新建文件，输入下列代码，并将文件保存为“baidu_voice.py”。

```
import wave
import urllib, urllib2, pycurl
import base64
import json
## get access token by api key & secret key
def get_token():
    apiKey = "你的 key"
    secretKey = " 你的 Secret Key "
    auth_url = "https://openapi.baidu.com/oauth/2.0/token?grant_type=client_
credentials&client_id=" + apiKey + "&client_secret=" + secretKey
    res = urllib2.urlopen(auth_url)
    json_data = res.read()
    return json.loads(json_data)['access_token']
def print_res(buf):
    print buf
 ## post audio to server
def use_cloud(token):
    fp = wave.open('2.wav', 'rb')
    nf = fp.getnframes()
    f_len = nf * 2
    audio_data = fp.readframes(nf)
    cuid = "10833975"
    srv_url = 'http://vop.baidu.com/server_api' + '?cuid=' + cuid + '&token=' +
token
    http_header = [
        'Content-Type: audio/pcm; rate=8000',
        'Content-Length: %d' % f_len
    ]
    c = pycurl.Curl()
    c.setopt(pycurl.URL, str(srv_url)) #curl doesn't support unicode
    c.setopt(c.HTTPHEADER, http_header)   #must be list, not dict
    c.setopt(c.POST, 1)
    c.setopt(c.CONNECTTIMEOUT, 30)
    c.setopt(c.TIMEOUT, 30)
    c.setopt(c.WRITEFUNCTION, print_res)
    c.setopt(c.POSTFIELDS, audio_data)
    c.setopt(c.POSTFIELDSIZE, f_len)
```

```
    c.perform() #pycurl.perform() has no return val
if __name__ == "__main__":
    token = get_token()
    use_cloud(token)
```

在运行代码之前，使用下列命令进行录音。

```
arecord -D "plughw:1,0" -f S16_LE -d 5 -r 8000 /home/pi/2.wav
```

运行结果如图 11-12 所示。

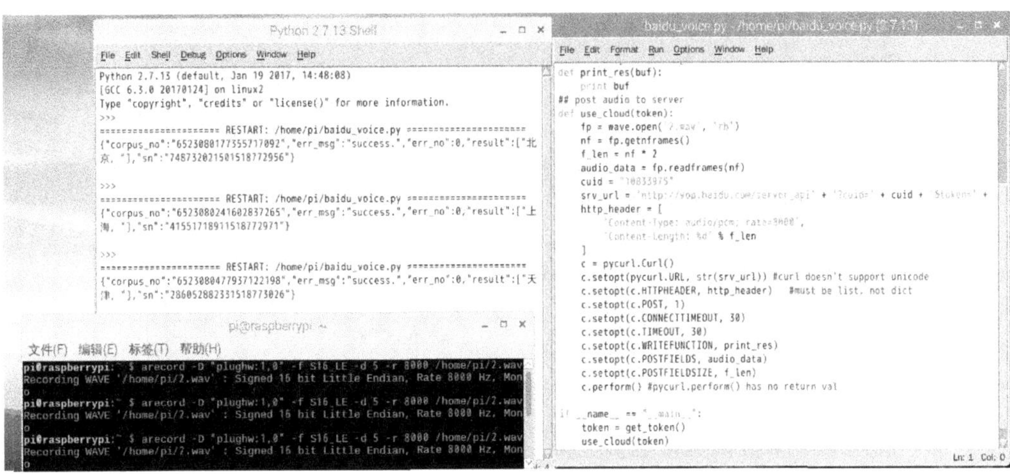

图 11-12　百度语音转文字

11.4.3　实例——天气预报

目前人们可以从一些天气服务器获取实时天气信息，例如墨迹天气（http://tianqi.moji com/），如图 11-13 所示，或者心知天气（https://www.seniverse.com/），如图 11-14 所示。

图 11-13　墨迹天气主页

图 11-14　心知天气主页

这里以墨迹天气为例进行介绍，进入墨迹天气页面，墨迹天气会根据用户位置加载相应地区的天气。这里主要提取温度、天气、湿度、风力、空气质量和天气提示这几个数据。

使用 Requests 和 BeautifulSoup 这两个库可以快速实现天气信息的获取，由于它们是 Python 的第三方库，因此需要安装，步骤如下。

（1）输入命令：$ sudo pip install requests。

（2）输入命令：$ sudo apt-get install Python-bs4，如图 11-15 所示。

```
pi@raspberrypi ~
文件(F) 编辑(E) 标签(T) 帮助(H)
pi@raspberrypi:~ $ sudo  pip install requests
Requirement already satisfied (use --upgrade to upgrade): requests in /usr/lib/p
ython2.7/dist-packages
Cleaning up...
pi@raspberrypi:~ $ sudo apt-get install Python-bs4
正在读取软件包列表... 完成
正在分析软件包的依赖关系树
正在读取状态信息... 完成
下列【新】软件包将被安装：
  python-bs4
升级了 0 个软件包，新安装了 1 个软件包，要卸载 0 个软件包，有 33 个软件包未被升
级。
需要下载 77.7 kB 的软件包。
解压缩后会消耗掉 348 kB 的额外空间。
获取：1 http://mirrordirector.raspbian.org/raspbian/ jessie/main python-bs4 all
4.3.2-2 [77.7 kB]
下载 77.7 kB，耗时 1秒 (52.7 kB/s)
正在选中未选择的软件包 python-bs4。
(正在读取数据库 ... 系统当前共安装有 139096 个文件和目录。)
正准备解包 .../python-bs4_4.3.2-2_all.deb  ...
正在解包 python-bs4 (4.3.2-2) ...
正在设置 python-bs4 (4.3.2-2) ...
pi@raspberrypi:~ $
```

图 11-15　安装 Requests 和 BeautifulSoup

（3）将 BeautifulSoup 安装到 Python 3 命令：$ sudo apt-get install Python-bs4，如图 11-16 所示。

```
pi@raspberrypi ~
文件(F) 编辑(E) 标签(T) 帮助(H)
pi@raspberrypi:~ $ sudo apt-get install python3-bs4
正在读取软件包列表... 完成
正在分析软件包的依赖关系树
正在读取状态信息... 完成
将会安装下列额外的软件包：
  python3-lxml
建议安装的软件包：
  python3-lxml-dbg
下列【新】软件包将被安装：
  python3-bs4 python3-lxml
升级了 0 个软件包，新安装了 2 个软件包，要卸载 0 个软件包，有 33 个软件包未被升
级。
需要下载 758 kB 的软件包。
解压缩后会消耗掉 2,930 kB 的额外空间。
您希望继续执行吗？ [Y/n] y
```

图 11-16　将 BeautifulSoup 安装到 Python3

使用百度的文字转换语音 API 实现本地文字转语音，主页网址：http://yuyin.baidu.com/#try，如图 11-17 所示。

图 11-17　API 网页

可以选择各种声音，调节语速。虽然没有给出直接的 API 接口，但是可以利用 Chrome 浏览器的开发者模式找到 API。

百度语音合成 API：http://tts.baidu.com/text2audio?idx=1& tex=1&cuid=baidu_speech_demo&cod=2&lan=zh&ctp=1&pdt=1&spd=5&per=4&vol=5&pit=5。其中 per 参数是语音的类型，spd 是语速，vol 是音量，而 tex 则是需要转换的文字。

通过以下代码可以将特定的文字转换为语音。

```
import os
url = u'http://tts.baidu.com/text2audio?idx=1&tex={0}&cuid=baidu_speech_' \
     u'demo&cod=2&lan=zh&ctp=1&pdt=1&spd=4&per=4&vol=5&pit=5'.format(text)
os.system('omxplayer "%s"' % url)
```

下面使用 Omxplayer 实现语音播放。

启动树莓派，打开 Python 3 的 IDLE 窗口，新建文件，输入下列代码，并将文件保存为“Voice_Weather.py”。

```
import os
import re
import time
import requests
from datetime import datetime, timedelta
from bs4 import BeautifulSoup
headers = {
        'User-Agent': 'Mozilla/5.0 (Windows NT 6.1; Win64; x64) AppleWebKit'
                      '/537.36 (KHTML, like Gecko) Chrome/53.0.2785.143 Safar'
```

```
                        'i/537.36',
        }
    def numtozh(num):
        num_dict = {1: '一', 2: '二', 3: '三', 4: '四', 5: '五', 6: '六', 7: '七',
                    8: '八', 9: '九', 0: '零'}
        num = int(num)
        if 100 <= num < 1000:
            b_num = num // 100
            s_num = (num-b_num*100) // 10
            g_num = (num-b_num*100) % 10
            if g_num == 0 and s_num == 0:
                num = '%s 百' % (num_dict[b_num])
            elif s_num == 0:
                num = '%s 百%s%s' % (num_dict[b_num], num_dict.get(s_num, ''), num_
dict.get(g_num, ''))
            elif g_num == 0:
                num = '%s 百%s 十' % (num_dict[b_num], num_dict.get(s_num, ''))
            else:
                num = '%s 百%s 十%s' % (num_dict[b_num], num_dict.get(s_num, ''), num_
dict.get(g_num, ''))
        elif 10 <= num < 100:
            s_num = num // 10
            g_num = (num-s_num*10) % 10
            if g_num == 0:
                g_num = ''
            num = '%s 十%s' % (num_dict[s_num], num_dict.get(g_num, ''))
        elif 0 <= num < 10:
            g_num = num
            num = '%s' % (num_dict[g_num])
        elif -10 < num < 0:
            g_num = -num
            num = '零下%s' % (num_dict[g_num])
        elif -100 < num <= -10:
            num = -num
            s_num = num // 10
            g_num = (num-s_num*10) % 10
            if g_num == 0:
                g_num = ''
            num = '零下%s 十%s' % (num_dict[s_num], num_dict.get(g_num, ''))
        return num
    def get_weather():
        # 下载墨迹天气主页源码
```

```
    res = requests.get('http://tianqi.moji.com/', headers=headers)
    # 用 BeautifulSoup 获取所需信息
    soup = BeautifulSoup(res.text, "html.parser")
    temp = soup.find('div', attrs={'class': 'wea_weather clearfix'}).em.getText()
    temp = numtozh(int(temp))
    weather = soup.find('div', attrs={'class': 'wea_weather clearfix'}).b.getText()
    sd = soup.find('div', attrs={'class': 'wea_about clearfix'}).span.getText()
    sd_num = re.search(r'\d+', sd).group()
    sd_num_zh = numtozh(int(sd_num))
    sd = sd.replace(sd_num, sd_num_zh)
    wind = soup.find('div', attrs={'class': 'wea_about clearfix'}).em.getText()
    aqi = soup.find('div', attrs={'class': 'wea_alert clearfix'}).em.getText()
    aqi_num = re.search(r'\d+', aqi).group()
    aqi_num_zh = numtozh(int(aqi_num))
    aqi = aqi.replace(aqi_num, aqi_num_zh).replace(' ', ',空气质量')
    info = soup.find('div', attrs={'class': 'wea_tips clearfix'}).em.getText()
    sd = sd.replace(' ', '百分之').replace('%', '')
    aqi = 'aqi' + aqi
    info = info.replace('，', ',')
    # 获取今天的日期
    today = datetime.now().date().strftime('%Y 年%m 月%d 日')
    # 将获取的信息拼接成一句话
    text = '早上好！今天是%s,天气%s,温度%s 摄氏度,%s,%s,%s,%s' % \
          (today, weather, temp, sd, wind, aqi, info)
    return text
def text2voice(text):
    url  =  'http://tts.baidu.com/text2audio?idx=1&tex={0}&cuid=baidu_speech_'  \
'demo&cod=2&lan=zh&ctp=1&pdt=1&spd=4&per=4&vol=5&pit=5'.format(text)
    # 直接播放语音
    os.system('omxplayer -d 20 "%s"' % url)
def main():
    # 获取需要转换语音的文字
    text = get_weather()
    print(text)
    # 获取音乐文件绝对地址
    mp3path2 = os.path.join(os.path.dirname(__file__), 'tianqi.mp3')
    # 先播放一首音乐作为闹钟铃音
    os.system('omxplayer %s' % mp3path2)
    # 播报语音天气
    text2voice(text)
if __name__ == '__main__':
main()
```

运行结果如图 11-18 所示。

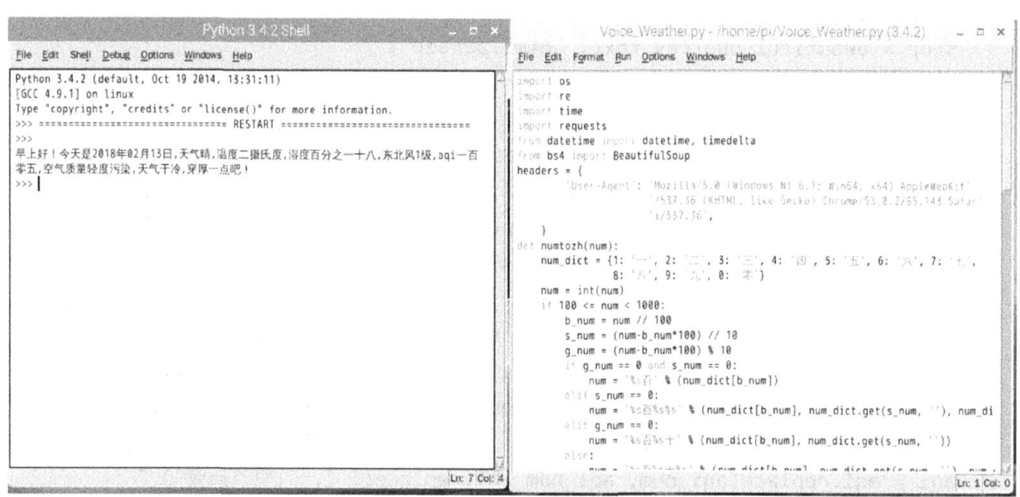

图 11-18　语音天气播报运行结果

11.4.4　智能对话图灵机

图灵机器人是中文语境下智能度很高的机器人大脑之一，是全球领先的中文语义与认知计算平台。智能对话、知识库、技能服务是图灵机器人的三大核心功能。主页网址：http://www.turingapi.com/，如图 11-19 所示。

图 11-19　图灵机器人主页

图灵机器人的使用步骤如图 11-20 所示。

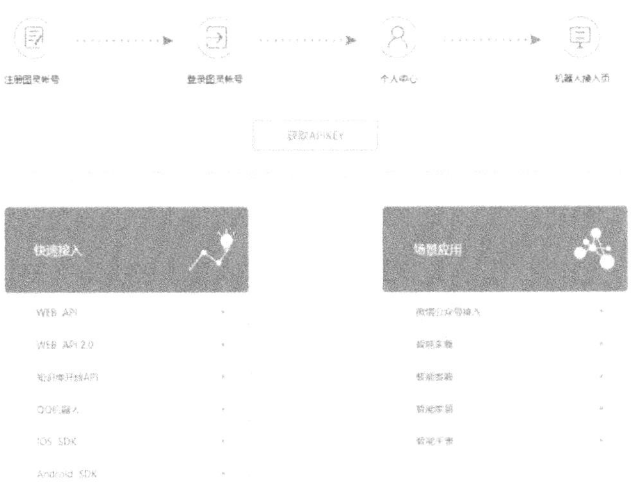

图 11-20　图灵机器人的使用步骤

注册图灵账号后，新建机器人，选择“机器人设置”选项，显示接入的 API 地址和 APIkey，如图 11-21 所示。

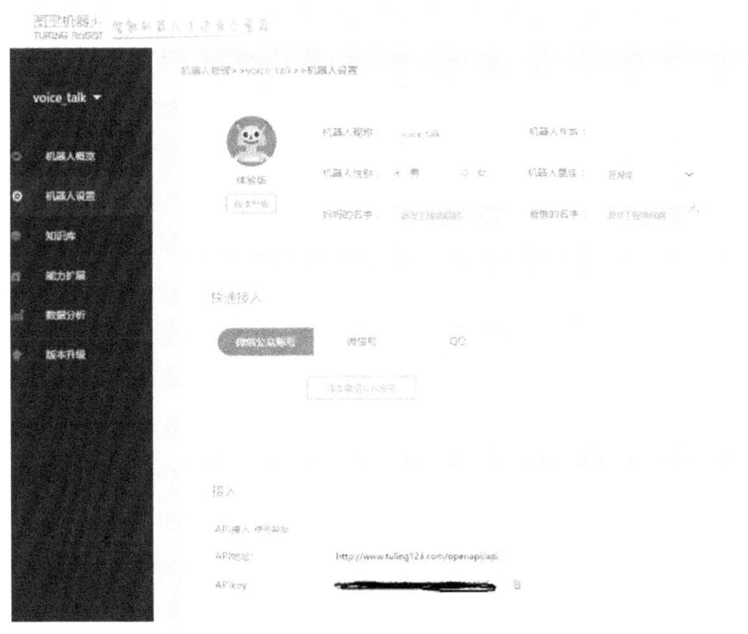

图 11-21　接入的 API 地址和 APIkey

下面通过一个测试程序来测试图灵机器人是否正确接入。在树莓派打开 Python 2 的 IDLE 窗口，新建文件，输入下列代码，并将文件保存为“Tulin_Test.py”。

```
import urllib
import json
def getHtml(url):
    page = urllib.urlopen(url)
    html = page.read()
    return html
if __name__ == '__main__':
    key = '你的 key'
    api = 'http://www.tuling123.com/openapi/api?key=' + key + '&info='
    while True:
        info = raw_input('我: ')
        request = api + info
        response = getHtml(request)
        dic_json = json.loads(response)
        print '机器人: '.decode('utf-8') + dic_json['text']
```

保存之后运行程序，即可实现文字对文字的聊天，运行结果如图 11-22 所示。

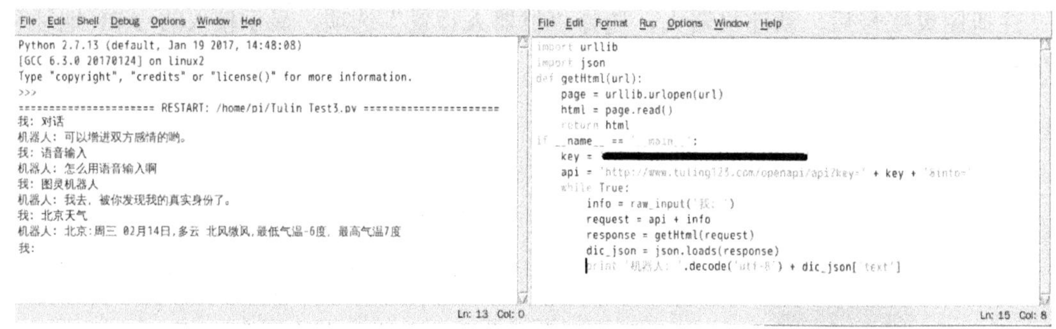

图 11-22　文字对文字的聊天

因为这里需要展示对话，所以文字输入要变成语音输入。调用百度语音 API 把文字从语音中提取出来。然后再把图灵机器人回复的文字通过 espeak 通过音响说出来。

11.4.5　实例——聊天机器人

下面是实现语音聊天综合程序的代码。在树莓派打开 Python 2 的 IDLE 窗口，新建文件，输入下列代码，并将文件保存为“Chat_Rebot.py”。

```
#encoding=utf-8
import wave
import urllib, urllib2, pycurl
import base64
import json
import os
import sys
```

```
import time
key = '你的图灵 Key'
api = 'http://www.tuling123.com/openapi/api?key=' + key + '&info='
duihua = '1'
a={"corpus_no":"6523116160657153987","err_msg":"success.","err_no":0,"result":["
北京，"],"sn":"362627166151518781334"}
## get access token by api key & secret key
def getHtml(url):
    page = urllib.urlopen(url)
    html = page.read()
    return html
def get_token():
    apiKey = "你的百度语音 Key"
    secretKey = "你的百度语音 secretKey"
    auth_url   =   "https://openapi.baidu.com/oauth/2.0/token?grant_type=client_
credentials&client_id=" + apiKey + "&client_secret=" + secretKey
    res = urllib2.urlopen(auth_url)
    json_data = res.read()
    return json.loads(json_data)['access_token']
def print_res(buf):
    print buf
    a=eval(buf)
    if a['err_msg']=='success.':
        global duihua
        duihua = a['result'][0]
## post audio to server
def use_cloud(token):
    fp = wave.open('2.wav', 'rb')
    nf = fp.getnframes()
    f_len = nf * 2
    audio_data = fp.readframes(nf)
    cuid = "10833975"
    srv_url = 'http://vop.baidu.com/server_api' + '?cuid=' + cuid + '&token=' + token
    http_header = [
        'Content-Type: audio/pcm; rate=8000',
        'Content-Length: %d' % f_len
    ]
    c = pycurl.Curl()
    c.setopt(pycurl.URL, str(srv_url)) #curl doesn't support unicode
    c.setopt(c.HTTPHEADER, http_header)   #must be list, not dict
    c.setopt(c.POST, 1)
    c.setopt(c.CONNECTTIMEOUT, 30)
    c.setopt(c.TIMEOUT, 30)
    c.setopt(c.WRITEFUNCTION, print_res)
```

```
    c.setopt(c.POSTFIELDS, audio_data)
    c.setopt(c.POSTFIELDSIZE, f_len)
    c.perform() #pycurl.perform() has no return val
if __name__ == '__main__':
    while True:
        print('重新开始录音')
        os.system('arecord -D "plughw:1,0" -f S16_LE -d 5 -r 8000  2.wav')
        print('录音结束,处理开始')
        token = get_token()
        use_cloud(token)
        time.sleep(1)
        print (duihua)
        request = api + duihua
        response = getHtml(request)
        dic_json = json.loads(response)
        print ('机器人: '.decode('utf-8') + dic_json['text'])
        temp=dic_json['text']
        utf8string=temp.encode("utf-8")
        os.system('espeak -vzh "%s"'%(utf8string))
```

运行结果如图 11-23 所示。

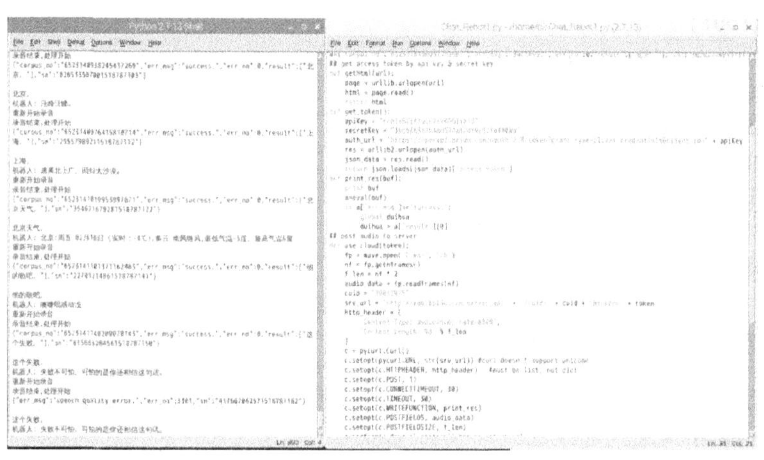

图 11-23　聊天机器人运行结果

11.5　本章小结

本章主要介绍了深度学习中语音处理和语音识别的相关技术内容，包括语音识别的过程、声学模型、语音模型、典型的语音数据集，以及树莓派的语音应用和相关实例。